高 | 等 | 学 | 校 | 计 | 算 | 机 | 专 | 业 | 系 | 列 | 教 | 材

Python
大数据分析与可视化

李辉　倪健　主编

清华大学出版社

北京

内 容 简 介

本书全面介绍了使用 Python 进行数据分析所必需的各项知识,全书共分为 14 章,包括数据分析与可视化概述、Python 编程基础、NumPy 数组计算、Pandas 基础知识、Pandas 数据获取与清洗、Pandas 数据形式变化、Pandas 数据分析与可视化、Pandas 数据处理与分析实战、Matplotlib 库绘制可视化图表、图表辅助元素定制与美化、Seaborn 绘制数据分析图表、时间序列数据处理与分析、文本数据分析、图像处理与分析等内容。结合了有应用背景的数据分析示例,系统介绍了数据分析与可视化方法,可以帮助读者逐步掌握运用 Python 技术解决数据分析问题的能力。

本书可以作为高校数据科学与大数据技术、大数据管理与应用、软件工程和计算机科学与技术等专业的教材,也可以作为 Python 数据分析爱好者的自学用书。

图书在版编目(CIP)数据

Python 大数据分析与可视化/李辉,倪健主编. —北京: 清华大学出版社,2023.9
高等学校计算机专业系列教材
ISBN 978-7-302-64269-5

Ⅰ.①P… Ⅱ.①李…②倪… Ⅲ.①软件工具－程序设计－高等学校－教材 Ⅳ.①TP311.561

中国国家版本馆 CIP 数据核字(2023)第 138673 号

责任编辑: 龙启铭 薛 阳
封面设计: 何凤霞
责任校对: 徐俊伟
责任印制: 沈 露

出版发行: 清华大学出版社
  网   址: http://www.tup.com.cn,http://www.wqbook.com
  地   址: 北京清华大学学研大厦 A 座   邮   编: 100084
  社 总 机: 010-83470000   邮   购: 010-62786544
  投稿与读者服务: 010-62776969,c-service@tup.tsinghua.edu.cn
  质量反馈: 010-62772015,zhiliang@tup.tsinghua.edu.cn
  课件下载: http://www.tup.com.cn,010-83470236
印 装 者: 三河市龙大印装有限公司
经   销: 全国新华书店
开   本: 185mm×260mm   印   张: 24.5   字   数: 612 千字
版   次: 2023 年 10 月第 1 版   印   次: 2023 年 10 月第 1 次印刷
定   价: 69.80 元

产品编号: 094267-01

前言

　　我国"十四五"规划纲要已明确将大数据上升为国家战略,我们已经进入以大数据为基础的智能时代,大数据正在成为智慧农业、智能制造、智慧城市、智慧医疗等各行业数字转型的重要工具,对数据分析相关岗位的需求愈来愈多。

　　无论你是处于单位中的哪个岗位,从科研数据的结果处理、到企业的专职数据分析、市场策划、销售运营、客户服务,都要求掌握数据分析。只要单位有业务决策需求,都离不开数据分析这个"工具",数据分析是业务绩效的关键组成部分。数据分析逐步成为各个行业通吃的技能,能够洞察数据规律,做出驱动业务高效增长决策的人才必是市场上的"抢手货",且都能有不错的收入水平。因此,未来大家都需要掌握一定的数据分析技能。

　　本书的编写是教育部第二批新工科研究与实践项目"涉农院校新工科人才培养实践创新平台建设探索与实践(E-XTYR20200604)"的项目成果。本书的特色主要体现在以下4点。

　　(1) 主流技术,系统详尽。本书内容丰富,涵盖了数据分析中的主流常用库:NumPy、Pandas、Matplotlib 和 Seaborn 等,内容系统详细,配套资源丰富,方便教学和学习。

　　(2) 层层递进,融会贯通。内容从 Python 的基础知识讲起,结合应用背景,由浅入深,力求易懂,尽量避免晦涩难懂的专业解释,帮助读者轻松入门。

　　(3) 示例丰富,轻松易学。结合有应用背景的例子,尽量做到知识点有应用点,透彻讲述了数据处理、分析以及可视化。

　　(4) 图文解析,步骤详尽。本书采用图文结合的方式,能够让读者直观、清晰地了解操作步骤和呈现效果,方便读者校对操作时的正误。

　　本书从基础和实践两个层面引导读者学习利用 Python 技术,系统、全面地讨论了 Python 数据分析与可视化的思想和方法。具体体现在如下内容。

　　第1章数据分析与可视化概述,主要介绍了数据分析与可视化的概念、数据分析与可视化基本流程、数据分析与可视化开发环境安装与包管理、Jupyter Notebook 的启动与使用方法、常见的数据分析与可视化工具等内容。

　　第2章 Python 编程基础,主要介绍了 Python 语法基础、列表和元组、字典和集合、程序控制结构、函数、面向对象、模块与包等内容。

　　第3章 NumPy 数组计算,主要介绍了 NumPy 与数组对象、数组对象的数据类型、数组运算、数组元素的操作及数组的重塑和转置等内容。

　　第4章 Pandas 基础知识,主要介绍了 Pandas 与数据结构、Pandas 索引操作、数据编辑和 Pandas 中调用函数的方法等内容。

第 5 章 Pandas 数据获取与清洗，主要介绍了数据获取操作、数据清洗、数据格式化、数据保存操作等内容。

第 6 章 Pandas 数据形式变化，主要介绍了数据集成与合并、数据变换、层次化索引与数据重塑、数据分组与聚合等内容。

第 7 章 Pandas 数据分析与可视化，主要介绍了数据基本统计分析、数据选取与查询、数据排序与排名、常用的数据分析、Pandas 可视化方法等内容。

第 8 章 Pandas 数据处理与分析实战，主要介绍了对学生考试成绩数据进行处理分析，让读者体验从 Python 编程到 Pandas 库等做数据处理与分析知识的应用实践。

第 9 章 Matplotlib 库绘制可视化图表，主要介绍了数据可视化概述、可视化 Matplotlib 库的概述、Matplotlib 库绘图的基本流程、使用 Matplotlib 库绘制常用图表等内容。

第 10 章图表辅助元素定制与美化，主要介绍了图表辅助元素的设置、图表样式定制、设置坐标轴的标签、刻度范围和刻度标签、标题和图例添加与网格线显示、添加参考线和参考区域、添加注释文本与表格等内容。

第 11 章 Seaborn 绘制数据分析图表，主要介绍了 Seaborn 与数据集加载、Seaborn 图表的基本设置、常用图表的绘制等内容。

第 12 章时间序列数据处理与分析，主要介绍了日期和时间数据类型、时间序列的基本操作、固定频率的时间序列、时间周期及计算、重采样处理、窗口计算处理、基于四类影响要素的时间序列分析等内容。

第 13 章文本数据分析，主要介绍了文本数据处理与分析工具、文本预处理、文本情感分析等内容。

第 14 章图像处理与分析，主要介绍了 OpenCV 概述、cv2 图像处理基础、图像的降噪处理、图像中的图形检测、图像的分割等内容。

本书的参考课时为 32～48 学时，可以作为高校数据科学与大数据技术、大数据管理与应用、软件工程和计算机科学与技术等专业的教材，也适合从事相关工作的人员阅读。

本书由李辉、倪健编写，在编写过程中，张标、孙鑫鑫、朱玲、金晓萍等提出了宝贵的修改意见和建议，在此表示感谢。

由于编者水平有限，加之 Python 语言的发展日新月异，书中难免会有疏漏和不足之处，敬请广大读者批评指正。

编　者

2023 年 1 月

目 录

第 3 章　NumPy 数组计算　　/52

第 5 章　Pandas 数据获取与清洗　　/123

第 8 章　Pandas 数据处理与分析实战　　/235

第 9 章　Matplotlib 库绘制可视化图表　　/246

第 10 章　图表辅助元素定制与美化　　/279

## 第 1 章

数据分析与可视化概述

随着计算机技术全面地融入社会生活,信息爆炸已经积累到一个开始引发变革的程度,它不仅使得世界上充斥着比以往更多的信息,而且增长速度也在逐步加快,驱使着人们进入了一个崭新的大数据时代。互联网(社交、搜索、电商)、移动互联网(微博)、物联网(传感器、智慧地球)、车联网、GPS、医学影像、安全监控、金融(银行、股市、保险)、电信(通信、短信)都在疯狂产生着数据。到目前为止,无论是线下的大超市还是线上的商城,每天都会产生 TB 级以上的数据量。

以前,人们得不到想要的数据,是因为数据库中没有相关的数据,然而,现在人们依旧得不到想要的数据,主要的原因就是数据库里面的数据太多了,而缺乏一些可以快速地从数据库中获取利于决策的有价值数据的操作方法。世界知名的数据仓库专家阿尔夫·金博尔说过:"我们花了多年的时间将数据放入数据库,如今是该将它们拿出来的时候了。"

数据分析就可以从海量数据中获得潜藏的有价值的信息,帮助企业或个人预测未来的趋势和行为,使得商务和生产活动具有前瞻性。例如,创业者可以通过数据分析来优化产品,营销人员可以通过数据分析改进营销策略,产品经理可以通过数据分析洞察用户习惯,金融从业者可以通过数据分析规避投资风险,程序员可以通过数据分析进一步挖掘出数据价值。总之,数据分析可以使用数据来实现对现实事物进行分析和识别的能力。

1.1 数据分析概念与常用指标

随着大数据的应用越来越广泛,应用的行业也越来越多,人们每天都可以看到一些关于数据分析的新鲜应用,从而帮助人们获取有价值的信息。例如,对企业来说,通过数据分析可以实现增加收入、减少开支、控制风险,实现管理流程的优化,促使企业良性发展。

1.1.1 数据分析的概念

数据分析是指使用适当的统计分析方法(如聚类分析、相关分析等)对收集来的大量数据进行分析,从中提取有用信息和形成结论,并加以详细研究和概括总结的过程。

数据分析的目的在于,将隐藏在一大批看似杂乱无章的数据信息中的有用数据集提炼出来,以找出所研究对象的内在规律,其实质就是利用数据分析的结果来解决遇到的问题。由此来看,根据解决问题的类型来说,数据分析可以概况为分析现状、发现原因、预测未来发展趋势三类。

1. 分析现状

分析现状是数据分析最显而易见的目的,以电商平台的商铺为例,明确当前市场环境下的商品市场占有率、店铺会员的来源、支付转化率、主要竞争对手和竞争商品等都属于对现状的分析。

2. 发现原因

发现原因是在分析现状的基础上进行的。例如,某电商平台的商铺某天的访客数量突然大量增加,或会员突然大量流失等,每一种变化都是有原因的,对数据的分析就是要找出这个原因,便于继续维持好的局面,或改善不好的局面。

3. 预测未来发展趋势

数据分析的第三个目的就是预测未来发展趋势,如用数据分析的方法预测未来市场的变化趋势、预测未来商品的销售情况等。通过预测结果可以更好地制定相应的策略和计划,进而提高未来计划的成功率。

在统计学领域中,数据分析可以划分为如下三类。

1. 描述性数据分析

对一组数据的各种特征进行分析,以便于描述测量样本的各种特征及所代表的总体的特征,重点关注数据的集中和离散情形。

描述性数据分析属于初级的数据分析,常用的分析方法有对比分析法、平均分析法等。其中,对比分析法可以非常直观地看出事物某方面的变化或差距,并可以准确、量化地表示出这种变化或差距是多少。而平均分析法通过特征数据的平均指标,反映事物目前所处的位置和发展水平,再对不同时期、不同类型单位的平均指标进行对比,说明事物的发展趋势和变化规律。

2. 探索性数据分析

运用一些分析方法从海量的数据中发现未知且有价值的信息的过程,是高级的数据分析,侧重于在数据之中发现新的特征。常见的分析方法有回归分析、相关分析、多维尺度分析等。

3. 验证性数据分析

验证性数据分析是高级数据分析,是指已经有事先假设的关系模型等,要通过数据分析来对假设模型进行验证,侧重于对已有假设的证实或证伪。

由上述分析可以看出,数据分析与数据挖掘是有区别的,其中,数据分析一般都是得到一个指标统计量结果,如总和、平均值等,这些指标数据都需要与业务结合进行解读,才能发挥数据的价值与作用。而数据挖掘一般是指从大量的数据中通过算法搜索隐藏在其中有价值的信息的过程。数据挖掘侧重于解决四类问题:分类、聚类、关联和预测(定量、定性),其重点在于寻找未知的模式与规律。总的来说,数据分析与数据挖掘的本质都是一样的,都是从数据中发现关于业务的有价值的信息,只不过分工不同。

1.1.2 数据分析常用指标

数据解读是数据分析人员的基本功,如果不能充分理解数据分析中出现的各类指标及术语,数据分析工作将很难展开。接下来介绍一下数据分析常用的指标与术语。

1. 平均数

平均数是统计学中最常用的统计量,包括算术平均数、几何平均数、调和平均数、加权平均数、指数平均数等。通常人们在生活中所说的平均数就是指算术平均数。

算术平均数是指在一组数据中所有数据之和再除以这组数据的个数,它是反映数据集中趋势的一项指标。

2. 绝对数与相对数

绝对数也是数据分析中的常用指标。统计中常用的总量指标就是绝对数,它是反映客观现象总体在一定时间、地点条件下的总规模、总水平的综合指标。例如,一定范围内粮食总产量、工农业总产值、企业单位数等。

相对数又称为相对指标,是通过对两个有联系的指标计算得到的比值,它可以从数量上反映两个相互联系的现象之间的对比关系。相对数的基本计算公式:

$$相对数＝比较数值(比数)/基础数值(基数)$$

在上面的公式中,基础数值是被用作对比标准的指标数值,简称基数;比较数值是用作与基数对比的指标数值,简称比数。相对数一般是以倍数、百分数等来表示,反映了客观现象之间数量联系的程度。

在使用相对数时需要注意指标之间的可比性,同时要跟总量指标(绝对数)结合使用。

3. 百分比与百分点

百分比是一种表达比例、比率或分数数值的方法。它是相对数中的一种,也称为百分率或百分数。通常不会写成分数的形式,而是采用符号“％”来表示,如 25％、50％。因为百分比的分母都是 100,所以都以 1％作为度量单位。

百分点则是指不同时期以百分数的形式表示的相对指标(如指数、速度、构成等)的变动幅度。

在实际使用中一定要注意区分百分比与百分点,如本月某商品的转化率为 20％,而上月的转化率是 10％,那么可以说本月该商品的转化率比上个月提升了 10 个百分点,而非百分之十或 10％。

4. 比例与比率

比例是一个总体中各个部分的数量占总体部分的比重,用于反映总体的构成或结构。

例如,大数据 A 班共有 30 名同学,男同学 9 名,女同学 21 名,那么男同学的比例为 9∶30,女同学的比例为 21∶30。

比率是指样本或总体中各不同类别数据之间的比值,因为比率不是部分与整体之间的对比关系,所以比率可能大于 1。就像前面所说的例子,大数据 A 班有男同学 9 名,女同学 21 名,那么男同学与女同学的比率为 9∶21。

5. 频数与频率

频数也称“次数”,指变量值中代表某种特征的数(标志值)出现的次数,频数可以用表或图形来表示。例如,大数据 A 班有 30 名同学,其中有 9 名男同学,21 名女同学,那么男同学的频数为 9,女同学的频数为 21。

频率是指每组中类别次数与总次数的比值,它表示某个类别在总体中出现的频繁程度。频率一般用百分数来表示,把所有组的频率相加等于 100％。还是以大数据 A 班的同学为例,9 名男同学在 30 名同学中出现的频率是 30％,即(9÷30)×100％;而 21 名女同学在 30 名同学中出现的频率是 70％,即(21÷30)×100％。

6. 倍数与番数

倍数是指一个数除以另一个数所得的商,如 $A÷B＝C$,就可以说 A 是 B 的 C 倍。倍数一般用来表示数量的增长或者上升幅度,不适合用来表示数量的减少或者下降。

番数则是指原来数量的 2 的 n 次方,例如,公司今年的利润比去年翻了一番,意思就是今年的利润是去年的 2 倍(2 的 1 次方);今年的利润比去年翻两番,意思就是今年的利润是去年的 4 倍(2 的 2 次方)。

7. 同比与环比

同比指的是与历史同时期数据相比较而获得的比值,主要是反映事物发展的相对性。例如,某电商平台的口罩销售额同比增长 20%,意思就是今年第一季度的销售额比去年第一季度的销售额增加了 20%,这就是同比。

环比是指与上一个统计时期的数据进行对比获得的值,主要是用来反映事物逐期发展的情况。例如,某电商平台的口罩销售额环比增长 18%,表示该电商平台的口罩销售额比上季度的销售额增长了 20%。

1.1.3 数据分析常用方法

数据分析的方法较多,结合统计的相关内容而言,常用的方法如下。

1. 描述性统计

对总体数据进行统计性描述,包括数据的频数分析、集中趋势分析、离散程度分析、分布等特征。

2. 抽样估计

利用抽样调查所得到的样本数据特征来估计和推算总体的数据特征。

3. 假设检验

对总体的特征做出某种假设,然后通过抽样研究的统计推理,对此假设应该被拒绝还是接受做出推断。

4. 非参数检验

在总体方差未知或已知较少的情况下,利用样本数据对总体分布形态等进行推断。

5. 统计指数分析

通过指数分析的方法对统计指标的综合情况和局部情况进行分析。

6. 相关分析

通过分析两个或两个以上处于同等地位的随机变量间的数据情况来解释其相关关系,它侧重于发现随机变量间的各种相关特性。

7. 回归分析

通过分析两个或两个以上变量间的数据情况来解释相互依赖的定量关系,它侧重于研究随机变量间的依赖关系。以便用一个变量去预测另一个变量。

8. 时间序列分析

通过对数据在一个区域内容进行一定时间段的连续测试,分析其变化过程与发展规模。

1.2 什么是数据可视化

自进入 21 世纪以来,计算机技术获得了长足的发展,数据规模不断呈指数级增长,数据的内容和类型也比以前丰富得多,这些都极大地改变了人们分析和研究世界的方式,也给人们提供了新的可视化素材,推动了数据可视化领域的发展。数据可视化依附计算机科学与技术拥有了新的生命力,并进入了一个新的黄金时代。

在讨论数据可视化之前必须要弄清楚数据、图形的概念以及它们之间的相互关系。

1. 数据

数据可以理解为"观测值",是通过观察结果、实验或测量的方式获得的结果,通常是以数值的形式来展现。但是,数据不仅指狭义上的数字,还可以是具有一定意义的文字、字母、数字符号的组合、图形、图像、视频、音频等,也是客观事物的属性、数量、位置及其相互关系的抽象表示。这样一来,数据的范畴就要大得多了,绝不仅局限于数字。现实生活中常见的数据集主要包括各种表格、文本资料集以及社会关系网络等。

2. 图形

图形一般指一个二维空间中的若干空间形状,可由计算机绘制的图形有直线、圆、曲线、图标以及各种组合形状等。

3. 数据可视化

数据可视化通过对真实数据的采集、清洗、预处理、分析等过程建立数据模型,并最终将数据转换为各种图形,来打造较好的视觉效果。

因此,人们应该深刻地认识到数据可视化的重要性,更加注重交叉学科的发展,并利用商业、科学等领域的需求来进一步推动大数据可视化的健康发展。

1.3　数据分析与可视化基本流程

数据分析是基于商业目的,有目的地进行收集、整理、加工和分析,提炼出有价值的信息的一个过程。整个过程大致可分为六个阶段,具体如图 1-1 所示。

图 1-1　数据分析基本流程图

关于图 1-1 中流程的相关说明具体如下。

1. 明确目的和思路:要解决什么业务问题

在进行数据分析之前,必须要搞清楚几个问题,例如,数据对象是谁? 要解决什么业务问题? 并基于对项目的理解,整理出分析的框架和思路。例如,减少新客户的流失、优化活动效果、提高客户响应率等,不同的项目对数据的要求是不一样的,使用的分析手段也是不一样的。

2. 数据收集:收集与整合数据

数据收集是按照确定的数据分析思路和框架内容,有目的地收集、整合相关数据的过程,它是数据分析的基础。

3. 数据处理:对数据进行清洗、加工和整理

数据处理是指对收集到的数据进行清洗、加工、整理,以便开展数据分析,它是数据分析前必不可少的阶段。这个过程是数据分析整个过程中最耗时的,也在一定程度上保证了分析数据的质量。

4. 数据分析:对数据进行探索与分析

数据分析是指通过分析手段、方法和技巧对准备好的数据进行探索、分析,从中发现因果关系、内部联系和业务规划,为商业提供决策参考。

到了这个阶段,要想驾驭数据开展数据分析,就要涉及工具和方法的使用,其一是要熟悉常规数据分析方法及原理,其二是要熟悉专业数据分析工具的使用,如 Pandas、MATLAB 等,以便进行一些专业的数据统计、数据建模等。

5. 数据展现:用图表来展示分析结果

俗话说:字不如表,表不如图。通常情况下,数据分析的结果都会通过图表方式进行展现,常用的图表包括饼图、折线图、条形图、散点图等。借助图表这种展现数据的手段,可以更加直观地让数据分析人员表述想要呈现的信息、观点和建议。

6. 撰写报告:诠释数据分析的起因、过程、结论和建议

数据分析完成之后,需要将数据分析的结果展现出来并形成数据分析报告,在报告中需要把数据分析的起因、过程、结论和建议完整地展现出来,通过对数据进行全方位的科学分析来评估,为决策者制定下一步运营方向提供科学、严谨的依据。

1.4 数据分析与可视化开发环境安装与包管理

1.4.1 Python 做数据分析与可视化的优势

近年来,数据分析正在改变人们的工作方式,数据分析的相关工作也越来越受到人们的青睐。很多编程语言都可以做数据分析,如 Python、R、MATLAB 等,Python 凭借着自身无可比拟的优势,被广泛地应用到数据科学领域中,并逐渐衍生为主流语言。选择 Python 做数据分析,主要考虑的是 Python 具有以下优势。

1. 语法简单精练,适合初学者入门

比起其他编程语言,Python 的语法非常简单,代码的可读性很高,非常有利于初学者的学习。例如,在处理数据的时候,如果希望将用户性别数据数值化,也就是变成计算机可以运算的数字形式,这时便可以直接用一行列表推导式完成,十分简洁。

2. 拥有一个巨大且活跃的科学计算社区

Python 在数据分析、探索性计算、数据可视化等方面都有非常成熟的库和活跃的社区,这使得 Python 成为数据处理的重要解决方案。在科学计算方面,Python 拥有 NumPy、Pandas、Matplotlib、Scikit-Learn、IPython 等一系列非常优秀的库和工具,特别是 Pandas 在处理中型数据方面可以说有着无与伦比的优势,并逐渐成为各行业数据处理任务的首选库。

3. 拥有强大的通用编程能力

Python 的强大不仅体现在数据分析方面,而且在网络爬虫、Web 等领域也有着广泛的应用,对于公司来说,只需要使用一种开发语言就可以使完成全部业务成为可能。例如,可以使用爬虫框架 Scrapy 收集数据,然后交给 Pandas 库做数据处理,最后使用 Web 框架 Django 给用户做展示,这一系列的任务可以全部用 Python 完成,大大地提高了公司的技术效率。

4. 人工智能时代的通用语言

在人工智能领域中,Python 已经成为最受欢迎的编程语言,这主要得益于其语法简洁、具有丰富的库和社区,使得大部分深度学习框架都优先支持 Python 语言编程。例如,当今最火热的深度学习框架 TensorFlow,虽然是使用 C++ 语言编写的,但是对 Python 语言的支持最好。

5. 方便对接其他语言

Python 作为一门胶水语言,能够以多种方式与其他语言(如 C 或 Java 语言)的组件"黏连"在一起,可以轻松地操作其他语言编写的库,这就意味着用户可以根据需要给 Python 程序添加功能,或者在其他环境系统中使用 Python 语言。

1.4.2 Anaconda 工具的安装与配置

Anaconda 是一个集成了大量常用扩展包的环境,可以便捷地获取和管理包,同时对环境进行统一管理,能够避免包配置或兼容等各种问题。它包含 Conda、Python 在内的超过 180 个科学包及其依赖项。

Anaconda 发行版本具有以下特点。

(1)包含众多流行的科学、数学、工程和数据分析的 Python 库。

(2)完全开源和免费。

(3)额外的加速和优化是收费的,但对于学术用途,可以申请免费的 License。

(4)全平台支持 Linux、Windows、macOS,支持 Python 2.6、2.7、3.4、3.5、3.6、3.7,可以自由切换。

在此,推荐数据分析与可视化的初学者安装 Anaconda 进行学习。

下面以 Windows 系统为例,介绍如何从 Anaconda 官方网站下载合适的安装包,并成功安装到计算机上。在浏览器的地址栏中输入"https://www.anaconda.com/products/individual♯Downloads"进入 Anaconda 的官方网站,如图 1-2 所示。

图 1-2 Anaconda 官网首页

图 1-2 的首页中展示了适合 Windows 平台下载的版本,选择合适的版本单击下载即可。这里,下载 Python 3.8 版本下的 64 位图形安装程序(457 MB)。

下载完以后,就可以进行安装了。Anaconda 的安装是比较简单的,直接按照提示选择下一步即可。为了避免不必要的麻烦,建议采用默认安装路径,在指定完安装路径后,继续单击 Next 按钮,窗口会提示是否勾选如下复选框,如图 1-3 所示。

在图 1-3 中,第 1 个复选框表示是否允许将 Anaconda 添加到系统路径环境变量中,第 2 个复选框表示 Anaconda 使用的 Python 版本是否为 3.8。勾选两个复选框,单击 Install 按钮,直至提示安装成功。

安装完以后,在系统左下角的"开始"菜单→"所有程序"中找到 Anaconda3 文件夹,可

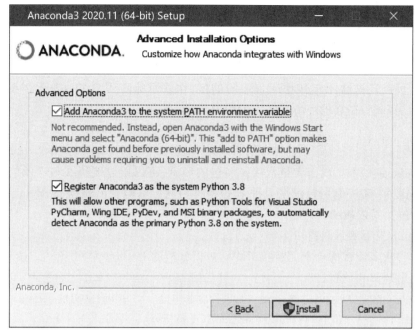

图 1-3　Anaconda 安装选项

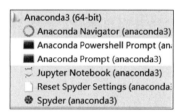

图 1-4　Anaconda3 的目录结构

以看到该目录下包含多个组件,如图 1-4 所示。

关于图 1-4 中 Anaconda3 目录下的组件说明如下:

(1) Anaconda Navigator:用于管理工具包和环境的图形用户界面,后续涉及的众多管理命令也可以在 Navigator 中手动实现。

(2) Anaconda Prompt:Anaconda 自带的命令行。

(3) Jupyter Notebook:基于 Web 的交互式计算环境,可以编辑易于人们阅读的文档,用于展示数据分析的过程。

(4) Spyder:一个使用 Python 语言、跨平台的科学运算集成开发环境。

单击图 1-4 中的 Anaconda Navigator 图标,若能够成功启动 Anaconda Navigator,则说明安装成功,否则说明安装失败。Anaconda Navigator 成功打开后的首页界面如图 1-5 所示。

1.4.3　通过 Anaconda 管理 Python 包

Anaconda 集成了常用的扩展包,能够方便地对这些扩展包进行管理,如安装和卸载包,这些操作都需要依赖 Conda。Conda 是一个在 Windows、macOS 和 Linux 上运行的开源软件包管理系统和环境管理系统,可以快速地安装、运行和更新软件包及其依赖项。

在 Windows 系统下,用户可以打开 Anaconda Prompt 工具,然后在 Anaconda Prompt 中通过命令检测 Conda 是否被安装,示例命令如下。

```
(base) PS C:\Users\Administrator>conda --version
conda 4.9.2
```

一旦发现有 Conda,就会返回其当前的版本号。

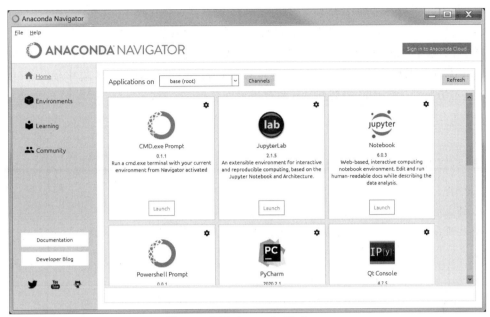

图 1-5　打开 Anaconda Navigator

注意：如果希望快速了解如何使用 Conda 命令管理包，可以在 Anaconda Prompt 中输入"conda -h"或"conda -help"命令来查看帮助文档。

Conda 命令的常见操作主要可以分为以下几种。

1. 查看当前环境下的包信息

使用 list 命令可以获取当前环境中已经安装的包信息，命令格式如下。

```
conda list
```

执行上述命令后，终端会显示当前环境下已安装的包名及版本号。

2. 查找包

使用 search 命令可以查找可供安装的包，命令格式如下。

```
conda search --full-name  包的全名
```

上述命令中，--full-name 为精确查找的参数，后面紧跟的是包的全名。例如，查找全名为"python"的包有哪些版本可供安装，示例命令如下。

```
conda search --full-name python
```

3. 安装包

使用 install 命令可以安装包。如果希望在指定的环境中进行安装，则可以在 install 命令的后面显式地指定环境名称，命令格式如下。

```
conda install --name env_name package_name
```

上述命令中，env_name 参数表示包安装的环境名称，package_name 表示将要安装的包名称。例如，在 Python 3 环境中安装 pandas 包，示例命令如下。

```
conda install --name python3 pandas
```

如果要在当前的环境中安装包，则可以直接使用 install 命令进行安装，命令格式如下。

```
conda install package_name
```

执行上述命令,会在当前的环境下安装 package_name 包。

若无法使用 conda install 命令进行安装时,则可以使用 pip 命令进行安装。值得一提的是,pip 只是包管理器,它无法对环境进行管理,所以要想在指定的环境中使用 pip 安装包,需要先切换到指定环境中使用 pip 命令进行安装。

pip 命令格式如下。

```
pip install package_name
```

例如,使用 pip 命令安装名称为 pandas 的包,示例命令如下。

```
pip install pandas
```

4. 卸载包

如果要在指定的环境中卸载包,则可以在指定环境下使用 remove 命令进行移除,命令格式如下。

```
conda remove --name env_name package_name
```

例如,卸载 Python 3 环境下的 pandas 包,示例命令如下。

```
conda remove --name python3 pandas
```

同样,如果要卸载当前环境中的包,可以直接使用 remove 命令进行卸载,命令格式如下。

```
conda remove package_name
```

5. 更新包

更新当前环境下所有的包,可使用如下命令完成。

```
conda update -all
```

如果只想更新某个包或某些包,则直接在 update 命令的后面加上包名即可,多个包之间使用空格隔开,示例命令如下。

```
conda update numpy                          #更新 numpy 包
conda update pandas numpy matplotlib        #更新 Pandas、NumPy、Matplotlib 包
```

注意:Miniconda 是最小的 Conda 安装环境,只包含最基本的 Python 与 Conda 以及相关的必需依赖项。对于空间要求严格的用户,Miniconda 是一种选择,它只包含最基本的库,其他的库需要自己手动安装。

1.5　Jupyter Notebook 的启动与使用

Jupyter Notebook(交互式笔记本)是一个支持实时代码、数学方程、可视化和 Markdown 的 Web 应用程序,它支持四十多种编程语言。对于数据分析来说,Jupyter Notebook 最大的优点是可以重现整个分析过程,并将说明文字、代码、图表、公式和结论都整合在一个文档中,用户可以通过电子邮件、Dropbox、GitHub 和 Jupyter Notebook Viewer 将分析结构分享给其他人。接下来,本节将针对 Jupyter Notebook 工具的启动和使用进行详细的讲解。

1.5.1 Jupyter Notebook 的启动

只要当前的系统中安装了 Anaconda 环境，则默认就已经拥有了 Jupyter Notebook，不需要再另行下载和安装。在 Windows 系统的"开始"菜单中，打开 Anaconda3 目录，找到并单击 Jupyter Notebook，会弹出如图 1-6 所示的启动窗口。

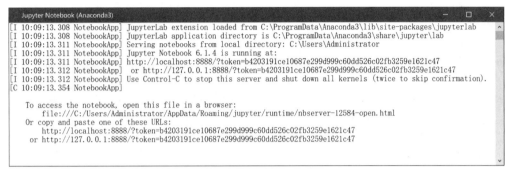

图 1-6　启动 Jupyter Notebook

同时，系统默认的浏览器会弹出如图 1-7 所示的页面。

图 1-7　打开 Jupyter Notebook 主界面

图 1-7 是浏览器中打开的 Jupyter Notebook 主界面，默认打开和保存的目录为 C：\Users\当前用户名。

除了上述启动方式外，还可以用命令行打开，这种方式可以控制 Jupyter Notebook 的显示和保存路径，是推荐的启动方式。在命令提示符中先使用命令进入对应的目录，然后在此目录下输入"Jupyter Notebook"后按 Enter 键打开，这样显示工程目录和保存 ipynb 文件都将在此目录下进行。

1.5.2 Jupyter Notebook 界面功能

在 Jupyter Notebook 的主界面中，单击 Anaconda Projects 进入该目录下，继续单击右上方的下拉按钮 New，打开如图 1-8 所示的下拉列表。

图 1-8 中的下拉列表中，显示了可供选择的新建类型。其中，"Python 3"表示 Python 运行

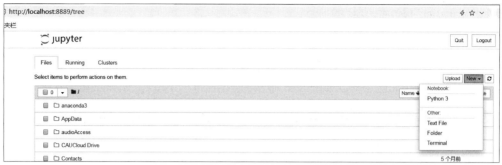

图 1-8　打开新建文件的下拉列表

脚本，"Text File"表示纯文本文件，"Folder"表示文件夹，而灰色文字则表示不可用项目。

这里选择 Python 3，创建一个基于 Python 3 的笔记本，如图 1-9 所示。

图 1-9　打开新建的笔记本

图 1-9 显示的 Notebook 界面由以下几部分组成。

1. 标题栏

位于最上方的是标题栏，它显示 Jupyter 的名称、文件的名称及当前文件所处的状态。图 1-9 中的 Untitled 表示文件未命名，且代码因没有任何变化而提示未保存，即"未保存改变"。

2. 菜单栏

位于标题栏下方的是菜单栏，它主要包括一些常用的功能菜单。例如，包含下载功能的 File 菜单，包含删除单元格功能的 Edit 菜单，以及包含插入单元格功能的 Insert 菜单等。这些菜单的功能都比较容易理解，读者可以单击查看每个菜单的具体功能，这里就不再一一列举了。

3. 快捷键按钮

位于菜单栏下方的是一排快捷键按钮，如图 1-10 所示。

图 1-10　功能菜单

在图 1-10 中，每个按钮的功能从左到右依次是保存并建立检查点、在下面插入代码块、剪切选择的代码块、复制选择的代码块、粘贴到下面、上移选中单元格、下移选中单元格、运行代码块，选择下面的代码块、中断内核、重启内核（带确认对话框）、重启内核，然后重新运行整个代码（带确认对话框）、改变单元格类型、打开命令配置。在刷新按钮的右侧还有一个下拉框，用来指定单元格的形式，位于其右侧的按钮用于打开命令面板，其内部提供了一些内置的快捷命令，如将单元格改为 Code 的命令是"Y"等。

4. 编辑区域

位于最下方的是编辑区域,它是由一系列单元格组成的,每个单元格共有如下两种形式:

(1) Code 单元格:此处是用户编写代码的地方,可以使用 Shift＋Enter 组合键运行单元格内的代码,其运行的结果会显示在该单元格的下方。此类型的单元格是以"In[序号]:"开头的。

(2) Markdown 单元格:此处可以对文本进行编辑,可以设置文本格式,或者插入链接、图片、数学公式。使用 Shift＋Enter 组合键同样能运行此类型的单元格,以显示格式化的文本。

类似于 VIM 编辑器的模式,在 Notebook 的编辑界面中也有两种模式,分别为编辑模式和命令模式。选中单元格按 Enter 键即可进入编辑模式,处于该模式下的单元格左侧显示为绿色竖线,表明可以编辑代码和文本。选中单元格按 Esc 键即可进入命令模式,处于该模式下的单元格左侧显示为蓝色竖线,表明可执行键盘输入的快捷命令。例如,按 Y 键可切换单元格,按 H 键可以查看所有的快捷命令,如图 1-11 所示。

图 1-11　查看所有的快捷命令

单击 Close 按钮,即可关闭弹出的帮助窗口。

1.5.3　Jupyter Notebook 的基本使用

打开 Jupyter Notebook 的编辑界面,默认已经有一个单元格。接下来,使用 Jupyter Notebook 工具来演示一些简单的操作,包括编辑和运行代码、设置标题、导出功能。

1. 编辑和运行代码

选中单元格,按 Enter 键进入单元格的编辑模式,此时可以输入任意代码并执行。例如,在单元格中输入"1＋2",然后通过 Shift ＋ Enter 组合键或单击"运行"按钮运行单元格,此时的编辑界面如图 1-12 所示。

图 1-12　运行第一行单元格

从图 1-12 的编辑界面可以看出,单元格中的代码执行了加法运算,并将计算的结果显示到其下方,且左侧以"Out[序号]"开头。另外,光标会移动到一个新的单元格中。由图可知,通过绿色边框可以轻松地识别出当前工作的单元格。

接着,在新的单元格中输入如下代码。

```
for i in range(5):
    print(i)
```

再次运行后,笔记本的编辑界面如图 1-13 所示。

![运行新插入的单元格](jupyter notebook 截图)

In [3]: 1*2
Out[3]: 3

In [4]: for i in range(5):
            print(i)

        0
        1
        2
        3
        4

In [ ]:

图 1-13　运行新插入的单元格

同样,在选中的单元格下方显示出了打印结果,并且光标再次移动到新的单元格中。不过,这次运行结果的左侧并没有出现"Out[2]:"的标注,这是因为输出的结果已经调用 print()函数打印出来了,没有返回任何的值。

除此之外,还可以修改之前的单元格,对其重新运行。例如,把光标移回第一个单元格,并将单元格的内容修改为"1+2",之后重新运行该单元格,可以看到计算结果立即更新为"3",如图 1-14 所示。

2. 设置标题

选中最上面的单元格,单击 Insert→Insert Cell Above,在单元格的上方插入一个新的单元格。在快捷键按钮区域中找到设置单元格类型的下拉框,单击打开下拉列表,选择Heading,将单元格变为标题单元格,随后弹出如图 1-15 所示的窗口。

根据图 1-15 提示信息可知,Jupyter Notebook 已经不再使用 Heading 单元格了,而是使用 Markdown 单元格替代,直接使用"♯"字符作为标记写标题即可。为了区分标题的级别,可分为以下标注方式。

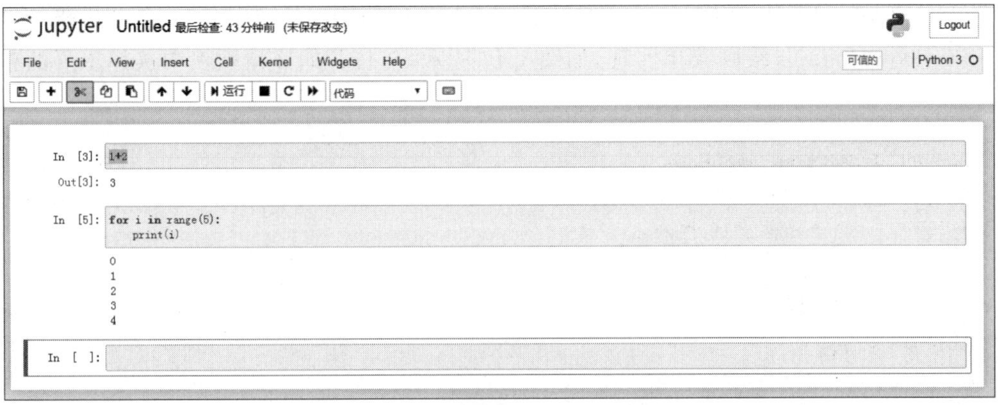

图 1-14　重新运行第一行单元格

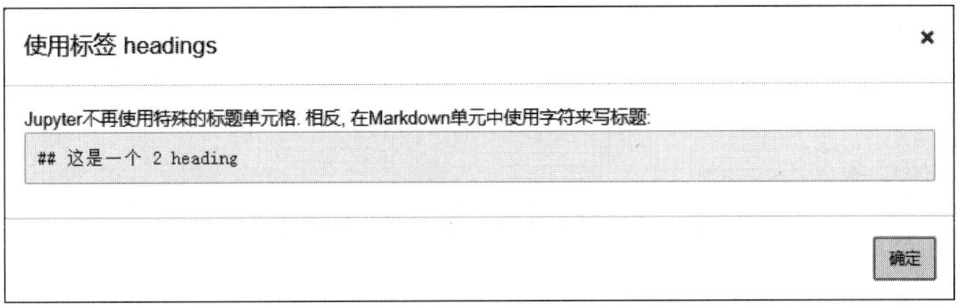

图 1-15　提醒使用 Markdown 标题

```
# :一级标题
# # :二级标题
# # # :三级标题
...
```

在 Markdown 单元格中,以一个♯字符开头的文本表示一级标题,以两个♯字符开头的文本表示二级标题,以此类推。例如,在刚刚插入的单元格中添加两行标题:一级标题和二级标题,插入的代码如下。

```
#第一个标题
##简单示例
```

运行单元格,Notebook 编辑界面的单元格上方成功添加了两个标题,具体如图 1-16 所示。

图 1-16　运行 Markdown 单元格

3. 导出功能

Jupyter Notebook 还有另一个强大的功能,就是导出功能,它可以将笔记本导出为多种格式,如 HTML(.html)、PDF(.pdf)、Notebook(.ipynb)、Python(.Py)等。导出功能可以通过 File→Download as 级联菜单实现,如图 1-17 所示,在打开的详情列表中选择想要的格式即可。

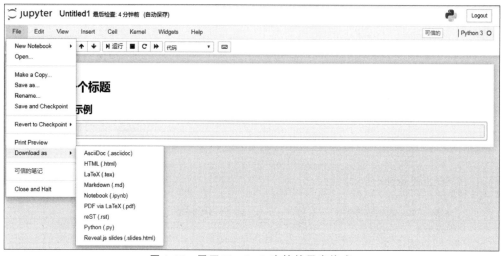

图 1-17　展开 Notebook 支持的导出格式

1.6　Jupyter 的魔术命令

魔术命令是指 IPython 提供的特殊命令,它将常用的操作命令以％开头的方式封装起来,使用时非常方便。

以下是常用的魔术命令。

(1)％matplotlib inline:一般情况下,Python 的可视化都会用到 Matplotlib 库,要在 Jupyter 中使用该库并把结果集成到 Jupyter 中,需要使用％matplotlib inline 命令。

(2)％ls:查看当前目录下的文件或文件夹的详细列表信息。

(3)％cd:切换工作路径。

(4)％run:执行特定的 Python 程序。若要中断程序,按 Ctrl＋C 组合健。

(5)％paste 和％cpaste:粘贴剪切板中的内容。％paste 实现代码粘贴后立即执行,无须开发人员确认。该命令适合粘贴一小段功能确认的代码,直接执行％cpaste 实现代码粘贴后,需要开发人员输入"--"或按 Ctrl＋D 组合键确认。该命令适合较大量的代码,尤其是代码可能来自于不同的文件,需要粘贴到一起进行二次编辑或确认。

(6)％pwd。查看 Python 当前的工作路径和目录。

(7)％time、％timeit 以及％％time、％％timeit:这几个命令都是用于测试代码执行时间。％time 用来测试单个单元格或单行命令执行一次的时间。％％timeit 与％time 类似,但可以基于次数测试并返回平均时间,例如,测试 10 次或 100 次,默认为测试 1000 次。如果要测试的代码不只一行,就需要％％time 和％％timeit,它们与％time 和％timeit 命令的主要区别在于支持测试多行程序。

(8)％hist:显示命令的输入(或输出)历史,在查找历史命令操作时非常有用。

（9）%quickref：显示 IPython 的快速参考。

（10）%magic：显示所有魔术命令的详细文档。

1.7　常见的数据分析与可视化工具

Python 本身的数据分析功能并不强，需要安装一些第三方的扩展库来增强它的能力。本书用到的库包括 NumPy、Pandas、Matplotlib、Seaborn、NLTK 等，接下来将针对相关库做一个简单的介绍，方便后面章节的学习。

1. NumPy 库

NumPy 是 Python 开源的数值计算扩展工具，它提供了 Python 对多维数组的支持，能够支持高级的维度数组与矩阵运算。此外，针对数组运算也提供了大量的数学函数库。NumPy 是大部分 Python 科学计算的基础，它具有以下功能。

（1）快速高效的多维数据对象 ndarray。

（2）高性能科学计算和数据分析的基础包。

（3）多维数组（矩阵）具有向量运算能力，快速且节省空间。

（4）矩阵运算。无须循环即可完成类似 MATLAB 中的向量运算。

（5）线性代数、随机数生成以及傅里叶变换功能。

2. Pandas 库

Pandas 是一个基于 NumPy 的数据分析包，它是为了解决数据分析任务而创建的。Pandas 中纳入了大量库和标准的数据模型，提供了高效地操作大型数据集所需要的函数和方法，使用户能快速便捷地处理数据。

Pandas 作为强大而高效的数据分析环境中的重要因素之一，具有以下特点。

（1）一个快速高效的 DataFrame 对象，具有默认和自定义的索引。

（2）用于在数据结构和不同文件格式中读取和写入数据，如文本文件、Excel 文件及 SQLite 数据库。

（3）智能数据对齐和缺失数据的集成处理。

（4）基于标签切片和花式索引获取数据集的子集。

（5）可以删除或插入来自数据结构的列。

（6）按数据分组进行聚合和转换。

（7）高性能的数据合并和连接。

（8）时间序列功能。

Python 与 Pandas 在各种学术和商业领域中都有应用，包括金融、神经科学、经济学、统计学、广告、网络分析等。

3. Matplotlib 库

Matplotlib 是一个用在 Python 中绘制数组的 2D 图形库，虽然它起源于模仿 MATLAB 图形命令，但它独立于 MATLAB，可以通过 Pythonic 和面向对象的方式使用，是 Python 中最出色的绘图库。

Matplotlib 主要用纯 Python 语言进行编写，但它大量使用 NumPy 和其他扩展代码，即使对大型数组也能提供良好的性能。

4. Seaborn 库

Seaborn 是 Python 中基于 Matplotlib 的数据可视化工具,它提供了很多高层封装的函数,帮助数据分析人员快速绘制美观的数据图形,从而避免了许多额外的参数配置问题。

注意:上面介绍的这些库都已经在安装 Anaconda 时进行了下载,后期可以直接使用 import 命令导入使用。

5. NLTK 库

NLTK 被称为"使用 Python 进行教学和计算语言学工作的绝佳工具",以及"用自然语言进行游戏的神奇图书馆"。

NLTK 是一个领先的平台,用于构建使用人类语言数据的 Python 程序,它为超过 50 个语料库和词汇资源(如 WordNet)提供了易于使用的接口,还提供了一套文本处理库,用于分类、标记化、词干化、解析和语义推理、NLP 库的包装器和一个活跃的讨论论坛。

小　　结

本章首先介绍了数据分析与可视化的概念、基本流程以及选择 Python 做数据分析与可视化的优势;然后讲述了基于 Python 3.8 的 Anaconda 工具安装和管理 Python 包;详细讲述了 Jupyter Notebook 启用、界面功能以及基本使用;最后介绍了一些常见的数据分析与可视化工具。

思考与练习

1. 什么是数据分析与可视化?
2. 请简述数据分析的基本过程。
3. Python 做数据分析有哪些优势?
4. 常见的数据分析与可视化工具有哪些?
5. 数据分析与数据挖掘的区别有哪些?

第2章

Python 编程基础

Python 语言是一种具有强大功能的面向对象、解释型编程语言。Python 广泛应用于 Web 应用开发、数据分析与数学计算等方面。本章主要详解 Python 编程基础知识,为用户学习数据分析奠定基础。

2.1 Python 语法基础

在编写代码时,遵循一定的代码编写规则和命名规范可以使代码更加规范化,并对代码的理解与维护起到至关重要的作用。

数据类型用来解决不同形式的数据在程序中的表达、存储和操作问题。Python 采用基于值的内存管理模式,变量中存储了值的内存地址或者引用,因此随着变量值的改变,变量的数据类型也可以动态改变,Python 解释器会根据赋值结果自动推断变量类型。

不同数据类型也会有不同的运算符进行运行,Python 语言支持算术运算符、关系运算符和逻辑运算符。

2.1.1 编写规范

1. 标识符命名规则

(1) 文件名、类名、模块名、变量名及函数名等标识符的第一个字符必须是字母表中的字母或下画线"_"。

(2) 标识符的其他部分由字母、数字和下画线组成,且标识符对大小写字母敏感。

(3) 源文件的扩展名为 .py。

(4) Python 语言中已经被赋予特定意义的一些单词即保留字(keyword),也称关键字。在开发程序时,不可以把这些保留字作为变量、函数、类、模块和其他对象的名称来使用。

2. 代码缩进

Python 程序是依靠代码块的缩进来体现代码之间的逻辑关系的。一般以 4 个空格或制表符(按 Tab 键)为基本缩进单位。缩进量相同的一组语句,称为一个语句块或程序段。

注意:空格的缩进方式与制表符的缩进方式不能混用。

3. 程序中的注释语句

(1) 单行注释以"♯"符号和一个空格开头。如果在语句行内注释(即语句与注释同在一行),注释语句符与语句之间至少要用两个空格分开。例如:

```
print('不忘初心,牢记使命')                                    #输出显示语句
```

(2) 多行注释用三个单引号 ''' 或者三个双引号 """ 将注释括起来,例如:

```
'''
这是多行注释,用三个单引号
这是多行注释,用三个单引号
这是多行注释,用三个单引号
'''
```

4. 代码过长的折行处理

当一行代码较长,需要折行(换行)时,可以使用反斜杠"\"延续行。

2.1.2　数据类型

Python 定义了 6 组标准数据类型:数字、字符串、列表、元组、集合、字典。其中,不可变数据类型有 Number(数字)、String(字符串)、Tuple(元组);可变数据类型有 List(列表)、Dictionary(字典)、Set(集合)。可以用 Python 内置的 type()函数查看数据的类型。

1. 数字类型

数字类型指数学中的各种数字,包括常见的自然数、复数中的虚数、无穷大数、正负数、带小数点的数、不同进制的数等。

Python 的数据类型在使用时,不需要先声明,可以直接使用。

例如:

```
age = 18                              # age 为整数
score = 98.5                          # score 为浮点数
c = 3 + 4j                            # c 为复数
```

2. 布尔型

在计算机世界中,0 和 1 是基本元素,代表了开或关、真或假两种状态。

布尔值类型是一种特殊的数据类型,表示真(True)或假(False)值,它们分别映射为整数 1 和 0。

如果变量的值为以下情况会得到假,其他情况为真。

(1) None、False。

(2) 数值中的 0、0.0、0j(虚数)、Decimal(0)、Fraction(0,1)。

(3) 空字符串、空元组()、空列表[]。

(4) 空字典{}、空集合 set()。

(5) 对象默认为 True,除非它有 bool()方法且返回 False,或有 len()方法且返回 0。

3. 字符串

字符串可以是一条或多条文本信息。用单引号、双引号括起来的字符序列称为字符串。可以通过运算符"+"实现两个字符串的连接,产生新的字符串,例如,"不忘"+"初心"。

例如,'apple'、'2022-09-01'、"python"、"初心"都是字符串。

在 Python 中定义了很多处理字符串的内置函数和方法(函数是直接调用的,方法需要通过对象用"."运算符调用),常用的字符串函数和方法见表 2-1。

表 2-1　常用的字符串函数和方法

函数(方法)名	功　　能	应 用 示 例
str()	将数字、列表、元组等转换成字符串	print(str(1+2)) 输出:3

续表

函数（方法）名	功　　能	应 用 示 例
find()	查找字符子串在原字符串中首次出现的位置，如果没有找到，则返回－1	s ＝ 'Life is like a box of chocolates' print(s.find('like')) 输出：8
split()	按指定的分隔符将字符串拆分成多个字符子串，返回值为列表	s ＝ 'berry@strong@jack' print(s.split(sep＝'@')) 输出：['berry', 'strong', 'jack']
lower()	将字符串中的大写字母转换为小写字母。 与 lower()功能相反的 upper()方法是将小写字母转换为大写字母	s ＝ 'Life is like a box of chocolates' print(s.lower()) 输出：life is like a box of chocolates
strip()	删除字符串头尾指定的字符（默认为空格）	s ＝ '***beautiful***' print(s.strip('*')) 输出：beautiful
int()	将一个数字字符串转换为整数	sum ＝ int('12') ＋ int('28') print(sum) 输出：40
eval()	将数字字符串转换为实数	sum ＝ eval('3.15')＋eval('3.14') print(sum) 输出：6.29

4. 转义符

在 Python 语言中提供了一些特殊的字符常量，这些特殊字符称为转义符。通过转义符可以在字符串中插入一些无法直接输入的字符，如换行符、引号等。每个转义符都以反斜杠(\)为标志。例如，'\n'代表一个换行符，这里的'\n'不再代表字母 n 而作为换行符号。常用的以"\"开头的转义符如表 2-2 所示。

表 2-2　常用的以"\"开头的转义符

转 义 符	意 　 义	转 义 符	意 　 义
\b	退格	\t	横向跳格(Ctrl＋I)
\f	走纸换页	\'	单引号
\n	换行	\"	双引号
\r	回车	\\	反斜杠

2.1.3　运算符

Python 是面向对象的编程语言，对象由数据和行为组成，运算符是表示对象行为的一种形式。

Python 支持算术运算符、关系运算符、逻辑运算符以及位运算符，还支持特有的运算符，如成员测试运算符、集合运算符、同一性测试运算符等。

表 2-3 显示了 5 种运算符及其描述。

表 2-3   运算符功能描述

运　算　符	功　　　能
+、−、*、/、%、//、**	算术运算：加、减、乘、除、取模、整除、幂
=、+=、*=	赋值运算符和复合赋值运算符
<、<=、>、>=、!=、==	关系运算：小于、小于或等于、大于、大于或等于、不等于、等于
and、or、not	逻辑运算：逻辑与、逻辑或、逻辑非
&、|、^、~、<<、>>	位运算：位与、位或、位异或、取反、左移位、右移位
is、is not	对象同一性测试符
in、not in	成员测试运算符

2.2 　列表和元组

列表和元组是 Python 中使用较频繁的数据类型，系统为其分配连续的内存空间。

2.2.1 　列表定义与元素访问

列表是用方括号组织起来的，每个元素间用逗号隔开，每个具体元素可以是任意类型的内容。通常元素的类型是相同的，但也可以不相同。

1. 列表的定义

列表定义的语法格式如下。

列表名=[元素 0,元素 1,…,元素 n]

说明：

（1）列表名的命名规则跟变量名一样，不能用数字开头。

（2）方括号中的元素之间用逗号分隔。

（3）当列表增加或删除元素时，内存空间自动扩展或收缩。

（4）列表中元素的类型可以不相同，它支持数字、字符串甚至可以包含列表（称为列表嵌套）。

例如：

```
list1=[ ]                              #定义空列表
list2=[1, 2, 3,4]                      #定义 4 个整数的列表
list3=['red', 'green', 'blue']        #定义 3 个字符串的列表
list4=[1,'apple', ['Yantai','red']]   #定义元素类型不相同的嵌套列表
```

2. 列表中元素的访问

（1）列表元素用"列表名[下标]"表示。例如，某同学的爱好列表。

```
hobby=['sing','draw','dance','reading']
```

其元素分别为 a[0] ='sing' ; a[1] = 'draw'; …; a[3] = 'reading'.

（2）用"列表名[起始下标：结束下标 + 1]"表示列表的片段（列表的部分元素），即切片操作。例如，设有列表：

```
hobby=['sing', 'draw', 'dance', 'reading']
```

用交互方式访问其列表的部分元素,如 hobby[1∶3],可以输出:['draw', 'dance']。

3. 列表的推导式

推导式就是用 for 循环结合 if 表达式生成一个列表,方便紧凑地定义列表的方式,可以大大减少代码量。

【例 2-1】　有一组不同配置的计算机形成的价格列表,应用列表推导式生成一个低于5000 元的价格列表。

```
price = [3500,3800,5600,5200,8700]
sale = [i for i in price if i< 5000]
print("原列表:",price)
print("价格低于 5000 元的列表:",sale)
```

运行结果:

```
原价格: [3500, 3800, 5600, 5200, 8700]
原列表: [3500, 3800, 5600, 5200, 8700]
价格低于 5000 元的列表: [3500, 3800]
```

2.2.2　列表的操作方法

1. 添加元素

有 3 个方法可以在列表中添加元素:append()、extend()、insert()。

(1) 用 append()方法在列表末尾添加元素。

```
list_demo=['a','b','c']
list_demo.append('d')
print(list_demo)
```

输出:

```
[a,b,c,d]
```

(2) 用 extend()方法将另一个列表的元素添加到本列表之后。

```
list_demo=['a','b','c']
list_b=['d','e']
list_demo.extend(list_b)
print(list_demo)
```

输出:

```
['a', 'b', 'c', 'd', 'e']
```

(3) 用 insert()方法将元素插入到列表中指定的某个位置。

```
insert(下标位置,插入的元素)
list_demo=['a','b','c']
list_demo.insert(2,'d')
print(list_demo)
```

输出:

```
['a', 'b', 'd', 'c']
```

2. 删除元素

(1) 用 del 命令删除列表中指定下标的元素。

（2）用 pop()方法删除列表中指定下标的元素。

```
list_demo=['a','b','c']
print(list_demo.pop())
```

输出：

```
c
```

```
print(list_demo)
```

输出：

```
['a', 'b']
```

（3）用 remove(x)方法删除列表中所值为'x'的元素。

```
list_demo=['a','b','c']
list_demo.remove('b')
print(list_demo)
```

输出：

```
['a', 'c']
```

3. 确定元素位置

用 index()方法可以确定元素在列表中的位置。

```
list_demo=['a','b','c']
print(list_demo.index('b'))
```

输出：

```
1
```

4. 对列表元素排序

用 sort()方法可以对列表元素进行排序。sort()方法默认为按升序（从小到大）排序。

```
list_demo=['a','c','b']
list_demo.sort()
print(list_demo)
```

输出：

```
['a','b','c']
```

【例 2-2】 将成绩降序排列,并统计成绩为 80 分以上的人数。

```
list_score_1 = [87, 82, 67, 98, 56]
list_score_2 = [84, 89, 90]
list_score_1.extend(list_score_2)          #合并两个列表
list_score_1.sort(reverse=True)            #降序排序
print('成绩排序：', list_score_1)
n = 0
for sc in list_score_1:
    if sc >= 80:
        n = n + 1
print('80 分(含)以上的学生人数：', n)
```

运行结果：

```
成绩排序：[98, 90, 89, 87, 84, 82, 67, 56]
80 分(含)以上的学生人数：6
```

2.2.3　元组定义与元素操作

元组是一种元素序列。但元组是不可变的,元组一旦定义,就不能添加或删除元素,元素的值也不能修改。

1. 元组的定义

用一对圆括号定义元组。

定义元组可通过两种方式：使用小括号()或 tuple()方法。

（1）使用"()"定义元组。

在 Python 中,可以直接通过小括号"()"定义元组。定义元组时,小括号内的元素用逗号分隔。其语法格式如下。

```
tuplename=(元素 1,元素 2,元素 3,…,元素 n)
```

其中,tuplename 表示元组的名称,可以是任何符合 Python 命名规则的非关键字标识符。元素 1,元素 2,元素 3,…,元素 n 表示元组中的元素,个数没有限制,并且只要是 Python 支持的数据类型即可。

从语法格式来看,元组使用一对小括号将所有的元素括起来,但是小括号并不是必需的,只要将一组值用逗号隔开,Python 就可以视为元组。若定义的元组只包括一个元素,则需要在定义元组时,在元素的后面加一个逗号","。

【例 2-3】　定义个人爱好的元组。

```
tup_hobby = ('旅游','象棋','游泳','看书','唱歌','跑步')
print(tup_hobby)
```

运行结果：

```
('旅游','象棋','游泳','看书','唱歌','跑步')
```

（2）使用 tuple()方法定义。

在 Python 中,可以通过 tuple()方法直接将 range()方法循环出来的结果转换为数组元组。

【例 2-4】　输出 20 以内 3 的倍数的数值元组。

```
number = tuple(range(3, 20, 3))
print('20 以内 3 的倍数数值元组:',number)
```

运行结果：

```
20 以内 3 的倍数数值元组: (3, 6, 9, 12, 15, 18)
```

2. 获取元组元素

在元组中获取对象的方法与列表相同,支持双向索引和切片访问。

【例 2-5】　使用两种方式输出"中国古代四大发明"。

```
inventions = '造纸术','指南针','火药','印刷术'
#方式一：直接使用 for 循环遍历
for name in inventions:
```

```
        print(name,end=' ')
print()
#方式二:使用 for 循环和 enumertate()函数结合遍历
for index,item in enumerate(inventions):
        print(index + 1,item)
```

运行结果:

```
造纸术指南针火药印刷术
1 造纸术
2 指南针
3 火药
4 印刷术
```

3. 元组操作

元组的不可变性导致其无法像列表一样可以实现对象的追加、删除和清空等操作,仅能够查看相关的操作。元组操作方法请见表 2-4。

表 2-4 元组操作方法及描述

方 法	功 能	说 明	示 例
count(tup_value)	计数	查看元组出现的次数	tup_demo＝ ('a','b','c') print(tup_demo.count('b')) 输出:1
index(tup_value)	查看索引	查看特定值第一次出现的索引位置	tup_demo＝ ('a','b','b','c') print(tup_demo.index('b')) 输出:2
len(obj)	查看元组长度	查看元组中有多少个对象	tup_demo＝ ('a','b','c') print(len(tup_demo)) 输出:3

与列表类似,元组对象也支持"＋""＊"和"in"运算符。"＋"运算符用来执行合并操作。"＊"运算符用来执行重复操作,结果都会生成一个新的元组。"in"运算符用于测试元组中是否包含某个元素。

元组也支持 len()、max()、min()、sum()、zip()、enumerate()等方法,以及 count()、index()等对象方法。元组属于不可变序列,因此不支持 append()、extend()、insert()、remove()、pop()等操作。

4. 元组的删除

只能用 del 命令删除整个元组,而不能仅删除元组中的部分元素,因为元组是不可变的。

5. 元组的打包与解包

元组解包允许将一个可迭代对象的元素(通常是一个元组)分配给变量。比较经典的就是交换 a、b 的值,原理是 b、a 在右边形成元组(b,a),然后解包。

将多个以逗号分隔的值赋给一个变量时,多个值被打包成一个元组类型。当我们将一个元组赋给多个变量时,它将解包成多个值,然后分别将其赋给相应的变量。以星号"＊"开头的变量将从迭代中取出所有其他变量剩余的值。

【例 2-6】 元组的打包与解包应用。

```
#打包
t = 1, 10, 100,1000
print(type(t), t)
#解包
i, * j, k = t
print(i, j, k)
```

运行结果：

```
<class 'tuple'> (1, 10, 100, 1000)
1 [10, 100] 1000
```

2.3　字典和集合

2.3.1　字典定义与元素操作

字典是 Python 重要的数据结构，由键值对组成。在客观世界中，所有的事件都有它的属性和属性对应的值，例如，某种花的颜色是红色，有 6 个花瓣。其中，颜色和花瓣数量是属性，红色和 6 是值。我们用属性（key）和值（value）组成"键值对"（key-value）这样的数据结构。

1. 字典的定义

用大括号"{ }"把元素括起来就构成了一个字典对象。

字典中的元素用"字典名［键名］"表示。

2. 字典元素的修改

通过为键名重新赋值的方式修改字典元素的值。

3. 字典元素的添加

添加字典元素，也是使用赋值方式。

4. 字典元素的删除

用 del 命令可以删除字典中的元素。

【例 2-7】 字典元素操作应用。

```
#字典的创建
name_age_dict = {'小赵': 18, '小钱': 20, '小孙': 16}
#打印输出
#输出原字典
print(f'name_age_dict = {name_age_dict}')
#修改字典中值的内容
name_age_dict['小钱'] = 21
#创建新的键值对
name_age_dict['小李'] = 19
#输出修改与增加键值对后的字典
print(f'name_age_dict = {name_age_dict}')
```

运行结果：

```
name_age_dict = {'小赵': 18, '小钱': 20, '小孙': 16}
name_age_dict = {'小赵': 18, '小钱': 21, '小孙': 16, '小李': 19}
```

2.3.2 集合定义与元素操作

集合(set)是存放无顺序、无索引内容的容器。在 Python 中,集合用花括号{}表示。集合可以消除重复的元素,也可以用它作交、差、并、补等数学运算。

集合分为可变集合(set)和不可变集合(frozenset)两种类型。可变集合的元素是可以添加、删除的,而不可变集合的元素不可添加、不可删除。

1. 集合的定义

集合用一对大括号"{ }"把元素括起来,元素之间用逗号","分隔。

例如:

```
s1 = {1,2,3,4,5}
s2 = {'a','b','c','d'}
```

上述 s1 和 s2 都是集合。

2. 集合的定义

使用 set()函数定义一个集合。

3. 集合元素的添加

Python 的集合有两种方法用于添加元素,分别是 add()和 update()。

4. 集合元素的删除

用 remove()可以删除集合中的元素。

5. 集合的专用操作符

集合有 4 个专用操作符: &(交集)、|(并集)、—(差集,又称为"相对补集")、^(对称差分)。

设有两个集合 a、b,其关系如下。

(1) a & b 表示两个集合的共同元素。

(2) a | b 表示两个集合的所有元素。

(3) a—b 表示只属于集合 a,不属于集合 b 的元素。

(4) a ^ b 表示两个集合的非共同元素。

集合没有顺序,没有索引,所以无法指定位置去访问,但可以用 for 遍历的方式进行读取。

【例 2-8】 集合的综合应用。

某公司人力资源部想在单位做一项关于工作满意度问卷调查。为了保证样本选择的客观性,他将公司全体人员按顺序编号,先用计算机生成了 N 个 1~200 的随机整数($N \leqslant$ 200),N 是用户输入的,对于其中重复的数字,只保留一个,把其余相同的数字去掉,不同的数对应着不同的员工编号,然后再把这些数从小到大排序,按照排好的顺序去找员工做调查,请你协助人力资源部的负责人完成"去重"与排序工作。

```
import random
#接收用户输入
num = int(input('请输入需要选择的样本数:'))
#定义空集合;用集合便可以实现自动去重(集合里面的元素是不可重复的)
sampleNo = set([])
#生成 N 个 1~200 的随机整数
for i in range(num):
    num = random.randint(1,100)
```

```
#add:添加元素
    sampleNo.add(num)
print("抽取的员工编号:",sampleNo)
#sorted:集合的排序
print("抽取的员工升序编号:",sorted(sampleNo))
```

运行结果：

```
请输入需要选择的样本数:10
抽取的员工编号: {2, 68, 71, 44, 17, 82, 51, 50, 61}
抽取的员工升序编号: [2, 17, 44, 50, 51, 61, 68, 71, 82]
```

本案例中，通过集合去重，即每生成一个随机数便将其加入到定义的空集合中，最后通过 sorted() 函数可以对集合进行排序。

2.4　程序控制结构

2.4.1　输入、输出与顺序控制语句

1. 输出语句

在 Python 中使用 print() 函数输出数据。

（1）直接输出。字符串、数值、列表、元组、字典等类型都可以用 print() 函数直接输出。

【例 2-9】　输出语句示例。

```
print('abc',123)
print('abc',123,sep=',')
```

运行结果：

```
abc 123
abc,123
```

（2）格式化输出。print() 函数可以使用"％"格式化输出数据。常用的格式化输出符号如表 2-5 所示。

表 2-5　常用的格式符及其含义

符　号	说　　　明	辅　助　功　能
％s	格式化字符串	＊：定义宽度或小数位精度
％d	格式化整数	-：左对齐
％f	格式化浮点数字，可指定小数点后的精度	0：在数字前面填充 0 而非空格
％％	格式化为百分号	m.n：m 是最小总位数，n 是小数点后的位数

【例 2-10】　使用"％"运算符设置格式。

```
strname, age, score = '初心', 18, 96.5
print('%s同学的年龄为%d,Python 成绩为:%.1f'%(strname, age, score))
```

运行结果：

```
初心同学的年龄为 18,Python 成绩为:96.5
```

上述 print() 函数使用了格式化字符串，并设置了两个格式符："％s"表示该位置是一个

字符串,"％d"表示该位置是一个整数。strname、age 和 score 三个参数分别与"％s""％d""％f"相对应,即 strname 被格式化为字符串,age 被格式化为整数,score 被格式化为一位小数的浮点数。

（3）使用 f-strings 格式化字符串。

格式化的字符串常量(formatted string literals,f-strings)使用"f"或"F"作为前缀,表示格式化设置。f-strings 方式只能用于 Python 3.6 及其以上版本,它与 format()方法类似,但形式更加简洁。

```
print('age={0}, y={1:.1f}'.format (x, y))
```

可以表示为

```
print(f 'age= {age},score={score:.1f}')
```

2. 输入语句

在 Python 中,使用 input()函数输入数据。input()函数只能输入字符数据,当需要输入数值型数据时,可以使用 eval()函数将字符转换为数值。

【例 2-11】 根据输入的年份,计算年龄大小。

实现根据输入的年份(4 位数字,如 1981),计算目前的年龄,程序中使用 input()函数输入年份,使用 datetime 模块获取当前年份,然后用获取的年份减去输入的年份,就是计算的年龄。

```
import datetime
birthyear = input("请输入您的出生年份:")
nowyear = datetime.datetime.now().year
age = nowyear - int(birthyear)
print("您的年龄为: "+ str(age) + "岁")
```

运行程序,提示输入出生年份,出生年份必须是 4 位,如 1981。如输入 1978,按 Enter 键,运行结果如下:

```
请输入您的出生年份:1978
您的年龄为: 45
```

3. 顺序控制语句

顺序控制是指计算机在执行这种结构的程序时,从第一条语句开始,按从上到下的顺序依次执行程序中的每一条语句。

【例 2-12】 输入一个三位正整数,求各位数字的和。

```
num = int(input("请输入一个三位正整数:"))
gewei = num % 10
shiwei = num /10 % 10
baiwei = num /100
print(f"{num}的个位、十位和百位分别为:{gewei}、{shiwei}、{baiwei}")
add = gewei + shiwei + baiwei
print("{0}的各位数字之和为{1}".format(num,add))
```

运行结果:

```
请输入一个三位正整数:258
258 的个位、十位和百位分别为:8、5、2
258 的各位数字之和为 15
```

2.4.2　if 选择语句

选择结构又称为分支结构,根据判断条件表达式是否成立(True 或 False)决定下一步选择执行特定的代码。

在 Python 语言中,条件语句使用关键字 if、elif、else 来表示,基本语法格式如下。

```
if 条件表达式 1:
    if-语句块 1
[elif 条件表达式 2:
    elif-语句块 2
else:
    else-语句块 3]
```

其中,冒号(:)是语句块开始标记,[]内为可选项。

在 Python 中,条件表达式的值只要不是 False、0(或 0.0、0j 等)、""、()、[]、{}、空值(None)、空对象,Python 解释器均认为其与 True 等价。也就是说,所有 Python 合法表达式(算术表达式、关系表达式、逻辑表达式等,包括单个常量、变量或函数)都可以作为条件表达式。

选择结构分为单分支结构、多分支结构、嵌套分支结构等多种形式。

【例 2-13】　判断是否为酒后驾车。

国家质量监督检验检疫局发布的《车辆驾驶人员血液、呼气酒精含量阈值与检验》中规定:车辆驾驶人员血液中的酒精含量小于 20mg/100ml 不构成饮酒驾驶行为;酒精含量大于或等于 20mg/100ml、小于 80mg/100ml 为饮酒驾车;酒精含量大于或等于 80mg/100ml 为醉酒驾车。

要求使用嵌套的 if 语句实现根据输入的酒精含量值判断是否为酒后驾车的功能。

```
degree = int(input("请输入每 100 毫升血液的酒精含量:"))
if degree < 20:
    print("您还不构成饮酒行为,可以开车,但要注意安全。")
else:
    if degree < 80:
        print("已经达到酒后驾驶标准,请不要开车。")
    else:
        print("已经达到醉酒驾驶标准,千万不要开车。")
```

运行结果:

请输入每 100 毫升血液的酒精含量:25
已经达到酒后驾驶标准,请不要开车。

注意:代码的逻辑级别是通过代码的缩进量控制的,同一级别的语句块的缩进量必须相同。

2.4.3　循环语句

循环结构是指满足一定条件的情况下,重复执行特定代码块的一种编码结构。其中,被重复执行的代码块称为循环体,判断是否继续执行的条件称为循环终止条件。

Python 中,常见的循环语句是 while 语句和 for 语句两种格式。

while 循环与 for 循环的思路类似,区别在于 while 循环需要通过条件来实现逻辑控制,而不能像 for 循环一样直接读取序列对象。

1. for 循环

for 循环是一个依次重复执行的循环。通常适用于枚举或遍历序列,以及迭代对象中的元素。其中,可迭代对象一次返回一个元素,因而适用于循环。

for 循环的语法格式如下。

```
for 迭代变量 in 序列或迭代对象:
    循环体
```

其中,迭代变量用于保存读取出的值;对象为要遍历或迭代的对象,该对象可以是任何有序的序列对象,如字符串、列表和元组等;循环体为一组被重复执行的语句。

for 语句依次从序列或可迭代对象中取出一个元素并赋值给变量,然后执行循环体代码,直到序列或可迭代对象为空。

【例 2-14】 计算 $1+2+3+4+\cdots+100$ 的结果。

```
print("计算 1+2+3+4+…+100 的结果为:")
result=0
for i in range(1,101,1):
    result += i
print(result)
```

运行结果:

```
计算 1+2+3+4+…+100 的结果为:
5050
```

本例中的 range() 函数属于 Python 内置的函数,返回一个可迭代对象,语法格式如下。

```
range(start, end, step)
```

参数说明:

- start 是指定计数的起始值,可以省略,若省略则默认为 0。
- end 为指定计数的结束值(但不含该值),不可省略;当 range() 函数中只有一个参数时,即表示指定计数的结束值。
- step 是指定步长,即两个数之间的间隔,可以省略,若省略则默认为 1。

这个函数的功能:产生以 start 为起点,以 end 为终点(不包括 end),以 step 为步长的 int 型列表对象。这里的 3 个参数可以是正整数、负整数或者 0。

在使用 range() 函数时,如果只有一个参数,那么表示指定的是 end;如果有两个参数,则表示指定的是 start 和 end;当 3 个参数都存在时,最后一个参数才表示步长。

在 for 循环中,可以使用 continue 语句来结束本次循环,也可以使用 break 语句跳出循环体,从而结束整个循环。

2. while 循环

while 语句通过条件表达式建立循环。

while 循环可实现无限循环,即永远执行。无限循环的本质是死循环,仅在特定场景下使用,因此应该在循环中设计退出机制。

while 循环的语法格式如下。

```
while 条件表达式:
    循环体
```

当条件表达式的值为 True 时,执行循环体的语句,循环体中可以包含多条语句,这些语句都会被重复执行。while 语句中必须有改变循环条件的语句(将循环条件改变为 False 的代码),否则会进入死循环。

【例 2-15】　取款机输入密码模拟。一般在取款机上取款时需要输入 6 位银行卡密码,接下来模拟一个简单的取款机(只有 1 位密码),每次要求用户输入 1 位数字密码,密码正确则输出"密码正确,正在进入系统!";如果输入错误,则输出"密码错误,已经输错 * 次",密码连续输入错误 6 次后输出"密码已经错误 6 次,请与发卡行联系!"。

```python
password=0
i = 1
while i < 7:
    num = input("请输入 1 位数字密码:")
    num = int(num)
    if num == password:
        print("密码正确,正在进入系统!")
        i=8
    else:
        print("密码错误,已经输错",i,"次")
    i += 1
if i == 7:
    print("密码已经错误 6 次,请与发卡行联系!")
```

运行结果:

```
请输入 1 位数字密码:6
密码错误,已经输错 1 次
请输入 1 位数字密码:2
密码错误,已经输错 2 次
请输入 1 位数字密码:0
密码正确,正在进入系统!
```

3. 循环嵌套

循环可以嵌套,在一个循环体内包含另一个完整的循环,叫做循环嵌套。循环嵌套运行时,外循环每执行一次,内层循环要执行一个周期。

在 Python 中,for 循环和 while 循环都可以进行循环嵌套。

【例 2-16】　猜数字游戏。每一个数字可以连续猜 6 次,每人可以连续猜 3 个数字。

```python
from random import randint
for i in range(4):                          #控制竞猜的轮次
    print('*** 猜第{0}个数 ***'.format(i+1))
    x = randint(0,100)
    for j in range(6):                      #控制一轮的竞猜次数
        guess = int(input("请输入 1 到 100 的数: "))
        if guess == x:
            print('恭喜你,猜对了!')
            break
        elif guess > x:
            print('很遗憾,太大了!')
        else:
            print('很遗憾,太小了!')
    print('第{0}次竞猜结束'.format(i+1))
```

4. break、continue 和 else 语句

在循环结构中,还可以使用 break、continue 和 else 等语句控制循环过程或处理循环结束后的工作。

在循环过程中,有时可能需要提前跳出循环,或者跳过本次循环的剩余语句以提前进行下一轮循环,在这种情况下,可以在循环体中使用 break 语句或 continue 语句。如果存在多重循环,则 break 语句只能跳出自己所属的那层循环。break 语句和 continue 语句通常与 if 语句配合使用。

while 语句和 for 语句的后边还可以带有 else 语句,用于处理循环结束后的"收尾"工作。

【例 2-17】 编写程序,随机产生骰子的一面(数字 1~6),给用户三次猜测机会,程序给出猜测提示(偏大或偏小)。如果某次猜测正确,则提示正确并中断循环;如果三次均猜错,则提示机会用完。

分析:使用随机函数产生随机整数,设置循环初值为 1,循环次数为 3,在循环体中输入猜测并进行判断,如果密码正确则使用 break 语句中断当前循环。

```python
import random
point=random.randint(1,6)
count=1
while count<=3:
    guess=int(input("请输入您的猜测:"))
    if guess>point:
        print("您的猜测偏大")
    elif guess<point:
        print("您的猜测偏小")
    else:
        print("恭喜您猜对了")
        break
    count=count+1
else:
    print("很遗憾,三次全猜错了!")
```

运行结果:

```
请输入您的猜测:23
您的猜测偏大
请输入您的猜测:1
您的猜测偏小
请输入您的猜测:3
您的猜测偏小
很遗憾,三次全猜错了!
```

2.5 函　　数

在 Python 中,将用于实现某种特定功能的若干条语句组合在一起,称为函数。本节将简要介绍 Python 中的函数定义及使用方法。

2.5.1 函数的定义与调用

1. 函数定义的一般形式

函数定义的语法格式如下。

```
def function_name(arguments):
```

关于函数定义的说明:

(1) 函数代码块以 def 关键词开头,后接函数标识符名称和圆括号()。

(2) function_name 是用户自定义的函数名称。

(3) arguments 是零个或多个参数,且任何传入参数必须放在圆括号内。如果有多个参数,则必须用英文逗号分隔。即使没有任何参数,也必须保留一对空的圆括号。括号后边的冒号表示缩进的开始。

(4) 最后必须跟一个冒号(:),函数体从冒号开始,并且缩进。

(5) function_block 是实现函数功能的语句块。

(6) 在函数体中,可以使用 return 语句返回函数代码的执行结果,返回值可以有一个或多个。如果没有 return 语句,则默认返回 None(空对象)。

2. 调用函数

调用函数也就是执行函数。在 Python 中,直接使用函数名调用函数。如果定义的函数包含有参数,则调用函数时也必须使用参数。

调用函数的语法格式如下。

```
function_name(arguments)
```

参数说明如下。

- function_name:函数名称,要调用的函数名称,必须是已经定义好的。
- arguments:可选参数,用于指定各个参数的值。如果需要传递多个参数值,则各个参数值间使用逗号","分隔;如果该函数没有参数,则直接写一对小括号即可。

3. 函数的返回值

在 Python 中,可以在函数体内使用 return 语句为函数指定返回值。该返回值可以是任意类型,并且无论 return 语句出现在函数的什么位置,只要得到执行,就会直接结束函数的执行。

return 语句的语法格式如下。

```
return value
```

参数说明如下。

value:可选参数,用于指定要返回的值,可以返回一个值,也可以返回多个值。

【例 2-18】 自定义函数名称为 fun_area 的函数,用于计算矩形的面积,该函数包括两个参数,分别为矩形的长和宽,返回值为的矩形面积。

```
#计算矩形面积的函数
def fun_area(width,height):
    if str(width).isdigit() and str(height).isdigit():    #验证数据是否合法
        area = width * height                             #计算矩形面积
    else:
```

```
        area = 0
    return area                                            #返回矩形的面积

w = 20                                                     #矩形的长
h = 15                                                     #矩形的宽
area = fun_area(w,h)                                       #调用函数
print(area)
```

运行结果：

```
300
```

2.5.2　函数参数类型

在使用函数时，经常会用到形式参数和实际参数，两者都叫作参数，二者之间的区别将先通过形式参数与实际参数的作用来进行讲解。

形参即形式参数，在使用 def 定义函数时，函数名后面的括号里的变量称作形式参数。

在调用函数时提供的值或者变量称作实际参数，简称实参。

形参和实参之间就像剧本选主角一样，剧本的角色相当于形参，而演角色的演员就相当于实参。

定义函数时不需要声明形参的数据类型，Python 解释器会根据实参的类型自动推断形参的类型。

函数是可以传递参数的，当然也可以不传递参数。同样，函数可以有返回值，也可以没有返回值。

根据实参的类型不同，可以分为将实参的值传递给形参，以及将实参的引用传递给形参两种情况。其中，当实参为不可变对象时，进行的是值传递；当实参为可变对象时，进行的是引用传递。实际上，值传递和引用传递的基本区别就是，进行值传递后，改变形参的值，实参的值不变；而在进行引用传递后，改变形参的值，实参的值也一同改变。

前面讲述的函数参数类型属于固定（位置）参数传递，直接将实参赋给形参，根据位置做匹配，即严格要求实参的数量与形参的数量以及位置均相同。即调用函数时，实参和形参的数量必须相同，位置顺序也必须一致，即第 1 个实参传递给第 1 个形参，第 2 个实参传递给第 2 个形参，以此类推。

接下来介绍其他三种函数参数类型。

1. 默认参数传递

Python 支持默认值参数，即在定义函数时可以为形参设置默认值。调用带有默认值参数的函数时，如果没有给设置默认值的形参传值，则函数会直接使用默认值。也可以通过传递实参替换默认值。

```
def 函数名(…,形参名=默认值):
函数体
```

【例 2-19】　自定义函数 user_info，定义时设置默认参数，调用时验证其功能。

```
#定义函数
def user_info(name,age,gender='女'):
    print(f"您的名字是{name},年龄是{age},性别是{gender}")
#调用函数
```

```
user_info('Tom',20)
user_info('Jack',18,'男')
```

运行结果：

```
您的名字是 Tom,年龄是 20,性别是女
您的名字是 Jack,年龄是 18,性别是男
```

定义函数时,为形参设置默认值要牢记一点:默认参数必须指向不可变对象。若使用可变对象作为函数参数的默认值时,多次调用可能会导致意料之外的情况。

2. 未知参数个数(可变)传递

对于某些函数,我们不知道传进来多少个参数,只知道对这些参数进行怎样的处理。Python 允许我们创造这样的函数,即未知参数个数的传递机制,只需要在参数前面加个"＊"就可以了。

通过 ＊arg 和＊＊kwargs 这两个特殊语法可以实现可变长参数。

- ＊arg 表示元组变长参数(参数名的前面有一个"＊"),可以以元组形式接收不定长度的实参。
- ＊＊kwargs 表示字典变长参数(参数名的前面有两个"＊"),可以以字典形式接收不定长度的键值对。

【例 2-20】 自定义函数 get_score(),利用可变长参数,根据姓名同时查询多人的成绩。

```
def get_score(＊names):
    result = []
    for name in names:
        score = std_sc.get(name, -1)
        result.append((name, score))
    return result

std_sc = {'Merry': 95, 'Jack': 76, 'Rose': 88, 'Xinyi': 65}
print(get_score('Merry'))
print(get_score('Jack', 'Rose'))
print(get_score('Merry', 'Xinyi', 'Jack'))
```

运行结果：

```
[('Merry', 95)]
[('Jack', 76), ('Rose', 88)]
[('Merry', 95), ('Xinyi', 65), ('Jack', 76)]
```

3. 关键字参数传递

关键字参数是指使用形式参数的名字来确定输入的参数值。通过该方式指定实参时,不再需要与形参的位置完全一致,只要将参数名写正确即可。这样可以避免用户需要牢记参数位置的麻烦,使得函数的调用和参数传递更加灵活方便,既可以让函数更加清晰、容易使用,同时也清除了参数的顺序需求。

调用函数时,可以通过"形参名＝值"的形式传递参数,称为关键字参数。与位置参数相比,关键字参数可以通过参数名明确指定为哪个参数传值,因此参数的顺序可以与函数定义中的不一致。

使用关键字参数传参时,必须正确引用函数定义中的形参名称。

【例 2-21】 定义一个函数，可以通过关键字传递实参。

```
def user_info(name,age,gender):
    print(f"您的名字是{name},年龄是{age},性别是{gender}")
#函数调用
user_info('Tom',age=20,gender='女')
user_info('Jack',gender='男',age=18)
```

运行结果：

```
您的名字是 Tom,年龄是 20,性别是女
您的名字是 Jack,年龄是 18,性别是男
```

当位置参数与关键字参数混用时，位置参数必须在关键字参数的前面，关键字参数之间可以不区分先后顺序。

2.5.3 函数参数的作用域

函数参数（变量）的作用域是指程序代码能够访问该变量的区域，如果超出该区域，再访问时就会出现错误。在程序中，一般会根据变量的"有效范围"将变量分为"全局变量"和"局部变量"。

在函数体内部定义的变量或函数参数称为局部变量，该变量只在该函数内部有效。在函数体外部定义的变量称为全局变量，在变量定义后的代码中都有效。当全局变量与局部变量同名时，则在定义局部变量的函数中，全局变量被屏蔽，只有局部变量有效。

全局变量在使用前要先用关键字 global 声明。

【例 2-22】 global 关键字使用示例。

```
def my_add():
    global x                          #声明全局变量
    print(x)                          #结果:5
    x = 3                             #修改变量值
    return x + x

x = 5
print(my_add())                       #结果:6
print(x)                              #结果:3
```

运行结果：

```
5
6
3
```

通过 global 关键字可以在函数内定义或者使用全局变量。如果要在函数内部修改一个定义在函数外部的变量值，则必须使用 global 关键字将该变量声明为全局变量，否则会自动创建新的局部变量。

2.5.4 匿名函数

匿名函数是指不一定显式地给出函数名字的函数，调用一次或几次后就不再需要的函数，属于"一次性"函数。Python 中允许用 lambda 关键字通过表达式的形式定义一个匿名函数。

匿名函数的语法格式如下。

[返回的函数名] = lambda 参数列表：函数返回值表达式语句

说明：

- 函数名是可选项。如果没有函数名，则表示这是一个匿名函数。
- 可以接收多个参数，但只能包含一个表达式，表示式中不允许包含复合语句（带冒号和缩进的语句）。
- lambda 表达式拥有自己的命名空间，不能访问自有参数列表外或全局命名空间内的参数。

lambda 表达式相当于只有一条 return 语句的小函数，表达式的值作为函数的返回值。

应用 lambda 表达式实现对商品信息进行排序。

【例 2-23】 应用 lambda 表达式实现对商品信息按指定的规则进行排序。假设采用爬虫技术获得某商城的秒杀商品信息，并保存在列表中，现需要对这些信息进行排序，排序规则是优先按秒杀金额升序排列，有重复的，再按折扣比例降序排列。

```
bookinfo = [('数据库技术与应用(MySQL 版)',41.9,59),('PHP 网站开发与设计',41.3,59),
('Python 程序设计基础案例教程',31,49),('数据库系统原理及 MySQL 应用教程',45,69)]
print('爬取到的商品信息:\n')
for item in bookinfo:
    print(item)
bookinfo.sort(key=lambda x:(x[1],x[1]/x[2]))#按指定规则进行排序
print('排序后的商品信息:\n')
for item in bookinfo:
    print(item)
```

运行结果：

```
爬取到的商品信息:
('数据库技术与应用(MySQL 版)', 41.9, 59)
('PHP 网站开发与设计', 41.3, 59)
('Python 程序设计基础案例教程', 31, 49)
('数据库系统原理及 MySQL 应用教程', 45, 69)
排序后的商品信息:
('Python 程序设计基础案例教程', 31, 49)
('PHP 网站开发与设计', 41.3, 59)
('数据库技术与应用(MySQL 版)', 41.9, 59)
('数据库系统原理及 MySQL 应用教程', 45, 69)
```

2.6　面　向　对　象

Python 采用了面向对象程序设计的思想，以类和对象为基础，将数据和操作封装成一个类，通过类的对象进行数据操作。

2.6.1　类和对象

1. 类的格式与创建对象

类由类声明和类体组成，而类体又由成员变量和成员方法组成，其一般形式如下。

```
class 类名:
    成员变量
```

```
def 成员方法(self)
```

在类声明中,class 是声明类的关键字,表示类声明的开始,类声明后面跟着类名,按习惯、类名要用大写字母开头,并且类名不能用阿拉伯数字开头。

在类体中定义的成员方法与在类外定义的函数一般形式是相同的。也就是说,通常把定义在类体中的函数称为方法。类中的 self 在调用时代表类的实例。

2. 创建对象

类在使用时,必须创建类的对象,再通过类的对象来操作类中的成员变量和成员方法。创建类对象的格式如下。

```
对象名 = 类名()
```

3. 调用成员方法

调用类的方法时,需要通过类对象调用,其调用格式如下。

```
对象名.方法名(self)
```

4. 类的公有成员和私有成员

在 Python 程序中定义的成员变量和方法默认都是公有成员,类之外的任何代码都可以随意访问这些成员。如果在成员变量和方法名之前加上两个下画线"__"作前缀,则该变量或方法就是类的私有成员。私有成员只能在类的内部调用,类外的任何代码都无法访问这些成员。

5. 类的构造方法

在 Python 中,类的构造方法为__init__(),其中,方法名开始和结束的下画线是双下画线。构造方法属于对象,每个对象都有自己的构造方法。

如果一个类在程序中没有定义__init__()方法,则系统会自动建立一个方法体为空的__init__()方法。

如果一个类的构造方法带有参数,则在创建类对象时需要赋实参给对象。

在程序运行时,构造方法在创建对象时由系统自动调用,不需要用调用方法的语句显式调用。

6. 析构方法

在 Python 中,析构方法为__del__(),其中,开始和结束的下画线是双下画线。析构方法用于释放对象所占用的资源,在 Python 系统销毁对象之前自动执行。析构方法属于对象,每个对象都有自己的析构方法。如果类中没有定义__del__()方法,则系统会自动提供默认的析构方法。

【例 2-24】 类的私有方法的定义与使用。

```python
class Interviewer(object):
    def __init__(self):
        self.wage = 0
    def ask_question(self):
        print('ask some question!')
    def __talk_wage(self):
        print('Calculate wage !')
    def talk_wage(self):
        if self.wage > 20000:
            print('too high !')
```

```
        else:
            self.__talk_wage()
            print('welcome to join us!')
me = Interviewer()
me.ask_question()
#me.__talk_wage()
me.wage = 30000
me.talk_wage()
print('-' * 20)
me.wage = 15000
me.talk_wage()
```

运行结果：

```
ask some question!
too high !
--------------------
Calculate wage !
welcome to join us!
```

在上面的类中，ask_question()方法是普通的方法，在类的外部可以直接调用，__talk_wage()方法是私有方法，只能在类的内部使用，如果在外部写调用的代码则报错。

要在外部调用__talk_wage()，只能间接地通过普通方法 talk_wage()来调用。

2.6.2 类的继承

类的继承是为代码复用而设计的，是面向对象程序设计的重要特征之一。当设计一个新类时，如果可以继承一个已有的类，无疑会大幅度减少开发工作量。

在继承关系中，已有的类称为父类或基类，新设计的类称为子类或派生类。派生类可以继承父类的公有成员，但不能继承其私有成员。

在继承中，父类的构造方法__init__()不会自动调用，如果在子类中需要调用父类的方法，可以使用内置函数 super()或通过"父类名.方法名()"的方式实现。

1. 类的单继承

类的单继承的一般形式如下。

```
class 子类名(父类名):
    子类的类体语句
```

2. 类的多继承

Python 支持多继承，多继承的一般形式如下。

```
class 子类名(父类名 1,父类名 2, …, 父类 n):
    子类的类体语句
```

Python 在多继承时，如果这些父类中有相同的方法名，而在子类中使用时没有指定父类名，则 Python 系统将从左往右按顺序搜索。

【例 2-25】 创建人(Person)类，再创建两个派生类。要求如下。

（1）在"人"基类中，包括类属性 name(记录姓名)和方法 work(输出现在所做的工作)。

（2）创建一个派生类 Student,在该类的__init__()方法中输出"我是学生",并且重写 work()方法，输出所做的工作。

（3）创建第二个派生类 Teacher，在该类的__init__()方法中输出"我是老师"，并且改变类属性 name 的值，然后再重写 work()方法，输出所做的工作。

（4）分别创建派生类的实例，然后调用各自的 work()方法，并且输出类属性的值。

```
class Person:                              #人类(基类)
    name = '匿名'                          #姓名
    def work(self):
        print('我在工作中……')
class Student(Person):                     #定义学生类(派生类)
    def __init__(self):
        print('我是学生')
    def work(self):
        print('我在学习中……')
class Teacher(Person):                     #定义老师类(派生类)
    def __init__(self):
        print('\n我是老师')
        Person.name = '无名'

student = Student()                        #创建类的实例(学生)
print(student.name)
student.work()                             #调用派生类的 work()方法
teacher = Teacher()                        #创建类的实例(老师)
teacher.work()                             #调用基类的 work()方法
print(teacher.name)                        #输出基类的类属性的值
```

运行结果：

```
我是学生
匿名
我在学习中……


我是老师
我在工作中……
无名
```

2.7　模　块　与　包

模块是一组 Python 源程序代码，包含多个函数、对象及其方法。Python 提供了强大的模块支持，主要表现为不仅在 Python 标准库中包含大量的模块（称为标准模块），而且还有很多第三方模块，另外，开发者自己也可以开发自定义模块。

2.7.1　模块的导入

Python 中使用的模块有以下三种：

（1）内置模块。内置模块是 Python 自带的模块，也称为"标准库"，如数学计算的 math、日期和时间处理的 datetime、系统相关功能的 sys 等。

（2）第三方模块。第三方模块是指不是 Python 自带的模块，也称为"扩展库"，这类模块需要另外安装。

（3）自定义模块。编写好一个模块后，只要是实现该功能的程序，都可以导入这个模块实现,这也称为自定义模块。要实现自定义模块主要分为两部分:一部分是创建模块;另一部分是导入模块。

如果想在代码中使用这些模块,则必须通过 import 语句导入当前程序,导入方式有以下三种:

1. import 语句导入模块

直接通过 import 导入的模块可以在当前程序中使用该模块的所有内容,但是在使用模块中的某个具体函数时,需要在函数名之前加上模块的名字。使用方式为"模块名.函数名"。

```
import math
print(math.fabs(-1))
```

使用 import 语句导入模块时,模块是区分字母大小写的,如 import os,也可以在一行内导入多个模块,例如:

```
import time,os,sys
```

2. from…import…语句导入模块

如果在程序中只需要使用模块中的某个函数,则可以用关键字 from 导入,这种导入方式可以在程序中直接使用函数名。

from…import…语句的语法格式如下。

```
from modelname import member
```

参数说明如下。

- modelname:模块名称,区分字母大小写,需要和定义模块时设置的模块名称的大小写保持一致。
- member:用于指定要导入的变量、函数或者类等。可以同时导入多个定义,各个定义之间使用逗号","分隔。如果想导入全部定义,也可以使用通配符" * "代替。若查看具体导入了哪些定义,可以通过显示 dir() 函数的值来查看。

【例 2-26】 from…import…语句导入模块应用示例。

```
from math import fabs
print(fabs(-1))
```

3. from…import…as…语句导入模块

在导入模块或者某个具体函数时,如果出现同名的情况或者为了简化名称,则可以使用关键字 as 作为模块或者函数定义的一个别名。

```
import numpy as np
from demo import add,substact
```

2.7.2 模块的创建与使用

模块在创建命名时要符合标识符命名规则,不要以数字开头,也不要和其他的模块同名。

在每个模块的定义中都包括一个记录模块名称的变量"__name__",程序可以检查该变量,以确定它们在哪个模块中执行。如果一个模块不是被导入到其他程序中执行,那么它可能在解释器的顶级模块中执行。顶级模块的"__name__"变量值为"__main__"。

通常情况下,把能够实现某一特定功能的代码放置在一个文件中作为一个模块,从而方便其他程序和脚本导入并使用。把计算任务分离成不同模块的程序设计方法称为模块化编程。

使用模块可以将计算任务分解为大小合理的子任务,并实现代码的重用功能。另外,使用模块也可以避免函数名和变量名的冲突。

模块的自定义就是若干实现函数或类的代码的集合,保存在一个扩展名为".py"的文件中。

【例 2-27】 创建两个模块:一个是矩形模块,其中包括计算矩形周长和面积的函数;另一个是圆形模块,其中包括计算圆形周长和面积的函数。然后在另一个 Python 文件中导入这两个模块,并调用相应的函数计算周长和面积。

(1) 创建矩形模块,对应的文件名为 rectangle.py,在该文件中定义两个函数:一个用于计算矩形的周长,另一个用于计算矩形的面积。

```
def girth(width,height):
    return(width + height) * 2

def area(width,height):
    return width * height
if __name__ == '__main__':
    print(area(10,20))
```

(2) 创建圆形模块,对应的文件名为 circular.py,在该文件中定义两个函数:一个用于计算圆形的周长,另一个用于计算圆形的面积。

```
import math
PI = math.pi                                  #圆周率
def girth(r):
    return round(2 * PI * r,2)                #计算周长并保留两位小数

def area(r):
    return round(PI * r * r,2)                #计算面积并保留两位小数
if __name__ == '__main__':
    print(girth(10))
```

(3) 创建一个名称为 compute.py 的 Python 文件,在该文件中,首先导入矩形模块的全部定义,然后导入圆形模块的全部定义,最后分别调用计算圆形周长的函数和计算矩形周长的函数。

```
import rectangle as r                         #导入矩形模块
import circular as c                          #导入圆形模块

if __name__ == '__main__':
    print("圆形的周长为:",c.girth(5))          #调用计算圆形周长的方法
    print("矩形的周长为:",r.girth(15,25))       #调用计算矩形周长的方法
'''
```

执行 compute.py 文件,运行结果:

```
圆形的周长为:31.4
矩形的周长为:80
```

2.7.3 第三方库的安装

在 Python 中,除了可以使用 Python 内置的标准模块外,还可以使用第三方模块。这

些第三方模块可以在 Python 官方推出的网站(https://pypi.org/)上找到。

在使用第三方模块时,需要先下载,并安装,然后就可以使用标准模块一样导入并使用了。下载和安装第三方模块使用 Python 提供的包管理工具:pip 命令实现。pip 命令的语法格式如下。

```
pip<命令> [模块名]
```

参数说明如下。

- 命令:指定要执行的命令。常用的命令参数值有 install(用于安装第三方模块)、uninstall(用于卸载已经安装的第三方模块)、list(用于显示已经安装的第三方模块)等。
- 模块名:可选参数,用于指定要安装或者卸载的模块名,当命令为 install 或者 uninstall 时不能省略。

例如,安装第三方的 NumPy 模块(用于科学计算),在 Python 的安装根目录下的 Scripts 文件夹路径中,在命令窗口中输入以下代码。

```
pip install numpy
```

执行上述代码时,将在线安装 NumPy 模块,安装完成之后,将显示如图 2-1 所示界面。

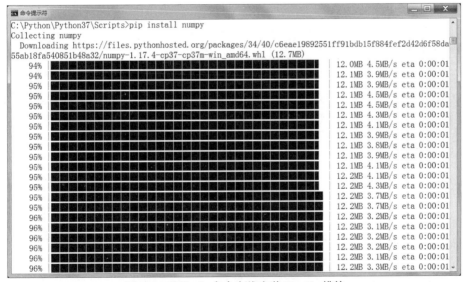

图 2-1　利用 pip 命令在线安装 NumPy 模块

在 PyCharm 中,可以通过 File→Setting 查看已经安装的模块,如图 2-2 所示。

管理包的安装、升级、卸载如下。

在 DOS 命令窗口运行 pip 命令对包进行管理。

(1) 指定安装的软件包版本,通过使用==、>=、<=、>、<来指定一个版本号。

```
pip install markdown==2.0
```

(2) 升级包,升级包到当前最新的版本,可以使用-U 或者-upgrade。

```
pip install -U django
```

(3) 搜索包。

```
pip search "django"
```

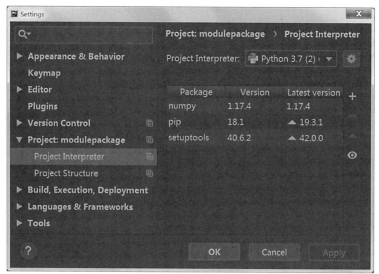

图 2-2　查看 PyCharm 中已经安装的模块

（4）列出已安装的包。

```
pip list
```

（5）卸载包。

```
pip uninstall django
```

（6）导出包到文本文件，可以使用 pip freeze ＞ requirements.txt 命令，将需要的模块导出到文件里，然后在另一个地方使用 pip install -r requirements.txt 命令再导入。

2.7.4　包的创建与使用

使用模块可以避免函数名和变量名重名引发的冲突。对于模块名重复如何解决的问题，Python 中提出了包（Package）的概念。所谓包是一个有层次的文件目录结构，通常将一组功能相近的模块组织在一个目录下，它定义了一个由模块和子包组成的 Python 应用程序执行环境。包可以解决如下问题。

（1）把命名空间组织成有层次的结构。

（2）允许程序员把有联系的模块组合到一起。

（3）允许程序员使用有目录结构而不是一大堆杂乱无章的文件。

（4）解决有冲突的模块名称。

包简单理解就是"文件夹"，作为目录存在。包的另外一个特点就是文件夹中必须有一个 __init__.py 文件。包可以包含模块，也可以包含包。

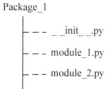

图 2-3　常见的包结构

常见的包结构，如图 2-3 所示。

最简单的情况下，只需要一个空的 __init__.py 文件即可。当然它也可以执行包的初始化代码，或者定义 __all__ 变量。当然包底下也能包含包，这和文件夹一样，还是比较好理解的。

如果在包下面的 __init__.py 文件中定义了全局变量 __all__，那么该字符串列表中的内容就是在其他模块使用 from package_name import * 时导入的该包中的模块。

　　模块和包的区别在于模块是一个包含变量、语句、函数或类的程序文件,文件的名字就是模块名加上 .py 扩展名。包是模块文件所在的目录,模块是实现某一特定功能的函数和类的文件。二者之间的关系是模块通常在包中,包用于模块的组织。

1. 创建包

　　创建包实际上就是创建一个文件夹,并且在该文件夹中创建一个名称为“__init__.py”的 Python 文件。在 __init__.py 文件中,可以不编写任何代码,也可以编写一些 Python 代码。在 __init__.py 文件中所编写的代码,在导入包时会自动执行。

　　例如,在 C 盘根目录下创建一个名称为 config 的包,具体步骤如下。

　　(1) 在计算机的 C 盘目录下,创建一个名称为 config 的文件夹。

　　(2) 在 config 文件夹下,创建一个名称为“__init__.py”的文件。

　　至此,名称为 config 的包就创建完成了,然后可以在该包下创建所需要的模块。

　　在 PyCharm 中,可以通过选中所创建的工程文件名,单击鼠标右键,单击 New,然后选择 Python Package,输入“config”即可成功创建 config 包,同时会自动生成“__init__.py”。

2. 使用包

　　对于包的使用通常有以下三种方式。

　　(1) 通过“import 完整包名.模块名”的形式加载指定模块。

　　例如,在 config 包中有个 size 模块,导入时,可以使用以下代码。

```
import config.size
```

　　若在 size 模块中定义了三个变量,例如:

```
length = 30
width = 20
height = 10
```

　　创建 main.py 文件,在导入 size 模块后,在调用 length、width 和 height 变量时,需要在变量名前加入“config.size”前缀。输入代码如下。

```
import config.size

if __name__ == '__main__':
print("长度:", config.size.length)
    print("宽度:", config.size.width)
    print("高度:", config.size.height)
```

　　运行结果:

```
长度: 30
宽度: 20
高度: 10
```

　　(2) 通过“from 完整包名 import 模块名”的形式加载指定模块。与第(1)种方式的区别在于:在使用时,不需要带包的前缀,但需要带模块名称。代码应为:

```
from config import size

if __name__ == '__main__':
    print("长度:", size.length)
```

```
    print("宽度:", size.width)
    print("高度:", size.height)
```

运行结果:

```
长度: 30
宽度: 20
高度: 10
```

（3）通过"from 完整包名.模块名 import 定义名"的形式加载指定模块。与前两种方式的区别在于：通过该方式导入模块的函数、变量或类后，在使用时直接使用函数、变量或类名即可。代码应为：

```
from config.size import length,width,height

if __name__ == '__main__':
    print("长度:", length)
    print("宽度:", width)
    print("高度:", height)
```

运行结果:

```
长度: 30
宽度: 20
高度: 10
```

在通过"from 完整包名.模块名 import 定义名"的形式加载指定模块时，可以使用星号"＊"代替定义名，表示加载该模块下的全部定义。

2.8 程序的错误与异常处理

2.8.1 程序的错误与处理

Python 程序的错误通常可以分为三种类型，即语法错误、运行时错误和逻辑错误。

1. 语法错误

Python 程序的语法错误是指其源代码中拼写语法错误，这些错误导致 Python 编译器无法把 Python 源代码转换为字节码，故也称之为编译错误。程序中包含语法错误时，编译器将显示 SyntaxError 错误信息。

通过分析编译器抛出的运行时错误信息，仔细分析相关位置的代码，可以定位并修改程序错误。

2. 运行时错误

Python 程序的运行时错误是在解释执行过程中产生的错误。例如，如果程序中没有导入相关的模块（例如，import random）时，解释器将在运行时抛出 NameError 错误信息；如果程序中包括零除运算，解释器将在运行时抛出 ZeroDivisionError 错误信息；如果程序中试图打开不存在的文件，解释器将在运行时抛出 FileNotFoundError 错误信息。

通过分析解释器抛出的运行时错误信息，仔细分析相关位置的代码，可以定位并修改程序错误。

3. 逻辑错误

Python 程序的逻辑错误是程序可以执行(程序运行本身不报错),但运行结果不正确。对于逻辑错误,Python 解释器无能为力,需要编程人员根据结果来调试判断。

2.8.2　程序的异常与处理

Python 语言采用结构化的异常处理机制。

在程序运行过程中,如果出现错误,Python 解释器会创建一个异常对象,并抛出给系统运行时(runtime)处理。即程序终止正常执行流程,转而执行异常处理流程。

在某种特殊条件下,代码中也可以创建一个异常对象,并通过 raise 语句,抛出给系统运行时处理。异常对象是异常类的对象实例。Python 异常类均派生于 BaseException。常见的异常包括 NameError、SyntaxError、AttributeError、TypeError、ValueError、ZeroDivisionError、IndexErroror、KeyError 等。在应用程序开发过程中,有时候需要定义特定于应用程序的异常类,表示应用程序的一些错误类型。

当程序中引发异常后,Python 虚拟机通过调用堆栈查找相应的异常捕获程序。通过 try 语句来定义代码块,以运行可能抛出异常的代码;通过 except 语句,可以捕获特定的异常并执行相应的处理;通过 finally 语句,可以保证即使产生异常(处理失败),也可以在事后清理资源等。

try…except…else…finally 语法格式如下。

```
try:
可能产生异常的语句
except Exception1:                      #捕获异常 Exception1
    发生异常时执行的语句
except (Exception2, Exception3):        #捕获异常 Exception2、Exception3
    发生异常时执行的语句
except Exception4 as e:                 #捕获异常 Exception4,基实例为 e
    发生异常时执行的语句
except:                                 #捕获其他所有异常
    发生异常时执行的语句
else:                                   #无异常
    无异常时执行的语句
finally:                                #不管发生异常与否,保证执行
    不管发生异常与否,保证执行的语句
```

【例 2-28】　通过两个数相除,演示 try…except…else…finally 的应用示例。

```
try:
    num1 = int(input('请输入第一个数字:'))
    num2 = int(input('请输入第二个数字:'))
    if num1 <= 10:
        raise Exception('输入的值太小了,有可能不够除!')
    result=num1/num2
    print('计算结果:', result)
except ZeroDivisionError:
    print('出错了,除数不能为零!!!')
except ValueError as e:
    print('输入错误,只能是整数:', e)
else:
    print('计算完成...')
finally:
```

```
print('程序运行结束')
```

运行结果：

```
请输入第一个数字:15
请输入第二个数字:0
出错了,除数不能为零!!!
程序运行结束
```

由上述例子可以看出,在 Python 中提供了 try…except 语句捕获并处理异常。在使用时,把可能产生异常的代码放在 try 语句块中,把处理结果放在 except 语句块中,这样当 try 语句块中的代码出现错误时,就会执行 except 语句块中的代码,如果 try 语句块中的代码没有错误,那么 except 语句块将不会被执行。

小　　结

本章主要介绍 Python 语言中的常量与变量、基本数据类型、运算符、列表等典型序列结构、函数、面向对象编程思想、模块与包、程序的错误与异常处理等基础知识。

思考与练习

1. 计算三角形面积。

使用 input 语句分别输入三角形的三个边长(浮点数),计算并输出三角形的面积。要求：输入语句中不加提示信息,结果保留两位小数。

2. 元组应用。

使用元组记录某地一周的最高温度和最低温度,统计这一周的最高温度、最低温度和每日平均温度,并依次输出统计结果。

最高温度：31，27，25，32，31，27，28

最低温度：25，20，21，25，23，24，21

3. 字典应用。

有以下工号和姓名的学生信息。

202201,小赵;202208,小钱;202212,小孙;202219,小李

建立字典,存储学生的工号和姓名信息。当输入某个工号,可以自动输出该工号对应的姓名;如果输入的工号不存在,则输出"没有这个工号"。要求：使用循环方式连续执行三次。

4. 根据身高和体重,计算成年人 BMI 指数,并根据该指数判断体重的分类(过轻、正常、超重、肥胖)。BMI(Body Mass Index,身体质量指数)是国际上常用的衡量人体肥胖程度和是否健康的重要标准,计算公式为：BMI＝体重/身高的平方(单位：kg/m^2)。中国成年人 BMI 数值定义为：过轻(低于 18.5),正常(18.5～23.9),过重(24～27.9),肥胖(高于 28)。

使用 input 语句输入身高和体重,输入的身高单位为 m,体重单位为 kg,计算 BMI 并输出"过轻""正常""过重"或"肥胖"的体重分类结果。按照题中定义,BMI 计算结果保留一位小数。

5. 将 1～50 的奇数之和、偶数之和分别输出,先输出奇数之和,再输出偶数之和。

6. 函数应用。

定义函数,计算水费。某地按照年度用水量,对水费实行阶梯计费:用水量不超过 180m³,水价为 5 元/立方米;用水量在 181～260m³,水价为 7 元/立方米;用水量超过 260m³,水价为 9 元/立方米。使用 input 语句输入用水量(整数),然后调用该函数计算阶梯水费并输出计算结果。

7. 有以下水果价格字典,使用 lambda 表达式,按价格从高到低对字典排序,并输出排序结果。

{'apple': 11.6, 'grape': 18.0, 'orange': 5.8, 'banana': 6.8, 'pear': 6.8}

8. 创建 Dog 类,并进行初始化调用。满足如下要求。

(1) 创建 Dog 类。

(2) 规定有 4 条腿。

(3) 都有颜色,都会叫。

(4) 都有姓名和颜色。

(5) 都会叫,并且说自己有几条腿。

9. 编写一个自定义模块,在该模块中,定义一个计算圆柱体的体积函数。然后,再创建一个 Python 文件,导入模块,并且调用计算圆柱体的体积函数,计算出圆柱体的体积。

要求:输入底面半径和高,取两位小数。

第 3 章

NumPy 数组计算

NumPy 是 Numerical Python 的简称，是在 1995 年诞生的 Python 库 Numeric 的基础上建立起来的，属于 Python 语言的一个开源数值计算的扩展程序库。NumPy 包含数组计算、数值积分、傅里叶变换和线性代数运算等功能。它的主要用途是以数组的形式进行数据操作和数学运算。

NumPy 作为高性能科学计算和数据分析的基础库，是众多数据分析、机器学习工具的基础架构，掌握 NumPy 的功能及用法将有助于后续学习和使用其他数据分析工具。本章将针对 NumPy 库的基础功能进行详细的讲解。

3.1 NumPy 与数组对象

3.1.1 NumPy 概述

NumPy（官网：https://numpy.org）是 Python 数组计算、矩阵运算和科学计算的核心库。NumPy 这个词来源于 Numerical 和 Python 两个单词的结合。NumPy 提供了一个高性能的数组对象，让我们轻松创建一维数组、二维数组和多维数组，以及大量的函数和方法，帮助我们轻松地进行数组计算，从而广泛地应用于数据分析、机器学习、图像处理和计算机图形学、数学任务等领域当中。

NumPy 是以数组的形式对数据进行操作。尤其是机器学习中有大量的数组运算，而 NumPy 使得这些操作变得简单。由于 NumPy 是通过 C 语言实现的，所以其运算速度非常快。具体功能如下。

（1）有一个强大的 N 维数组对象 ndarray。

（2）广播功能函数。所谓广播是一种对数组执行数学运算的函数，其执行的是元素级计算。广播提供了算术运算期间处理不同形状的数组集工具。

（3）具有线性代数、傅里叶变换、随机数生成、图形操作等功能。

（4）整合了 C/C++ /FORTRAN 代码的工具。

标准的 Python 用 list（列表）保持值，可以当作数组使用，但因为列表中的元素可以是任何对象，所以浪费了 CPU 运算的时间和内存。NumPy 的诞生弥补了这些缺陷，它提供了以下两种基本的对象。

（1）ndarray（n-dimensional array object）：存储单一数据类型的多维数组。

（2）ufunc（universal function object）：一种能够对数组进行处理的函数。

在应用 NumPy 前，必须先安装 NumPy 模块，使用 pip 工具，安装命令为：pip install numpy。

3.1.2　NumPy 数组对象

数组可分为一维数组、二维数组、三维数组,其中,三维数组是常见的多维数组,所有元素必须是相同类型。其中,一维数组很简单,基本和 Python 列表一样,区别在于数组切片针对的是原始数组(这就意味着,如果对数组进行修改,原始数组也会跟着更改)。二维数组的本质是以数组作为数组元素。二维数组包括行和列,类似于表格形状,又称为矩阵。三维数组是指维数为三的数组结构,也称矩阵列表。三维数组是最常见的多维数组,由于其可以用来描述三维空间中的位置或状态而被广泛使用。

在 NumPy 模块里有 axis(轴),通常用于指定某个 axis,就是沿着这个 axis 做相关操作,其中,二维数组的两个 axis 的指向如图 3-1 所示。

对于一维数组,情况有点特殊,它不像二维数组从上向下地操作,而是水平的。

NumPy 中最重要的一个特点就是其 N 维数组对象,即 ndarray(别名 array)对象,该对象具有向量算术能力和复杂的广播能力,可以执行一些科学计算。不同于 Python 标准库,ndarray 对象拥有对高维数组的处理能力,这也是数值计算中缺一不可的重要特性。ndarray 对象中定义了一些重要的属性,具体如表 3-1 所示。

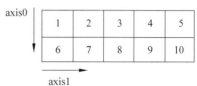

图 3-1　二维数组两个轴

表 3-1　ndarray 对象的常用属性

属　　性	具　体　说　明
ndarray.ndim	维度个数,也就是数组轴的个数,如一维、二维、三维等
ndarray.shape	数组的维度。这是一个整数元组,表示每个维度上数组的大小。例如,一个 n 行和 m 列的数组,它的 shape 属性为(n,m)
ndarray.size	数组元素的总个数,等于 shape 属性中元组元素的乘积
ndarray.dtype	描述数组中元素类型的对象,既可以使用标准的 Python 类型创建或指定,也可以使用 NumPy 特有的数据类型来指定,如 numpy.int32、numpy.float64 等
ndarray.itemsize	数组中每个元素的字节大小。例如,元素类型为 float64 的数组有 8(64/8)字节,这相当于 ndarray.dtype.itemsize

值得一提的是,ndarray 对象中存储元素的类型必须是相同的。

【例 3-1】　查看 ndarray 对象的属性。

```
import numpy as np                #使用 import…as 语句导入 NumPy 库,并将其取别名为 np
#创建一个 3 行 4 列的数组
ndata = np.arange(12).reshape(3, 4)
print("数组为:\n", ndata)
print("数组的类型为:", type(ndata))
#数组维度的个数,输出结果 2,表示二维数组
print("数组的维度个数:", ndata.ndim)
#数组的维度,输出结果(3,4),表示 3 行 4 列
print("数组维度:", ndata.shape)
#数组元素的个数,输出结果 12,表示总共有 12 个元素
print("数组元素的总个数:", ndata.size)
#数组元素的类型,输出结果 dtype('int32'),表示元素类型都是 int32
print("数组元素的类型:", ndata.dtype)
```

运行结果：

```
数组为：
 [[ 0  1  2  3]
  [ 4  5  6  7]
  [ 8  9 10 11]]
数组的类型为:<class 'numpy.ndarray'>
数组的维度个数: 2
数组维度：(3, 4)
数组元素的总个数: 12
数组元素的类型: int32
```

上述示例中，arange()函数的功能类似于 range()，只不过 arange()函数生成的是一系列数字元素的数组；reshape()函数的功能是重组数组的行数、列数和维度。

3.2   创建 NumPy 数组

3.2.1   利用 array 函数创建数组

创建 ndarray 对象的方式有若干种，其中最简单的方式就是使用 array()函数，在调用该函数时传入一个 Python 现有的类型即可，如列表、元组。

NumPy 创建简单的数组主要使用 array()函数，语法格式如下。

```
numpy.array(object, dtype=None, copy=True, order='K', subok=False, ndmin=0)
```

参数说明如下。

- object：数组。公开数组接口的任何对象，__array__方法返回数组的对象，或任何（嵌套）序列。
- dtype：数据类型，可选。数组所需的数据类型。如果没有给出，那么类型将被确定为保持序列中的对象所需的最小类型。此参数只能用于"upcast"数组。对于向下转换，请使用.astype(t)方法。
- copy：bool 型，可选。如果为 True（默认值），则复制对象。否则，只有当__array__返回副本，obj 是嵌套序列，或者需要副本来满足任何其他要求（dtype，顺序等）时，才会进行复制。
- order：元素在内存中的出现顺序，值为 {'K','A','C','F'}，可选。如果 object 参数不是数组，则新创建的数组将按行排列(C)，如果值为 F，则按列排列；如果 object 参数是一个数组，则以下内容成立：C（按行）、F（按列）、A（原顺序）、K（元素在内存中的出现顺序）。
- subok：bool 型，可选。如果为 True，则将传递子类，否则返回的数组将被强制为基类数组（默认）。
- ndmin：int，可选。指定结果数组应具有的最小维数。将根据需要预先设置形状。

【例 3-2】 通过 array()函数分别创建一个一维数组和二维数组。

```
import numpy as np
ndata1 = np.array([1, 2, 3])                    #创建一个一维数组
print("创建一维数组:\n", ndata1)
ndata2 = np.array([[1, 2, 3], [4, 5, 6]])        #创建一个二维数组
```

```
print("创建二维数组:\n", ndata2)
```

运行结果:

```
创建一维数组:
 [1 2 3]
创建二维数组:
 [[1 2 3]
 [4 5 6]]
```

3.2.2　其他方式创建数组

除了可以使用 array() 函数创建 ndarray 对象外,还有其他创建数组的方式,具体分为以下几种。

1. 创建指定维度和数据类型未初始化的数组

在创建指定维度和数据类型未初始化的数组时,主要使用 empty() 函数。通过 empty() 函数创建一个新的数组,该数组只分配了内存空间,它里面填充的元素都是随机的,且数据类型默认为 float64。

【例 3-3】　利用 empty() 函数创建未初始化数组。

```
import numpy as np
data = np.empty((3, 4))
print(data)
data.dtype = 'int'
print(data)
```

运行结果:

```
[[6.23042070e-307 4.67296746e-307 1.69121096e-306 1.29061074e-306]
 [1.69119873e-306 1.78019082e-306 3.56043054e-307 7.56595733e-307]
 [1.60216183e-306 8.45596650e-307 9.79094970e-307 1.11261842e-306]]
[[4128860 6029375 3801155 5570652 6619251 7536754 4259932 7143524]
 [7209065 7536745 7471220 7602273 7471215 5242972 6488185 6357096]
 [7143538 7471184 6946927 6488165 7536756 6684764 7209061 6881400]]
```

由运行结果来看,empty() 函数创建数组元素为随机值,因为它们未被初始化。如果要改变数组类型,可以使用 dtype 参数,如整型,dtype='int'.

2. 创建指定维度(以 0 填充)的数组

在创建指定维度(以 0 填充)的数组时,主要使用 zeros() 函数。

【例 3-4】　利用 zeros() 函数创建元素值为 0 的数组。

```
import numpy as np
data = np.zeros((3, 4))
print(data)
```

运行结果:

```
[[0. 0. 0. 0.]
 [0. 0. 0. 0.]
 [0. 0. 0. 0.]]
```

3. 创建指定维度(以 1 填充)的数组

在创建指定维度(以 1 填充)的数组时,主要使用 ones() 函数。

【例 3-5】 利用 ones()函数创建元素值为 1 的数组。

```
import numpy as np
data = np.ones((3, 4))
print(data)
```

运行结果：

```
[[1. 1. 1. 1.]
 [1. 1. 1. 1.]
 [1. 1. 1. 1.]]
```

4. 创建指定维度和类型的数组并以指定值填充

在创建指定维度和类型的数组并以指定值填充时，主要使用 full()函数。

【例 3-6】 利用 full()函数创建 3 行 4 列数组，以 6 填充。

```
import numpy as np
data = np.full((3, 4), 6)
print(data)
```

运行结果：

```
[[6 6 6 6]
 [6 6 6 6]
 [6 6 6 6]]
```

5. 创建数值范围函数

通过 arange()函数可以创建一个指定区间均匀分布数值范围的数组，arange()函数同
Python 内置的 range()函数相似，区别在于返回值，arange()函数的返回值是数组，而 range()函
数的返回值是列表。

arange()函数的语法格式如下。

```
arange([start,] stop[,step,], dtype=None)
```

参数说明如下。

- start：起始值，默认为 0。
- stop：终止值(不包含)。
- step：步长，默认为 1。
- dtype：创建数组的数据类型，如果不设置数据类型，则使用输入数据的数据类型。

【例 3-7】 利用 arange()函数创建数值范围数组。

```
import numpy as np
data = np.arange(1,10,2)
print(data)
```

运行结果：

```
[1 3 5 7 9]
```

从运行结果来看，arange()函数创建了一个步长为 2 的等差数组。

6. 使用 linspace()函数创建等差数列

等差数列是指如果一个数列从第二项起，每一项与它的前一项的差等于同一个常数，那
么这个数列就叫作等差数列。

在 Python 中,创建等差数列可以使用 NumPy 的 linspace()函数,该函数用于创建一个一维的等差数列的数组,它与 arange()函数不同,arange()函数是从开始值到结束值的左闭右开区间(即包括开始值,但不包括结束值),第三个参数(如果存在)是步长;而 linspace()函数是从开始值到结束值的闭区间(可以通过参数 endpoint=False 设置,使结束值不是闭区间),并且第三个参数是值的个数。

linspace()函数的语法格式如下。

```
linspace(start, stop, num=50,endpoint=True,retstep=False,dtype=None)
```

参数说明如下。

- start:序列的起始值。
- stop:序列的终止值,如果 endpoint 参数的值为 True,则该值包含于数列中。
- num:要生成的等步长的样本数量,默认为 50。
- endpoint:如果值为 True,数列中包含 stop 参数的值;反之则不包含,默认为 True。
- retstep:如果值为 True,则生成的数组中会显示间距,反之则不显示。
- dtype:数组的数据类型。

【例 3-8】　利用 linspace()函数创建等差数列。

```
import numpy as np
n1 = np.linspace(100,200,5)
print(n1)
```

运行结果:

```
[100. 125. 150. 175. 200.]
```

7. 使用 logspace()函数创建等比数列

等比数列是指从第二项起,每一项与它的前一项的比值等于同一个常数的一种数列。在 Python 中,创建等比数列可以使用 NumPy 的 logspace()函数,语法格式如下。

```
numpy.logspace(start, stop, num=50, endpoint, base=10, dtype)
```

参数说明如下。

- start:代表间隔的起始值。
- stop:序列的终止值。如果 endpoint 参数值为 True,则该值包含于数列中。
- num:要生成的等步长的数据样本数量,默认为 50。
- endpoint:如果值为 True,则数列中包含 stop 参数值;反之则不包含,默认为 True。
- base:对数 log 的底数。
- dtype:数组的数据类型。

【例 3-9】　利用 logspace()函数创建等比数列。

```
import numpy as np
n1 = np.logspace(0,63,64,base=2,dtype='uint64')
print(n1)
```

运行结果:

```
[           1            2            4
             8           16           32
            64          128          256
```

	512	1024	2048
...]			

3.2.3 利用随机数模块生成随机数组

随机数组的生成主要使用 NumPy 中的 random 模块。与 Python 的 random 模块相比，NumPy 的 random 模块功能更多，它增加了一些可以高效生成多种概率分布的样本值的函数。

1. rand()函数随机生成 0～1 的数组

rand()函数用于生成(0,1)的随机数组，传入一个值随机生成一维数组，传入一对值随机生成二维数组，语法格式如下。

```
numpy.random.rand(d0, d1, d2, d3,···,dn)
```

参数 d0，d1，d2，d3，···，dn 为整数，表示维度，可以为空。

【例 3-10】 利用 rand()函数随机生成 0～1 的数组。

```
import numpy as np
n1 = np.random.rand(5)
print("随机生成 0~1 的一维数组:\n",n1)
n2 = np.random.rand(2,5)
print("随机生成 0~1 的二维数组:\n",n2)
```

运行结果：

```
随机生成 0~1 的一维数组:
 [0.9735713  0.6523465  0.20245525  0.68185661  0.50856046]
随机生成 0~1 的二维数组:
 [[0.73896671  0.19294721  0.75125821  0.67867033  0.84908786]
  [0.13372963  0.77202048  0.44768409  0.08503824  0.97737551]]
```

上述代码中，rand()函数隶属于 numpy.random 模块，它的作用是随机生成 N 维浮点数组。

需要注意的是，每次运行代码后生成的随机数组都不一样。

2. randn()函数随机生成满足正态分布的数组

randn()函数用于从正态分布中返回随机生成的数组，语法格式如下。

```
numpy.random.randn(d0, d1, d2, d3,···,dn)
```

参数 d0，d1，d2，d3，···，dn 为整数，表示维度，可以为空。

【例 3-11】 利用 randn()函数随机生成满足正态分布的数组。

```
import numpy as np
n1 = np.random.randn(5)
print("随机生成满足正态分布的一维数组:\n",n1)
n2 = np.random.randn(2,5)
print("随机生成满足正态分布的二维数组:\n",n2)
```

运行结果：

```
随机生成满足正态分布的一维数组:
 [ 0.07955534  -1.34039841  1.08138942  -1.03197295  0.97758157]
```

随机生成满足正态分布的二维数组：
```
[[-0.70451333  -1.50902486  -1.27487169  -1.41709166  -1.84922965]
 [0.73333752  -0.74482002  0.30568106  0.27679098  1.40427717]]
```

3. randint()函数生成一定范围内的随机数组

randint()函数与 NumPy 中的 arange()函数类似。randint()函数用于生成一定范围内的随机数组，左闭右开区间，语法格式如下。

```
numpy.random. randint(low, high=None, size=None)
```

参数说明如下。

- low：低值（起始值），整数，且当参数 high 不为空时，参数 low 应小于参数 high，否则程序会出现错误。
- high：高值（终止值），整数。
- size：数组维数，整数或者元组，整数表示一维数组，元组表示多维数组。默认值为空，如果为空，则仅返回一个整数。

【例 3-12】 利用 randint()函数生成一定范围内的随机数组。

```
import numpy as np
n1 = np.random.randint(1,5,10)
print("随机生成 10 个 1~5 不包括 5 的一维数组:\n",n1)
n2 = np.random.randint(5,10)
print("size 参数为空，随机返回一个整数:\n",n2)
n3=np.random.randint(5,size=(2,5))
print("随机生成 5 以内的二维数组:\n",n3)
```

运行结果：

```
随机生成 10 个 1~5 不包括 5 的一维数组:
 [4 4 1 1 2 2 3 2 3 4]
size 参数为空，随机返回一个整数:
 7
随机生成 5 以内的二维数组:
 [[1 0 1 0 1]
 [1 1 1 4 4]]
```

4. normal()函数生成正态分布的随机数组

normal()函数用于生成正态分布的随机数组，语法格式如下。

```
numpy.random.normal(loc, scale, size)
```

参数说明如下。

- loc：正态分布的均值，对应正态分布的中心。'loc=0'说明是一个以 y 轴为对称轴的正态分布。
- scale：正态分布的标准差，对应正态分布的宽度，scale 值越大，正态分布的曲线越矮胖；scale 值越小，曲线越高瘦。
- size：表示数组维数。

【例 3-13】 利用 normal()函数生成正态分布的随机数组。

```
import numpy as np
n1 = np.random.normal(0,10,10)
```

```
print("生成正态分布的随机数组:\n",n1)
```

运行结果:

```
生成正态分布的随机数组:
 [13.43474667  -15.5728682  -10.10326793  -2.94301624  13.22621808
   7.95170908  15.77296567  -7.81340458   8.631446    8.91274957]
```

3.2.4 从已有的数组中创建数组

1. asarray()函数创建数组

asarray()函数用于创建数组,其与 array()函数类似,语法格式如下。

```
numpy.asarray(a, dtype=None, order=None)
```

参数说明如下。

- a:可以是列表、列表的元组、元组、元组的元组、元组的列表或多维数组。
- dtype:数组的数据类型。
- order:值为"C"和"F",分别代表按行排列和按列排列,即数组元素在内存中的出现顺序。

【例 3-14】 利用 asarray()函数创建数组。

```
import numpy as np
n1 = np.asarray([1,4,7])
print("通过列表创建数组:\n",n1)
n2 = np.asarray([(1,4,7),(3,6,9)])
print("通过列表的元组创建数组:\n",n2)
n3 = np.asarray((1,4,7))
print("通过元组创建数组:\n",n3)
n4 = np.asarray(((1,4,7),(3,6,9)))
print("通过元组的元组创建数组:\n",n4)
```

运行结果:

```
通过列表创建数组:
 [1 4 7]
通过列表的元组创建数组:
 [[1 4 7]
 [3 6 9]]
通过元组创建数组:
 [1 4 7]
通过元组的元组创建数组:
 [[1 4 7]
 [3 6 9]]
```

2. frombuffer()函数实现动态数组

NumPy 中的 ndarray 数组对象不能像 Python 列表一样动态地改变其大小,因为在做数据采集时很不方便。通过 frombuffer()函数可以实现动态数组。frombuffer()函数接受 buffer 输入参数,以流的形式将读入的数据转换为数组。

frombuffer()函数的语法格式如下。

```
numpy .frombuffer(buffer, dtype=float, count=-1, offset=0)
```

参数说明如下。

- buffer：实现了_buffer_()方法的对象。
- dtype：数组的数据类型。
- count：读取的数据数量，默认为-1，表示读取段所有数据。
- offset：读取的起始位置，默认为 0。

【例 3-15】 利用 frombuffer()函数实现动态数组(字符串转换为数组)。

```
import numpy as np
l = b'Ilove Python'
print(type(l))
ar = np.frombuffer(l, dtype = "S1")
print(ar)
print(type(ar))
```

运行结果：

```
<class 'bytes'>
[b'I' b'l' b'o' b'v' b'e' b' ' b'P' b'y' b't' b'h' b'o' b'n']
<class 'numpy.ndarray'>
```

上述代码中，buffer 参数值为字符串时，Python 3 版本默认字符串是 Unicode 类型，所以要转换成 Byte string 类型，需要在原字符串前加上 b。

3. fromiter()函数从可迭代对象中建立数组对象

fromiter()函数用于从可迭代对象中建立数组对象。

语法格式如下。

```
numpy.fromiter(iterable, dtype, count=-1)
```

参数说明如下。

- iterable：可迭代对象。
- type：数组的数据类型。
- count：读取的数据数量，默认为-1，表示读取所有数。

【例 3-16】 利用 fromiter()函数从可迭代对象中建立数组对象。

```
import numpy as np
iterable = (x * 2 for x in range(6))
ar = np.fromiter(iterable,dtype='int')
print(ar)
```

运行结果：

```
[ 0  2  4  6  8  10]
```

4. empty_like()函数创建未初始化的数组

empty_like()函数用于创建一个与给定数组具有相同维度和数据类型且未初始化的数组，语法格式如下。

```
numpy.empty_like(prototype, dtype=None,order='K', subok=True)
```

参数说明如下。

- prototype：给定的数组。
- type：覆盖结果的数据类型。

- order：指定数组的内存布局，可取值 C（按行）、F（按列）、A（原顺序）、K（数据元素在内存中的出现顺序）。
- subok：默认情况下，返回的数组被强制为基类数组。如果值为 True，则返回子类。

【例 3-17】 利用 empty_like() 函数创建未初始化的数组。

```python
import numpy as np
ar = np.empty_like([[1,4,7],[2,5,8]])
print(ar)
```

运行结果：

```
[[376700994 26217067     90226]
 [    65537 40763481  24903768]]
```

5. zeros_like() 函数创建以 0 填充的数组

zeros_like() 函数用于创建一个与给定数组维度和数据类型相同，并以 0 填充的数组，语法格式如下。

```python
numpy.zeros_like(a):
```

参数说明如下。

a 是一个 ndarray，即产生一个维度和 a 一样大小的全 0 数组。

【例 3-18】 利用 zeros_like() 函数创建以 0 填充的数组。

```python
import numpy as np
ar = np.zeros_like([[1,4,7],[2,5,8]])
print(ar)
```

运行结果：

```
[[0 0 0]
 [0 0 0]]
```

6. ones_like() 函数创建以 1 填充的数组

ones_like() 函数用于创建一个与给定数组维度和数据类型相同，并以 1 填充的数组，语法格式如下。

```python
numpy.ones_like(a):
```

参数说明如下。

a 是一个 ndarray，即产生一个维度和 a 一样大小的全 1 数组。

【例 3-19】 利用 ones_like() 函数创建以 1 填充的数组。

```python
import numpy as np
ar = np.ones_like([[1,4,7],[2,5,8]])
print(ar)
```

运行结果：

```
[[1 1 1]
 [1 1 1]]
```

7. full_like() 函数创建以指定值"6"填充的数组

full_like() 函数用于创建一个与给定数组维度和数据类型相同，并以指定值填充的数组，语法格式如下。

```
numpy.full_like(a, fill value, dtype=None, order='K', subok=True)
```

参数说明如下。

- a：给定的数组。
- fill value：填充值。
- dtype：数组的数据类型，默认为 None，则使用给定数组的数据类型。
- order：指定数组的内存布局，可取值 C（按行）、F（按列）、A（原顺序）、K（数组元素在内存中的出现顺序）。
- subok：默认情况下，返回的数组被强制为基类数组。如果值为 True，则返回子类。

【例 3-20】　利用 full_like()函数创建以指定值"6"填充的数组。

```
import numpy as np
ar = np.arange(5)
print('生成 5 个元素的数组:\n',ar)
n = np.full_like(ar,6)
print('用 6 填充后的同型数组:\n',n)
```

运行结果：

```
生成 5 个元素的数组:
 [0 1 2 3 4]
用 6 填充后的同型数组:
 [6 6 6 6 6]
```

3.3　数组对象的数据类型

在对数组进行基本操作前，首先了解一下 NumPy 的数据类型。NumPy 的数据类型比 Python 数据类型增加了更多种类的数值类型，如表 3-2 所示，为了区别于 Python 的数据类型，像 bool、int、float、complex 等数据类型的名称末尾加了短下画线"_"。

3.3.1　查看数据类型

如前面所述，通过 ndarray.dtype 可以创建一个表示数据类型的对象。要想获取数据类型的名称，则需要访问 name 属性进行获取。

【例 3-21】　获取数据类型。

```
import numpy as np
data_one = np.array([[1, 4, 7], [2, 5, 8]])
print(data_one.dtype.name)
```

运行结果：

```
'int32'
```

注意：在默认情况下，64 位 Windows 系统输出的结果为 int32，64 位 Linux 或 macOS 系统输出的结果为 int64，当然也可以通过 dtype 来指定数据类型的长度。

上述代码中，使用 dtype 属性查看 data_one 对象的类型，输出结果是 int32。从数据类型的命名方式上可以看出，NumPy 的数据类型是由一个类型名（如 int. float）和元素位长的数字组成。如果在创建数组时，没有显式地指明数据的类型，则可以根据列表或元组中的元素类型推导出来。默认情况下,通过 zeros()、ones()、empty()函数创建的数组中数据类型为 float64。

表 3-2 罗列了 NumPy 中常用的数据类型。

表 3-2   NumPy 中常用的数据类型

数 据 类 型	含 义
bool	布尔类型,值为 Tue 或 False
int8、uint8	有符号和无符号的 8 位整数
int16、uint16	有符号和无符号的 16 位整数
int32、uint32	有符号和无符号的 32 位整数
int64、uint64	有符号和无符号的 64 位整数
float16	半精度浮点数(16 位)
float32	半精度浮点数(32 位)
float64	半精度浮点数(64 位)
complex64	复数,分别用两个 32 位浮点数表示实部和虚部
complex128	复数,分别用两个 64 位浮点数表示实部和虚部
object	Python 对象
string_	固定长度的字符串类型
unicode	固定长度的 Unicode 类型

每一个 NumPy 内置的数据类型都有一个特征码,它能唯一标识一种数据类型,具体如表 3-3 所示。

表 3-3   NumPy 内置特征码

特 征 码	含 义	特 征 码	含 义
b	布尔型	i	有符号整型
u	无符号整型	f	浮点型
c	复数类型	O	Python 对象
S,a	字节字符串	U	Unicode 字符串
V	原始数据		

3.3.2 转换数据类型

1. 借助类型函数转换数据类型

NumPy 的数据类型比 Python 数据类型增加了更多种类的数值类型。每一种数据类型都有相应的数据转换函数。在创建 ndarray 数组时,也可以直接指定数值类型。但是复数不能转换成为整数类型或者浮点数。

【例 3-22】 利用类型函数和创建 NumPy 数据时,进行数据类型转换。

```
import numpy as np
print(np.int8(3.69))
print(np.float32(6))
print(float(True))
```

```
ar = np.arange(5,dtype=float)
print(ar)
```

运行结果：

```
3
6.0
1.0
[0. 1. 2. 3. 4.]
```

2. 借助 astype()函数转换数据类型

ndarray 对象的数据类型可以通过 astype()函数进行转换。

【例 3-23】　利用 astype()函数转换数据类型。

```
import numpy as np
data = np.array([[1, 4, 7], [2, 5, 8]])
print(data.dtype)
float_data = data.astype(np.float64)          #数据类型转换为 float64
print(float_data.dtype)
float_data_new = np.array([1.2, 2.3, 3.5])
print(float_data_new)
str_data = np.array(['1', '2', '3'])
int_data = str_data.astype(np.int64)
print(int_data)
```

运行结果：

```
int32
float64
[1.2 2.3 3.5]
[1 2 3]
```

上述示例中，将数据类型 int64 转换为 float64，即整型转换为浮点型。若希望将数据的类型由浮点型转换为整型，则需要将小数点后面的部分截掉。

如果数组中的元素是字符串类型的，且字符串中的每个字符都是数字，则也可以使用 astype()方法将字符串转换为数值类型。

3.4　数 组 运 算

无论是形状相同的数组，还是形状不同的数组，它们之间都可以执行算术运算。与 Python 列表不同，数组在参与算术运算时无须遍历每个元素，便可以对每个元素执行批量运算，效率更高。

NumPy 数组不需要循环遍历，即可对每个元素执行批量的算术运算操作，这个过程叫做向量化运算。不过，如果两个数组的大小（ndarray.shape）不同，则它们进行算术运算时会出现广播机制。除此之外，数组还支持使用算术运算符与标量进行运算，本节将针对数组运算的内容进行详细的介绍。

3.4.1　形状相同的数组间运算

在 NumPy 中，大小相等的数组之间的任何算术运算都会应用到元素级，即只用于位置

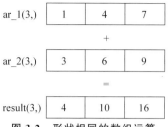

图 3-2 形状相同的数组运算

相同的元素之间,所得的运算结果组成一个新的数组。接下来,通过一张示意图来描述什么是向量化运算,具体如图 3-2 所示。

由图 3-2 可知,数组 ar_1 与 ar_2 对齐以后,会让相同位置的元素相加得到一个新的数组 result。其中,result 数组中的每个元素为操作数相加的结果,并且结果的位置跟操作数的位置是相同的。

【例 3-24】 大小相等的数组之间的算术运算。

```python
import numpy as np
data1 = np.array([[3, 6, 9], [2, 5, 6]])
data2 = np.array([[1, 2, 3], [1, 2, 3]])
print('两个数组相加的结果:\n',data1+data2)
print('两个数组相乘的结果:\n',data1 * data2)
print('两个数组相减的结果:\n',data1-data2)
print('两个数组相除的结果:\n',data1/data2)
print('两个数组幂运算的结果:\n',data1**data2)
print('两个数组比较运算的结果:\n',data1>data2)
```

运行结果:

```
两个数组相加的结果:
 [[4  8  12]
 [3  7  9]]
两个数组相乘的结果:
 [[3  12. 27]
 [2  10  18]]
两个数组相减的结果:
 [[2  4  6]
 [1  3  3]]
两个数组相除的结果:
 [[3. 3. 3.]
 [3. 2.5 2.]]
两个数组幂运算的结果:
 [[3  36  729]
 [2  25  216]]
两个数组比较运算的结果:
 [[True  True  True]
 [True  True  True]]
```

从数组比较运算的结果来看,组的比较运算是数组中对应位置元素的比较运算,比较后的结果是布尔值数组。

3.4.2 形状不同的数组间运算

当形状不相等的数组执行算术运算的时候,就会出现广播机制,该机制会对数组进行扩展,使数组的 shape 属性值一样,这样就可以进行向量化运算了。

所谓广播是指不同形状的数组之间执行算术运算的方式。

广播机制需要遵循以下 4 个原则。

(1) 让所有输入数组都向其中 shape 最长的数组看齐,shape 中不足的部分都通过在前面加 1 补齐。

（2）输出数组的 shape 是输入数组 shape 的各个轴上的最大值。

（3）如果输入数组的某个轴和输出数组的对应轴的长度相同或者其长度为 1 时，这个数组能够用来计算，否则出错。

（4）当输入数组的某个轴的长度为 1 时，沿着此轴运算时都用此轴上的第一组值。

【例 3-25】　形状不相等的数组向量化运算。

```
import numpy as np
arr1 = np.array([[0], [1], [2], [3]])
print('数组 arr1 的形状:\n',arr1.shape)
arr2 = np.array([1, 2, 3])
print('数组 arr2 的形状:\n',arr2.shape)
print('arr1 与 arr2 相加的结果为:\n',arr1 + arr2)
```

运行结果：

```
数组 arr1 的形状:
 (4, 1)
数组 arr2 的形状:
 (3,)
arr1 与 arr2 相加的结果为:
[[1 2 3]
 [2 3 4]
 [3 4 5]
 [4 5 6]]
```

上述代码中，数组 arr1 的 shape 是（4,1），arr2 的 shape 是（3,），这两个数组要是进行相加，按照广播机制会对数组 arr1 和 arr2 都进行扩展，使得数组 arr1 和 arr2 的 shape 都变成（4,3）。

下面通过一张图来描述广播机制扩展数组的过程，具体如图 3-3 所示。

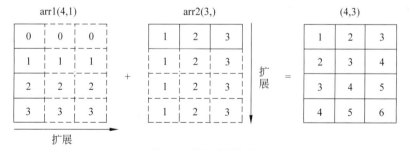

图 3-3　数组广播机制

广播机制实现了对两个或两个以上数组的运算，即使这些数组的 shape 不是完全相同的，只需要满足如下任意一个条件即可。

（1）数组的某一维度等长。

（2）其中一个数组的某一维度为 1。

广播机制需要扩展维度小的数组，使得它与维度最大的数组的 shape 值相同，以便使用元素级函数或者运算符进行运算。

3.4.3　数组与标量间的运算

标量其实就是一个单独的数；而向量是一组数，这组数是顺序排列的，这里我们理解为数组。那么，数组的标量运算也可以理解为向量与标量之间的运算。

　　大小相等的数组之间的任何算术运算都会将运算应用到元素级,同样,数组与标量的算术运算也会将那个标量值传播到各个元素。当数组进行相加、相减、乘以或除以一个数字时,这些称为标量运算,如图 3-4 所示。标量运算会产生一个与数组具有相同数量的行和列的新矩阵,其原始矩阵的每个元素都被相加、相减、相乘或者相除。

图 3-4   数组和标量之间的运算示意图

【例 3-26】　数组和标量之间的运算。

```
import numpy as np
data1 = np.array([[1, 4, 7], [2, 5, 8]])
data2 = 10
print('数组与 10 相加的结果:\n',data1+data2)
print('数组与 10 相乘的结果:\n',data1 * data2)
print('数组与 10 相减的结果:\n',data1-data2)
print('数组与 10 相除的结果:\n',data1/data2)
```

运行结果:

```
数组与 10 相加的结果:
 [[11 14 17]
 [12 15 18]]
数组与 10 相乘的结果:
 [[10 40 70]
 [20 50 80]]
数组与 10 相减的结果:
 [[-9 -6 -3]
 [-8 -5 -2]]
数组与 10 相除的结果:
 [[0.1 0.4 0.7]
 [0.2 0.5 0.8]]
```

3.5   数组元素的操作

　　NumPy 数组元素是通过数组的索引和切片来访问和修改的,因此索引和切片是 NumPy 中最重要、最常用的操作。NumPy 中提供了多种形式的索引:整数索引、花式索引和布尔索引,通过这些索引可以访问数组的单个、多个或一行元素。

　　数组元素也可以进行增加、删除、修改和查询。

3.5.1   整数索引和切片的基本使用

　　数组的索引,即用于标记数组当中对应元素的唯一数字,从 0 开始,即数组中的第一个元素的索引是 0,以此类推。NumPy 数组可以使用标准 Python 语法 x[obj]对数组进行索引,其中,x 是数组,obj 是索引。

　　NumPy 中可以使用整数索引访问数组,以获取该数组中的单个元素或一行元素。

　　因此,ndarray 对象的元素可以通过索引和切片来访问和修改,就像 Python 内置的容器对象一样。

数组的切片可以理解为对数组的分割,按照等分或者不等分,将一个数组切割为多个片段,它与 Python 中列表的切片操作一样。数组的切片返回的是原始数组的视图,并会产生新的数据,即在视图上的操作会使原数组发生改变。如果需要的并非视图而是要复制数据,则可以通过 copy()方法实现。

NumPy 中的切片用冒号分隔切片,参数用来进行切片操作,语法格式如下。

```
[start : stop: step]
```

参数说明如下。

- start:起始索引。
- stop:终止索引。
- step:步长。

【例 3-27】　使用索引和切片的方式获取一维数组元素。

```python
import numpy as np
ar = np.arange(6)                          #创建一个一维数组
print('输出全部数组元素:\n',ar)
print('获取索引为 5 的元素:\n',ar[5])
print('获取索引为 3~5 的元素,但不包括 5:\n',ar[3:5] )
print('获取索引为 1~6 的元素,步长为 2:\n',ar[1:6:2])
```

运行结果:

```
输出全部数组元素:
 [0 1 2 3 4 5]
获取索引为 5 的元素:
 5
获取索引为 3~5 的元素,但不包括 5:
 [3 4]
获取索引为 1~6 的元素,步长为 2:
 [1 3 5]
```

切片式索引操作需要注意以下几点。

(1)索引是左闭右开区间,如上述代码中的 ar[3:5],只能获取到索引从 3 到 5 的元素,而获取不到索引为 5 的元素。

(2)当没有 start 参数时,代表从索引 0 开始取数。

(3)start、stop 和 step 3 个参数都可以是负数,代表反向索引。

对于多维数组来说,索引和切片的使用方式与列表就大不一样了,它的每一个维度都有一个索引,各个维度的索引之间用逗号隔开。在二维数组中,每个索引位置上的元素不再是一个标量,而是一个一维数组。

【例 3-28】　使用索引和切片的方式获取二维数组元素。

```python
import numpy as np
arr2d = np.array([[1, 4, 7],[2, 5, 8],[3, 6, 9]])          #创建二维数组
print('输出全部二维数组元素:\n',arr2d)
print('获取索引为 1 的元素:\n',arr2d[1])
print('获取位于第 0 行第 1 列的元素:\n',arr2d[0,1] )
print('传入一个切片获取数组元素:\n',arr2d[:2])
print('传入两个切片获取数组元素:\n',arr2d[0:2, 0:2])
```

```
print('切片与整数索引混合使用获取数组元素:\n',arr2d[1, :2])
```

运行结果:

```
输出全部二维数组元素:
 [[1 4 7]
  [2 5 8]
  [3 6 9]]
获取索引为 1 的元素:
 [2 5 8]
获取位于第 0 行第 1 列的元素:
 4
传入一个切片获取数组元素:
 [[1 4 7]
  [2 5 8]]
传入两个切片获取数组元素:
 [[1 4]
  [2 5]]
切片与整数索引混合使用获取数组元素:
 [2 5]
```

从上述运行结果来看,如果想通过索引的方式来获取二维数组的单个元素,就需要通过形如"arr[x,y]"以逗号分隔的索引来实现。其中,x 表示行号,y 表示列号。例如,上述例子中的 arr2d[0,1]。

如果想获取数组中的单个元素,必须同时指定这个元素的行索引和列索引。例如,获取索引位置为第 1 行第 1 列的元素,可以通过 arr2d[1,1] 来实现。

相比一维数组,多维数组的切片方式花样更多,多维数组的切片是沿着行或列的方向选取元素的,可以传入一个切片,也可以传入多个切片,还可以将切片与整数索引混合使用。上述多维数组切片操作的相关示意图,如图 3-5 所示。

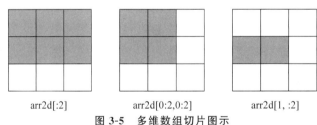

arr2d[:2]　　　　arr2d[0:2,0:2]　　　　arr2d[1, :2]

图 3-5　多维数组切片图示

3.5.2　花式(数组)索引的基本使用

花式索引是 NumPy 的一个术语,是指将整数数组或列表作为索引,然后根据索引数组或索引列表的每个元素作为目标数组的下标再进行取值。

当使用花式索引访问一维数组时,会将花式索引对应的数组或列表的元素作为索引,依次根据各个索引获取对应位置的元素,并将这些元素以数组的形式进行返回;当使用花式索引访问二维数组时,会将花式索引对应的数组或列表的元素作为索引,依次根据各个索引获取对应位置的一行元素,并将这些行元素以数组的形式进行返回。

【例 3-29】 创建一个 4 行 4 列的二维数组,按要求获取元素。

```
import numpy as np
```

```
demo_arr = np.empty((4, 4))                        #创建一个空数组
for i in range(4):
    demo_arr[i] = np.arange(i, i + 4)              #动态地为数组添加元素
print("输出全部数组元素:\n",demo_arr)
print("获取索引为[0,2]的元素:\n",demo_arr[[0, 2]])
print("获取索引为(1,2)和(2,3)的元素:\n",demo_arr [[1, 2], [1, 3]])
```

运行结果:

```
输出全部数组元素:
 [[0. 1. 2. 3.]
  [1. 2. 3. 4.]
  [2. 3. 4. 5.]
  [3. 4. 5. 6.]]
获取索引为[0,2]的元素:
 [[0. 1. 2. 3.]
  [2. 3. 4. 5.]]
获取索引为(1,1)和(2,3)的元素:
 [2. 5.]
```

在上述运行结果中,将(0,2)作为索引,分别获取 demo_arr 中索引 0 对应的一行数据以及索引 2 对应的一行数据。

如果使用两个花式索引操作数组时,即两个列表或数组,则会将第 1 个作为行索引,第 2 个作为列索引,通过二维数组索引的方式,选取其对应位置的元素,如 demo_arr [[1，1]，[2，3]]。

3.5.3　布尔型索引的基本使用

布尔索引指以布尔值组成的数组或列表为索引。当使用布尔索引访问数组时,会将布尔索引对应的数组或列表的元素作为索引,以获取索引为 True 时对应位置的元素,即返回的数据是布尔数组中 True 对应位置的值。

【例 3-30】　假设现在有一组存储了学生姓名的数组,以及一组存储了学生各科成绩的数组,存储学生成绩的数组中,每一行成绩对应的是一个学生的成绩。如果想筛选某个学生对应的成绩,可以通过比较运算符,先产生一个布尔型数组,然后利用布尔型数组作为索引,返回布尔值 True 对应位置的数据。

```
import numpy as np
#存储学生姓名的数组
student_name = np.array(['申凡', '石英', '史伯', '王骏'])
#存储学生成绩的数组
student_score = np.array([[75, 98, 56], [79, 86, 78], [76, 89, 90], [84, 87, 76]])
#对 student_name 和字符串"王骏"通过运算符产生一个布尔型数组
student_name == '王骏'
#将布尔数组作为索引应用于存储成绩的数组 student_score,
#返回的数据是 True 值对应的行
print(student_score[student_name=='王骏'])
print(student_score[student_name=='王骏', :1])
```

运行结果:

```
[[84 87 76]]
[[84]]
```

需要注意的是,布尔型数组的长度必须和被索引的轴长度一致。

此外,还可以将布尔型数组跟切片混合使用,如"student_score[student_name=='王骏',:1]"。

值得一提的是,使用布尔型索引获取值的时候,除了可以使用"=="运算符,还可以使用如"!="和"-"来进行否定,也可以使用"&"和"|"等符号来组合多个布尔条件。

3.5.4 数组元素的删除、修改和查询

数组的删除主要使用 delete()方法。对于不想要的数组或数组元素,还可以通过索引和切片方法只选取需要的数组或数组元素。

当修改数组或数组元素时,直接为数组或数组元素赋值即可。

数组的查询同样可以使用索引和切片方法来获取指定范围的数组或数组元素,还可以通过 where()函数查询符合条件的数组或数组元素。

where()函数的语法格式如下。

```
numpy.where(condition, x, y)
```

上述语法中,第一个参数为一个布尔数组,第二个参数和第三个参数可以是标量也可以是数组。

满足条件(参数 condition),则输出参数 x;不满足条件,则输出参数 y。如果不指定参数 x 和 y,则输出满足条件的数组元素。

【例 3-31】 实现数组元素的增、删、改、查。

```
import numpy as np
arr1 = np.array([[1,2],[3,4],[5,6]])
arr2 = np.array([[10,20],[30,40],[50,60]])
print("输出 arr1 数组元素:\n",arr1)
del_arr1 = np.delete(arr1,2,axis=0)
print("删除第 3 行后的数组:\n",del_arr1)
del_arr2 = np.delete(arr1,0,axis=1)
print("删除第 1 列后的数组:\n",del_arr2)
del_arr3 = np.delete(arr1,(1,2),axis=0)
print("删除第 2、3 行后的数组:\n",del_arr3)
arr1[1] = [30,40]
arr1[2][1] = 66
print("输出修改 arr1 后的数组元素:\n",arr1)
con_arr1 = arr1[np.where(arr1>10)]
print("输出大于 10 的数组元素:\n",con_arr1)
con_arr2 = np.where(arr1<10,1,0)
print("输出大于 10 输出 1,小于 10 输出 0 的数组元素:\n",con_arr2)
```

运行结果:

```
输出 arr1 数组元素:
 [[1 2]
  [3 4]
  [5 6]]
删除第 3 行后的数组:
 [[1 2]
  [3 4]]
删除第 1 列后的数组:
```

```
   [[2]
    [4]
    [6]]
```
删除第 2、3 行后的数组：
```
   [[1 2]]
```
输出修改 arr1 后的数组元素：
```
   [[1  2]
    [30 40]
    [5 66]]
```
输出大于 10 的数组元素：
```
   [30 40 66]
```
输出大于 10 输出 1,小于 10 输出 0 的数组元素：
```
   [[1 1]
    [0 0]
    [1 0]]
```

3.6　数组的重塑和转置

3.6.1　数组重塑

　　数组重塑实际是更改数组的形状,例如,将原来 2 行 3 列的数组重塑为 3 行 2 列的数组。在 NumPy 中主要使用 reshape()方法,该方法用于改变数组的形状。与 reshape()相反的方法是数据散开(ravel())或数据扁平化(flatten())。

　　一维数组重塑就是将数组重塑为多行多列的数组。多维数组重塑同样使用 reshape()方法。

　　【例 3-32】　使用 reshape()方法实现数组重塑。

```
import numpy as np
arr = np.arange(6)
print("创建的一维数组为:\n",arr)
arr2d = arr.reshape(2,3)
print("由一维变二维数组为:\n",arr2d)
arr2d = np.array([[1,4,7],[2,5,8]])
arr2d_new = arr2d.reshape(3,2)
print("改变数组维度为:\n",arr2d_new)
arr2d_r = arr2d.ravel()
print("数据散开为:\n",arr2d_r)
```

运行结果:

```
创建的一维数组为:
 [0 1 2 3 4 5]
由一维变二维数组为:
 [[0 1 2]
  [3 4 5]]
改变数组维度为:
 [[1 4]
  [7 2]
  [5 8]]
数据散开为:
 [1 4 7 2 5 8]
```

要注意的是,数组重塑是基于数组元素不发生改变的情况下实现的,重塑后的数组所包含的元素个数必须与原数组的元素个数相同,如果数组元素发生改变,程序就会报错。即数据重塑不会改变原来的数组。

3.6.2 数组合并

数组合并用于多个数组间的操作,NumPy 使用 hstack()、vstack()和 concatenate()方法完成数组的组合。

横向合并是将 ndarray 对象构成的元组作为参数,传给 hstack()方法。

纵向合并是使用 vstack()方法将数组合并。

【例 3-33】 利用 hstack()方法和 vstack()方法实现数组纵、横合并。

```
import numpy as np
arr1 = np.array([[1,2],[3,4],[5,6]])
arr2 = np.array([[10,20],[30,40],[50,60]])
h_arr = np.hstack((arr1,arr2))
print("横向合并数据后的数组:\n",h_arr)
v_arr = np.vstack((arr1,arr2))
print("纵向合并数据后的数组:\n",v_arr)
```

运行结果:

```
横向合并数据后的数组:
 [[1   2 10 20]
 [3   4 30 40]
 [5   6 50 60]]
纵向合并数据后的数组:
 [[1   2]
 [3   4]
 [5   6]
 [10 20]
 [30 40]
 [50 60]]
```

【例 3-34】 利用 concatenate()方法实现数组合并。

```
arr1 = np.arange(6).reshape(3,2)
arr2 = arr1 * 2
print('横向组合为:\n',np.concatenate((arr1,arr2),axis = 1))
print('纵向组合为:\n',np.concatenate((arr1,arr2),axis = 0))
```

运行结果:

```
横向组合为:
 [[0   1   0   2]
 [2   3   4   6]
 [4   5   8  10]]
纵向组合为:
 [[0   1]
 [2   3]
 [4   5]
 [0   2]
 [4   6]
 [8  10]]
```

3.6.3　数组分割

与数组合并相反，NumPy 提供了 hsplit()、vsplit() 和 split() 方法分别实现数组的横向、纵向和指定方向的分割。

【例 3-35】　利用 hsplit()、vsplit() 方法实现数组分割。

```
import numpy as np
arr = np.arange(16).reshape(4,4)
print("输出数组:\n",arr)
h_arr = np.hsplit(arr,2)
print("横向分割数组为:\n",h_arr)
v_arr = np.vsplit(arr,2)
print("纵向分割数组为:\n",v_arr)
```

运行结果：

```
输出数组:
 [[ 0  1  2  3]
 [ 4  5  6  7]
 [ 8  9 10 11]
 [12 13 14 15]]
横向分割数组为:
 [array([[ 0,  1],
       [ 4,  5],
       [ 8,  9],
       [12, 13]]), array([[ 2,  3],
       [ 6,  7],
       [10, 11],
       [14, 15]])]
纵向分割数组为:
 [array([[0, 1, 2, 3],
       [4, 5, 6, 7]]), array([[ 8,  9, 10, 11],
       [12, 13, 14, 15]])]
```

同样，split() 方法在参数 axis＝1 时实现数组的横向分割，axis＝0 时则进行纵向分割。

3.6.4　数组转置

数组的转置指的是将数组中的每个元素按照一定的规则进行位置变换。NumPy 提供了 transpose() 方法、swapaxes() 方法和 T 属性三种实现形式。其中，简单的转置可以使用 T 属性，它其实就是进行轴对换而已。

1. T 属性

NumPy 中数组通过访问 T 属性可实现简单的转置操作，即互换两个轴方向的元素，并返回一个互换后的新数组。

【例 3-36】　将一个 3 行 4 列的二维数组使用 T 属性转置后，形成的是一个 4 行 3 列的新数组。

```
import numpy as np
arr = np.arange(12).reshape(3, 4)
print("创建的二维数组为:\n",arr)
print("使用 T 属性对数组进行转置:\n",arr.T)
```

运行结果：

```
创建的二维数组为:
[[0  1  2  3]
 [4  5  6  7]
 [8  9 10 11]]
使用 T 属性对数组进行转置:
[[0  4  8]
 [1  5  9]
 [2  6 10]
 [3  7 11]]
```

在 NumPy 中维度(dimensions)叫做轴(axes)，轴的个数叫做秩(rank)。例如，三维空间中有个点的坐标[1,2,1]是一个秩为 1 的数组，因为它只有一个轴。这个轴有 3 个元素，所以我们说它的长度为 3。

在下面的示例中，数组有两个轴，第一个轴的长度为 2，第二个轴的长度为 3。

```
array([[1,  0,  0],
       [0,  1,  2]])
```

高维数据执行某些操作(如转置)时，需要指定维度编号，这个编号是从 0 开始的，然后

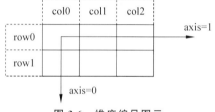

图 3-6　维度编号图示

依次递增 1。其中，位于纵向的轴(Y 轴)的编号为 0，位于横向的轴(X 轴)的编号为 1，以此类推。

维度编号示意图如图 3-6 所示。

2. transpose()方法

transpose()方法不仅可以交换两个轴方向的元素，还可以交换多个轴方向的元素。对于高维度的数组而言，transpose()方法需要得到一个由轴编号组成的元组，才能对这些轴进行转置。

【例 3-37】　利用 transpose()方法对高维数组转置。

```
import numpy as np
arr = np.arange(16).reshape((2, 2, 4))
print("输出三维数组:\n",arr)
print("三维数组形状为:\n",arr.shape)
arr_new = arr.transpose(1, 2, 0)      #使用 transpose()方法对数组进行转置
print("三维数组转置后为:\n",arr_new)
```

运行结果：

```
输出三维数组:
[[[0  1  2  3]
  [4  5  6  7]]

 [[8  9 10 11]
  [12 13 14 15]]]
三维数组形状为:
(2, 2, 4)
三维数组转置后为:
[[[0  8]
  [1  9]
  [2 10]
```

```
      [3 11]]
  [[4 12]
   [5 13]
   [6 14]
   [7 15]]]
```

从运行结果来看,上述数组 arr 的 shape 是(2,2,4),表示一个三维数组,也就是说有三个轴,每个轴都对应着一个编号,分别为 0、1、2。

如果希望对 arr 进行转置操作,就需要对它的 shape 中的排序进行调换。也就是说,当使用 transpose()方法对数组的 shape 进行变换时,需要以元组的形式传入 shape 的编号,如(1,2,0)。如果调用 transpose()方法时传入“(0,1,2)”,则数组的 shape 不会发生任何变化。

3. swapaxes()方法

与 T 属性的作用相似,swapaxes()方法也用于交换两个轴的元素,但该方法可以交换任意两个轴的元素。

在某些情况下,可能只需要转换其中的两个轴,这时可以使用 ndarray 提供的 swapaxes()方法实现,该方法需要接收一对轴编号,如 arr.swapaxes(1,0)。

【例 3-38】　利用 swapaxes()方法交换两个轴的元素。

```
import numpy as np
arr=np.arange(16).reshape((2,2,4))
print(arr)
print(arr.swapaxes(1,2))
```

运行结果:

```
[[[0  1  2  3]
  [4  5  6  7]]
 [[8  9 10 11]
  [12 13 14 15]]]
[[[0  4]
  [1  5]
  [2  6]
  [3  7]]
 [[8 12]
  [9 13]
  [10 14]
  [11 15]]]
```

3.7　NumPy 通用函数

通用函数(ufunc)是一种针对 ndarray 中的所有数据执行元素级运算的函数,函数返回的是一个新的数组。

在 NumPy 中,提供了诸如“sin”“cos”和“exp”等常见的数学函数,这些函数叫做通用函数。ufunc 函数针对数组进行操作,而且以 NumPy 数组作为输出。

通常情况下,我们将 ufunc 中接收一个数组参数的函数称为一元通用函数,而接收两个数组参数的则称为二元通用函数。表 3-4 和表 3-5 列举了一些常见的一元和二元通用函数。

表 3-4 常见一元通用函数

函 数	描 述
abs、fabs	计算整数、浮点数或复数的绝对值
sqrt	计算各元素的平方根
square	计算各元素的平方
exp	计算各元素的指数成 e^x
log、log10、log2、log1p	分别为自然对数(底数为 e),底数为 10 的 log,底数为 2 的 log,log$(1+x)$
sign	计算各元素的正负号:1(正数)、0(零)、-1(负数)
ceil	计算各元素的 ceilling 值,即大于或等于该值的最小整数

表 3-5 常见二元通用函数

函 数	描 述
floor	计算各元素的 floor 值,即小于或等于该值的最大整数
rint	将各元素四舍五入到最接近的整数
modf	将数组的小数和整数部分以两个独立数组的形式返回
isnan	返回一个表示"哪些值是 NaN"的布尔型数组
isfinite、isinf	分别返回表示"哪些元素是有穷的"或"哪些元素是无穷的"的布尔型数组
sin、 sinh、 cos、 cosh、 tan、tanh	普通型和双曲型三角函数
arcos、arccosh、arcsin	反三角函数

【例 3-39】 一元和二元通用函数的使用。

```python
import numpy as np
arr = np.array([4, 9, 16])
print("一元通用函数的使用:")
print("求数组的平方根:\n",np.sqrt(arr))
print("求数组的绝对值:\n",np.abs(arr))
print("求数组的平方:\n",np.square(arr))
x = np.array([12, 9, 13, 15])
y = np.array([11, 10, 4, 8])
print("二元通用函数的使用:",)
print("计算两个数组的和:\n",np.add(x, y))
print("计算两个数组的乘积:\n", np.multiply(x, y))
print("两个数组元素级最大值的比较:\n",np.maximum(x, y))
print("执行元素级的比较操作:\n",np.greater(x, y))
```

运行结果:

```
一元通用函数的使用:
求数组的平方根:
 [2. 3. 4.]
求数组的绝对值:
 [ 4  9 16]
求数组的平方:
 [16  81 256]
二元通用函数的使用:
计算两个数组的和:
 [23 19 17 23]
```

计算两个数组的乘积：
[132　90　52 120]
两个数组元素级最大值的比较：
[12 10 13 15]
执行元素级的比较操作：
[True False　True　True]

3.8　NumPy 数据处理与统计分析

NumPy 数组可以将许多数据处理任务转换为简洁的数组表达式，它处理数据的速度要比内置的 Python 循环快了至少一个数量级，所以，我们把数组作为处理数据的首选。接下来，本节将讲解如何利用数组来处理数据，包括条件逻辑、统计、排序、检索数组元素以及唯一化。

3.8.1　将条件逻辑转为数组运算

NumPy 的 where()函数是三元表达式 x if condition else y 的向量化版本。

【例 3-40】　假设有两个数值类型的数组和一个布尔类型的数组，当 arr_con 的元素值为 True 时，从 arr_ x 数组中获取一个值，否则从 arr_y 数组中获取一个值。

```
import numpy as np
arr_x = np.array([1, 5, 7])
arr_y = np.array([2, 6, 8])
arr_con = np.array([True, False, True])
result = np.where(arr_con, arr_x, arr_y)
print(result)
```

运行结果：

[1 6 7]

上述代码中调用 np.where()时，传入的第 1 个参数 arr_con 表示判断条件，它可以是一个布尔值，也可以是一个数组，这里传入的是一个布尔数组。

当满足条件（从 arr_con 中取出的元素为 True）时，则会获取 arr_x 数组中对应位置的值。由于 arr_con 中索引为 0、2 的元素为 True，所以取出 arr_x 中相应位置的元素 1、7。

当不满足条件（从 arr_con 中取出的元素为 False）时，则会获取 arr_y 数组中对应位置的值。由于 arr_con 中索引为 1 的元素为 False，所以取出 arr_y 中相应位置的元素 6。

从运行结果可以看出，使用 where()函数进行数组运算后，返回了一个新的数组。

3.8.2　数组统计运算

NumPy 中提供了很多用于统计分析的方法，常见的有 sum()、mean()、std()、var()、min()和 max()等，如计算数组极大值、极小值以及平均值等。几乎所有的统计函数在针对二维数组时都需要注意轴的概念。当 axis＝0 时，表示沿着纵轴进行计算；当 axis＝1 时表示沿着横轴进行计算。表 3-6 列举了 NumPy 数组中与统计运算相关的方法。

表 3-6   NumPy 数组中与统计运算相关的方法

方　　法	描　　述
sum()	对数组中全部或某个轴向的元素求和
mean()	算术平均值
min()	计算数组中的最小值
max()	计算数组中的最大值
argmin()	表示最小值的索引
argmax()	表示最大值的索引
cumsum()	所有元素的累计和
cumprod()	所有元素的累计积

需要注意的是，当使用 ndarray 对象调用 cumsum() 和 cumprod() 方法后，产生的结果是一个由中间结果组成的数组。

【例 3-41】   数组统计函数的应用。

```
import numpy as np
arr = np.arange(10)
print("输出数组元素:",arr)
print("所有数组元素求和:",arr.sum())
print("所有数组元素求平均值:",arr.mean())
print("所有数组元素求最小值:",arr.min())
print("所有数组元素求最大值:",arr.max())
print("所有数组元素求最小值的索引:",arr.argmin())
print("所有数组元素求最大值的索引:",arr.argmax())
print("所有数组元素求累计和:",arr.cumsum())
print("所有数组元素求累计积:",arr.cumprod())
```

运行结果：

```
输出数组元素：[0 1 2 3 4 5 6 7 8 9]
所有数组元素求和：45
所有数组元素求平均值：4.5
所有数组元素求最小值：0
所有数组元素求最大值：9
所有数组元素求最小值的索引：0
所有数组元素求最大值的索引：9
所有数组元素求累计和：[ 0  1  3  6 10 15 21 28 36 45]
所有数组元素求累计积：[0 0 0 0 0 0 0 0 0 0]
```

3.8.3   数组排序

NumPy 的排序方式有直接排序和间接排序。直接排序是对数据直接进行排序，间接排序是指根据一个或多个键值对数据集进行排序。

在 NumPy 中，直接排序经常使用 sort() 函数，间接排序经常使用 argsort() 函数和 lexsort() 函数。

1. sort() 函数

sort() 函数是最常用的排序方法，函数调用改变原始数组，无返回值，语法格式如下。

```
sort(a,axis,kind,order)
```

参数说明如下。

- a：要排序的数组。
- axis：使得 sort()函数可以沿着指定轴对数据集进行排序。axis＝1 为沿横轴排序；axis＝0 为沿纵横排序；axis＝None,将数组平坦化之后进行排序。
- kind：排序算法,默认为 quicksort。
- order：如果数组包含字段,则是要排序的字段。

【例 3-42】　利用 sort()函数对数组排序。

```
import numpy as np
arr = np.array([[4, 1, 7], [3, 9, 6], [8, 5, 2]])
arr_copy = arr
print("输出原数组:\n",arr)
arr.sort()
print("输出排序后的数组:\n",arr)
arr_copy.sort(0)                           #沿着编号为 0 的轴对元素排序
print("沿着编号为 0 的轴对元素排序:\n",arr_copy)
```

从上述代码可以看出,当调用 sort()函数后,数组 arr 中数据按行从小到大进行排序。需要注意的是,使用 sort()函数排序会修改数组本身。

2. argsort()函数

使用 argsort()函数对数组进行排序,返回升序排序之后的数组值为从小到大的索引值。

【例 3-43】　利用 argsort()函数对数组排序。

```
import numpy as np
x=np.array([4,8,3,2,7,5,1,9,6,0])
print('升序排序后的索引值:')
y = np.argsort(x)
print(y)
print('排序后的顺序重构原数组:')
print(x[y])
```

运行结果：

```
升序排序后的索引值:
[9 6 3 2 0 5 8 4 1 7]
排序后的顺序重构原数组:
[0 1 2 3 4 5 6 7 8 9]
```

3. lexsort()函数

lexsort()函数用于对多个序列进行排序。可以把它当作对电子表格进行排序,每一列代表一个列,排序时会优先照顾靠后的列。

【例 3-44】　使用 argsort()函数和 lexsort()函数进行排序。

```
import numpy as np
arr = np.array([7,9,5,2,9,4,3,1,4,3])
print('原数组:',arr)
print('排序后各数据的索引:',arr.argsort())
#返回值为数组排序后的下标排列
print('显示前 5 大的数:',arr[arr.argsort()][-5:])
a = [1,5,7,2,3,-2,4]
```

```
b = [9,5,2,0,6,8,7]
ind=np.lexsort((b,a))
print('ind:',ind)
tmp=[(a[i],b[i])for i in ind]
print('tmp:',tmp)
```

运行结果：

```
原数组：[7 9 5 2 9 4 3 1 4 3]
排序后各数据的索引：[7 3 6 9 5 8 2 0 1 4]
显示前 5 大的数：[4 5 7 9 9]
ind: [5 0 3 4 6 1 2]
tmp: [(-2, 8), (1, 9), (2, 0), (3, 6), (4, 7), (5, 5), (7, 2)]
```

3.8.4　检索数组元素

在 NumPy 中，提供了 all() 函数和 any() 函数检索数组的元素。all() 函数用于判断整个数组中的元素的值是否全部满足条件，如果满足条件返回 True，否则返回 False。

any() 函数用于判断整个数组中的元素至少有一个满足条件就返回 True，否则返回 False。

【例 3-45】　使用 all() 函数和 any() 函数检索数组元素。

```
import numpy as np
arr = np.array([[4, -1, -7], [3, -9, 6], [8,-5, 2]])
arr_copy = arr
print("输出原数组:\n",arr)
print("arr 的所有元素是否有一个大于 0:\n",np.any(arr > 0))
print("arr 的所有元素是否都大于 0:\n",np.all(arr > 0) )
```

运行结果：

```
输出原数组:
 [[4 -1 -7]
 [3 -9  6]
 [8 -5  2]]
arr 的所有元素是否有一个大于 0:
 True
arr 的所有元素是否都大于 0:
 False
```

3.8.5　重复数据与去重（唯一化）

元素唯一化操作是数组中比较常见的操作，它主要查找数组的唯一元素。在数据统计分析中，需要提前将重复数据剔除。在 NumPy 中，可以通过 unique() 函数找到数组中的唯一值并返回已排序的结果，其中的参数 return_counts 设置为 True 时可以返回每个取值出现的次数。

1. 去重复数据

【例 3-46】　数组内数据去重。

```
import numpy as np
color_list = np.array(['黑色','红色','蓝色','蓝色','白色','红色','红色'])
print('原数组:',color_list)
print('去重后的数组:',np.unique(color_list))
```

```
print('数据出现次数:',np.unique(color_list,return_counts=True))
```

运行结果：

```
原数组: ['黑色' '红色' '蓝色' '蓝色' '白色' '红色' '红色']
去重后的数组: ['白色' '红色' '蓝色' '黑色']
数据出现次数: (array(['白色', '红色', '蓝色', '黑色'], dtype='<U2'), array([1, 3,
2, 1], dtype=int64))
```

2. 数据重复

统计分析中有时需要把一个数据重复若干次，在 NumPy 中主要使用 tile()函数和 repeat()函数实现数据重复。

（1）tile()函数的语法格式如下。

```
tile(a, reps)
```

其中，参数 a 表示要重复的数组，reps 表示重复次数。

【例 3-47】　使用 tile()函数实现数据重复。

```
import numpy as np
arr = np.arange(5)
print('原数组:',arr)
dup_arr = np.tile(arr,3)
print('重复 3 次数据:\n',dup_arr)
```

运行结果：

```
原数组: [0 1 2 3 4]
重复 3 次数据:
 [0 1 2 3 4 0 1 2 3 4 0 1 2 3 4]
```

（2）repeat()函数的语法格式如下。

```
repeat(a, reps, axis=None)
```

其中，参数 a 表示需要重复的数组元素，reps 表示重复次数，axis 指定沿着哪个轴进行重复；axis＝0 表示按行进行元素重复，axis＝1 表示按列进行元素重复。

【例 3-48】　使用 repeat()函数实现数据重复。

```
import numpy as np
arr = np.arange(5)
print('原数组:',arr)
dup_arr = np.tile(arr,3)
print('重复数据 3次:\n',dup_arr )
dup_arr_2 = np.array([[1,2,3],[4,5,6]])
print('重复数据处理:\n',dup_arr_2.repeat(2,axis=0))
```

运行结果：

```
原数组: [0 1 2 3 4]
重复数据 3次:
 [0 1 2 3 4 0 1 2 3 4 0 1 2 3 4]
重复数据处理:
 [[1 2 3]
 [1 2 3]
 [4 5 6]
 [4 5 6]]
```

3. 判断数组元素是否存在

一个 inld() 函数用于判断数组中的元素是否在另一个数组中存在,该函数返回的是一个布尔型的数组。

【例 3-49】 从一个元组中去重和判断一个数组元素是否在另一个数组中。

```
import numpy as np
arr = np.array([16, 19, 18, 23, 14, 8, 14])
print("输出原数组:\n",arr)
print("输出去掉重复元素后的数组:\n",np.unique(arr))
arr_2 = [16,18]
print("判断一个数组中的元素是否在另一数组中:\n",np.in1d(arr,arr_2))
```

运行结果:

```
输出原数组:
 [16 19 18 23 14  8 14]
输出去掉重复元素后的数组:
 [8 14 16 18 19 23]
判断一个数组中的元素是否在另一数组中:
 [True False  True False False False False]
```

NumPy 提供的有关集合的函数还有很多,表 3-7 列举了数组集合运算的常见函数。

表 3-7　数组集合运算的常见函数

函　　数	描　　述
unique(x)	计算 x 中的唯一元素,并返回有序结果
intersectld(x,y)	计算 x 和 y 中的公共元素,并返回有序结果
unionld(x,y)	计算 x 和 y 的并集,并返回有序结果
inld(x,y)	得到一个表示"x 的元素是否包含 y"的布尔型数组
setdiffld(x,y)	集合的差,即元素在 x 中且不在 y 中
setxorld(x,y)	集合的对称差,即存在于一个数组中但不同时存在于两个数组中的元素

3.9　NumPy 矩阵的基本操作

在数学中经常会看到矩阵,而在程序中常用的是数组,可以简单理解为,矩阵是数学的概念,而数组是计算机程序设计领域的概念。在 NumPy 中,矩阵是数组的分支,数组和矩阵有些时候是通用的,二维数组也称为矩阵。

3.9.1　矩阵创建

NumPy 函数库中存在两种不同的数据类型(矩阵 matrix 和数组 array),它们都可以用于处理行列表示的数组元素,虽然它们看起来很相似,但是在这两个数据类型上执行相同的数学运算时,可能得到不同的结果。

在 NumPy 中,矩阵应用十分广泛。例如,每个图像可以被看作为像素值矩阵。假设一个像素值仅为 0 和 1,那么 256×256 大小的图像就是一个 256×256 的矩阵。

【例 3-50】　创建一个矩阵,判断类型后并输出。

```
import numpy as np
data_one = np.mat('1 4 7;2 5 8')
data_two = np.mat([[3,6,9],[6,6,6]])
print("输出矩阵 1:\n",data_one)
print("输出矩阵 1 的类型为:\n",type(data_one))
print("输出矩阵 2:\n",data_two)
print("输出矩阵 2 的类型为:\n",type(data_two))
```

运行结果:

```
输出矩阵 1:
 [[1 4 7]
  [2 5 8]]
输出矩阵 1 的类型为:
<class 'numpy.matrix'>
输出矩阵 2:
 [[3 6 9]
  [6 6 6]]
输出矩阵 2 的类型为:
<class 'numpy.matrix'>
```

从运行结果来看,mat()函数创建的是矩阵类型。

【例 3-51】　利用 mat()函数生成常见的矩阵。

```
import numpy as np
data_1 = np.mat(np.zeros((3,3)))
print("创建 3 * 3 的 0(零)矩阵:\n",data_1)
data_2 = np.mat(np.ones((3,3)))
print("创建 2 * 3 的 1 矩阵:\n",data_2)
data_3 = np.mat(np.random.randint(1,10,size=(3,3)))
print("创建 1~10 的随机整数矩阵:\n",data_3)
data_4 = np.mat(np.eye(3,3,dtype=int))
print("创建 3 * 3 的对角矩阵:\n",data_4)
b = [1,2,3]
data_5 = np.mat(np.diag(b))
print("创建 3 * 3 的对角线(1,2,3)矩阵:\n",data_5)
```

运行结果:

```
创建 3 * 3 的 0(零)矩阵:
 [[0. 0. 0.]
  [0. 0. 0.]
  [0. 0. 0.]]
创建 2 * 3 的 1 矩阵:
 [[1. 1. 1.]
  [1. 1. 1.]
  [1. 1. 1.]]
创建 1~10 的随机整数矩阵:
 [[2 9 9]
  [9 8 4]
  [5 6 5]]
创建 3 * 3 的对角矩阵:
 [[1 0 0]
  [0 1 0]
```

```
    [0 0 1]]
创建 3 * 3 的对角线 (1,2,3) 矩阵:
  [[1 0 0]
   [0 2 0]
   [0 0 3]]
```

3.9.2　矩阵运算

如果两个矩阵的大小相同,可以使用算术运算符"+""-""*"和"/"对矩阵进行加、减、乘、除的运算。

【例 3-52】　矩阵的加、减、乘和除运算。

```
import numpy as np
#创建矩阵
data_1 = np.mat([[1,2],[3,4],[5,6]])
data_2 = np.mat([1,2])
print("输出两个矩阵:\n 矩阵一:\n",data_1,'\n 矩阵二:\n',data_2)
print("输出两个矩阵的和:\n",data_1 + data_2)
print("输出两个矩阵的差:\n",data_1 - data_2)
print("输出两个矩阵的除:\n",data_1 / data_2)
data_3 = [[1,2],[3,4]]
print("输出两个矩阵的积:\n",data_1 * data_3)
```

运行结果:

```
输出两个矩阵:
矩阵一:
 [[1 2]
  [3 4]
  [5 6]]
矩阵二:
 [[1 2]]
输出两个矩阵的和:
 [[2 4]
  [4 6]
  [6 8]]
输出两个矩阵的差:
 [[0 0]
  [2 2]
  [4 4]]
输出两个矩阵的除:
 [[1. 1.]
  [3. 2.]
  [5. 3.]]
输出两个矩阵的积:
 [[7 10]
  [15 22]
  [23 34]]
```

矩阵的乘法运算,要求左边矩阵的列数和右边矩阵的行数要一致。两个矩阵直接相乘,称为矩阵相乘。矩阵相乘是第一个矩阵中与该元素行号相同的元素与第二个矩阵与该元素列号相同的元素,两两相乘后再求和。例如,$1 \times 1 + 2 \times 3 = 7$,是第一行元素与第二个矩阵与该元素列号相同的元素，两两相乘后再求和得到。

要实现矩阵对应元素之间的相乘，可以使用 multiply()函数。

数组运算和矩阵运算的一个关键区别是，矩阵相乘使用的是点乘。点乘，也称点积，是数组中元素对应位置一一相乘之后求和的操作。在 NumPy 中专门提供了点乘方法，即 dot()方法，该方法返回的是两个数组的点积。

【例 3-53】 使用 dot()方法求数组的点积。

```
import numpy as np
arr_x = np.array([[1, 2, 3], [4, 5, 6]])
arr_y = np.array([[1, 2], [3, 4], [5, 6]])
result = arr_x.dot(arr_y)                          #等价于 np.dot(arr_x, arr_y)
print("输出两个矩阵的点积:\n",result)
```

运算结果：

```
输出两个矩阵的点积:
 [[22 28]
  [49 64]]
```

矩阵点积的条件是矩阵 $\boldsymbol{A}$ 的列数等于矩阵 $\boldsymbol{B}$ 的行数，假设 $\boldsymbol{A}$ 为 $m\times p$ 的矩阵，$\boldsymbol{B}$ 为 $p\times n$ 的矩阵，那么矩阵 $\boldsymbol{A}$ 与 $\boldsymbol{B}$ 的乘积就是一个 $m\times n$ 的矩阵 $\boldsymbol{C}$，其中，矩阵 $\boldsymbol{C}$ 的第 i 行第 j 列的元素可以表示为：

$$(\boldsymbol{A},\boldsymbol{B})_{ij}=\sum_{k=1}^{p}a_{ik}b_{kj}=a_{i1}b_{1j}+a_{i2}b_{2j}+\cdots+a_{ip}b_{pj}$$

上述矩阵 arr_x 与 arr_y 的乘积如图 3-7 所示。

1	2	3
4	5	6

*

1	2
3	4
5	6

=

1×1+2×3–3×5=22	1×2+2×4–3×6=28
4×1+5×3–6×5=49	4×2+5×4–6×6=64

图 3-7　矩阵 arr x 与 arr_y 的乘积

numpy.linalg 模块中有一组标准的矩阵分解运算以及诸如逆和行列式之类的方法，linalg 模块中还提供了其他很多有用的函数，具体如表 3-8 所示。

表 3-8　linalg 模块的常见函数

函　　数	描　　述
dot()	矩阵乘法
diag()	以一维数组的形式放回方阵的对角线，或将一维数组转为方阵
trace()	计算对角线元素和
det()	计算矩阵的行列式
eig()	计算方阵的特征值和特征向量
inv()	计算方阵的逆
qr()	计算 QR 分解
svd()	计算奇异值(SVD)
solve()	解线性方程组 $\boldsymbol{A}x=b$，其中，$\boldsymbol{A}$ 是一个方阵
lstsq()	计算 $\boldsymbol{A}x=b$ 的最小二乘解

3.9.3 矩阵转换

1. 矩阵转置

矩阵转置与数组转置一样需要使用 T 属性。

2. 矩阵求逆

矩阵要可逆,否则意味着该矩阵为奇异矩阵(即矩阵的行列式的值为 0)。矩阵求逆主要使用 I 属性。

【例 3-54】 求矩阵的转置和逆。

```python
import numpy as np
arr = np.mat([[1, 3, 3], [4, 5, 6], [7, 12, 9]])
arr_copy = arr
print("输出原矩阵:\n",arr)
print("输出转置后的矩阵:\n",arr.T)
print("输出矩阵的逆运算:\n",arr.I)
```

运行结果:

```
输出原矩阵:
 [[1   3   3]
  [4   5   6]
  [7  12   9]]
输出转置后的矩阵:
 [[1   4   7]
  [3   5  12]
  [3   6   9]]
输出矩阵的逆运算:
 [[-0.9          0.3          0.1       ]
  [0.2         -0.4          0.2        ]
  [0.43333333   0.3         -0.23333333]]
```

3.10 数组读/写

3.10.1 读/写二进制文件

NumPy 提供了多种文件操作函数存取数组内容。文件存取的格式分为两类:二进制和文本。二进制格式的文件又分为 NumPy 专用的格式化二进制类型和无格式类型。NumPy 中读/写二进制文件的方法有以下两种。

(1) numpy.load("文件名.npy"):从二进制的文件中读取数据。

(2) numpy.save("文件名[.npy]"),arr):以二进制的格式保存数据。

它们会自动处理元素类型和 shape 等信息,使用它们读/写数组非常方便。但是 np.save()输出的文件很难用其他语言编写的程序读入。

【例 3-55】 数组的读与写。

```python
import numpy as np
arr = np.arange(1,13).reshape(3,4)
print(arr)
np.save('arr.npy', arr)                          #np.save("arr", a)
```

```
data_arr = np.load( 'arr.npy' )
print(data_arr)
```

运行结果：

```
[[1  2  3  4]
 [5  6  7  8]
 [9 10 11 12]]
[[1  2  3  4]
 [5  6  7  8]
 [9 10 11 12]]
```

3.10.2 读/写文本文件

NumPy 中读/写文本文件的方法有以下几种。

（1）numpy.loadtxt("文件名.xt",delimiter＝",")：把文件加载到一个二维数组中。

（2）numpy.savetxt("文件名.txt",arr，fmt＝"%d",delimiter＝",")：将数组写到某种分隔符隔开的文本文件中。

（3）numpy.genfromtxt("文件名.xt",delimiter＝",")：结构化数组和缺失数据。

【例 3-56】 读/写文本文件。

```
import numpy as np
arr_1 = np.arange(0,12,1).reshape(4,-1)
np.savetxt("arr_1_out.txt", arr_1)
#默认按照'%.18e'格式保存数值
print(np.loadtxt("arr_1_out.txt"))
np.savetxt("arr_2_out.txt",arr_1, fmt = "%d", delimiter = ",")
#改为保存为整数,以逗号分隔
print(np.loadtxt("arr_2_out.txt",delimiter = ","))   #读入的时候也需要指定逗号分隔
```

运行结果：

```
[[0.  1.  2.]
 [3.  4.  5.]
 [6.  7.  8.]
 [9. 10. 11.]]
[[0.  1.  2.]
 [3.  4.  5.]
 [6.  7.  8.]
 [9. 10. 11.]]
```

3.10.3 读取 CSV 文件

CSV 文件是一种常见的文件格式，用来存储批量数据（一维或二维）。

将数据写入 CSV 文件的方法：

```
np.savetxt(fname,array,fmt='%.18e',delimiter=None)
```

参数说明如下。

- fname：文件、字符串或产生器，可以是.gz 或.bz2 的压缩文件。
- array：存入文件的数组。
- fmt：写入文件的格式，例如，%d %.2f %.18e。

- delimiter：分隔字符串，默认是空格。例如，a = np.arange(100).reshape(5,20)。

```
np.savetxt('a.csv',a,fmt='%d',delimiter=',')
```

将数据写入 TXT 文件的方法：

```
np.loadtxt(fname,dtype=np.float,delimiter=None,unpack=False)
```

参数说明如下。

- fname：文件、字符串或产生器，可以是.gz 或.bz2 的压缩文件。
- dtype：数据类型，可选。
- delimiter：分隔字符串，默认是空格。
- unpack：读入数据，写入一个数组，如果是 True，读入属性将分别写入不同变量。

【例 3-57】 利用 loadtxt()读取 CSV 格式的文件数据。

```
b = np.loadtxt('data.csv',delimiter=',')
b = np.loadtxt('data.csv',dtype = np.int,delimiter=',')
```

CSV 文件的局限性：CSV 只能有效存储一维和二维数组。

np.savetxt()与 np.loadtxt()只能有效存取一维和二维数据。

小　　结

本章主要针对科学计算库 NumPy 进行了介绍，包括 ndarray 数组对象的属性和数据类型、数组的运算、索引和切片操作、数组的转置和轴对称、NumPy 通用函数、数据处理与统计分析、矩阵操作以及使用数组进行数据处理的相关操作。

通过本章的学习，希望读者能熟练使用 NumPy 包，为后面章节的学习奠定基础。

思考与练习

1. 什么是向量化运算？

2. 简述创建数组的几种方式。

3. 实现数组广播机制需要满足哪些条件？

4. 创建一个自定义数据类型，该数据类型是由姓名和手机号码组成，其中，姓名是长度为 6 个字符的字符串类型，手机号码是长度为 11 位的整型数。然后，创建该自定义数据类型的数组。

5. 通过排序解决成绩相同学生的录取问题。某重点高中，精英班录取学生按照总成绩录取。由于名额有限，在总成绩相同时，数学成绩高的学生会被优先录取，总成绩和数学成绩都相同时，按照英语成绩高的学生进行优先录取。

6. 完成下列数组、矩阵和随机数的操作与运算。

(1) 创建 2 行 4 列的数组 arr_a，数组中的元素为 0~7，要求用 arange()函数创建。

(2) 利用生成随机数函数创建有 4 个元素的一维数组 arr_b。

(3) 计算 arr_a 和 arr_b 的向量积和数量积。

(4) 将数组的数量积中小于 2 的元素组成新数组。

（5）将 arr_a 和 arr_b 转换成矩阵，计算矩阵的向量积和数量积。

（6）向 arr_a 数组添加元素[9,10]后，再赋值给 arr_a 数组。

（7）在 arr_a 数组第 3 个元素之前插入[11,12]元素后，再赋值给 arr_a 数组。

（8）从 arr_a 数组中删除下标为奇数的元素。

（9）将 arr_a 数组转换成列表。

7. 假设有一张成绩表记录了 10 名学生的 Python、数据库、机器学习、数据存储、数据可视化这 5 门课的成绩，成绩范围均为 50～100 分。10 名学生的学号分别为 20220100、20220101、20220102、20220103、20220104、20220105、20220106、20220107、20220108、20220109。

要求：利用 NumPy 数组完成以下操作。

（1）使用随机数模拟学生成绩，并存储在数组中。

（2）查询学号为 20220105 的学生的机器学习成绩。

（3）查询学号为 20220100、20220102、20220105、20220109 的 4 位学生的数据库、数据可视化和机器学习成绩。

（4）查询大于或等于 90 分的成绩和相应学生的学号。

（5）按各门课程的成绩排序。

（6）按每名学生的成绩排序。

（7）计算每门课程的平均分、最高分和最低分。

（8）计算每名学生的最高分和最低分。

（9）查询最低分及相应的学生学号和课程。

（10）查询最高分及相应的学生学号和课程。

（11）数据库、数据可视化、机器学习、数据存储、Python 这 5 门课程在总分中的占比分别为 25%、25%、20%、15%、15%。如果总分为 100 分，则计算每名学生的总成绩。

（12）查询最高的 3 个总分。

## 第 4 章

Pandas 基础知识

Pandas 是数据分析的三大剑客之一,也是 Python 的核心数据分析库,它是基于 NumPy 的 Python 库。Pandas 最初被作为金融数据分析工具而开发出来,后来被广泛地应用到经济、统计、分析等学术和商业等领域。能够简单、直观、快速地处理各种类型的数据,如表格数据、矩阵数据、时间序列数据、统计数据集等。

本章主要介绍 Pandas 的两种典型数据结构、索引操作、数据编辑与 Pandas 中调用函数的方法等基本知识。

4.1   Pandas 与数据结构

Pandas 是使用 Python 语言开发的用于数据处理和数据分析的第三方库。它擅长处理数字型数据和时间序列数据。

Pandas 对数据的处理是为数据分析服务的,它所提供的各种数据处理方法、工具是基于数理统计学的,包含日常应用中的众多数据分析方法。我们学习它不仅要掌握它的相应技术,还要从它的数据处理思路中学习数据分析的理论和方法。

4.1.1 Pandas 概述

Pandas 由 Wes McKinney 于 2008 年开发。McKinney 当时在纽约的一家金融服务机构工作,金融数据分析需要一个健壮和超快速的数据分析工具,于是他就开发出了 Pandas。

Pandas 的命名跟熊猫无关,而是来自计量经济学中的术语"面板数据"(Panel data)。面板数据是一种数据集的结构类型,具有横截面和时间序列两个维度。

1. Pandas 的基本功能

(1) 从 Excel、CSV、网页、SQL、剪贴板等文件或工具中读取数据。

(2) 可以合并多个文件或者电子表格中的数据,将数据拆分为独立文件。

(3) 数据清洗,如去重、处理缺失值、填充默认值、补全格式、处理极端值等。

(4) 建立高效的索引。

(5) 按照一定业务逻辑插入计算后的列、删除列。

(6) 灵活方便的数据查询、筛选。

(7) 分组聚合数据,可独立指定分组后的各字段计算方式。

(8) 灵活地重构、透视数据集。

(9) 轴支持结构化标签:一个刻度支持多个标签。

(10) 成熟的输入输出工具,如读取文本文件(CSV 等支持分隔符的文件)、Excel 文件、数据库等来源的数据,利用超快的 HDF5 格式保存/加载数据。

(11) 时间序列数据处理,支持日期范围生成、频率转换、移动窗口统计、移动窗口线性回归、日期位移等时间序列功能。

2. Pandas 的安装与导入

1) Pandas 的安装

在使用 Pandas 时,要先安装 Pandas。在系统搜索框中输入“cmd”,单击“命令提示符”,打开“命令提示符”窗口,在命令提示符后输入安装命令。Pandas 可以通过 PyPI 的 pip 工具安装,安装命令如下。

```
pip install pandas
```

或者通过 PyCharm 开发环境来安装。运行 PyCharm,选择 File→Settings 菜单项,打开 Settings 窗口,选择 Project Interpreter 选项,然后单击“添加”(＋)按钮。这里要注意的是,在 Project Interpreter 选项中应选择当前工程项目使用的 Python 版本。单击“添加”(＋)按钮,打开 Available Packages 窗口,在搜索文本框中输入需要添加的模块名称,例如“pandas”,然后在列表中选择需要安装的模块,单击 Install Package 按钮,即可实现 Pandas 模块的安装。

2) Pandas 的导入

使用 Pandas 时需要导入模块的代码如下。

```
import pandas as pd
```

4.1.2　Pandas 中的数据结构

数据结构(Data structure)是组织数据、存储数据的方式。在计算机中,常见的数据结构有栈(Stack)、队列(Queue)、数组(Array)、链表(Linked List)、树(Tree)、图(Graph)等。人们日常接触最多也是数据分析中最常用的结构是数组。

数组由相同类型元素的集合组成,对每一个元素分配一个存储空间,这些存储空间是连续的。每个空间会有一个索引(index)来标识元素的存储位置。类似于 Excel 表格,列方向上用数字作为行号,即索引,可以准确找到元素。

现实数据往往会由多个数组组成,它们共用同一个行索引,组成了二维数组,对应于数学中的矩阵概念。这类似于 Excel 表格中列方向上用字母来表示一个数组。

Series 和 DataFrame 是 Pandas 库中两个重要的对象,也是 Pandas 主要的数据结构,其中,Series 是一维的数据结构,用于描述带标签的一维同构数组;DataFrame 是二维的、表格型的数据结构,用于描述带标签的、大小可变的、二维异构表格。

需要注意的是,Pandas 之前支持的三维面板(Panel)结构现已不再支持,可以使用多层索引形式来实现。

接下来,具体来了解一下这两种数据结构的特点,以及如何创建和使用它们。

4.1.3　Series 对象与生成

Series 类似于一维数组,由一组数据以及与这组数据相关的标签(即索引)组成,或者仅有一组数据而没有索引也可以生成一个简单的 Series 对象。它能够保存任何类型的数据,如整数、字符串、浮点数、Python 对象等多种数据类型，主要由一组数据和与之相关的索引两部分构成。

1. Series 原理

Series 是 Pandas 中的基本对象，在 NumPy 的 ndarray 基础上进行扩展。Series 支持下标存取元素和索引存取元素。每个 Series 对象都由两个数组组成，即索引和值。

2. index 原理

index 是索引对象，用于保存标签信息。若生成 Series 对象时不指定 index，Pandas 将自动生成一个表示位置下标的索引。

3. values 原理

values 是保存元素值的数组。

接下来通过一张图来描述 Series 的结构，具体如图 4-1 所示。

index（索引）	element（数据元素）
信电学院	6
经管学院	4
人文学院	5
理学院	3
生物学院	2

图 4-1 Series 对象结构示意图

图 4-1 展示的是 Series 结构表现形式，其索引位于左边，数据位于右边。其中，学院名称是标签（也称索引），不是具体的数据，它起到解释、定位数据的作用。如果没有标签，只有一个数字，是不具有意义的。Series 是 Pandas 最基础的数据结构。

4. Series 对象的生成

生成 Series 对象时，主要通过 Pandas 的 Series() 方法，其语法格式如下。

```
class pandas.Series(data = None, index = None, dtype = None, name = None, copy = False, fastpath = False)
```

参数说明如下。

- data：传入的数据，支持列表和元组、ndarray、字典类型、多维数组、标量（即只有大小没有方向的量，即仅有 1 个数值，如 s＝pandas.Series(8)）。
- index：表示行标签（索引），其值不一定是唯一的，且与数据的长度相同。如果没有传入索引参数，则默认会自动生成一个 0～N 的整数索引。
- dtype：数据的类型。
- name：数据的名称。（print(s.name) 会输出这个参数的值，在 DataFrame 中也就是列名。）
- copy：是否复制数据，默认为 False。
- fastpath：快捷路径。（官方文档没有介绍。）

返回值：Series 对象。

【例 4-1】 利用 Pandas 的 Series() 方法生成 Series 对象。

```
import pandas as pd
ser_obj1 = pd.Series(data=[185, 165, 156, 175])        #直接使用 Series 对象生成
print("自动生成整数索引:\n", ser_obj1)
ser_obj2 = pd.Series(data=[185, 165, 156, 175],index=['Strong', 'Tommy',
'Berry', 'Bill'])                                       #手动设置 Series 索引
print("手动设置索引:\n",ser_obj2)
ser_obj3 = pd.Series(data=[185, 165, 156, 175],index=['Strong', 'Tommy', 'Berry',
'Bill'],dtype='float',name='height')          #强制转换数据类型为 float,并指定列名
```

```
print(ser_obj3)
ser_obj4 = pd.Series({'Strong':185, 'Tommy':165, 'Berry':156, 'Bill':175})
                                        #利用字典生成对象
print(ser_obj4)
```

运行结果：

```
自动生成整数索引：
0    185
1    165
2    156
3    175
dtype: int64
手动设置索引：
Strong    185
Tommy     165
Berry     156
Bill      175
dtype: int64
Strong    185.0
Tommy     165.0
Berry     156.0
Bill      175.0
Name: height, dtype: float64
Strong    185
Tommy     165
Berry     156
Bill      175
dtype: int64
```

由上述例子可以看出，首先 Series()方法中通过传入一个列表来生成一个 Series 类对象，从运行结果可以看出，左边一列是索引，索引是从 0 开始递增的，右边一列是数据，数据的类型是根据传入的列表参数中元素的类型推断出来的，即 int64。

其次，可以在生成 Series 类对象的时候，为数据手动指定索引。除了使用列表构建 Series 类对象外，还可以使用 dict 进行构建。

结果中输出的 dtype，是 Series 数据的数据类型，int 为整型，后面的数字表示位数。

4.1.4　DataFrame 对象与生成

DataFrame 是最常用的 Pandas 对象，类似于二维数组或表格（如 Excel）的对象，它每列的数据可以是不同的数据类型，它与 Series 对象一样支持多种类型的数据。与 Series 的结构相似，DataFrame 的结构也是由索引和数据组成的，不同的是，DataFrame 的索引不仅有行索引，还有列索引，其结构示意图如图 4-2 所示。

由图 4-2 展示的是 DataFrame 结构表现形式，可以看出 DataFrame 是一个二维表数据结果，即由行列数据组成的表格，具有如下特点。

（1）横向的称作行（row），我们所说的一条数据就是指其中的一行。

（2）纵向的称作列（column）或者字段，是一条数据的某个值。

图 4-2　DataFrame 对象结构示意图

（3）第一行是表头，或者叫字段名，类似于 Python 字典里的键，代表数据的属性。

（4）第一列是索引，就是这行数据所描述的主体，也是这条数据的关键。

（5）在一些场景下，表头和索引也称为列索引和行索引。

（6）行索引和列索引可能会出现多层索引的情况（后面会讲解）。

DataFrame 既有行索引又有列索引，它可以看作是 Series 对象组成的字典，不过这些 Series 对象共用一个索引。其行索引位于最左边一列，列索引位于最上面一行，并且数据可以有多列。

DataFrame 类对象其实可以视为若干个公用行索引的 Series 类对象的组合。与 Series 的索引相似，DataFrame 的索引也是自动生成的，默认是 $0\sim N$ 的整数类型索引。

在不同场景下可能会对索引使用以下名称。

（1）索引（index）：行和列上的标签，标识二维数据坐标的行索引和列索引，默认情况下，指的是每一行的索引。如果是 Series，那只能是它行上的索引。列索引又被称为字段名、表头。

（2）自然索引、数字索引：行和列的 $0\sim n$（n 为数据长度 -1）形式的索引，是数据天然具有的索引形式。虽然可以指定为其他名称，但在有些方法中依然可以使用。

（3）标签（label）：行索引和列索引，如果是 Series，那只能是它行上的索引。

（4）轴（axis）：仅用在 DataFrame 结构中，代表数据的方向，如行和列，用 0 代表列（默认），1 代表行。

在处理 DataFrame 表格数据时，通过索引标签对数据进行存取，index 属性保存行索引，columns 属性保存列属性，而且用这种方式迭代 DataFrame 对象的列，代码更易读懂。可以通过字典、二维 NumPy 数组、元组或者一个 DataFrame 构造出一个新的 DataFrame。

1. DataFrame 对象的生成

Pandas 的 DataFrame 类对象可以使用以下构造方法生成。

```
pandas.DataFrame(data = None, index = None, columns = None, dtype = None, copy = False)
```

参数说明如下。

- data：表示数据，可以是 ndarray 数组、Series 对象、列表、字典等。
- index：表示行标签（索引）。如果没有传入索引参数，则默认会自动生成一个 $0\sim N$ 的整数索引。
- columns：表示列标签（索引）。如果没有传入索引参数，则默认会自动生成一个 $0\sim N$ 的整数索引。
- dtype：每一列数据的数据类型，与 Python 数据类型有所不同，表 4-1 所示为 Pandas 数据类型与 Python 数据类型的对应。

表 4-1　数据类型对应表

Pandas 数据类型	Python 数据类型
object	str
int64	int
float64	float

续表

Pandas 数据类型	Python 数据类型
bool	bool
datetime64	datetime64[ns]
timedelta[ns]	NA
category	NA

* copy：用于复制数据。

返回值：DataFrame 对象，即二维数组和字典。

通过字典生成 DataFrame，需要注意：字典中的 value 值只能是一维数组或单个的简单数据类型，如果是数组，则要求所有的数组长度一致；如果是单个数据，则每行都需要添加相同的数据。

【例 4-2】 利用二维数组和字典两种方法生成 DataFrame 对象。

```
import pandas as pd
pd.set_option('display.unicode.east_asian_width',True)
                                #解决数据输出时列名与数据不对齐的问题
data = [['Strong',185],['Tommy',165],['Berry',156],['Bill',175]]
columns = ['姓名', '身高']                #指定列索引
df_1 = pd.DataFrame(data=data,columns=columns)
                                #通过二维数组生成 DataFrame 对象
print(df_1)
df_2 = pd.DataFrame({'姓名':['Strong', 'Tommy', 'Berry', 'Bill'],'身高':[185,
165, 156, 175],'班级':'大数据 2021'})        #通过字典生成 DataFrame 对象
print(df_2)
```

运行结果：

```
     姓名    身高
0  Strong   185
1  Tommy    165
2  Berry    156
3  Bill     175
     姓名    身高      班级
0  Strong   185   大数据 2021
1  Tommy    165   大数据 2021
2  Berry    156   大数据 2021
3  Bill     175   大数据 2021
```

2. DataFrame 的主要属性

DataFrame 是 Pandas 中一个重要的对象，它的属性和函数有很多，如表 4-2 所示。

表 4-2　DataFrame 的主要属性

属　　性	描　　述	代码示例
values	查看所有元素的值，返回 ndarray 类型的对象	df.values
iloc[行序,列序]	按序值返回元素	df.iloc[1,1]
loc[行索引,列索引]	按索引返回元素	df.loc[1,'姓名']
index	获取行索引、重命名行名	df.index df.index=[1,2]

续表

属　　性	描　　述	代 码 示 例
columns	获取列索引、重命名列名	df.columns df.columns＝['身高','姓名']
axes	获取行及列索引	df.axes
T	行与列对调	df.T
info	显示所有数据的类型、索引情况、行列数、各字段数据类型、内存占用等。Series 不支持	df.info()
head(i)	显示前 i 行数据，默认 5 条	df.head() df.head(2)
tail(i)	显示后 i 行数据，默认 5 条	df.tail() df.tail(2)
sample(i)	随机显示 i 行数据，默认 1 条	df.sample() df.sample(3)
describe()	查看数据按列的统计信息	df.describe()
shape	返回一个元组，查看行数和列数，即数据的形状，[0]表示行，[1]表示列	df.shape[0] df.shape[1]

【例 4-3】 利用 DataFrame 对象的属性实现列数据遍历。

```python
import pandas as pd
data = [['Strong',185],['Tommy',165],['Berry',156],['Bill',175]]
columns = ['姓名', '身高']
df_1 = pd.DataFrame(data=data,columns=columns)
print(df_1)
#遍历 DataFrame 数据每一列
for colname in df_1.columns:
    series = df_1[colname]
    print(series)
```

运行结果：

```
    姓名    身高
0  Strong  185
1  Tommy   165
2  Berry   156
3  Bill    175
0  Strong
1  Tommy
2  Berry
3  Bill
Name: 姓名, dtype: object
0    185
1    165
2    156
3    175
Name: 身高, dtype: int64
```

从运行结果可知，代码返回的是 Series 对象。Pandas 之所以提供多种数据结构，目的就是使代码易读，方便操作。

4.1.5　Pandas 的数据类型

Pandas 数据类型是指某一列里所有数据的共性,如果全是数字,那么就是数字型;如果其中有一个不是数据,那么就不是数字型了。我们知道 Pandas 里的一列可以由 NumPy 数组组成,事实上,大多 NumPy 数据类型就是 Pandas 的类型,Pandas 也有自己特有的数据类型。

通过 DataFrame 的 dtypes 属性查看每个字段的数据类型及 DataFrame 整体的类型。

Pandas 提供了 float、int、bool、category、object、string 等常见的数据类型,默认的数据类型是 int64 和 float64,文字类型是 object。这些数据类型大多继承自 NumPy 的相应数据类型。可以使用类型判断方法检测数据的类型是否与该方法中指定的类型一致。如果一致,则返回 True。

【例 4-4】　DataFrame 各列数据类型判断。

```python
import pandas as pd
data = [['Strong',185],['Tommy',165],['Berry',156],['Bill',175]]
columns = ['姓名', '身高']
df_1 = pd.DataFrame(data=data,columns=columns)
print('两列的数据类型:\n',df_1.dtypes)
print('判断姓名列的数据类型是否为字符串:',pd.api.types.is_object_dtype(df_1['姓名']))
print('判断身高列的数据类型是否为整型:',pd.api.types.is_int64_dtype(df_1['身高']))
```

运行结果:

```
两列的数据类型:
姓名      object
身高      int64
dtype: object
判断姓名列的数据类型是否为字符串: True
判断身高列的数据类型是否为整型: True
```

Pandas 可以用 infer_objects()方法或者 convert_dtypes()方法智能地推断各列的数据类型,会返回一个按推断修改后的 DataFrame。如果需要使用这些类型的数据,可以赋值替换。

4.1.6　算术运算与数据对齐

Pandas 的数据对象在进行算术运算时,会先按照索引进行对齐,对齐以后再进行相应的运算,没有对齐的位置会用 NaN 进行补齐。对于 DataFrame,数据对齐操作会同时发生在行和列上。

如果有相同索引则进行算术运算,如果没有则会进行数据对齐,但会引入缺失值。

Pandas 执行算术运算时,Series 是按行索引对齐的,DataFrame 是按行索引、列索引对齐的。

【例 4-5】　假设有两个 Series 对象,实现两个对象相加。

```python
import pandas as pd
obj_one = pd.Series(range(10, 13), index=range(3))
obj_two = pd.Series(range(20, 25), index=range(5))
print(obj_one + obj_two)
```

运行结果：

```
0      30.0
1      32.0
2      34.0
3      NaN
4      NaN
dtype: float64
```

上述示例中生成了两个 Series 对象：obj_one 和 obj_two。从实际表达来看，obj_one 比 obj_two 少两行数据。对 obj_one 与 obj_two 进行加法运算，则会将它们按照索引先进行对齐，对齐的位置进行加法运算，没有对齐的位置使用 NaN 值进行填充。

如果希望不使用 NaN 填充缺失数据，则可以在调用 add() 方法时提供 fill_value 参数的值，fill_value 将会使用对象中存在的数据进行补充，具体示例代码如下。

```
obj_one.add(obj_two, fill_value = 0)        #执行加法运算，补充缺失值
```

其他的算术运算类似，这里不再过多赘述。

【例 4-6】 DataFrame 类型的数据相加。

```
import numpy as np
import pandas as pd
obj1 = np.arange(6).reshape(2,3)
obj2 = np.arange(4).reshape(2,2)
df1 = pd.DataFrame(obj1,columns=['A','B','C'],index=['R1','R2'])
df2 = pd.DataFrame(obj2,columns=['A','B'],index=['R1','R3'])
print("df1:\n",df1)
print("df1:\n",df2)
print("df1+df2:\n",df1+df2)
```

运行结果：

```
df1:
    A B C
R1  0 1 2
R2  3 4 5
df1:
    A  B
R1  0  1
R3  2  3
df1+df2:
     A    B   C
R1  0.0  2.0 NaN
R2  NaN  NaN NaN
R3  NaN  NaN NaN
```

从上述运行结果来看，对于 DataFrame，数据对齐操作会同时发生在行和列上。

4.2 Pandas 索引操作

索引的作用相当于图书的目录，可以根据目录中的页码快速找到所需的内容。Pandas 索引具有数据更加直观明确，指明每行数据是针对哪个主体的，方便数据处理，使用索引可

以提升查询性能。索引允许重复,但业务上一般不会让它重复。

　　Series 类对象属于一维结构,它只有行索引,而 DataFrame 类对象属于二维结构,它同时拥有行索引和列索引。由于它们的结构有所不同,所以它们的索引操作也会有所不同。接下来,分别介绍 Series 和 DataFrame 的相关索引操作,具体内容如下。

4.2.1　Series 对象索引操作

　　Series 有关索引的用法类似于 NumPy 数组的索引,Series 类对象的索引样式比较丰富,默认是自动生成的整数索引(从 0 开始递增),也可以是自定义的标签索引(由自定义的标签构成的索引)、时间戳索引(由时间戳构成的索引)等。

　　为了能方便地操作 Series 对象中的索引和数据,该对象提供了两个属性 index 和 values 分别获取。

　　【例 4-7】　利用属性 index 和 values 分别获取 Series 对象中的索引和数据。

```
import pandas as pd
ser_obj1 = pd.Series(data=[185, 165, 156, 175])
print(ser_obj1.index)
print(ser_obj1.values)
ser_obj2 = pd.Series(data=[185, 165, 156, 175],index=['Strong', 'Tommy',
'Berry', 'Bill'])
print(ser_obj2.index)
print(ser_obj2.values)
```

运行结果:

```
RangeIndex(start=0, stop=4, step=1)
[185 165 156 175]
Index(['Strong', 'Tommy', 'Berry', 'Bill'], dtype='object')
[185 165 156 175]
```

　　上述示例中,通过 index 属性得到了一个 index 类的对象,该对象是一个索引对象,后面会针对这个类型进行介绍。

　　如果希望获取某个数据,既可以通过索引的位置来获取,也可以通过索引名称来获取。

1. Series 位置索引

　　位置索引是从 0 开始,[0]表示 Series 的第一个数,[1]是 Series 的第二个数,以此类推。但是 Series 对象不同使用[−1]定位索引。

　　【例 4-8】　直接使用索引来获取数据。

```
import pandas
ser_obj = pandas.Series(data=[185, 165, 156, 175])
print(ser_obj[1])                              #获取位置索引 1 对应的数据
```

运行结果:

```
165
```

　　需要注意的是,索引和数据的对应关系仍保持在数组运算的结果中,也就是说,当某个索引对应的数据进行运算以后,其运算的结果仍然与这个索引保持着对应的关系,如 ser_obj1×1.1 后的输出,可以看出效果。

2. Series 标签索引

Series 标签索引与位置索引方法类似，用"[ ]"表示，里面是索引名称，注意 index 的数据类型是字符串，如果需要获取多个标签值，则用"[[ ]]"表示（相当于在"[ ]"中包含一个列表）。

【例 4-9】 通过标签索引获取学生的身高。

```
import pandas
ser_obj = pandas.Series(data=[185, 165, 156, 175],index=['Strong', 'Tommy',
'Berry', 'Bill'])
print(ser_obj['Tommy'])                           #使用索引名称获取数据
print(ser_obj[['Tommy', 'Bill']])
```

运行结果：

```
165
Tommy    165
Bill     175
dtype: int64
```

3. Series 切片索引

Series 也可以使用切片来获取数据。不过，如果使用的是位置索引进行切片，则切片结果和 list 切片类似，即包含起始位置但不包含结束位置；如果使用索引名称（标签索引）进行切片，则切片结果是包含结束位置的。

【例 4-10】 利用 Series 切片索引获取数据。

```
import pandas
ser_obj1 = pandas.Series(data=[185, 165, 156, 175])
#通过位置切片获取 1~3 数据
print(ser_obj1[1:3])
ser_obj2 = pandas.Series(data=[185, 165, 156, 175],index=['Strong', 'Tommy',
'Berry', 'Bill'])
#使用索引名称进行切片
print(ser_obj2['Tommy':'Bill'])
```

运行结果：

```
1    165
2    156
dtype: int64
Tommy    165
Berry    156
Bill     175
dtype: int64
```

如果希望获取的是不连续的数据，则可以通过不连续索引来实现。

【例 4-11】 获取不连续索引对应数据。

```
import pandas
ser_obj = pandas.Series(data=[185, 165, 156, 175],index=['Strong', 'Tommy',
'Berry', 'Bill'])
print(ser_obj[[0, 2]])                            #通过不连续位置索引获取数据集
print(ser_obj[['Tommy','Bill']])                  #通过不连续索引名称(标签)获取数据集
```

运行结果：

```
Strong      185
Berry       156
dtype: int64
Tommy       165
Bill        175
dtype: int64
```

布尔型索引同样适用于 Pandas,具体的用法跟数组的用法一样,将布尔型的数组索引作为模板筛选数据,返回与模板中 True 位置对应的元素。

【例 4-12】 查找身高超过 160cm 的数据。

```
import pandas
ser_obj = pandas.Series(data=[185, 165, 156, 175],index=['Strong', 'Tommy',
'Berry', 'Bill'])
#print(ser_obj[[0, 2]])
#print(ser_obj[['Tommy','Bill']])
ser_bool = ser_obj >160                        #生成布尔型 Series 对象
print(ser_bool)
print(ser_obj[ser_bool])                       #获取结果为 True 的数据
```

运行结果:

```
Strong      True
Tommy       True
Berry       False
Bill        True
dtype: bool
Strong      185
Tommy       165
Bill        175
dtype: int64
```

4.2.2 DataFrame 对象索引操作

DataFrame 结构既包含行索引,也包含列索引。其中,行索引是通过 index 属性获取的,列索引是通过 columns 属性获取的,索引的结构如图 4-3 所示。

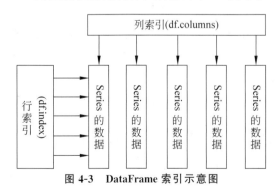

图 4-3 DataFrame 索引示意图

构建一个 DataFrame 对象时,如果不指定行索引和列索引,返回的 DataFrame 对象的行索引和列索引都是自动从 0 开始的。如果在生成 DataFrame 类对象时,为其指定了列索引,则 DataFrame 的列会按照指定索引的顺序进行排列。

通过图 4-3 可以看出，DataFrame 中每列的数据都是一个 Series 对象，可以使用列索引的方式进行获取，也可以通过访问属性的方式来获取列数据，返回的结果是一个 Series 对象，该对象拥有与原 DataFrame 对象相同的行索引。

【例 4-13】 生成 DataFrame 类对象，并通过索引和属性两种方式访问某一列的值。

```
import numpy as np
import pandas as pd
pd.set_option('display.unicode.east_asian_width',True)
                                        #解决数据输出时列名与数据不对齐的问题
data = np.array([['Strong', '男', 185], ['Tommy', '女',175]])   #生成数组
df_1 = pd.DataFrame(data)
print("行索引:",df_1.index)
print("列索引:",df_1.columns)
element1 = df_1[0]                        #通过列索引的方式获取一列数据
print('通过列索引的方式获取 0 列的数据:\n',element1)
print('查看返回结果的类型:\n',type(element1))
#生成 DataFrame 对象,指定列索引
df_2 = pd.DataFrame(data, columns=['姓名', '性别', '身高'])
element2 = df_2.姓名                       #通过属性获取列数据
print('通过属性的方式获取列数据为"姓名"的数据:\n',element1)
print('查看返回结果的类型:\n',type(element2))
```

运行结果：

```
行索引: RangeIndex(start=0, stop=2, step=1)
列索引: RangeIndex(start=0, stop=3, step=1)
通过列索引的方式获取 0 列的数据:
0     Strong
1     Tommy
Name: 0, dtype: object
查看返回结果的类型:
<class 'pandas.core.series.Series'>
通过属性的方式获取列数据为"姓名"的数据:
0     Strong
1     Tommy
Name: 0, dtype: object
查看返回结果的类型:
<class 'pandas.core.series.Series'>
```

特别提醒，在获取 DataFrame 的一列数据时，推荐使用列索引的方式完成，主要是因为在实际使用中，列索引的名称中很有可能带有一些特殊字符（如空格），这时使用"点字符"进行访问就显得不太合适了。

如果要从 DataFrame 中获取多个不连续的 Series 对象，则同样可以使用不连续索引进行实现。

【例 4-14】 从 DataFrame 中获取多个不连续的 Series 对象。

```
import numpy as np
import pandas as pd
pd.set_option('display.unicode.east_asian_width',True)
                                        #解决数据输出时列名与数据不对齐的问题
demo_arr = np.array([['Strong', '男', 185,80], ['Tommy', '女', 175,60], ['Berry',
'女', 156,45]])                           #生成数组
df_obj = pd.DataFrame(demo_arr, columns=['姓名', '性别', '身高','体重'])
```

```
print(df_obj[['姓名','身高','体重']])        #获取不连续的 Series 对象
print(df_obj[:2])                           #使用切片获取第 0~1 行的数据
#使用多个切片先通过行索引获取第 0~2 行的数据,再通过不连续列索引获取('姓名','身高')的
#数据
print(df_obj[:2][['姓名','身高']])
```

运行结果:

```
      姓名     身高    体重
0   Strong    185    80
1   Tommy     175    60
2   Berry     156    45
      姓名     性别    身高    体重
0   Strong     男     185    80
1   Tommy      女     175    60
      姓名     身高
0   Strong    185
1   Tommy     175
```

4.2.3　索引对象的不可操作性

行和列的索引在 Pandas 里其实是一个 Index 对象,又称为索引对象。索引对象可以传入构建数据和读取数据的操作中。Pandas 中的 Index 类对象是不可以进行修改的,以保障数据的安全。例如,生成一个 Series 类对象,为其指定索引,然后再对索引重新赋值后会提示"索引不支持可变操作"的错误信息。

【例 4-15】　验证索引不支持可变操作。

```
import pandas as pd
ser_obj = pd.Series(range(4), index=['北京','上海','广东','深圳'],name='No')
print(ser_obj)
ser_index = ser_obj.index                    #行索引
#print(ser_index)
ser_index['2'] = '天津'
```

运行结果:

```
Index(['北京','上海','广东','深圳'], dtype='object')
TypeError                              Traceback (most recent call last)
<ipython-input-4-4cf70376ed80> in <module>
----> 1 ser_index['2'] = '天津'
…省略 N 行…
TypeError: Index does not support mutable operations
```

Index 类对象的不可变特性是非常重要的,正因如此,多个数据结构之间才能够安全地共享 Index 类对象。

【例 4-16】　生成两个共用同一个 Index 对象的 Series 类对象。

```
import pandas as pd
ser_obj1 = pd.Series(range(3), index=['a','b','c'])
ser_obj2 = pd.Series(['a','b','c'], index=ser_obj1.index)
print(ser_obj2.index is ser_obj1.index)
```

运行结果：

```
True
```

除了泛指的 Index 对象以外，Pandas 还提供了很多 Index 的子类，常见的有如下几种。

（1）数字索引（NumericIndex）又有以下几种。

- RangeIndex：单调整数范围的不可变索引。
- Int64Index：64 位整型索引。
- UInt64Index：无符号整数索引。
- Float64Index：64 位浮点型索引。

（2）类别索引（CategoricalIndex）：类别只能包含有限数量的（通常是固定的）可能值（类别）。可以理解成枚举，如性别只有男、女，但在数据中每行都有，如果按文本处理会效率不高。类别的底层是 pandas.Categorical。

（3）间隔索引（IntervalIndex）：代表每个数据的数值或者时间区间，一般应用于分箱数据。

（4）多层索引（MultiIndex）：多个层次且有归属关系的索引。

（5）时间索引（DatetimeIndex）：时序数据的时间。

（6）时间差索引（TimedeltaIndex）：代表时间长度的数据。

（7）周期索引（PeriodIndex）：一定频度的时间。

后续章节会对上述索引予以介绍。

4.2.4　设置索引

1. 设置某列为索引

在数据分析过程中，有时出于增强数据可读性或其他原因，需要对数据表的索引值进行设定。

Pandas 中，常用 set_index() 与 reset_index() 这两个方法进行索引设置。设置某列为行索引主要使用 set_index() 方法。

set_index() 方法的语法格式如下。

```
DataFrame.set_index(keys, drop=True, append=False, inplace=False, verify_integrity=False)
```

功能：set_index() 方法主要可以将数据表中指定的某列设置为索引或复合索引。

参数说明如下。

- keys：列标签或列标签/数组列表，需要设置为索引的列。
- drop：默认为 True，删除用作新索引的列，即保留原列。
- append：是否将列附加到现有索引，即保留原来的索引，默认为 False。
- inplace：输入布尔值，表示当前操作是否对原数据生效（设置索引后的数据替换原来 df 变量中的数据），默认为 False。
- verify_integrity：检查新索引的副本。否则，请将检查推迟到必要时进行。将其设置为 False 将提高该方法的性能，默认为 False。

【例 4-17】　利用 set_index() 方法为 DataFrame 数据设置索引。

```
import pandas as pd
```

```
df = pd.DataFrame({'year': [2020, 2021, 2019, 2022],
                   'month': [2, 5, 8, 10],
                   'name':['Jack','Tom','Rose','Berry'],
                   'sale': [58, 69, 88, 66]})
print("未设置索引的 DF:\n",df)
df_1 = df.set_index('year')                    #设置一列作为索引
print("设置 year 为索引列:\n",df_1)
df_2 = df.set_index(['year', 'month'])         #两列一起作为索引,形成分层索引
print("设置 year,month 为索引列:\n",df_2)
df_3 = df.set_index([pd.Index([1, 2, 3, 4]), 'year'])
                                               #将 index 对象和列名作为索引
print("将 index 对象和列名作为索引:\n",df_3)
s = pd.Series(['No1', 'No2', 'No3', 'No4'])
df_4 = df.set_index(s,append=True)             #将 Series append 为索引,而保留原来的索引
print("指定 Series 为索引:\n",df_4)
df_5 = df.set_index(df.name.str[0])            #将姓名的第一个字母和姓名设置为索引
print("将 name 列的第一个字符设置为索引:\n",df_5)
```

运行结果:

```
未设置索引的 DF:
   year  month   name   sale
0  2020      2   Jack     58
1  2021      5    Tom     69
2  2019      8   Rose     88
3  2022     10  Berry     66
设置 year 为索引列:
      month   name   sale
year
2020      2   Jack     58
2021      5    Tom     69
2019      8   Rose     88
2022     10  Berry     66
设置 year,month 为索引列:
             name   sale
year month
2020 2       Jack     58
2021 5        Tom     69
2019 8       Rose     88
2022 10     Berry     66
将 Index 对象和列名作为索引:
       month   name   sale
  year
1 2020      2   Jack     58
2 2021      5    Tom     69
3 2019      8   Rose     88
4 2022     10  Berry     66
指定 Series 为索引:
       year   month   name   sale
0 No1   2020      2   Jack     58
1 No2   2021      5    Tom     69
2 No3   2019      8   Rose     88
3 No4   2022     10  Berry     66
将 name 列的第一个字符设置为索引:
```

```
       year  month   name  sale
name
J      2020      2   Jack    58
T      2021      5    Tom    69
R      2019      8   Rose    88
B      2022     10  Berry    66
```

由上述运行结果来看,在以上操作中,并没有修改原来的 df 变量中的内容,如果希望用设置索引后的数据替换原来 df 变量中的数据,可以直接进行赋值操作或者传入 inplace 参数:inplace＝True。

以下为其他两个常用的操作。

```
df_6 = df.set_index('year',drop=False)       #保留原列
df_7 = df.set_index('year',append=True)      #保留原来的索引
```

如果要重新设置索引则可以使用 reset_index()方法,在删除缺失数据后重新设置索引。它的操作与 set_index()方法相反。

reset_index()方法的语法格式如下。

```
DataFrame.reset_index(level=None, drop=False, inplace=False, col_level=0, col_
fill='')
```

功能:将数据表中的索引还原为普通列并重新变为默认的整型索引。

参数说明如下。

- level:数值类型可以为 int、str、tuple 或 list,默认无,仅从索引中删除给定级别。默认情况下移除所有级别。控制了具体要还原的那个等级的索引。
- drop:当指定 drop＝False 时,则索引列会被还原为普通列;否则,经设置后的新索引值会被丢弃。默认为 False。
- inplace:输入布尔值,表示当前操作是否对原数据生效,默认为 False。
- col_level:数值类型为 int 或 str,默认为 0,如果列有多个级别,则确定将标签插入到哪个级别。默认情况下,它将插入到第一级。
- col_fill:默认不做填充,如果列有多个级别,则确定其他级别的命名方式。如果没有,则重复索引名。

常见的操作如下。

```
df.reset_index()                              #清除索引
df.set_index('year').resetindex()             #相当于什么都没有做
df.set_index('year').resetindex(drop=True)    #删除原索引,即去掉 year 列索引
df.set_index(['year', 'month']).reset_index(level=1)           #去掉 month 一级索引
```

【例 4-18】 使用 reset_index()方法,在删除缺失数据后重新设置索引。

```
import pandas as pd
data = [['Strong','男',185,80],['Berry','女',156,], ['Tommy', '女', 175,60]]
columns = ['姓名','性别','身高','体重']        #指定列索引
df = pd.DataFrame(data=data,columns=columns)
pd.set_option('display.unicode.east_asian_width',True)
print("原 DF:\n",df)
print("删除缺失数据后重新设置索引的 DF:\n",df.dropna().reset_index(drop=True))
```

运行结果:

```
原 DF:
       姓名    性别    身高    体重
0  Strong    男    185    80.0
1   Berry    女    156    NaN
2   Tommy    女    175    60.0
删除缺失数据后重新设置索引的 DF:
       姓名    性别    身高    体重
0  Strong    男    185    80.0
1   Tommy    女    175    60.0
```

2. 利用 reindex()方法重新设置索引

重新索引是重新按照自己定义顺序为原对象设定索引,以构建一个符合新索引的对象。Pandas 中 reindex()方法的作用是对原索引和新索引进行匹配,也就是说,该方法会参照原有的 Series 类对象或 DataFrame 类对象的索引设置数据,新索引含有原索引的数据,而原索引数据按照新索引排序。

如果新索引中没有原索引数据,那么程序不仅不会报错,而且会添加新的索引,并将值填充为 NaN 或者使用 fillvalues()填充其他值。

reindex()方法的语法格式如下。

```
DataFrame.reindex(labels = None, index = None, columns = None, axis = None, method =
None, copy = True, level = None, fill_value = nan, limit = None, tolerance = None)
```

参数说明如下。

- labels:标签,可以是数组,默认为 None。
- index:行索引,默认为 None。
- columns:列索引,默认为 None。
- axis:轴,0 表示行;1 表示列;默认为 None。
- method:表示缺失值的填充方式,支持'None'(默认值)、'fill 或 pad'、'bfill 或 backfill'、'nearest'这几个值,其中,'None'代表不填充缺失值;'fill 或 pad'代表前向填充缺失值;'bfill 或backfill'代表后向填充缺失值;'nearest'代表根据最近的值填充缺失值。
- value:缺失值要填充的数据。如缺失值不用 NaN 填充,用 0 填充,则设置 fill_value=0 即可。
- limit:前向或者后向填充时的最大填充量。

【例 4-19】　对 Series 对象重新设置索引。

```python
import pandas as pd
ser_obj1 = pd.Series(data=[185, 165, 156, 175],index=[1,2,3,4])
print(ser_obj1)
print("重新设置索引:\n",ser_obj1.reindex([1,2,3,4,5]))
print("向前填充:\n",ser_obj1.reindex([1,2,3,4,5],method= 'ffill'))
```

运行结果:

```
1    185
2    165
3    156
4    175
dtype: int64
重新设置索引:
```

```
1       185.0
2       165.0
3       156.0
4       175.0
5         NaN
dtype: float64
向前填充：
1       185
2       165
3       156
4       175
5       175
dtype: int64
```

从运行结果得知：reindex()方法根据新索引进行了重新排序，并且对缺失值自动填充 NaN。如果不想用 NaN 填充，可以为 fill value 参数指定值，例如 0，关键代码如：

```
ser_obj1.reindex( [1, 2, 3,4, 5],fill_value=0)
```

对于有一定顺序的数据，则可能需要插值来填充缺失的数据，这时可以使用 method 参数。

对于 DataFrame 对象，reindex()方法用于修改行、列索引或者两个都修改。

【例 4-20】 对 DataFrame 对象重新设置索引的示例。

```
import pandas as pd
data = [['男',185,80],['女',156,45]]
index = ['Strong','Berry',]
columns = ['性别', '身高','体重']                  #指定列索引
df = pd.DataFrame(data=data,index=index,columns=columns)
pd.set_option('display.unicode.east_asian_width',True)
print(df)
#通过 reindex()方法重新设置行索引
df1=df.reindex(['Strong','Tommy','Berry','Bill'])
print("重新设置行索引:\n",df1)
#通过 reindex()方法重新设置列索引
df2=df.reindex(columns=['年龄','性别', '身高','体重'])
print("重新设置列索引:\n",df2)
#通过 reindex()方法重新设置行、列索引
df2=df.reindex(index=['Strong','Tommy','Berry','Bill'],columns=['年龄','性别',
'身高','体重'])
print("重新设置行,列索引:\n",df2)
```

运行结果：

```
          性别   身高   体重
 Strong    男    185    80
 Berry     女    156    45
重新设置行索引:
          性别   身高    体重
 Strong    男    185.0  80.0
 Tommy    NaN    NaN    NaN
 Berry     女    156.0  45.0
  Bill    NaN    NaN    NaN
重新设置列索引:
```

```
         年龄  性别  身高  体重
Strong   NaN   男    185    80
Berry    NaN   女    156    45
重新设置行,列索引:
         年龄  性别   身高    体重
Strong   NaN   男    185.0   80.0
Tommy    NaN  NaN    NaN     NaN
Berry    NaN   女    156.0   45.0
Bill     NaN  NaN    NaN     NaN
```

4.2.5　重命名轴名称

重命名轴索引是数据分析中比较常见的操作。Pandas 中提供了一个 rename()方法来重命名个别列索引或行索引的标签或名称,该方法的语法格式如下。

```
DataFrame.rename(self, mapper=None, index=None, columns=None, axis=None, copy=
True, inplace=False, level=None, errors='ignore')
```

功能:传入字典或函数修改索引的名称,即轴标签名,只能对现有轴标签重命名,不能新增或删减索引。

参数说明如下。

- mapper:dict 或者函数,旧轴标签与新轴标签的对应关系,与 axis 连用,以确定修改哪个轴向上的轴标签。
- index:dict 或者函数,旧轴标签与新轴标签的对应关系,等价于(mapper,axis=0)。
- columns:dict 或者函数,旧轴标签与新轴标签的对应关系,等价于(mapper,axis=1)。
- axis:轴向,与 mapper 连用,以确定修改哪个轴标签。
- inplace:bool,默认为 False,若为 True,则直接修改原对象的轴标签。
- level:分层索引时,指定修改哪一层轴标签。
- errors:当字典中包含不存在的轴标签时,捕捉错误还是忽略。

【例 4-21】　使用 rename()方法重命名列索引的名称。

```
pd.set_option('display.unicode.east_asian_width',True)
df = pd.DataFrame({'姓名':['Strong','Tommy'],
'性别':['男','女'],
'身高':[185,165],
'体重':[80,60],
})
print(df)
df.rename(columns={'身高':'身高(2021)','体重':'体重(2021)'},inplace=True)
print('利用 rename()方法重命名轴索引:\n',df)
```

运行结果:

```
     姓名    性别  身高  体重
0  Strong   男    185    80
1  Tommy    女    165    60
利用 rename()方法重命名轴索引:
     姓名    性别  身高(2021)  体重(2021)
0  Strong   男       185          80
1  Tommy    女       165          60
```

上述示例中,生成了一个 DataFrame 对象 df,其列索引的名称为姓名、性别、身高、体重,然后调用 rename()方法直接将 df 对象的"身高""体重"列索引名称重命名为"身高(2021)""体重(2021)"。从输出结果看出,列索引的名称发生了变化。

除此之外,还可以根据 str 中提供的使字符串变成大写的功能函数 upper()来重命名索引的名称,无须再使用字典逐个进行替换,具体示例代码如下。

```
df.rename(str.upper,axis='columns')
```

使用 rename()方法也可以对行索引进行重命名,示例代码如下。

```
df.rename(index={0:"第一位",1:"第二位"},inplace=True)
```

值得一提的是,参数 index 与 columns 的使用方式相同,都可以接收一个字典,其中,字典的键代表旧索引名,字典的值代表新索引名。

将一个数据列置为索引后,就不能再像修改列名那样修改索引的名称了,需要使用 df.rename_axis()方法。它不仅可以修改索引名,还可以修改列名。需要注意的是,这里修改的是索引名称,不是索引或者列名本身。例如,df.rename_axis('身高(2021)'),可以将索引名修改为"身高(2021)"。

4.3 数 据 编 辑

在做数据分析时,操作 DataFrame 对象中的数据,对数据的修改、增加和删除在数据整理过程中时常发生。修改的情况一般是修改错误,有一种情况是格式转换,如把中文数字修改为阿拉伯数字。修改也会涉及数据的类型修改。删除一般会通过筛选的方式,筛选完成后将最终的结果重新赋值给变量,达到删除的目的。增加行和列是最为常见的操作,数据分析过程中会计算出新的指标以新列展示。

接下来讲述如何实现数据的增加、修改和删除。

4.3.1 增加数据

在增加数据时,既可以增加行数据,也可以增加列数据。

1. 按列增加 DataFrame 数据

增加列是处理中最常见的操作,Pandas 可以像定义一个变量一样定义 DataFrame 中新的列,新定义的列是实时生效的。与数据修改的逻辑一样,新列可以是一个定值,所有行都为此值,也可以是一个同等长度的序列数据,各行有不同的值。

要想为 DataFrame 增加一列数据,则可以通过给列索引或者列名称赋值的方式实现,类似于给字典增加键值对的操作。不过,新增列的长度必须与其他列的长度保持一致,否则会出现 ValueError 异常。

要想删除某一列数据,则可以使用 del 语句实现。

【例 4-22】 DataFrame 数据列的增加与删除应用。

```
import numpy as np
import pandas as pd
pd.set_option('display.unicode.east_asian_width',True)
                                #解决数据输出时列名与数据不对齐的问题
```

```
demo_arr = np.array([['Strong', '男', 185], ['Tommy', '女',175]])    #生成数组
df_obj = pd.DataFrame(demo_arr, columns=['姓名', '性别', '身高'])
print('查看 DataFrame 对象:\n',df_obj)
df_obj['体重'] = [80, 60]
print('增加体重列后的 DataFrame 对象:\n',df_obj)
del df_obj['身高']
print('删除身高列后的 DataFrame 对象:\n',df_obj)
```

运行结果：

```
查看 DataFrame 对象:
      姓名    性别    身高
0  Strong    男     185
1   Tommy    女     175
增加体重列后的 DataFrame 对象:
      姓名    性别    身高    体重
0  Strong    男     185    80
1   Tommy    女     175    60
删除身高列后的 DataFrame 对象:
      姓名    性别    体重
0  Strong    男     80
1   Tommy    女     60
```

还可以在筛选数据时传入一个不存在的列，并为其赋值以增加新列，如 df.loc[: ,'age']
=18，age 列不存在，但我们赋值为 18，就会新增加一个名为 age、值全是 18 的列。

可以使用 loc 属性在 DataFrame 对象的最后增加一列数据。

【例 4-23】　使用 loc 属性在 DataFrame 对象的最后增加一列数据。

```
import pandas as pd
pd.set_option('display.unicode.east_asian_width',True)
data = [['男',185],['女',165],['女',156],['男',175]]
name = ['Strong','Tommy','Berry','Bill']
columns = ['性别', '身高']
df = pd.DataFrame(data=data,index=name,columns=columns)
df.loc[:,'体重'] = [80,60,45,70]
print(df)
```

运行结果：

```
        性别    身高    体重
Strong    男     185    80
Tommy     女     165    60
Berry     女     156    45
Bill      男     175    70
```

在指定位置插入一列，主要使用 insert() 方法。Pandas 提供了 insert() 方法来为
DataFrame 插入一个新列。insert() 方法可以传入三个主要参数：loc 是一个数字，表示所
在的位置，使用列的数字索引，如 0 为第一列；第二个参数 column 为新的列名；最后一个参
数 value 为列的值，一般是一个 Series。

如果已经存在相同的数据列，则会报错，可传入 allow_duplicates=True 插入一个同名
的列。如果希望新列位于最后，则可以在第一个参数位 loc 传入 len(df.columns)。

【例 4-24】 使用 insert()方法在指定位置插入一列。

```python
import pandas as pd
pd.set_option('display.unicode.east_asian_width',True)
data = [['男',185],['女',165],['女',156],['男',175]]
name = ['Strong','Tommy','Berry','Bill']
columns = ['性别', '身高']
df = pd.DataFrame(data=data,index=name,columns=columns)
weight = [80,60,45,70]
df.insert(1,'体重',weight)
print(df)
```

运行结果：

	性别	体重	身高
Strong	男	80	185
Tommy	女	60	165
Berry	女	45	156
Bill	男	70	175

使用 assign()方法可以设置指定的列。df.assign(k＝v)为指定一个新列的操作,k 为新列的列名,v 为此列的值,v 必须是一个与原数据同索引的 Series。在做数据探索分析时会频繁用到它,它在链式编程技术中相当重要,比如增加一些临时列,如果新列全部使用赋值的方式生成,则会造成原数据混乱,因此就需要一个方法来让我们不用赋值也可以创建一个临时的列。

【例 4-25】 使用 assign()方法设置指定的列。

```python
import pandas as pd
df = pd.read_csv('./score.csv',sep=',')
pd.set_option('display.unicode.east_asian_width',True)
print(df.head().assign(total=df.sum(1)).assign(avg=df.mean(1)))
```

运行结果：

	name	team	No1	No2	No3	No4	total	avg
0	李博	A	99	68.0	59	77.0	303.0	75.750000
1	李明发	A	41	50.0	62	92.0	245.0	61.250000
2	寇忠云	B	96	94.0	99	NaN	289.0	96.333333
3	李欣	C	48	51.0	94	99.0	292.0	73.000000
4	石璐	D	64	79.0	54	65.0	262.0	65.500000

2. 按行增加数据

按行增加数据,可以通过以下两种方式实现。

（1）增加一行数据。

可以使用 loc[]指定索引给出所有列的值来增加一行数据。目前 df 最大索引是 9,增加一条索引为 10 的数据。

【例 4-26】 增加一条"Rose"的体重信息。

```python
import pandas as pd
pd.set_option('display.unicode.east_asian_width',True)
data = [['男',185],['女',165],['女',156],['男',175]]
name = ['Strong','Tommy','Berry','Bill']
columns = ['性别', '身高']
df = pd.DataFrame(data=data,index=name,columns=columns)
```

```
df.loc['Rose']=['女',168]
print(df)
```

运行结果：

```
         性别  身高
Strong   男   185
Tommy    女   165
Berry    女   156
Bill     男   175
Rose     女   168
```

（2）增加多行数据。

增加多行数据主要使用字典并结合 append()方法实现。新版本中已弃用该方法，可以通过 concat()方法实现。

【例 4-27】　在原有的数据基础上，增加'Berry','Bill','Rose'三人的身高信息。

```
import pandas as pd
pd.set_option('display.unicode.east_asian_width',True)
data = [['男',185],['女',165]]
name = ['Strong','Tommy']
columns = ['性别', '身高']
df = pd.DataFrame(data=data,index=name,columns=columns)
df_insertRow = pd.DataFrame({'性别':['女','男','女'], '身高':['156','175','168
']},index=['Berry','Bill','Rose'])
df_new = df.append(df_insertRow)
print(df_new)
```

运行结果：

```
         性别  身高
Strong   男   185
Tommy    女   165
Berry    女   156
Bill     男   175
Rose     女   168
```

4.3.2　修改数据

修改数据包括行列标题和数据的修改。

1. 修改标题（索引名）

修改标题即索引名最简单也是最常用的办法是将 df.index 和 df.columns 重新赋值为一个类似于列表的序列值，将其覆盖为指定序列中的名称。

使用 df.rename 和 df.rename_axis 对轴名称进行修改。

（1）修改列标题。

修改列标题有以下两种方式。

方法一：使用 DataFrame 对象中的 columns 属性，直接赋值即可。

方法二：利用 rename()方法实现修改标题。

【例 4-28】　两种方式实现列标题的修改。

```
import pandas as pd
pd.set_option('display.unicode.east_asian_width',True)
```

```
data = [['男',185,80],['女',165,60]]
name = ['Strong','Tommy']
columns = ['性别', '身高','体重']
df = pd.DataFrame(data=data,index=name,columns=columns)
df.columns=['性别', '身高(2021)','体重(2021)']
print('直接赋值修改列标题:\n',df)
df.rename(columns={'身高(2021)':'身高','体重(2021)':'体重'},inplace=True)
print('利用 rename 方法修改列标题:\n',df)
newdf = df.rename_axis('姓名')
print('修改行的索引名:\n ',newdf)
```

运行结果:

```
直接赋值修改列标题:
        性别  身高(2021)  体重(2021)
Strong  男         185        80
 Tommy  女         165        60
利用 rename 方法修改列标题:
        性别  身高  体重
Strong  男   185  80
 Tommy  女   165  60
修改行的索引名:
 姓名    性别  身高  体重
Strong  男   185  80
 Tommy  女   165  60
```

（2）修改行标题。

修改行标题也有以下两种方法。

方法一：主要使用 DataFrame 对象的 index 属性，直接赋值实现。

方法二：借助 rename()方法实现。

【例 4-29】 两种方法修改行标题。

```
import pandas as pd
pd.set_option('display.unicode.east_asian_width',True)
data = [['男',185,80],['女',165,60]]
name = ['Strong','Tommy']
columns = ['性别', '身高','体重']
df = pd.DataFrame(data=data,index=name,columns=columns)
df.index = ['壮壮','咪咪']
print('直接赋值修改行标题:\n',df)
df.rename({'壮壮':'Strong','咪咪':'Tommy'},axis=0,inplace=True)
print('利用 rename 方法修改行标题:\n',df)
```

运行结果:

```
直接赋值修改行标题:
        性别  身高  体重
壮壮     男   185  80
咪咪     女   165  60
利用 rename 方法修改行标题:
        性别  身高  体重
Strong  男   185  80
 Tommy  女   165  60
```

2. 修改数据

修改数据时对选择的数据赋值即可。需要注意的是,数据修改是直接对 DataFrame 数据修改,操作无法撤销,因此更改数据时要做好数据备份。

(1) 使用 replace() 方法进行数据的替换。

```
DataFrame.replace(to_replace= None, value = None, inplace = False,limit = None,
regex = False,method= 'pad')
```

其中,主要参数 to_replace 表示被替换的值;value 表示替换后的值。同时替换多个值时使用字典数据,例如,DataFrame. replace({'B': 'E','C': 'F'}) 表示将表中的 B 替换为 E,C 替换为 F。

(2) 使用 DataFrame 对象中的 loc 属性和 iloc 属性修改数据。

修改数据时,会有修改整行数据、修改整列数据、修改某一处数据以及使用 iloc 属性修改数据这四种情况。

【例 4-30】 修改 DataFrame 对象中的数据。

```python
import pandas as pd
pd.set_option('display.unicode.east_asian_width',True)
data = [['男',185,80],['女',165,60],['女',156,45],['男',175,70]]
name = ['Strong','Tommy','Berry','Bill']
columns = ['性别', '身高','体重']
df = pd.DataFrame(data=data,index=name,columns=columns)
df.loc['Berry'] = ['女',165,55]              #修改整行数据
print('查看修改 Berry 的身高和体重:\n',df)
df.loc[:,'身高'] = df.loc[:,'身高'] +5   #修改整列数据
print('查看所有人身高增加 5 厘米:\n',df)
df.loc['Berry','体重'] = 45
print('查看修改 Berry 体重为 54:\n',df)
#借助 iloc 属性指定行列位置实现修改数据
df.iloc[0,1] = 156                           #修改 Berry 身高为 156(修改某一处数据)
df.iloc[2,:] = ['女',160,65]                 #修改第 3 行 Berry 数据(修改某一行的数据)
df.iloc[:,2] = [75,55,40,65]                 #所有人的体重减少 5(修改某一列的数据)
print('查看利用 iloc 属性修改指定数据:\n',df)
```

运行结果:

```
查看修改 Berry 的身高和体重:
        性别  身高  体重
Strong  男   185   80
Tommy   女   165   60
Berry   女   165   55
Bill    男   175   70
查看所有人身高增加 5 厘米:
        性别  身高  体重
Strong  男   186   80
Tommy   女   166   60
Berry   女   166   55
Bill    男   176   70
查看修改 Berry 体重为 45:
        性别  身高  体重
Strong  男   186   80
Tommy   女   166   60
Berry   女   166   45
```

```
   Bill  男  176  70
查看利用 iloc 属性修改指定数据:
         性别   身高   体重
Strong   男    156    75
Tommy    女    166    55
Berry    女    160    40
 Bill    男    176    65
```

4.3.3 删除数据

删除数据主要使用 DataFrame 对象的 drop()方法。语法格式如下。

```
DataFrame.drop(labels=None, axis=0, index=None, columns=None, level=None,
inplace=False, errors='raise')
```

参数说明如下。

- labels：表示要删除行、列的名字。
- axis：默认为 0,指删除行;axis＝1 指删除列。默认为 0。
- index：直接指定要删除的行,默认为 None。
- columns：直接指定要删除的列,默认为 None。
- level：针对有两级索引的数据。level＝0,表示按第 1 级索引删除整行;level＝1,表示按第 2 级索引删除整行,默认为 None。
- inplace：默认为 False,删除操作不改变原数据,而是返回一个执行删除操作后的新 DataFrame;为 True 时,直接在原始数据上删除,删除后无法返回。
- errors：参数值为 ignore 或 raise,默认为 raise,如果值为 ignore(忽略),则取消错误。

【例 4-31】 删除指定的数据信息。

```
import pandas as pd
pd.set_option('display.unicode.east_asian_width',True)
data = [['男',185,80],['女',165,60],['女',156,45],['男',175,70]]
name = ['Strong','Tommy','Berry','Bill']
columns = ['性别', '身高', '体重']
df = pd.DataFrame(data=data,index=name,columns=columns)
drop_columns1 = df.drop(['性别'],axis=1,inplace=False)
                                          #删除性别列(删除某列)
print('查看删除性别列结果:\n',drop_columns1)
drop_columns2 = df.drop(columns = '体重',inplace=False)
                                          #删除 columns 为体重的列
print('查看删除 columns 为体重的列结果:\n',drop_columns2)
drop_columns3 = df.drop(labels='身高',axis=1,inplace=False)
                                          #删除标签为身高的列
print('查看删除标签为身高的列结果:\n',drop_columns3)
df.drop(['Strong'],inplace=True)          #删除第 1 行数据
print('查看删除 Strong 行的结果:\n',df)
df.drop(index='Tommy',inplace=True)       #删除 index 为 Tommy 的行数据
print('查看删除 index 为 Tommy 行的结果:\n',df)
df.drop(labels='Berry',axis=0,inplace=True)  #删除行标签为 Berry 的行数据
print('查看行标签为 Berry 行的结果:\n',df)
```

运行结果:

查看删除性别列结果：
```
        身高   体重
Strong  185   80
Tommy   165   60
Berry   156   45
Bill    175   70
```
查看删除 columns 为体重的列结果：
```
        性别  身高
Strong  男    185
Tommy   女    165
Berry   女    156
Bill    男    175
```
查看删除标签为身高的列结果：
```
        性别  体重
Strong  男    80
Tommy   女    60
Berry   女    45
Bill    男    70
```
查看删除 Strong 行的结果：
```
        性别  身高   体重
Tommy   女    165   60
Berry   女    156   45
Bill    男    175   70
```
查看删除 index 为 Tommy 行的结果：
```
        性别  身高   体重
Berry   女    156   45
Bill    男    175   70
```
查看行标签为 Berry 行的结果：
```
        性别  身高   体重
Bill    男    175   70
```

删除数据还有两种方法，一种是使用 pop() 函数。使用 pop() 函数，Series 会删除指定索引的数据同时返回这个被删除的值，DataFrame 会删除指定列并返回这个被删除的列，如 df.pop('name')。以上操作都是实时生效的。在一些情况下，会删除有空值、缺失不全的数据，df.dropna 可以执行这种操作。

4.4　Pandas 中调用函数的方法

函数可以让复杂的常用操作模块化，既能够在需要使用时直接调用，达到复用的目的，也可以简化代码。Pandas 提供了 4 种常用的调用函数的方法。

（1）pipe() 方法：pipe() 方法应用于整个 DataFrame 和 Series 上。

（2）apply() 方法：apply() 方法应用在 DataFrame 的行或者列中，默认为列。

（3）applymap() 方法：applymap() 方法应用在 DataFrame 的每个元素的处理中。

（4）map() 方法：map() 方法应用于 Series 或 DataFrame 的一列的每个元素中。

4.4.1　map() 方法应用

map() 方法根据输入对应关系映射值返回最终数据，用于 Series 对象或者 DataFrame 对象的一列。传入的值可以是一个字典，键为原数据值，值为替换后的值。可以传入一个函数(参为 Series 的每个值),还可以传入一个字符格式化表达式来格式化数据内容。

【例 4-32】 将水果价格表中的"元"去掉。

```
import pandas as pd
data = {'fruit':['苹果','葡萄','香蕉'],'price':['10元','13元','8元']}
df1 = pd.DataFrame(data)
print(df1)
def f(x):
    return x.split('元')[0]
df1['price'] = df1['price'].map(f)
print('修改后的数据表:\n',df1)
```

运行结果:

```
   fruit  price
0  苹果     10元
1  葡萄     13元
2  香蕉      8元
修改后的数据表:
   fruit  price
0  苹果     10
1  葡萄     13
2  香蕉      8
```

4.4.2 apply()方法应用

apply()方法可以对 DataFrame 按行和列(默认)进行函数处理,也支持 Series。如果是 Series,逐个传入具体值,DataFrame 逐行或逐列传入,行与列通过 axis 参数设置。

apply()方法可以应用以下函数类型。

```
df.apply(fun)                          #用户自定义函数
df.apply(max)                          #Python 中的内置函数
df.apply(lambda x:x * 2)               #匿名函数
df.apply(np.mean)                      #numpy 等其他库的函数
```

直接调用 lambda 函数会更方便,如判断一列数据是否包含在另一列数据中,df.apply (lambda d:d.s in d.s_list,axis=1)。

【例 4-33】 利用 apply()方法求四次小组综合实践成绩的平均成绩。

```
import pandas as pd
df = pd.read_csv('./score.csv',sep=',')
def my_mean(s_num):
    max_min_ser = pd.Series([-s_num.max(),-s_num.min()])
    data_df = pd.concat([s_num, max_min_ser])
    return data_df.sum()/(data_df.count()-2)
new_df = df.select_dtypes(include='number').apply(my_mean)
print(new_df)
```

运行结果:

```
No1    63.960784
No2    72.410000
No3    71.294118
```

```
No4    74.424242
dtype: float64
```

自定义函数 my_mean() 接收一个 Series,并从其中取出最大值和最小值的负值,然后与原 Series 连接、求和,即可去掉两个极值,同时分母也要去掉新增的元素个数。应用函数时,只选择数字类型的列,再使用 apply() 方法调用函数 my_mean(),执行后,结果返回四次小组综合实践成绩的平均成绩。

4.4.3　applymap() 方法应用

df.applymap() 可实现元素级函数应用,即对 DataFrame 中所有的元素(不包含索引)应用函数处理,作用于每个元素,对整个 DataFrame 数据进行批量处理。

【例 4-34】　applymap() 方法的用法。

```
import numpy as np
import pandas as pd
obj = np.random.randn(3,3)
print(obj)
df = pd.DataFrame(obj,columns=['C1','C2','C3' ])
print(df.applymap(lambda x:'%.3f'%x))
```

运行结果:

```
[[ 0.48640223 -0.94937383  0.65909449]
 [-0.2954898  -1.19723669  2.12409456]
 [ 0.74602527 -0.74548614 -0.57984242]]
        C1      C2      C3
0   0.486  -0.949   0.659
1  -0.295  -1.197   2.124
2   0.746  -0.745  -0.580
```

4.4.4　pipe() 方法应用

Pandas 提供的 pipe() 方法也叫作管道方法,它可以让写的分析过程标准化、流水线化,达到复用的目的。它也是最近非常流行的链式方法的重要代表。DataFrame 和 Series 两种结构都支持 pipe() 方法。

pipe() 方法的语法格式如下。

df.pipe(<函数名>,<传给函数的参数列表或字典>)

【例 4-35】　定义一个函数,给 4 次分数加 100,然后增加平均数列。

```
import pandas as pd
df = pd.read_csv('./score.csv',sep=',').head()
def add_mean(p_df,num):
    df = p_df.copy()                          #返回一个新对象,新对象与原对象没有关系
    df = df.loc[:,'No1':'No4'].applymap(lambda x:x+num)
    df['avg'] = df.loc[:,'No1':'No4'].mean(1)
    return df
new_df = df.pipe(add_mean,100)
print(new_df)
```

运行结果:

	No1	No2	No3	No4	avg
0	199	168.0	159	177.0	175.750000
1	141	150.0	162	192.0	161.250000
2	196	194.0	199	NaN	196.333333
3	148	151.0	194	199.0	173.000000
4	164	179.0	154	165.0	165.500000

pipe()方法中的函数部分可以使用 lambda,如完成数据筛选,可以通过"df.pipe(lambda df,x,y: df[(df.No1 >= x) & (df.No4 >= y)],80,85)"语句实现。

在数据分析时,经常会对数据进行较复杂的运算,此时需要定义函数。定义好的函数可以应用到 Pandas 数据中,有三种方法可以实现。

小　　结

本章主要针对 Pandas 进行了介绍,包括 Pandas 常用的数据结构、索引的相关操作、数据编辑、利用函数完成重复性工作等。通过本章的学习,希望读者能够熟练地掌握 Pandas 常见的基础操作,为后续的学习打牢基础。

思考与练习

1. 简述 Series 和 DataFrame 的特点。

2. 简述 Pandas 数据类型都有哪些。

3. reindex()、set_index()和 reset_index()之间的区别是什么?

## 第 5 章

Pandas 数据获取与清洗

对于数据分析而言,数据大部分来源于外部数据,如常用的 CSV 文件、Excel 文件和数据库文件等。Pandas 库将外部数据转换为 DataFrame 数据格式,处理完成后再存储到相应的外部文件中。

前期采集到的数据,或多或少都存在一些瑕疵和不足,如数据缺失、极端值、数据格式不统一等问题。数据预处理不仅可以提高初始数据的质量,保留与分析目标联系紧密的数据,而且可以优化数据的表现形式,有助于提高数据分析或数据挖掘工作的效率和准确率。

数据清洗主要是将"脏"数据变成"干净"数据的过程,该过程中会通过一系列的方法对"脏"数据进行处理,以达到清除冗余数据、规范数据、纠正错误数据的目的。

接下来,本节将针对 Pandas 中数据获取、清洗与格式化处理的内容进行详细讲解。

5.1 数据获取操作

在对数据进行分析时,通常不会将需要分析的数据直接写入程序中,这样不仅造成程序代码臃肿,而且可用率很低。常用的方法是将需要分析的数据存储到本地,之后再对存储文件进行读取。

初始数据获取是预处理的第一步,该步骤主要负责从文件、数据库、网页等众多渠道中获取数据,以得到预处理的初始数据,为后续的处理工作做好数据准备。

针对不同的存储文件,Pandas 读取数据的方式是不同的。Pandas 将数据加载到 DataFrame 后,就可以使用 DataFrame 对象的属性和方法进行操作。这些操作有的是完成数据分析中的常规统计工作,有的是对数据的加工处理。

接下来,本节将针对常用存储格式文件的读写进行介绍。

5.1.1 读取文本(CSV 和 TXT)文件

文本文件是一种由若干行字符构成的计算机文件,它是一种典型的顺序文件。CSV (Comma-Separated Values)是一种逗号分隔的文件格式,因为其分隔符不一定是逗号,又被称为字符分隔文件,文件以纯文本形式存储表格数据(数字和文本)。CSV 不仅可以是一个实体文件,还可以是字符形式(如 URL+data.csv),以便于在网络上传输。

CSV 文件是一种纯文本文件,可以使用任何文本编辑器进行编辑,它支持追加模式,节省内存开销。因为 CSV 文件具有诸多的优点,所以在很多时候会将数据保存到 CSV 文件中。

CSV 不带数据样式,标准化较强,是最为常见的数据格式。

Pandas 中提供了 read_csv()函数用于读取 CSV 文件,关于它们的具体介绍如下。

1. 通过 read_csv()函数读取 CSV 文件的数据

read_csv()函数的作用是将 CSV 文件的数据读取出来,并转换成 DataFrame 对象。read_csv()函数的语法格式如下。

```
read_csv(filepath_or_buffer,sep=',', delimiter=None, header='infer', names=
None, index_col=None, usecols=None, prefix=None,nrows=None, …)
```

参数说明如下。

- filepath_or_buffer:表示文件路径,可以为 URL 字符串。没有默认值,也不能为空,根据 Python 的语法,第一个参数传参时可以不写参数名。

- sep:接收 string,代表每行数据内容的分隔符。read_csv 默认为“,”,read_table 默认为制表符“[Tab]”,如果分隔符指定错误,在读取数据的时候,每一行数据将连成一片。read_csv()函数还提供了一个参数名为 delimiter 的定界符,这是一个备选分隔符,是 sep 的别名,效果和 sep 一样。如果指定该参数,则 sep 参数失效。常见参数的有以下形式。

```
pd.read_csv(r'./data.csv',sep='\t')           #指定制表符分隔 Tab
pd.read_csv(r'./data.csv',sep='(?<!a)\|(?!1)',engine='python')
                                              #使用正则表达式
```

- header:指定行数作为列名,指定第几行是表头,默认会自动推断把第一行作为表头。常见参数有以下形式。

```
pd.read_csv(r'./data.csv',header=0)           #第一行
pd.read_csv(r'./data.csv',header=None)        #没有表头
pd.read_csv(r'./data.csv',header=[0,1,3])     #多层索引 MulitIndex
```

- names:指定列的名称,是一个类似列表的序列,与数据一一对应。如果文件不包含列名,应该设置 header=None。列名列表中不允许有重复值。常见参数有以下形式。

```
pd.read_csv(r'./data.csv',names=['列名_1','列名_'])       #指定列名
```

- index_col:指定索引列,可以是行索引的列编号或者列名,接收 int、sequence 或 False,表示索引列的位置。若取值为 sequence 则代表多重索引,默认为 None。如果给定一个序列,则有多个行索引。Pandas 不会自动将第一列作为索引,不指定时会自动使用以 0 开始的自然索引。常见参数有以下形式。

```
pd.read_csv(r'./data.csv',index_col=False)              #不再使用首列作为索引
pd.read_csv(r'./data.csv',index_col=0)                  #第几列作为索引
pd.read_csv(r'./data.csv',index_col='列名')              #指定列名作为索引
pd.read_csv(r'./data.csv',index_col=['列名 1','列名 2'])  #多个索引
pd.read_csv(r'./data.csv',index_col=[0,3])              #按列索引指定多个索引
```

- 如果只使用数据的部分列,可以用 usecols 来指定,这样可以加快加载速度并降低内存消耗。常见参数有以下形式。

```
pd.read_csv(r'./data.csv',usecols=[1,5,2])        #按照索引只读取指定列,与顺序无关
pd.read_csv(r'./data.csv',usecols=['列名 1','列名 3','列名 2'])
                                                  #按列名,列名必须存在
```

- nrows:指定需要读取的行数,从文件第一行算起,经常用于较大的数据,先取部分

　　数据进行代码编写。

　　需要注意的是,在读取文件时,如果传入的是文件的路径,而不是文件名,则会出现报错,具体的解决方法是先切换到该文件的目录下,使用 OS 模块获取该文件的文件名。

　　一般情况下,会将读取到的数据返回一个 DataFrame。

【例 5-1】　读取"记账凭证清单.csv"文件。

```
import pandas as pd
pd.set_option('display.unicode.east_asian_width',True)
#读取指定目录下的 csv 格式的文件
df=pd.read_csv(r'./记账凭证清单.csv',encoding='gbk')
print(df.head())                          #输出前 5 条
```

运行结果:

	凭证号	年	月	日	...	科目名称	明细	科目名称金额	方向金额
0	1	2013	1	5	...	银行存款	NaN	借方金额	5,151,450.00
1	1	2013	1	5	...	实收资本	NaN	贷方金额	5,151,450.00
2	2	2013	1	7	...	销售费用	差旅费	借方金额	4,200.00
3	2	2013	1	7	...	库存现金	NaN	贷方金额	1,200.00
4	2	2013	1	7	...	其他应收款	NaN	贷方金额	3,000.00

[5 rows x 10 columns]

　　在上述代码中指定了编码格式,即 encoding='gbk'。Python 常用的编码格式是 UTF-8 和 GBK 格式,默认编码格式为 UTF-8。读取.csv 文件时,需要通过 encoding 参数指定编码格式。

2. 读取.txt 文件格式

　　Text 格式的文件也是比较常见的存储数据的方式,扩展名为".txt",它与上面提到的 CSV 文件都属于文本文件。如果希望读取 Text 文件,既可以使用前面提到的 read_csv() 函数,也可以使用 read_table() 函数。读取时需要指定 sep 参数(如制表符\t)。

　　read_table() 函数的语法格式如下。

```
read_table(filepath_or_buffer,sep='\t', delimiter=None, header='infer', names
=None, index_col=None, usecols=None, prefix=None, …)
```

　　参数说明同 read_csv() 函数的参数。

【例 5-2】　读取"记账凭证清单.txt"文件。

```
import pandas as pd
pd.set_option('display.unicode.east_asian_width',True)
#读取指定目录下的 csv 格式的文件
df=pd.read_csv(r'./记账凭证清单.txt',sep='\t',encoding='gbk')
print(df.head())                          #输出前 5 条
```

运行结果:

	凭证号	年	月	日	...	科目名称	明细	科目名称金额	方向金额
0	1	2013	1	5	...	银行存款	NaN	借方金额	5,151,450.00
1	1	2013	1	5	...	实收资本	NaN	贷方金额	5,151,450.00
2	2	2013	1	7	...	销售费用	差旅费	借方金额	4,200.00
3	2	2013	1	7	...	库存现金	NaN	贷方金额	1,200.00
4	2	2013	1	7	...	其他应收款	NaN	贷方金额	3,000.00

[5 rows x 10 columns]

注意：read_csv()函数与 read_table()函数的区别在于使用的分隔符不同，前者使用"，"作为分隔符，而后者使用"\t"作为分隔符。

5.1.2   读取 Excel 文件

Excel 文件也是比较常见的用于存储数据的方式，它里面的数据均是以二维表格的形式显示的。从内容角度来说，Excel 可以分为以文字为主的文字或者信息结构化和以数字为核心的统计报表，因此可以对数据进行统计、分析等操作。

Excel 的文件扩展名有.xls 和.xlsx 两种。Pandas 中提供了对 Excel 文件进行读取操作的方法为 read_excel()函数，关于它们的操作具体如下。

1. 使用 read_excel()函数读取 Excel 文件

read_excel()函数的作用是将 Excel 文件中的数据读取出来，并转换成 DataFrame 对象，其语法格式如下。

```
pandas.read_excel(io,sheet_name=0,header=0,names=None,index_col=None, **kwds)
```
参数说明如下。

- io：接收字符串，表示.xls 或.xlsx 文件路径或类文件对象。
- sheet_name：指定要读取的工作表，可接收 None、字符串、整数、字符串列表或整数列表，默认为 0（表示第一个 Sheet 页中的数据作为 DataFrame 对象），其他参数值请见表 5-1。字符串指工作表名称；整数类型为索引，表示工作表位置；字符串列表或整数列表用于请求多个工作表；为 None 时则获取所有的工作表。

表 5-1   sheet_name 参数值及说明

值	说　　明
sheet_name=0	第一个 Sheet 页中的数据作为 DataFrame 对象
sheet_name=1	第二个 Sheet 页中的数据作为 DataFrame 对象
sheet_name="Sheet1"	名为"Sheet1"的 Sheet 页中的数据作为 DataFrame 对象
sheet_name=[0,1, "Sheet3"]	第一个、第二个和名为"Sheet3"的 Sheet 页中的数据作为 DataFrame 对象

- header：指定作为列名的行，默认为 0，即取第一行的值为列名。数据为除列名以外的数据；若数据不包括列名，则设置为 header=None。
- names：默认为 None，表示要使用的列名列表。如不指定，默认为表头的名称。
- index_col：指定列为索引列，默认为 None，索引 0 是 DataFrame 对象的行标签。

特别提醒，当使用 read_excel()函数读取 Excel 文件时，若出现 importError 异常，说明当前 Python 环境中缺少读取 Excel 文件的依赖库 xlrd，需要手动安装依赖库 xlrd（pip install xlrd）进行解决。

2. 读取指定 Sheet 页的数据

一个 Excel 文件有时会包含多个 Sheet 页，通过设置 sheet_name 参数就可以读取指定 Sheet 页的数据。

【例 5-3】   通过 read_excel()函数读取"高中班学生成绩.xlsx"文件中"高一（1）班成绩"

Sheet 的数据。

```
import pandas as pd
#解决数据输出时列名不对齐的问题
pd.set_option('display.unicode.east_asian_width',True)
df=pd.read_excel(r'./高中班学生成绩.xlsx',sheet_name='高一(1)班成绩')
print(df.head())                                    #输出前 5 条
```

运行结果：

	学号	姓名	语文	数学	英语	物理	化学	地理	历史
0	G210101	申志凡	99.0	98	101.0	95	91	95	78
1	G210102	冯默风	78.0	95	94.0	82	90	93	94
2	G210103	石双英	84.0	100	97.0	87	78	89	93
3	G210104	史伯威	101.0	110	102.0	93	95	92	88
4	G210105	王家骏	91.5	89	94.0	92	91	86	86

除了指定 Sheet 页的名字，还可以指定 Sheet 页的顺序，从 0 开始。例如，"sheet_name = 0"表示读取第一个 Sheet 页的数据；"sheet_name = 1"表示导入第二个 Sheet 页的数据，以此类推。

如果不指定 sheet_name 参数，则默认导入第一个 Sheet 页的数据。

特别提醒，在读取文件时，要注意绝对路径和相对路径的问题。在 Python 中则需要在路径前面加一个"r"，以避免路径里的反斜杠"\"被转义。

3. 通过行列索引读取指定行列数据

DataFrame 是二维数据结构，因此它既有行索引又有列索引。当读取 Excel 文件时，行索引会自动生成，如 0，1，2，…，而列索引则默认将第 0 行作为列索引。

如果通过指定行索引读取 Excel 文件，则需要设置 index_col 参数。

一个 Excel 表有多列数据，若只需其中几列数据，可以通过 usecols 参数指定需要的列，一般从 0 开始(表示第 1 列，以此类推)。如果导入多列，则可以在列表中指定多个值，也可以指定列名称(要么都为值，要么都为列名称)。

【例 5-4】 以第 0 列作为行索引，选取姓名、数学和物理列数据。

```
import pandas as pd
#解决数据输出时列名不对齐的问题
pd.set_option('display.unicode.east_asian_width',True)
df=pd.read_excel(r'./高中班学生成绩.xlsx',sheet_name='高一(1)班成绩',index_col=
0,usecols=[0,1,3,5])                                #设置"学号"为行索引
print(df.head())                                    #输出前 5 条
```

运行结果：

学号	姓名	数学	物理
G210101	申志凡	98	95
G210102	冯默风	95	82
G210103	石双英	100	87
G210104	史伯威	110	93
G210105	王家骏	89	92

如果通过指定列索引导入 Excel 数据，则需要设置 header 参数，关键代码如下。

```
df=pd.read_excel(r'./高中班学生成绩.xlsx',sheet_name='高一(1)班成绩',header=1)
#设置第1行为列索引
```

如果将数字作为列索引,可以设置 header 参数为 None,关键代码如下。

```
df=pd.read_excel(r'./高中班学生成绩.xlsx',sheet_name='高一(1)班成绩',header=
None) #列索引为数字
```

那么,为什么要指定索引呢?因为通过索引可以快速地检索数据,例如,根据 df[1],就可以快速检索到"姓名"这一列数据。

4. 读取指定列数据

一个 Excel 表中往往包含多列数据,如果只需要其中的几列,可以通过 usecols 参数指定需要的列,从 0 开始(表示第 1 列,以此类推)。

【**例 5-5**】 读取"高中班学生成绩.xlsx"第 1 列数据的前 5 条。

```
import pandas as pd
#解决数据输出时列名不对齐的问题
pd.set_option('display.unicode.east_asian_width',True)
df=pd.read_excel(r'./高中班学生成绩.xlsx',sheet_name='高一(1)班成绩',usecols=[1])
                                                    #读取第1列
print(df.head())                                    #输出前5条
```

运行结果:

```
      姓名
0   申志凡
1   冯默风
2   石双英
3   史伯威
4   王家骏
```

如果导入多列,则可以在列表中指定多个值。例如,导入第 1 列和第 4 列,关键代码如下。

```
df=pd.read_excel(r'./高中班学生成绩.xlsx',sheet_name='高一(1)班成绩',usecols=
[0,3])
```

也可以指定列名称,关键代码如下。

```
df=pd.read_excel(r'./高中班学生成绩.xlsx',sheet_name='高一(1)班成绩',usecols=
['姓名'])
```

5.1.3 读取 JSON 数据文件

JSON(JavaScript Object Notation)是互联网上非常通用的轻量级数据交换格式,是 HTTP 请求中数据的标准格式之一。Pandas 提供的 JSON 读取方法在解析网络爬虫数据时,可以极大地提高效率,广泛应用于 Web 数据交互。

JSON 采用独立于编程语言的文本格式来存储数据,其文件的扩展名为.json,可通过文本编辑工具查看。

JSON 格式简洁、结构清晰,使用键值对(key:value)的格式存储数据对象。

key 是数据对象的属性,value 是数据对象属性的对应值。JSON 数据使用大括号来区分表示并存储。例如,"性别":"男"就是一个 key:value 结构的数据。

例如:

```
{
" fruit ":"apple",
"color": red ,
"productioninformation":"AnHui",
"farmer ":{"name":"Muzi" , "age":40 , "sex":"male"}
}
```

对象在 JSON 中是使用大括号{}括起来的内容,数据结构为{key1:value1,key2:value2,…}的键值对结构。

数组(理解为 Python 中的列表,形式一致)在 JSON 中是使用方括号[]括起来的内容,可以存放多个对象。

JSON 文件格式广泛应用于互联网服务器 API 中,易于机器解析和生成,文件体积小。但是 JSON 文件格式存储单一,只能存储文本,不如 Excel 容易阅读。

JSON 文件格式与 Excel 文件一样,编码格式为 ANSI、Unicode 和 UTF-8。在数据加载时,可以根据需要进行相应的处理,其中,UTF-8 格式的 JSON 文件应用最为广泛。

Pandas 读取 JSON 数据的 read_json()函数如下:

```
pandas.read_json(path_or_buf=None, orient=None, typ='frame', dtype=True,
convert_axes=True, convert_dates=True, keep_default_dates=True,
numpy=False, precise_float=False, date_unit=None, encoding=None,
lines=False, chunksize=None, compression='infer')
```

【示例 5-6】　Pandas 通过 read_json()函数读取 JSON 数据。

```
import pandas as pd
df = pd.read_json(r"./json_data.json",encoding="utf8")
print(df)
```

运行结果:

```
        sno    sname ssex  sage
0  202101002  Marry     F    18
1  202102001  Strong    M    19
```

Pandas 还提供了 pd.json normalize(data)方法来读取半结构化的 JSON 数据。

5.1.4　读取 HTML 表格数据

在浏览网页时,有些数据会在 HTML(Hyper Text Markup Language,超文本标记语言)网页中以表格的形式进行展示,对于这部分数据,可以使用 Pandas 中的 read_html()函数接收 HTML 字符串、HTML 文件、URL,并将 HTML 中的<table>标签表格数据解析为 DataFrame。如返回有多个 df 的列表,则可以通过索引指定取第几个。如果页面里只有一个表格,那么这个列表就只有一个 DataFrame。

read_html()函数的语法格式如下。

```
pandas.read_html(io, match='.+', flavor=None,
header=None, index_col=None,skiprows=None, encoding=None,attrs=None)
```

参数说明如下。

- io:字符串,文件路径,也可以是 URL 链接。如果网址不接受 https,可以尝试去掉 https 中的 s 后爬取。

- match：正则表达式，返回与正则表达式匹配的表格。
- flavor：解析器默认为"lxml"。
- header：指定列标题所在的行，列表 list 为多重索引。
- index_col：指定行标题对应的列，列表 list 为多重索引。
- encoding：字符串，默认为 None，文件的编码格式。
- attrs：默认为 None，用于表示表格的属性值。

在使用 read_html()函数时，首先要确定网页表格是否为＜table＞标签。可以通过在网页中单击右键，在弹出的菜单中选择"查看源文件"，查看代码是否含有表格标签"＜table＞…＜/table＞"的字样，然后才使用 read_html()函数。

【例 5-7】 读取新浪网上的大学部分专业信息。

```
import pandas as pd
import requests
html_data = requests.get('http://kaoshi.edu.sina.com.cn/college/majorlist?
page=1')
html_table_data = pd.read_html(html_data.content,header=0,encoding='utf-8')
columns = ['专业名称','专业代码','专业大类','专业小类']
df = pd.DataFrame(data=html_table_data[1],columns=columns)
print(df.head())
```

运行结果：

	专业名称	专业代码	专业大类	专业小类
0	哲学类	101	哲学	哲学类
1	哲学	10101	哲学	哲学类
2	逻辑学	10102	哲学	哲学类
3	宗教学	10103	哲学	哲学类
4	伦理学	10104	哲学	哲学类

值得一提的是，在使用 read_html()函数读取网页中的表格数据时，需要注意网页的编码格式。运行程序，如果出现"ImportError：lxml not found，please install it"的错误提示信息，则需要安装 lxml 模块。

5.1.5　读取 MySQL 数据库中数据

大多数情况下，海量的数据是使用数据库进行存储的，这主要是依赖于数据库的数据结构化、数据共享性、独立性等特点。因此，在实际生产环境中，绝大多数的数据都是存储在数据库中。

Pandas 支持 MySQL、Oracle、SQLite 等主流数据库的读写操作。

为了高效地对数据库中的数据进行读取，这里需要引入 SQLAlchemy。SQLAlchemy 是使用 Python 编写的一款开源软件，它提供的 SQL 工具包和对象映射工具能够高效地访问数据库。在使用 SQLAlchemy 时需要使用相应的连接工具包，如 MySQL 需要安装 mysqlconnector，Oracle 则需要安装 cx_oracle。

Pandas 的 io.sql 模块中提供了常用的读写数据库函数，read_sql_table()函数与 read_sql_query()函数都可以将读取的数据转换为 DataFrame 对象，前者表示将整张表的数据转换成 DataFrame，后者则表示将执行 SQL 语句的结果转换为 DataFrame 对象。而 read_sql()

函数同时支持 read_sql_table() 函数与 read_sql_query() 函数两者的功能。to_sql() 方法则是把记录数据写到数据库里。

在连接 MySQL 数据库时,这里使用的是 mysqlconnector 驱动,如果当前的 Python 环境中没有该模块,则需要使用 pip install mysql-connector 命令安装该模块。下面以 read_sql() 函数和 to_sql() 方法为例,分别介绍如何读写数据库中的数据,具体内容如下。

1. 使用 read_sql() 函数读取数据

read_sql() 函数既可以读取整张数据表,又可以执行 SQL 语句,其语法格式如下。

```
pandas.read_sql(sql,con,index_col=None,coerce_float=True,params=None,parse_
dates=None, columns=None, chunksize=None)
```

参数说明如下。

- sql:表示被执行的 SQL 语句。
- con:接收数据库连接,表示数据库的连接信息。
- index_col:默认为 None,如果传入一个列表,则表示为层次化索引。
- coerce_float:将非字符串、非数字对象的值转换为浮点数类型。
- params:传递给执行方法的参数列表,如 params = {'name':'value'}。
- columns:接收 list 表示读取数据的列名,默认为 None。

如果发现数据中存在空值,则会使用 NaN 进行补全。

【例 5-8】 使用 read_sql() 函数读取数据库中的数据表 specialty。

```
import pandas as pd
from sqlalchemy import create_engine
#mysql 账号为 root,密码为 123456,数据名为 jxgl
#数据表名称:specialty
engine = create_engine('mysql+pymysql://'
               'root:123456@127.0.0.1:3306/jxgl')
#通过数据表名读取数据库的数据
#category_data = pd.read_sql('specialty', engine)
#也可以通过 SQL 语句读取数据库的数据
sql = 'SELECT * FROM specialty'
df_data = pd.read_sql(sql, engine)
print(df_data)
```

运行结果:

```
     zno        zname
0   1102   数据科学与大数据技术
1   1103       人工智能
2   1201      网络与新媒体
3   1214    区块链科学与工程
4   1407     健康服务与管理
5   1409      智能医学工程
6   1601       供应链管理
7   1805      智能感知工程
8   1807     智能装备与系统
```

上述示例中,首先导入了 sqlalchemy 模块,通过 create_engine() 函数创建连接数据库的信息,然后调用 read_sql() 函数读取数据库中的 specialty 数据表,并转换成 DataFrame 对象。

注意：在使用 create_engine() 函数创建连接时，其格式如下：'数据库类型＋数据库驱动名称://用户名：密码@机器地址：端口号/数据库名'。

需要强调的是，这里的 SQL 语句不仅是用于筛选的 SQL 语句，其他用于增删改查的 SQL 语句都是可以执行的。

2. 使用 to_sql() 方法将数据写入数据库中

to_sql() 方法的功能是将 Series 或 DataFrame 对象以数据表的形式写入数据库中，其语法格式如下。

```
to_sql(name,con,schema = None,if_exists = 'fail',index = True,index_label =
None,chunksize = None,dtype = None)
```

参数说明如下。

- name：表示数据库表的名称。
- con：表示数据库的连接信息。
- if_exists：可以取值为 fail、replace 或 ap pend，默认为 fail。每个取值代表的含义如下。

    fail：如果表存在，则不执行写入操作。

    replace：如果表存在，则将源数据库表删除再重新创建。

    append：如果表存在，那么在原数据库表的基础上追加数据。

- index：表示是否将 DataFrame 行索引作为数据传入数据库，默认为 True。
- index_label：表示是否引用索引名称。如果 index 设为 True，此参数为 None，则使用默认名称；如果 index 为层次化索引，则必须使用序列类型。

接下来，通过一个示例程序来演示如何使用 Pandas 向数据库中写入数据。

首先，创建一个名称为 students_info 的数据库，具体的 SQL 语句如下。

```
CREATE DATABASE students_info CHARASET=utf8
```

然后，创建一个 DataFrame 对象，它统计了每个年级中男生和女生的人数。

接着，调用 to_sql() 方法将 DataFrame 对象写入名称为 students 的数据表中，具体代码如下。

```
from pandas import DataFrame,Series
import pandas as pd
from sqlalchemy import create_engine
from sqlalchemy.types import *
df = DataFrame({"班级":["一年级","二年级","三年级","四年级"],
                        "男生人数":[25,23,27,30],
                        "女生人数":[19,17,20,20]})
#创建数据库引擎
#mysql+pymysql 表示使用 MySQL 数据库的 pymysql 驱动
#账号:root,密码:123456,数据库名:studnets_info
#数据表的名称: students
engine=create_engine('mysql+mysqlconnector://root:123456@127.0.0.1/students_
info')
df.to_sql('students',engine)
```

当程序执行结束后，可以在数据库中查看是否成功创建了数据表，以及数据是否保存成功，这里使用命令行的方式进行验证。

打开命令提示符窗口,在光标位置输入"mysql -u 数据库账号-p 密码"进行登录。登录成功后,使用"use"命令选择 students_info 数据库,然后使用如下命令语句查询 students 表中的全部数据,具体命令如下。

SELECT * FROM students

注意:在使用 to_sql()方法写入数据库时,如果写入的数据表名与数据库中其他的数据表名相同时,则会返回该数据表已存在的错误。

5.2　数据清洗

从初始数据到得出数据分析或数据挖掘结果的整个过程中对数据进行的一系列操作称为数据预处理。数据预处理是数据分析或数据挖掘前的准备工作,也是数据分析或数据挖掘中必不可少的一环,它主要通过一系列的方法来处理"脏"数据、精准地抽取数据、调整数据的格式,从而得到一组符合准确、完整、简洁等标准的高质量数据,保证该数据能更好地服务于数据分析或数据挖掘工作。数据清洗是一项复杂且烦琐的工作,同时也是整个数据分析过程中最为重要的环节。

在大数据环境的作用下,现实世界中充斥着海量的数据,这些数据一般是质量不高的"脏"数据,直接使用可能会导致分析结果或挖掘结果产生偏差。数据清洗的目的在于提高数据质量,将脏数据(这里指的是不属于给定范围、对实际业务无意义、格式非法、编码不规范、业务逻辑模糊的数据)清洗干净,使原数据具有完整性、唯一性、权威性、合法性、一致性等特点。

Pandas 中常见的数据清洗操作中常见的数据问题有以下 6 种。

(1) 数据缺失:数据缺失是指属性值为空的一类问题。这类问题主要是由采集、传输与存储设备故障、数据延迟获取或人为因素造成的。例如,学生在参与问卷调研时,未婚用户未填写配偶姓名一栏的信息等。

(2) 数据重复:数据重复是指同一条数据多次出现的一类问题。这类问题主要是由人为重复录入或传输设备故障造成的。

(3) 数据异常:数据异常是指个别数据远离数据集的一类问题。这类问题主要是由随机因素或不同机制造成的,需要先经过判定再进行相应的处理。

(4) 数据冗余:数据冗余是指数据中存在一些多余的、无意义的属性。这些属性可以根据另一组属性推导出来,或者蕴含在另一组属性中,又或者超出业务需求。

(5) 数据值冲突:数据值冲突是指同一属性存在不同值的一类问题。此类问题常见于多源数据合并的场景。例如,在大学生体检时,身高属性在一个数据源中对应一组以 cm 为单位的数值,而在另一数据源中对应一组以 m 为单位的数值。

(6) 数据噪声:数据噪声是指属性值不符合常理的一类问题。这类问题主要是由硬件故障、编程错误、语音或光学字符识别程序识别错误等造成的。

上述问题是数据分析或数据挖掘时比较常见的一些数据问题,这些数据问题会对数据分析或数据挖掘结果产生一定的影响,这些数据只有被处理成"干净"的数据之后,才可以应用到数据分析或数据挖掘中。数据清理一般针对具体应用,因而难以归纳统一的方法和步骤,但是根据数据不同可以给出相应的数据清理方法。

1. 解决不完整数据(即值缺失)的方法

大多数情况下,缺失的值必须手工填入(即手工清理)。当然,某些缺失值可以从本数据源或其他数据源推导出来,这就可以用平均值、最大值、最小值或更为复杂的概率估计代替缺失的值,从而达到清理的目的。

2. 错误值的检测及解决方法

用统计分析的方法识别可能的错误值或异常值,如偏差分析、识别不遵守分布或回归方程的值,也可以用简单规则库(常识性规则、业务特定规则等)检查数据值,或使用不同属性间的约束、外部的数据来检测和清理数据。

3. 重复记录的检测及消除方法

数据库中属性值相同的记录被认为是重复记录,通过判断记录间的属性值是否相等来检测记录是否相等,相等的记录合并为一条记录(即合并/清除)。合并/清除是消重的基本方法。

4. 不一致性(数据源内部及数据源之间)的检测及解决方法

从多数据源集成的数据可能有语义冲突,可定义完整性约束用于检测不一致性,也可通过分析数据发现联系,从而使得数据保持一致。开发的数据清理工具大致可分为三类。

(1) 数据迁移工具允许指定简单的转换规则,如将字符串 gender 替换成 sex。

(2) 数据清洗工具使用领域特有的知识(如邮政地址)对数据做清洗。它们通常采用语法分析和模糊匹配技术完成对多数据源数据的清理。

(3) 数据审计工具可以通过扫描数据发现规律和联系。因此,这类工具可以看作数据挖掘工具的变形。

5.2.1　空值和缺失值的处理

空值一般表示数据未知、不适用或将在以后添加数据。缺失值是指数据集中某个或某些属性的值是不完整的,产生的原因主要有人为原因和机械原因两种,其中,机械原因是由于机器故障造成数据未能收集或存储失败,人为原因是由主观失误或有意隐瞒造成的数据缺失。一般空值使用 None 表示,缺失值使用 NaN 表示。

对于空值和缺失值,一般有四种处理方式:不处理、删除、填充或替换和插值(以均值、中位数、众数等填补)。

Pandas 中提供了一些用于检查或处理空值和缺失值的函数,其中,使用 isnull()、notnull()、isna() 和 notna() 方法可以判断数据集中是否存在空值和缺失值。

1. 缺失值查看

缺失值的查看,主要使用 DataFrame 对象中的 info() 方法。

【例 5-9】　查看"电器销售数据(有缺失值).xlsx"中缺失值的情况。

```
import pandas as pd
pd.set_option('display.unicode.east_asian_width',True)
df=pd.read_excel(r'./电器销售数据(有缺失值).xlsx',sheet_name='Sheet1')
print(df)
print(df.info())
```

运行结果:

```
       商品类别   北京总公司   广州分公司   上海分公司
0      计算机    21742.0      NaN      29511.0
1      电视     596919.0   280808.0   723844.0
2      空调       NaN      296226.0   574106.0
3      冰箱     289490.0   272676.0   155011.0
4      热水器    216593.0      NaN        NaN
5      洗衣机    183807.0   106152.0   169711.0
6      合计     1308551.0  955862.0   1652183.0
<class 'pandas.core.frame.DataFrame'>
RangeIndex: 7 entries, 0 to 6
Data columns (total 4 columns):
 #    Column        Non-Null Count      Dtype
---   ------        --------------      -----
 0    商品类别        7non-null          object
 1    北京总公司       6non-null          float64
 2    广州分公司       5non-null          float64
 3    上海分公司       6non-null          float64
dtypes: float64(3), object(1)
memory usage: 352.0+ bytes
None
```

在 Python 中，缺失值一般以 NaN 表示，从上述结果来看，有四个缺失值。

2. 判断数据是否存在缺失值

通常也可以使用 isnull()方法和 notnull()方法判断数据集中是否存在空值或缺失值。isnull()方法的语法格式如下。

```
pandas.isnull(obj)
```

上述函数中只有一个参数 obj，表示检查空值的对象。一旦发现数据中存在 NaN 或 None，则就将这个位置标记为 True，否则就标记为 False。

【例 5-10】 演示通过 isnull()方法来检查"电器销售数据(有缺失值).xlsx"中的缺失值或空值。

```
import pandas as pd
pd.set_option('display.unicode.east_asian_width',True)
df=pd.read_excel(r'./电器销售数据(有缺失值).xlsx',sheet_name='Sheet1')
print(df.isnull())
```

运行结果：

```
   商品类别   北京总公司   广州分公司   上海分公司
0  False    False     True     False
1  False    False     False    False
2  False    True      False    False
3  False    False     False    False
4  False    False     True     True
5  False    False     False    False
6  False    False     False    False
```

上述示例中，使用 isnull()方法，缺失值返回 True；非缺失值返回 False；而 notnull()方法正好相反。

notnull()方法与 isnull()方法的功能是一样的,都是判断数据中是否存在空值或缺失值,不同之处在于,前者发现数据中有空值或缺失值时返回 False,后者返回的是 True。

isnull()、notnull()、isna()和 notna()方法均会返回一个由布尔值组成、与原对象形状相同的新对象,其中,isnull()和 isna()方法的用法相同,它们会在检测到缺失值的位置标记 True;notnull()和 notna()方法的用法相同,它们会在检测到缺失值的位置标记 False。

3. 删除缺失值

缺失值的常见处理方式有三种:删除缺失值、填充缺失值和插补缺失值。Pandas 中为每种处理方式均提供了相应的方法。

删除缺失值是最简单的处理方式,这种方式通过直接删除包含缺失值的行或列来达到目的,适用于删除缺失值后产生较小偏差的样本数据,但并不是十分有效。

dropna()方法的作用是删除含有空值或缺失值的行或列,并返回一个删除缺失值后的新对象,其语法格式如下。

```
dropna(axis=0, how='any', thresh=None, subset=None, inplace=False)
```

参数说明如下。

- axis:确定过滤行或列,取值如下。

  0 或 index:删除包含缺失值的行,默认为 0。

  1 或 columns:删除包含缺失值的列。

- how:确定过滤的标准,取值如下。

  any:默认值。如果存在 NaN 值,则删除该行或该列。

  all:如果所有值都是 NaN 值,则删除该行或该列。

- thresh:表示有效数据量的最小要求。若传入了 2,则要求该行或该列至少有两个非 NaN 值时将其保留。

- subset:表示在特定的子集中寻找 NaN 值。

- inplace:表示是否在原数据上操作。如果设为 True,则表示直接修改原数据;如果设为 False,则表示修改原数据的副本,返回新的数据。

常见的操作如下。

```
df.dropna()                    #一行中有一个缺失值就删除
df.dropna(axis='columns')      #只保留全有值的列
df.dropna(how='all')           #行或列全没有值时才删除
df.dropna(thresh=2,axis=0)     #不足两个非空值时删除
df.dropna(inplace=True)        #删除并替换生效
```

【例 5-11】 删除"电器销售数据(有缺失值).xlsx"中的缺失值。

```
import pandas as pd
pd.set_option('display.unicode.east_asian_width',True)
df=pd.read_excel(r'./电器销售数据(有缺失值).xlsx',sheet_name='Sheet1')
print(df)
print(df.dropna())
```

运行结果:

	商品类别	北京总公司	广州分公司	上海分公司
0	计算机	21742.0	NaN	29511.0
1	电视	596919.0	280808.0	723844.0

	商品类别	北京总公司	广州分公司	上海分公司
2	空调	NaN	296226.0	574106.0
3	冰箱	289490.0	272676.0	155011.0
4	热水器	216593.0	NaN	NaN
5	洗衣机	183807.0	106152.0	169711.0
6	合计	1308551.0	955862.0	1652183.0
	商品类别	北京总公司	广州分公司	上海分公司
1	电视	596919.0	280808.0	723844.0
3	冰箱	289490.0	272676.0	155011.0
5	洗衣机	183807.0	106152.0	169711.0
6	合计	1308551.0	955862.0	1652183.0

由上述运行结果来看,所有包含空值或缺失值的行已经被删除了。

4. 填充空值/缺失值

对于缺失数据,如果比例高于 30%,则可以选择放弃这个指标,进行删除处理;如果低于 30%时,尽量不要删除,而是选择将这部分数据填充,一般以 0、均值、众数填充。

填充缺失值是比较流行的处理方式,这种方式一般会将诸如平均数、中位数、众数、缺失值前后的数填充至空缺位置。

Pandas 中的 fillna()方法可以实现填充空值或缺失值,其语法格式如下。

```
fillna(value=None, method=None, axis=None, inplace=False,limit=None, downcast
=None, **kwargs)
```

参数说明如下。

- value:用于填充的数值。
- method:表示填充的方式,默认为 None。该参数还支持 'pad'或'ffill'和'backfill'或 'bfill'几种取值,其中,'pad'或'ffill'表示将最后一个有效值向后传播,也就是说,使用缺失值前面的有效值填充缺失值;'backfill'或'bfill'表示将最后一个有效值向前传播,也就是说,使用缺失值后面的有效值填充缺失值。
- limit:可以连续填充的最大数量,默认为 None。

注意:method 参数不能与 value 参数同时使用。

当使用 fillna()方法进行填充时,既可以是标量、字典,也可以是 Series 或 DataFrame 对象。

【例 5-12】 用 0 填充"电器销售数据(有缺失值).xlsx"中的缺失值。

```
import pandas as pd
pd.set_option('display.unicode.east_asian_width',True)
df=pd.read_excel(r'./电器销售数据(有缺失值).xlsx',sheet_name='Sheet1')
print(df)
print(df.fillna(0))
```

运行结果:

	商品类别	北京总公司	广州分公司	上海分公司
0	计算机	21742.0	NaN	29511.0
1	电视	596919.0	280808.0	723844.0
2	空调	NaN	296226.0	574106.0
3	冰箱	289490.0	272676.0	155011.0
4	热水器	216593.0	NaN	NaN
5	洗衣机	183807.0	106152.0	169711.0

6	合计	1308551.0	955862.0	1652183.0
	商品类别	北京总公司	广州分公司	上海分公司
0	计算机	21742.0	0.0	29511.0
1	电视	596919.0	280808.0	723844.0
2	空调	0.0	296226.0	574106.0
3	冰箱	289490.0	272676.0	155011.0
4	热水器	216593.0	0.0	0.0
5	洗衣机	183807.0	106152.0	169711.0
6	合计	1308551.0	955862.0	1652183.0

通过比较两次的输出结果可知,当使用任意一个有效值替换空值或缺失值时,对象中所有的空值或缺失值都将会被替换。

如果希望填充不一样的内容,例如,"北京总公司"列缺失的数据使用数字"0"进行填充,"广州分公司"列缺失的数据使用数字"1"来填充,那么调用 fillna() 方法时传入一个字典给 value 参数,其中,字典的键为列标签,字典的值为待替换的值,实现对指定列的缺失值进行替换。具体示例代码:

```
df.fillna({'北京总公司':0,'广州分公司':1})
```

如果希望填充相邻的数据来替换缺失值,例如,按从前往后的顺序填充缺失的数据,也就是说,在当前列中使用位于缺失值前面的数据进行替换。

调用 fillna() 方法时将"ffill"传入给 method 参数具体示例代码:

```
df.fillna(method='ffill')
```

5. 插补缺失值

插补缺失值是一种相对复杂且灵活的处理方式,这种方式主要基于一定的插补算法来填充缺失值。

常见的插补算法有线性插值和最邻近插值:线性插值是根据两个已知量的直线来确定在这两个已知量之间的一个未知量的方法,简单地说,就是根据两点间距离以等距离方式确定要插补的值;最邻近插值是用与缺失值相邻的值作为插补的值。

Pandas 中提供了插补缺失值的方法 interpolate()。interpolate()方法会根据相应的插值方法求得的值进行填充。

interpolate()方法的语法格式如下。

```
DataFrame.interpolate(method='linear', axis=0, limit=None, inplace=False,
        limit_direction=None, limit_area=None, downcast=None, **kwargs)
```

参数说明如下。

- method:表示使用的插值方法,该参数支持'linear'(默认值)、'time'、'index'、'values'、'nearest'、'barycentric'共 6 种取值。其中,'linear'代表采用线性插值法进行填充;'time'代表根据时间长短进行填充;'index'、'values'代表采用索引的实际数值进行填充;'nearest'代表采用最邻近插值法进行填充;'barycentric'代表采用重心坐标插值法进行填充。

- limit_direction:表示按照指定方向对连续的 NaN 进行填充。参数常用的取值为'forward'、'backforward'和'both',其中,'forward'代表向前填充;'backforward'代表向后填充;'both'代表同时向前、向后填充。

【例 5-13】　利用线性插值法填充数据集 score.csv 中的缺失值。

```
import pandas as pd
df = pd.read_csv('./score.csv',sep=',')
print(df.head())
new_df=df.interpolate(method='linear')
print(new_df.head())
```

运行结果：

```
   name    team  No1  No2   No3  No4
0  李博      A    99   68.0  59   77.0
1  李明发    A    41   50.0  62   92.0
2  寇忠云    B    96   94.0  99   NaN
3  李欣      C    48   51.0  94   99.0
4  石璐      D    64   79.0  54   65.0
   name    team  No1  No2   No3  No4
0  李博      A    99   68.0  59   77.0
1  李明发    A    41   50.0  62   92.0
2  寇忠云    B    96   94.0  99   95.5
3  李欣      C    48   51.0  94   99.0
4  石璐      D    64   79.0  54   65.0
```

5.2.2　重复值的处理

数据在收集、处理过程中会产生重复值，包括行和列，既有完全重复，又有部分字段重复。重复的数据会影响数据的质量，特别是在它们参与统计计算时。

重复值主要有两种处理方式：删除和保留。其中，删除重复值是比较常见的方式，其目的在于保留唯一的数据记录。需要说明的是，在分析演变规律、样本不均衡处理、业务规则等场景中，重复值具有一定的使用价值，需做保留。

当数据中出现了重复值，在大多数情况下需要进行删除。Pandas 提供了两个方法专门用来处理数据中的重复值，分别为 duplicated()方法和 drop_duplicates()方法。

其中，前者用于标记是否有重复值，后者用于删除重复值，它们的判断标准是一样的，即只要两条数据中所有条目的值完全相等，就判断为重复值。

1. 通过 duplicated()方法处理重复值

duplicated()方法的语法格式如下。

```
duplicated(subset=None, keep='first')
```

参数说明如下。

- subset：用于识别重复的列标签或列标签序列，默认识别所有的列标签。
- keep：删除重复项并保留第一次出现的项，取值可以为 first、last 或 False，它们代表的含义如下。

　　first：从前向后查找，除了第一次出现外，其余相同的被标记为重复。默认为此选项。

　　last：从后向前查找，除了最后一次出现外，其余相同的被标记为重复。

　　False：所有相同的都被标记为重复。

- duplicated()方法用于标记 Pandas 对象的数据是否重复，重复则标记为 True，不重复则标记为 False，所以该方法返回一个由布尔值组成的 Series 对象，它的行索引引保持不变,数据则变为标记的布尔值。

注意:对于 duplicated()方法,这里有如下两点要进行强调。

第一,只有数据表中两个条目间所有列的内容都相等时,duplicated()方法才会判断为重复值。除此之外,duplicated()方法也可以单独对某一列进行重复值判断。

第二,duplicated()方法支持从前向后(first)和从后向前(last)两种重复值查找模式,默认是从前向后查找判断重复值。换句话说,就是将后出现的相同条目判断为重复值。

2. 通过 drop_duplicates()方法处理重复值

drop_duplicates()方法的语法格式如下。

```
drop_duplicates(subset=None, keep='first', inplace=False)
```

参数说明如下。

- 参数 keep 的值会有三个,当 keep='first'表示保留第一次出现的重复行,是默认值;当 keep 为另外两个取值 last 和 False 时,分别表示保留最后一次出现的重复行和去除所有的重复行。
- inplace=True 表示直接在原来的 DataFrame 对象上删除重复数据,而默认值 False 表示删除重复数据后再生成一个副本。

【例 5-14】 构建一个学生信息的 DataFrame 对象,判断是否有重复,并将重复数据删除。

```
import pandas as pd
student_info = pd.DataFrame({'id': [1, 2, 3, 4, 4, 5],
                            'name': ['申凡', '石英', '史伯', '王骏', '王骏', '朱元'],
                            'age': [18, 18, 19, 38, 38, 16],
                            'height': [160, 160, 185, 175, 175, 178],
                            'gender': ['女', '女', '男', '男', '男', '男']})
print(student_info.duplicated())
print(student_info.drop_duplicates())
```

运行结果:

```
0    False
1    False
2    False
3    False
4     True
5    False
dtype: bool
   id  name  age  height gender
0   1   申凡   18     160     女
1   2   石英   18     160     女
2   3   史伯   19     185     男
3   4   王骏   38     175     男
5   5   朱元   16     178     男
```

从运行结果可以看出,name 列中值为"王骏"的数据只出现了一次,重复的数据已经被删除了。

注意:删除重复值是为了保证数据的正确性和可用性,为后期对数据的分析提供了高质量的数据。

在使用 drop_duplicates()方法去除指定列的重复数据时,可以表达为 drop_duplicates(['列名'])。

5.2.3　异常值的处理

异常值是指样本中的个别值处于特定范围之外,其数值明显偏离其余的观测值,其产生的原因有很多,包括人为疏忽、失误或仪器异常等。异常值也称离群点,异常值的分析也称为离群点的分析。在数据分析中,需要对数据集进行异常值剔除或者修正,以便后续更好地进行信息挖掘。如人的体温大于 100℃、身高大于 5m、学生总数量为负数等类似数据。

处理异常值之前,需要先辨别哪些值是"真异常"和"伪异常",再根据实际情况正确地处理异常值。异常值的判断主要有以下三种方法。

(1) 根据给定的数据范围进行判断,不在范围内的数据视为异常值。该方法比较简单,不再详述。

(2) 均方差,即标准差(记作 σ)。在统计学中,如果一个数据分布近似正态分布(数据分布的一种形式,呈钟型,两头低,中间高,左右对称),那么大约 68% 的数据值都会在均值的一个标准差(1σ)范围内,大约 95% 的数据值会在两个标准差(2σ)范围内,大约 99.7% 的数据值会在三个标准差(3σ)范围内。

(3) 箱形图是显示一组数据分散情况资料的统计图。它可以将数据通过四分位数的形式进行图形化描述,箱形图通过上限和下限作为数据分布的边界。任何高于上限或低于下限的数据都可以认为是异常值。

1. 基于 3σ 原则检测异常值

3σ 原则,又叫拉依达原则,它是指假设一组检测数据中只含有随机误差,需要对其进行计算得到标准偏差,按一定概率确定一个区间,对于超过这个区间的误差,就不属于随机误差而是粗大误差,需要将含有该误差的数据进行剔除。

其局限性:仅局限于对正态或近似正态分布的样本数据处理,它是以测量次数充分大为前提(样本>10),当测量次数少的情形用准则剔除粗大误差是不够可靠的。在测量次数较少的情况下,最好不要选用该准则。

在正态分布(也称高斯分布)概率公式中,σ 表示标准差,μ 表示平均数,$f(x)$ 表示正态分数函数,具体如下。

$$f(x) = \frac{1}{\sqrt{2\pi}\sigma}\exp\left(-\frac{(x-\mu)^2}{2\sigma^2}\right)$$

正态分布密度函数的特点是:关于 μ 对称,在 μ 处达到最大值,在正(负)无穷远处取值为 0,在 $\mu\pm\sigma$ 处有拐点,呈现中间高两头低的形状,像一条左右对称的钟形曲线。正态分布函数如图 5-1 所示。

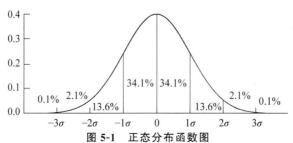

图 5-1　正态分布函数图

根据正态分布函数图可知,3σ 原则在各个区间所占的概率如下。

(1) 数值分布在 $(\mu-\sigma,\mu+\sigma)$ 中的概率为 0.682。

(2) 数值分布在 $(\mu-2\sigma,\mu+2\sigma)$ 中的概率为 0.954。

(3) 数值分布在 $(\mu-3\sigma,\mu+3\sigma)$ 中的概率为 0.997。

其中,μ 为平均值,σ 为标准差。

一般可以认为,数据的取值几乎全部集中在 $(\mu-3\sigma,\mu+3\sigma)$ 区间内,超出这个范围的可能性仅占不到 0.3%,这些超出该范围的数据可以认为是异常值,应予以剔除。

基于 3σ 原则检测异常值具体步骤如下。

首先,需要保证数据列大致上服从正态分布。

其次,计算需要检验的数据列的平均值和标准差。

最后,比较数据列的每个值与平均值的偏差是否超过 3 倍,如果超过 3 倍,则为异常值。

最终,剔除异常值,得到规范的数据。

【例 5-15】 利用 3σ 原则检测一组数据中是否存在异常值,并输出。

```python
import numpy as np
import pandas as pd
from scipy.stats import kstest
#判断数据是否符合正态分布
def KsNormDetect(df):
    #计算均值
    u = df['value'].mean()
    #计算标准差
    std = df['value'].std()
    #计算 p 值
    res=kstest(df, 'norm', (u, std))[1]        #结果返回了两个值:statistics 和 pvalue
    #判断 p 值是否服从正态分布,p<=0.05 则服从正态分布,否则不服从
    if res<=0.05:
        print('该列数据服从正态分布:')
        print('均值为:%.3f,标准差为:%.3f' % (u, std))
        return 1
    else:
        return 0
#输出异常值
def OutlierDetection(df,ks_res):
    #计算均值
    u = df['value'].mean()
    #计算标准差
    std = df['value'].std()
    if ks_res==1:
        #定义 3σ 法则识别异常值
        #识别异常值
        error = df[np.abs(df['value'] - u) > 3 * std]
        #剔除异常值,保留正常的数据
        data_c = df[np.abs(df['value'] - u) <= 3 * std]
        #输出异常数据
        return error

    else:
        print('请先检测数据是否服从正态分布。')
        return None
```

```
#创建数据
data = [53,99,75,43,91,29,26,64,84,1830,14,16,96,65,35,11,91,3,75,65,20,1630,81,
45]
df = pd.DataFrame(data, columns=['value'])
ks_res=KsNormDetect(df)
result=OutlierDetection(df, ks_res)
print(result)
```

运行结果：

```
该列数据服从正态分布：
均值为:193.375,标准差为:475.108
    value
9    1830
21   1630
```

从运行结果可以看出，位于第 9 行和 21 行的数据分别为 1830 和 1630，这两个数值比其他值大很多，很有可能是一个异常值。

特别提醒，kstest 和 normaltest 是两个不同的函数，kstest 中 pvalue<0.05 表示符合分布。normaltest 中>0.05 表示符合分布。

2. 基于箱形图检测异常值

除了使用 3σ 原则检测异常值之外，还可以使用箱形图检测异常值。需要说明的是，箱形图对检测数据没有任何要求，即使不符合正态分布的数据集是能被检测的。

箱形图是一种用于显示一组数据分散情况的统计图，它通常由上边缘、上四分位数、中位数、下四分位数、下边缘和异常值组成。箱形图能直观地反映出一组数据的分散情况，一旦图中出现离群点（远离大多数值的点），就认为该离群点可能为异常值。在箱形图中，异常值通常被定义为小于 QL−1.5QR 或大于 QU+1.5IQR 的值。其中：

（1）QL 称为下四分位数，表示全部观察值中有四分之一的数据取值比它小。

（2）QU 称为上四分位数，表示全部观察值中有四分之一的数据取值比它大。

（3）IQR 称为四分位数间距，是上四分位数 QU 与下四分位数 QL 之差，其间包含全部观察值的一半。

（4）空心圆点表示异常值，该值的范围通常为小于 Q1−1.5IQR 或大于 Q3+1.5IQR。

离散点表示的是异常值，上界表示除异常值以外数据中最大值，下界表示除异常值以外数据中最小值，如图 5-2 所示。

箱形图是根据实际数据进行绘制，对数据没有任何要求（如 3σ 原则要求数据服从正态分布或近似正态分布）。箱形图判断异常值的标准是以四分位数和四分位距为基础。

为了能够直观地从箱形图中查看异常值，Pandas 中提供了两个绘制箱形图的方法：plot() 和 boxplot()，其中，plot() 方法用于根据 Series 和 DataFrame 类对象绘制箱形图，该箱形图中默认不会显示网格线；boxplot() 方法用于根据 DataFrame 类对象绘制箱形图，该箱形图中默认会显示网格线。boxplot() 方法的语法结构如下。

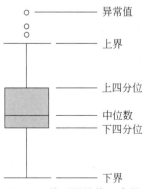

图 5-2　箱形图结构示意图

```
DataFrame.boxplot(column=None, by=None, ax=None, fontsize=None,
        rot=0, grid=True, figsize=None, layout=None, return_type=None,
        backend=None, **kwargs)
```

参数说明如下。

- rot：表示箱形图坐标轴旋转角度。
- grid：表示箱形图窗口尺寸大小。
- return_type：表示返回的对象类型，该参数取值可为'axes'、'dict'和'both'。

【例 5-16】 应用 boxplot()方法绘制箱形图。

```
import pandas as pd
import matplotlib.pyplot as plt
data = [53,99,75,43,91,29,26,64,84,183,14,16,96,65,35,11,91,3,75,65,20,263,81,45]
df = pd.DataFrame(data, columns=['value'])
df.boxplot()
plt.show()
```

运行结果如图 5-3 所示。

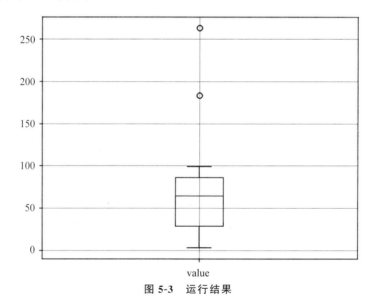

图 5-3   运行结果

【例 5-17】 定义一个从箱形图中获取异常值的函数，并返回数据集中数据的异常值及其对应的索引。

```
import numpy as np
import pandas as pd

def OutlierDetection(df):
    #计算下四分位数和上四分位数
    Q1 = df.quantile(q=0.25)
    Q3 = df.quantile(q=0.75)
    #基于 1.5 倍的四分位差计算上下须对应的值
    low_whisker = Q1 - 1.5 * (Q3 - Q1)
    up_whisker = Q3 + 1.5 * (Q3 - Q1)
    #寻找异常点
    kk = df[(df > up_whisker) | (df < low_whisker)]
```

```
data1 = pd.DataFrame({'id': kk.index, '异常值': kk})
return data1
```

创建数据
```
data = [53,99,75,43,91,29,26,64,84,183,14,16,96,65,35,11,91,3,75,65,20,263,81,45]
df = pd.DataFrame(data, columns=['value'])
df=df.iloc[:,0]
result=OutlierDetection(df)
print('箱形图检测到的异常值如下:')
print(result)
```

运行结果:

```
箱形图检测到的异常值如下:
    id  异常值
9    9  183
21  21  263
```

上述示例中,创建的 df 对象中共有 24 个数据,其中有 2 个数值为异常值。

3. 异常值的处理

检测出异常值后,通常会采用如下四种方式处理这些异常值。

(1) 直接将含有异常值的记录删除。

(2) 使用指定的值或根据算法计算的值替代检测出的异常值。

(3) 不处理,直接在具有异常值的数据集上进行统计分析。

(4) 视为缺失值,利用缺失值的处理方法修正该异常值。

异常数据被检测出来之后,需要进一步确认它们是否为真正的异常值,等确认完以后再决定选用哪种方法进行解决。

(1) 删除异常值。

Pandas 中提供了删除数据的 drop() 方法,使用该方法可以根据指定的行标签索引或列标签索引来删除异常值。使用多层索引时,可以通过指定级别来删除不同级别上的标签。

drop() 方法的语法格式如下。

```
DataFrame.drop(labels=None, axis=0, index=None, columns=None, level=None,
                        inplace=False, errors='raise')
```

参数说明如下。

- labels:表示要删除行标签索引或列标签索引,可以是一个或多个。

- axis:指定删除行或删除列,其中,0 或 index 表示删除行,1 或 columns 表示删除列。

- index:指定要删除的行。

- columns:指定要删除的列。

- level:索引层级,将删除此层级。

- inplace:布尔值,是否生效。

- errors:ignore 或者 raise,默认为 raise,如果为 ignore,则容忍错误,仅删除现有标签。

【例 5-18】 使用 drop() 方法根据指定的行索引从读取数据集的数据中删除异常值。

```
clean_data = df.drop([9,21])                    # 根据行索引,删除异常值
ks_res=KsNormDetect(clean_data)
```

```
new_result=OutlierDetection(clean_data, ks_res)        #检测数据中是否有异常值
print(new_result)
```

运行结果：

```
该列数据服从正态分布：
均值为:53.682,标准差为:30.861
Empty DataFrame
Columns: [value]
Index: []
```

异常值被删除后，可以再次调用自定义的 OutlierDetection()函数进行检测，以确保数据中的异常值全部被删除。从运行结果可以看出，数据中的异常值已经被全部删除了。

（2）替换异常值。

如果希望对异常值进行修改，则可以使用 Pandas 中的 replace()方法进行替换，该方法不仅可以对单个数据进行替换，也可以对多个数据执行批量替换操作。替换的值既可以是固定的数值，也可以是计算得出的值。replace()方法的语法格式如下。

```
replace(to_replace = None, value = None, inplace = False, limit = None, regex =
False, method = 'pad')
```

参数说明如下。

- to_replace：表示查找被替换值的方式。
- value：用来替换任何匹配 to_replace 的值，默认为 None。
- limit：表示前向或后向填充的最大尺寸间隙。
- regex：接收布尔值或与 to_replace 相同的类型，默认为 False，表示是否将 to_replace 和 value 解释为正则表达式。
- method：替换时使用的方法，pad/ffill 表示向前填充，bfill 表示向后填充。

【例 5-19】 利用 replace()方法替换某学生成绩的异常值。

```
import pandas as pd
df = pd.DataFrame ({'姓名': ['申凡', '石英', '史伯', '王骏'],
                    '成绩': [98, 85, 765,88]})
new_df = df.replace(to_replace=765,value=76.5)
                                        #与 new_df = df.replace({765:76.5})等价
print(new_df)
```

运行结果：

```
    姓名    成绩
0   申凡    98.0
1   石英    85.0
2   史伯    76.5
3   王骏    88.0
```

5.2.4 更改数据类型

在处理数据时，可能会遇到数据类型不一致的问题。例如，通过爬虫采集到的数据都是整型的数据，在使用数据时希望保留两位小数点，这时就需要将数据的类型转换成浮点型。针对这种问题，既可以在创建 Pandas 对象时明确指定数据的类型，也可以使用 astype()方

法和 to_numberic() 函数进行转换。

1. 明确指定数据的类型

创建 Pandas 数据对象时,如果没有明确地指出数据的类型,则可以根据传入的数据推断出来,并且通过 dtypes 属性进行查看。

【例 5-20】　创建一个 DataFrame 对象,并查看其数据的类型。

```
import pandas as pd
df = pd.DataFrame ({'姓名': ['申凡', '石英', '史伯', '王骏'],
                    '成绩': [98, 85, 76.5,88]})
print(df.dtypes)
```

运行结果:

```
姓名       object
成绩       float64
dtype: object
```

除此之外,还可以在创建 Pandas 对象时明确地指定数据的类型,即在使用构造方法创建对象时,使用 dtype 参数指定数据的类型,例如:

```
df = pd.DataFrame ({'姓名': ['申凡', '石英', '史伯', '王骏'], '成绩': [98, 85, 76,
88]},dtype='float64')
```

2. 通过 astype() 方法强制转换数据的类型

通过 astype() 方法可以强制转换数据的类型,其语法格式如下。

```
astype(dtype,copy = True,errors ='raise',** kwargs)
```

参数说明如下。

- dtype:表示数据的类型。
- copy:是否建立副本,默认为 True。
- errors:错误采取的处理方式,可以取值为 raise 或 ignore,默认为 raise。其中,raise 表示允许引发异常,ignore 表示抑制异常。

【例 5-21】　通过 astype() 方法来强转数据的类型。

```
import pandas as pd
df = pd.DataFrame ({'姓名': ['申凡', '石英', '史伯', '王骏'],
                    '成绩': [98, 85, 76.5,88]})
print(df['成绩'].astype(dtype='int'))
```

运行结果:

```
0     98
1     85
2     76
3     88
Name: 成绩, dtype: int32
```

需要注意的是,这里并没有将所有列进行类型转换,若有非数字类型的字符,无法将其转换为 int 类型,若强制转换会出现 ValueError 异常。

3. 通过 to_numeric() 函数转换数据类型

astype() 方法虽然可以转换数据的类型,但是它存在着一些局限性,只要待转换的数据

中存在数字以外的字符,在使用 astype() 方法进行类型转换时就会出现错误,而 to_numeric
() 函数的出现正好解决了这个问题。pd.to_XXX 系统方法可以将数据安全转换,errors 参
数可以实现无法转换则转换为默认形式。例如,pd.to_datetime(m) 为转成时间类型。

to_numeric() 函数可以将传入的参数转换为数值类型。

```
pandas.to_numeric(arg, errors='raise', downcast=None)
```

参数说明如下。

- arg:表示要转换的数据,可以是 list、tuple、Series。
- errors:错误采取的处理方式。

【例 5-22】 将只包含数字的字符串转换为数字类型。

```
import pandas as pd
df = pd.DataFrame ({'姓名': ['申凡', '石英', '史伯', '王骏'],
                    '成绩': ['98', '85','76.5','88']})
print(df['成绩'])
#转换 object 类型为 float 类型
print(pd.to_numeric(df['成绩'],errors='raise'))
```

运行结果:

```
0      98
1      85
2    76.5
3      88
Name: 成绩, dtype: object
0    98.0
1    85.0
2    76.5
3    88.0
Name: 成绩, dtype: float64
```

注意:to_numeric() 函数是不能直接操作 DataFrame 对象的。

4. 借助函数转换数据类型

Pandas 中提供了 map() 函数用于数据转换,通常将一些字符型数据转换为可以用于计
算机计算的数值型数据。

【例 5-23】 根据"男""女"两种类型的数据,把数据中所有的"男""女"转换成数值类型 1、0。

```
import pandas as pd
pd.set_option('display.unicode.east_asian_width',True)
data = {"性别":['女','男','女','女','男']}
df = pd.DataFrame(data)
df['性别_new'] = df['性别'].map({'男':1,'女':0})
print("数据转换结果:\n",df)
```

运行结果:

```
数据转换结果:
    性别    性别_new
0   女        0
1   男        1
2   女        0
3   女        0
4   男        1
```

当数据的格式不具备转换为目标类型的条件时,需要先对数据进行处理。例如,"95.6％"是一个字符串,要转换为数字,要先去掉百分号的处理方式:df.rate.apply(lambda m：m.replace('%','')).astype('float')/100。

5.3　数据格式化

在进行数据处理时,尤其是在数据计算中应用求均值(mean()函数)后,发现结果中的小数位数增加了许多。此时就需要对数据进行格式化,以增加数据的可读性。例如,保留小数点位数、百分号、千位分隔符等。

5.3.1　数据设置小数位数

设置小数位数,主要使用 DataFrame 对象中的 round()函数,该函数可以实现四舍五入,而它的 decimals 参数则用于设置保留小数的位数,设置后的数据类型不会发生变化,依然是浮点型。语法格式如下。

```
DataFrame.round(decimals=0, * args, **kwargs)
```

参数说明如下。

- decimals:每一列四舍五入的小数位数,整型、字典或 Series 对象。如果是整数,则将每一列四舍五入到相同的位置;否则,将 dict 和 Series 舍入到可变数目的位置。如果小数是类似于字典的,那么列名应该在键中;如果小数是级数,列名应该在索引中。没有包含在小数中的任何列都将保持原样,非输入列的小数元素将被忽略。
- * args:附加的关键字参数。
- **kwargs:附加的关键字参数。

返回值:返回 DataFrame 对象。

【例 5-24】 读取"大数据 211 班成绩表.xlsx"的 10 位同学四门课成绩进行统计描述,并设置指定的小数位数。

```
import pandas as pd
df = pd.read_excel(r'.\大数据 211 班成绩表.xlsx').head(10)
df_new = df.iloc[:,0:6]
#解决数据输出时列名不对齐的问题
pd.set_option('display.unicode.ambiguous_as_wide',True)
pd.set_option('display.unicode.east_asian_width', True)
df_obj = df_new.describe()
print(df_obj.round(2))                          #保留小数点后两位
print(df_obj.round({'Python 程序设计':1,'数据库':2}))
                                               #设置指定的列,保留指定的位数
obj_ser = pd.Series([1,2],index=['数据结构','数据处理'])
                                               #设置 Series 对象的小数位数
print(df_obj.round(obj_ser))
```

运行结果:

	Python 程序设计	数据库	数据结构	数据处理
count	10.00	10.00	10.00	10.00

	Python 程序设计	数据库	数据结构	数据处理
mean	80.90	84.40	46.70	88.00
std	16.08	12.02	29.91	9.98
min	54.00	64.00	2.00	66.00
25%	70.25	75.25	30.75	83.25
50%	81.00	85.00	39.50	91.00
75%	96.00	94.25	65.25	94.50
max	98.00	100.00	100.00	98.00
	Python 程序设计	数据库	数据结构	数据处理
count	10.0	10.00	10.000000	10.000000
mean	80.9	84.40	46.700000	88.000000
std	16.1	12.02	29.911165	9.977753
min	54.0	64.00	2.000000	66.000000
25%	70.2	75.25	30.750000	83.250000
50%	81.0	85.00	39.500000	91.000000
75%	96.0	94.25	65.250000	94.500000
max	98.0	100.00	100.000000	98.000000
	Python 程序设计	数据库	数据结构	数据处理
count	10.000000	10.000000	10.0	10.00
mean	80.900000	84.400000	46.7	88.00
std	16.079317	12.020353	29.9	9.98
min	54.000000	64.000000	2.0	66.00
25%	70.250000	75.250000	30.8	83.25
50%	81.000000	85.000000	39.5	91.00
75%	96.000000	94.250000	65.2	94.50
max	98.000000	100.000000	100.0	98.00

5.3.2 数据设置百分比

在数据分析过程中,有时需要百分比数据。那么,利用自定义函数将数据进行格式处理,处理后的数据就可以从浮点型转换成带指定小数位数的百分比数据,主要使用 apply() 函数与 format() 函数。

【例 5-25】 随机生成 5 个小数,设置不同的百分比,并显示。

```python
import numpy as np
import pandas as pd
df = pd.DataFrame(np.random.random(5),columns=['原小数'])
#解决数据输出时列名不对齐的问题
pd.set_option('display.unicode.ambiguous_as_wide',True)
pd.set_option('display.unicode.east_asian_width', True)
df['整列保留 0 位小数'] = df['原小数'].apply(lambda x:format(x,'.0%'))
df['整列保留 2 位小数'] = df['原小数'].apply(lambda x:format(x,'.02%'))
df['map 函数整列保留 1 位小数'] = df['原小数'].map(lambda x:'{:.1%}'.format(x))
print(df)
```

运行结果:

	原小数	整列保留 0 位小数	整列保留 2 位小数	map 函数整列保留 1 位小数
0	0.844747	84%	84.47%	84.5%
1	0.880946	88%	88.09%	88.1%
2	0.249581	25%	24.96%	25.0%
3	0.668109	67%	66.81%	66.8%
4	0.127608	13%	12.76%	12.8%

5.3.3　数据设置千位分隔符

由于业务需要,有时需要将数据格式化为带千位分隔符的数据。那么,处理后的数据将不再是浮点型而是对象型。

【例 5-26】　对"电器销售数据.xlsx"中的"北京总公司"这一列设置千位分隔符。

```
import numpy as np
import pandas as pd
df = pd.read_excel(r".\电器销售数据.xlsx",sheet_name='Sheet2')
df_new = df.iloc[:,:2]
#解决数据输出时列名不对齐的问题
pd.set_option('display.unicode.ambiguous_as_wide',True)
pd.set_option('display.unicode.east_asian_width', True)
df_new['千位分隔符'] = df_new['北京总公司'].apply(lambda x: format(int(x),','))
print(df_new)
```

运行结果:

	商品类别	北京总公司	千位分隔符
0	计算机	2174224.6	2,174,224
1	电视	596919.0	596,919
2	空调	637664.0	637,664
3	冰箱	289490.0	289,490
4	热水器	216593.0	216,593
5	洗衣机	183807.0	183,807
6	合计	4098697.6	4,098,697

5.4　数据保存操作

处理好的数据,有时需要将其进行保存,数据可以保存为多种形式。

5.4.1　数据保存为 CSV 文件

任何原始格式的数据载入 DataFrame 后,都可以使用类似 DataFrame.to_csv()的方法输出到相应格式的文件或者目标系统里。

Pandas 中提供 to_csv()方法,功能是将数据写入 CSV 文件中,其语法格式如下。

```
to_csv(path_or_buf=None, sep=',', na_rep='', float_format=None, columns=None,
header=True, index=True, index_label=None, mode='w', …)
```

参数说明如下。

- path_or_buf:文件路径。
- index:布尔值,默认为 True。若设为 False,则将不会显示索引。
- sep:分隔符,默认用","隔开。

可以使用 sep 参数指定分隔符,columns 传入一个序列指定列名,编码用 encoding 传入。如果不需要表头,可以将 header 设为 False。如果文件较大,可以使用 compression 进行压缩。

如果指定的路径下文件不存在,则会新建一个文件来保存数据;如果文件已经存在,则会将文件中的内容进行覆盖。

【例 5-27】 DataFrame 对象中的数据写入 CSV 文件中。

```
import pandas as pd
df = pd.DataFrame({'one':[1,4,7] , 'two':[2,5,8] , 'three':[3,6,9]})
#将 df 对象写入 csv 格式的文件中
df.to_csv(r'./data.csv',index=False)              #index=False 表示不需要索引
print('写入完毕')
```

上述示例中,创建了一个 3 行 3 列的 df 对象,然后通过 to_csv()方法将 df 对象中的数据写入到当前路径下。为了提示程序执行结束,可以在末尾打印一句话"写入完毕",提示程序是否执行完成。

代码执行成功后,会在当前路径下生成一个名为"data.csv"的文件。

5.4.2 数据保存为 Excel 文件

将 DataFrame 导出为 Excel 格式也很方便,使用 DataFrame.to_excel()方法即可。要想把 DataFrame 对象导出,首先要指定一个文件名,这个文件名必须以.xlsx 或.xls 为扩展名,生成的文件标签名也可以用 sheet_name 指定。

将文件存储为 Excel 文件,可以使用 to_excel()方法。其语法格式如下。

```
to_excel(excel_writer,sheet_name='Sheet1',na_rep='',
float_format=None, columns=None, header=True, index=True, …)
```

参数说明如下。

- excel_writer:表示读取的文件路径。
- sheet_name:表示工作表的名称,默认为"Sheet1"。
- na_rep:表示缺失数据。
- index:表示是否写行索引,默认为 True。

【例 5-28】 将 DataFrame 对象写入 Excel 工作表。

```
import  pandas as pd
df = pd.DataFrame({'onee':[1,4,7] , 'two':[2,5,8] , 'three':[3,6,9]})
#将 df 对象写入 csv 格式的文件中
df.to_excel(r'./test.xlsx',index=False)
print('写入完毕')
```

为了提示程序执行结束,可以在末尾打印一句话"写入完毕",提示程序是否执行完成。

代码执行成功后,会在当前路径下生成一个名为"test.xlsx"的文件。

值得一提的是,如果写入的文件不存在,则系统会自动创建一个文件,反之则会将原文中的内容进行覆盖。

to_excel()方法与 to_csv()方法的常用参数基本一致,区别之处在于 to_excel()方法指定存储文件的文件路径参数名称为 excel_writer,并且没有 sep 参数,增加了一个 sheetnames 参数用来指定存储的 Excel Sheet 的名称,默认为 sheet1。

5.4.3 数据保存为 JSON 格式文件

经常要把分析好的数据以 JSON 格式返回,DataFrame 返回 JSON 的方法为 to_json()。

to_json()方法的语法格式如下。

```
to_json(path_or_buf=path_or_buf, obj=self, orient=orient,
                    date_format=date_format,
                    double_precision=double_precision,
                    force_ascii=force_ascii, date_unit=date_unit,
                    default_handler=default_handler,
                    lines=lines, compression=compression,
                    index=index)
```

to_json()方法会接收一系列的参数,对要返回的 JSON 数据进行处理。

参数说明如下。

- path_or_buf:文件保存路径或者 None,如果为 None 时,默认返回 JSON 字符串,或者保存 JSON 到指定的路径文件。
- orient:指定生成 JSON 的 key,当为 Series 时默认取值为 index ,可取值为 split,records,index;当为 DataFrame 时默认取值为 columns,可取值为 split,records,index,columns,values,table,其中不同的参数,JSON 的格式也不一样。

  split:JSON 格式为 {index —> [index], columns —>[columns], data —>[values]}。

  records:JSON 格式为列表,形如 [{column —>value},…,{column —>value}]。

  index:JSON 格式为字典,形如{index —>{column —>value}}。

  columns:JSON 格式为字典,形如{column —>{index —>value}}。

  values:值为 JSON 数组。

  table:格式为数据库表格式。
- date_format:字符串,日期转换类型,'epoch' 为时间戳,'iso' 为 ISO8601。
- double_precision:编码浮点值时使用的小数位数,默认为 10。
- force_ascii:强制编码字符串为 ASCII,默认为 True。
- date_unit:编码到的时间单位,控制时间戳和 ISO8601 精度。's'、'ms'、'us' 或 'ns' 之一分别表示秒、毫秒、微秒和纳秒。默认为“毫秒”。
- default_handler:如果对象无法以其他方式转换为适合 JSON 的格式,则调用的处理程序。接收一个参数,即要转换的对象,并返回一个可序列化的对象。
- lines:如果 records 是 orient,那么将每行的每条记录写成 JSON。

【例 5-29】　Pandas 使用 pd.to_json()实现将 DataFrame 数据存储为 JSON 文件。

```
import pandas as pd
#1.生成数据,字典形式
data = {'sno':['201101002','201102001'],'sname':['Marry','Strong'],'ssex':['F',
'M'],'sage':[18,19]}
#2.将数据转为 DataFrame 形式
df = pd.DataFrame(data)
#3.写入 JSON 文件
df.to_json(r'./json_data.json')
```

运行结果:

```
在当前目录下的"json_data.json"写入如下内容:
{"sno":{"0":"201101002","1":"201102001"},"sname":{"0":"Marry","1":"Strong"},
"ssex":{"0":"F","1":"M"},"sage":{"0":18,"1":19}}
```

5.4.4　数据保存为 HTML 文件

DataFrame.to_html()会将 DataFrame 中的数据组装在 HTML 代码的＜table＞标签中,输入一个字符串,这部分 HTML 代码可以放在网页中进行展示,也可以作为邮件正文。

【例 5-30】　将 DataFrame 中的数据转换为 HTML 代码的＜table＞标签中。

```
import pandas as pd
#1.生成数据,字典形式
data = {'sno':['202101002','202102001'],'sname':['Marry','Strong'],'ssex':
['F','M'],'sage':[18,19]}
#2.将数据转为 DataFrame 形式
df = pd.DataFrame(data)
#3.写入 HTML 文件
df.to_html('./data.html')
```

运行结果:在当前目录下的 data.html 中写入 df 数据,并生成 HTML 文件。

5.4.5　数据保存到 MySQL 数据库

将 DataFrame 中的数据保存到数据库的对应表中。

to_sql()方法的功能是将 Series 或 DataFrame 对象以数据表的形式写入到数据库中,其语法格式如下。

```
to_sql(name,con,schema = None,if_exists = 'fail',index = True,index_label =
None,chunksize = None,dtype = None )
```

参数说明所示。

- name:表示数据库表的名称。
- con:表示数据库的连接信息。
- if_exists:可以取值为 fail、replace 或 ap pend,默认为 fail。每个取值代表的含义如下。

  fail:如果表存在,则不执行写入操作。

  replace:如果表存在,则将源数据库表删除再重新创建。

  append:如果表存在,那么在原数据库表的基础上追加数据。
- index:表示是否将 DataFrame 行索引引作为数据传入数据库,默认为 True。
- index_label:表示是否引用索引名称。如果 index 设为 True,此参数为 None,则使用默认名称;如果 index 为层次化索引,则必须使用序列类型。

【例 5-31】　将学生信息写入 class_info,并从数据表中读取,并显示。

首先,创建一个名称为 jxgl 的数据库,具体的 SQL 语句如下。

```
CREATE DATABASE jxgl_info CHARASET=utf8
```

然后,创建一个 DataFrame 对象,它统计了每个年级中男生和女生的人数。

接着,调用 to_sql()方法将 DataFrame 对象写入名称为 class_info 的数据表中。

```
import pandas as pd
from sqlalchemy import create_engine
df = pd.DataFrame({"班级":["大数据 201801","大数据 201901","大数据 202101","大数据
202201"],
                    "男生人数":[25,23,27,30],
                    "女生人数":[19,17,20,20]})
```

```
#创建数据库引擎
#mysql+pymysql 表示使用 MySQL 数据库的 pymysql 驱动
#账号:root,密码:123456,数据库名:jxgl
#数据表的名称:class_info
engine = create_engine('mysql+pymysql://'
                'root:123456@127.0.0.1:3306/jxgl')
df.to_sql('class_info',engine)
#通过数据表名读取数据库的数据
df_data = pd.read_sql('class_info', engine)
print(df_data)
```

运行结果如下。

	index	班级	男生人数	女生人数
0	0	大数据 201801	25	19
1	1	大数据 201901	23	17
2	2	大数据 202101	27	20
3	3	大数据 202201	30	20

注意：在使用 to_sql( )方法写入数据库时,如果写入的数据表名与数据库中其他的数据表名相同时,则会返回该数据表已存在的错误。

小　　结

本章首先介绍了使用 pandas 库获取和保存 CSV、TXT、Excel、JSON 文件、HTML 表格及 MySQL 数据库中的数据方法,然后介绍了数据清理相关的内容,包括数据清理概述、缺失值的检测与处理、重复值的检测与处理、异常值的检测与处理等,并对预处理后的数据格式化处理。

数据预处理是数据分析中必不可少的环节,希望读者要多加练习,并能够在实际场景中选择合理的方式对数据进行预处理操作。

思考与练习

1. 数据获取的操作有哪些方法?
2. 请简述常见的数据清洗操作中常见的数据问题。
3. 数据清洗处理都有哪些操作方法?
4. 请简述如何设置数据的小数位数、百分比和千位分隔符。

第6章

Pandas 数据形式变化

在数据分析中,数据形式变化是常见的操作。通过数据形式的变化,整合多渠道的数据、转换数据的形式或筛选与目标有关的数据,以符合分析或挖掘的需求,使我们能够洞察数据表达的现实意义。本章将针对数据集成、数据变换、数据重塑和数据分组与聚合的相关操作进行详细的介绍。

6.1 数据集成与合并

6.1.1 数据集成概述

数据集成(Data Integration)是一个数据整合的过程。通过综合各数据源,将拥有不同结构、不同属性的数据整合归纳在一起,即将不同来源的数据整合在一个数据源中的过程。

由于不同的数据源定义属性时命名规则不同,存入的数据格式、取值方式、单位都会有不同。因此,即便两个值代表的业务意义相同,也不代表存在数据库中的值就是相同的。因此需要在数据入库前进行集成,去冗余,保证数据质量。

数据集成的本质是整合数据源,因此多个数据源中字段的语义差异、结构差异、字段间的关联关系,以及数据的冗余重复,都会是数据集成面临的问题。

数据集成时,经常会面临如下问题。

1. 实体识别

实体识别指从不同数据源中识别出现实世界的实体,主要用于统一不同数据源的矛盾之处,常见的矛盾包括同名异义、异名同义、单位不统一等。在整合数据源的过程中,很可能出现这些情况。

(1)同名异义。两个数据源中都有一个字段名称为"Payment",但其实一个数据源中记录的是税前的薪水,另一个数据源中记录的是税后的薪水。

(2)异名同义。两个数据源都有字段记录税前的薪水,但是一个数据源中字段名称为"Payment",另一个数据源中字段名称为"Salary"。

上面这两种情况是在数据集成中常发生的,造成这个问题的原因在于现实生活中语义的多样性以及公司数据命名的不规范。为了更好地解决这种问题,一般需要在数据集成前进行业务调研,确认每个字段的实际意义,不要被不规范的命名误导。其次,可以整理一张专门用来记录字段命名规则的表格,使字段、表名、数据库名均能自动生成,并统一命名。一旦发生新的规则,还能对规则表实时更新。

2. 属性结构问题

数据结构问题的产生是数据集成中几乎必然会产生的。在整合多个数据源时,这样的问题就是数据结构问题。

（1）字段名称不同。例如，同样是存储员工薪水，一个数据源中字段名称为"Salary"，另一个数据源中字段名为"Payment"。

（2）字段数据类型不同。例如，同样是存储员工薪水的 Payment 字段，一个数据源中存为 INT 型，另一个数据源中存为 CHAR 型。

（3）字段数据格式不同。例如，同样是存储员工薪水的 Payment 数值型字段，一个数据源中使用逗号分隔，另一个数据源中用科学记数法。

（4）字段单位不同。例如，同样是存储员工薪水的 Payment 数值型字段，一个数据源中单位是人民币，另一个数据源中单位是美元。

（5）字段取值范围不同。例如，同样是存储员工薪水的 Payment 数值型字段，一个数据源中允许空值、NULL 值，另一个数据源中不允许。

上面这些问题都会对数据集成的效率造成影响。一般需要在数据集成的过程中尽量明确数据字段结构，可以从业务上确定字段的基本属性。在后续进行数据集成时，可以通过对数据格式进行约束，从而避免因格式不同对集成带来的困扰。

3. 属性冗余问题

属性的冗余一般源自于属性之间存在强相关性或者几个属性间可以相互推导得到。

通过检测字段的相关性，可以侦察到数据冗余。例如，分类型数据可以采取卡方检验；数值型数据可以采用相关系数、协方差分析，因为相关系数与协方差矩阵都是衡量属性之间相关性的指标。

4. 数据重复问题

检查数据记录的重复一般需要通过表的主键定。因为主键能够确定唯一记录，其有可能是一个字段，也有可能是几个字段的组合。表设计时，一般会设定主键。但也有实际情况中表是没有设计的。在这种情况下，最好能够对表进行优化，过滤重复数据。

一般来说，应会在数据结构中尽量调研每个表的主键。没有主键，就通过调研定义主键，或者对表进行拆分或整合。重复数据入库，不仅会给日后表关联造成极大的影响，也会影响数据分析与挖掘的效果，应尽量避免。

5. 数据冲突问题

数据冲突就是两个数据源，同样的数据，但是取值记录不一样。造成这种情况的原因，除了有人工误入，还有可能是因为货币计量的方法不同、汇率不同、税收水平不同、评分体系不同等原因。

对待数据冲突问题，就需要对实际的业务知识有一定的理解。同时，对数据进行调研，尽量明确造成冲突的原因。如果数据的冲突实在无法避免，就要考虑冲突数据是否都要保留、是否要进行取舍、如何取舍等问题了。

Pandas 中内置了许多能轻松地合并数据的函数与方法，通过这些函数与方法，可以将 Series 类对象或 DataFrame 类对象进行符合各种逻辑关系的合并操作，合并后生成一个整合的 Series 或 DataFrame 类对象。

Pandas 在合并数据集时，常见的操作包括轴向堆叠数据、主键合并数据、根据行索引合并数据和合并重叠数据，这些操作各有各的特点。接下来，本节将针对数据合并的常见操作进行介绍。

6.1.2 主键合并数据

主键(公共列)合并类似于关系型数据库的连接方式,它是指根据一个或多个键将不同的 DataFrame 对象连接、合并起来,大多数是将两个 DataFrame 对象中重叠的列索引作为合并的键。

Pandas 中提供了用于主键合并的 merge() 函数,其语法格式如下。

```
pandas.merge(left, right, how='inner', on=None, left_on=None,
right_on=None, left_index=False, right_index=False, sort=False,
suffixes=('_x', '_y'), copy=True, indicator=False, validate=None)
```

参数说明如下。

- left:参与合并的左侧 Series 或 DataFrame 类对象。
- right:参与合并的右侧 Series 或 DataFrame 类对象。
- how:表示连接方式,默认为 inner,该参数支持以下取值。

  left:使用左侧的 DataFrame 的键,类似 SQL 的左外连接,左边表中所有内容都会保留。

  right:使用右侧的 DataFrame 的键,类似 SQL 的右外连接,右表全部保留。

  outer:使用两个 DataFrame 所有的键,类似 SQL 的全连接,左右表全部保留。关联不上的内容为 NaN。

  inner:使用两个 DataFrame 键的交集,类似 SQL 的内连接,保留左右表的共同内容。

- on:用于连接的列名。必须存在于左右两个 DataFrame 对象中。如果在合并数据时需要用多个连接键,可以以列表的形式将这些连接键传入 on 中。
- left_on:以左侧 DataFrame 作为连接键。
- right_on:以右侧 DataFrame 作为连接键。
- left_index:左侧的行索引用作连接键。
- right_index:右侧的行索引用作连接键。
- sort:是否排序,接收布尔值,默认为 False。
- suffixes:用于追加到重叠列名的末尾,默认为(_x,_y)。
- indicator:显示连接方式,能够显示数据连接后是左表内容还是右表内容。

在使用 merge() 函数进行合并时,默认会使用重叠的列索引作为合并键,并采用内连接方式合并数据,即取行索引重叠的部分。

【例 6-1】 根据订单数据表 order.xlsx,统计每种商品的订购总数量,然后再将统计结果中的记录与 goods.csv 中的记录进行连接查询,以便能够同时查看每种商品的订购信息和商品的详细信息。

```
import pandas as pd
pd.set_option('display.unicode.east_asian_width',True)
                                    #解决数据输出时列名与数据不对齐的问题
df = pd.read_excel(r'./order.xlsx')
df_sum = df.groupby('商品名称').agg({'数量': 'sum'}).reset_index()
df_sum.columns = ['商品名称', '订购总数量']
print("商品订购总量:\n",df_sum)
df_goods = pd.read_csv(r'./goods.csv',encoding='gbk')
```

```
print("商品信息:\n",df_goods)
new_df = pd.merge(df_sum,df_goods,on='商品名称')
print("商品订购总量与商品详细信息:\n",new_df)
```

运行结果:

```
商品订购总量:
      商品名称  订购总数量
0     T恤      1460
1     休闲鞋     598
2     卫衣      872
3     围巾      1019
4     运动服     633
商品信息:
      商品名称   进价   产地   库存   销售价
0     围巾     15   江苏   50    21.6
1     运动服    130  北京   20    210.0
2     T恤     38   上海   125   65.8
3     卫衣     90   广东   62    126.5
4     休闲鞋    110  广东   210   162.0
5     运动鞋    152  福建   48    237.0
6     太阳帽    11   浙江   10    22.0
商品订购总量与商品详细信息:
      商品名称  订购总数量   进价   产地   库存   销售价
0     T恤     1460      38   上海   125   65.8
1     休闲鞋    598       110  广东   210   162.0
2     卫衣     872       90   广东   62    126.5
3     围巾     1019      15   江苏   50    21.6
4     运动服    633       130  北京   20    210.0
```

6.1.3　轴向堆叠合并数据

如果要合并的 DataFrame 之间没有连接键,就无法使用 merge()方法,可以使用 Pandas 中的 concat()方法。

concat()方法是专门用于数据连接合并的方法,它可以沿着行或者列进行操作,同时可以指定非合并轴的合并方式(如合集、交集等)。默认情况下会按行的方向堆叠数据;如果在列向上连接,设置 axis=1 即可。

concat()方法可以沿着一条轴将多个对象进行堆叠,其使用方式类似数据库中的数据表合并,该函数的语法格式如下。

```
concat(objs,axis=0,join='outer',join_axes=None,ignore_index=False,keys=
None,levels=None,names=None,verify_integerity=False,…)
```

参数说明如下。

- axis:表示连接的轴向,可以为 0 或 1,默认为 0。
- join:表示合并的方式,可以取值为'inner'或'outer'(默认值),其中,'inner'表示内连接,即合并结果为多个对象重叠部分的索引及数据,没有数据的位置填充为 NaN;'outer'表示外连接,即合并结果为多个对象各自的索引及数据,没有数据的位置填充为 NaN。
- ignore_index:是否忽略索引,可以取值为 True 或 False(默认值)。若设为 True,则会在清除结果对象的现有索引后生成一组新的索引。

- keys：接收序列，表示添加最外层索引。
- levels：用于构建 MultiIndex 的特定级别（唯一值）。
- names：在设置了 keys 和 level 参数后，用于创建分层级别的名称。
- verify_integerity：是否检测内容重复。接收布尔值，当设置为 True 时，如果合并的数据与原数据包含索引相同的行，将会抛出错误，默认为 False。

如果要将多个 DataFrame 按列拼接在一起，可以传入 axis=1 参数，这会将不同的数据追加到列的后面，索引无法对应的位置上将值填充为 NaN。

根据轴方向的不同（axis 参数），可以将堆分成横向堆叠与纵向堆叠，默认采用的是纵向堆叠方式，如图 6-1 所示。

在堆叠数据时，默认采用的是外连接（join 参数设为 outer）的方式，当然也可以通过 join=inner 设置为内连接的方式，此方式可以实现合并交集。图 6-2 是两种连接方式的示意图。

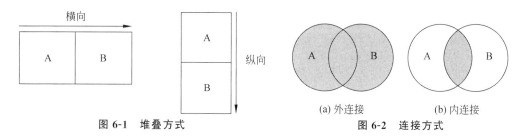

图 6-1　堆叠方式　　　　　　图 6-2　连接方式

图 6-2 中，A 和 B 分别表示两个数据集。当 A 与 B 采用外连接的方式合并时，所得的结果为索引并集部分的数据，数据不足的地方使用 NaN 补齐即可；当 A 与 B 采用内连接的方式合并时，则所得的结果仅为索引交集（重叠）部分的数据。

【例 6-2】　合并两份订单记录（order_1.xlsx 和 order_2.xlsx），按新 DataFrame 重新组织索引，并保存合并后的数据（order.xlsx）。

```
df_1 = pd.read_excel(r'./order_1.xlsx')
df_2 = pd.read_excel(r'./order_2.xlsx')
print(df_1.shape)
print(df_2.shape)
df = pd.concat([df_1, df_2], ignore_index=True)
print(df.shape)
df.to_excel(r'./order.xlsx', index=False)
```

运行结果：

```
(150, 7)
(165, 7)
(315, 7)
```

6.1.4　合并重叠数据

当两组数据的索引完全重合或部分重合，且数据中存在缺失值时，可以采用合并重叠的方式组合数据。合并重叠数据是一种并不常见的操作，它主要将一组数据的空值填充为另一组数据中对应位置的值。

1. 利用 combine_first() 方法更新相同位置的元素值

如果需要合并的两个 DataFrame 存在重叠索引,则使用 merge() 和 concat() 方法都无法正确合并,此时需要使用 combine_first() 方法。该方法的作用是用方法参数对象中的数据为函数调用对象的缺失数据"打补丁",即填充方法调用对象中的数据缺失值。

combine_first() 方法通常用于相同位置的值更新空元素,只有在被补充的 DataFrame 数据中有空元素时才能够替换值。如果数据结构不一致,所得 DataFrame 的行索引和列索引将是两者的并集。

combine_first() 方法的语法格式如下。

```
combine_first(other)
```

参数说明如下。

other 参数:表示填充空值的 Series 类或 DataFrame 类对象,该参数用于接收填充缺失值的 DataFrame 对象。

【例 6-3】 实现合并重叠数据的过程,即使用 right 表的数据替换 left 表的缺失数据。

```
import pandas as pd
import numpy as np
from numpy import NAN
#解决数据输出时列名不对齐问题
pd.set_option('display.unicode.east_asian_width',True)
left = pd.DataFrame({'学时': [np.nan, '16', '64', '56'],
                     '学分': [np.nan, '1', np.nan, '3.5'],
                     '课程号': ['C01', 'C02', 'C03', 'C04']})
print("left表:\n",left)
right = pd.DataFrame({'学时': ['32', '48','64'],
                      '学分': ['2', '3', '4']},
                      index=[1,0,2])
print("right表:\n",right)
#用 right 的数据填充 left 缺失的部分
df = left.combine_first(right)
print("合并重叠数据:\n",df)
```

运行结果:

```
left 表:
    学时   学分   课程号
0   NaN   NaN    C01
1   16    1      C02
2   64    NaN    C03
3   56    3.5    C04
right 表:
    学时   学分
1   32    2
0   48    3
2   64    4
合并重叠数据:
    学分   学时   课程号
0   3     48     C01
1   1     16     C02
```

```
2   4   64   C03
3   3.5 56   C04
```

需要强调的是,使用 combine_first()方法合并两个 DataFrame 对象时,必须确保它们的行索引和列索引有重叠的部分。

2. 利用 combine()方法通过计算实现逐元素方式合并列

df.combine()方法可以与另一个 DataFrame 进行按列组合。使用函数通过计算将一个 DataFrame 与其他 DataFrame 合并,以逐元素方式合并列。所得 DataFrame 的行索引和列索引将是两者的并集。这个函数中有两个参数,分别是两个 df 中对应的 Series,计算后返回一个 Series 或者标量。

```
df.combine(other: 'DataFrame', func, fill_value=None, overwrite=True)
```

参数说明如下。

- other:DataFrame,要按列合并的 DataFrame。
- func:将两个系列作为输入并返回一个 Series 或一个标量的函数,用于逐列合并两个数据帧。
- fill_value:标量值,默认为 None;在将任何列传递给合并函数之前填充 NaN 的值。
- overwrite:boolean,默认为 True;如果为 True,则 self 中不存在于 other 中的列将被 NaN 覆盖。

【例 6-4】 combine()方法实现 combine_first()方法的逻辑。

```
import pandas as pd
df = pd.DataFrame(
    {"A": ["001", None, "003", None, "005"],
     "B": ["1", "2", "3", "4", "5"]})
df["A"] = df["A"].combine(df["B"], lambda a, b: a if pd.notna(a) else b)
print(df)
```

运行结果:

```
      A  B
0   001  1
1     2  2
2   003  3
3     4  4
4   005  5
```

3. 利用 update()方法对 DataFrame 中非 NaN 值进行修改

如果用一个 DataFrame 的值对另一个 DataFrame 中的非 NaN 值进行修改,可以使用 df.update()方法实现。若同一位置都是非 NaN 值时引发 ValueError。

update()方法的语法格式如下。

```
df.update(other, join='left', overwrite=True, filter_func=None, raise_conflict
=False)
```

参数说明如下。

- other:DataFrame,至少有一个匹配的索引/列标签;Series 必设 name 属性。
- join:{'left'}仅实现左连接,保留原始对象的索引和列。

- overwrite ＝ True：处理重叠键（行索引）非 NaN 值。True 表示覆盖原始 df 值，False 表示仅更新原始 df 中 NaN 的值。
- filter_func：callable(1d-array)→boolean 1d-array，可替换 NaN 以外值。返回 True 表示值应该更新。函数参数作用于 df。
- raise_conflict＝False：为 True 时，则会在 df 和 other 同一位置都是非 NaN 值时引发 ValueError。

【例 6-5】 利用 update()方法合并更新数据。

```
import pandas as pd
import numpy as np
df = pd.DataFrame({'A': [11, 12, 13],'B': [14, 15, 16]})
new_df = pd.DataFrame({'B': [24, np.nan, 26]})
print("缺失值更新后 new_df:\n",new_df)
df = pd.DataFrame({'A': [11, 12, 13],'B': [14, 15, 16]})
new_df = pd.DataFrame({'B': [21, 22,23],'C': [24, 25, 26]})
df.update(new_df,filter_func=lambda  s:s>=15)
print("过滤函数 df>=15 的值被替代处理后 df:\n",df)
```

运行结果：

```
缺失值更新后 new_df:
        B
0  24.0
1   NaN
2  26.0
过滤函数 df>=15 的值被替代处理后 df:
    A   B
0  11  14
1  12  22
2  13  23
```

6.1.5　根据行索引合并数据

join()方法能够通过索引或指定列来连接 DataFrame，其语法格式如下。

```
join(other,on = None,how = 'left',lsuffix = '',rsuffix = '',sort = False)
```

参数说明如下。

- on：用于连接列名。
- how：可以从{"left","right", "outer", "inner"}中任选一个，默认使用左连接的方式。
- lsuffix：接收字符串，用于在左侧重叠的列名后添加后缀名。
- rsuffix：接收字符串，用于在右侧重叠的列名后添加后缀名。
- sort：接收布尔值，根据连接键对合并的数据进行排序，默认为 False。

在 6.1.2 节中提到，当两张表中没有重叠的索引，可以设置 merge()方法的 left_index 和 right_index 参数，而对 join()方法来说只需要将表名作为参数传入即可。

join()方法默认使用左连接方式，即以左表为基准，join()方法进行合并后左表的数据会全部展示。如果 left 表与 right 表中没有重叠的索引，当使用左连接合并时，right 表中的数据将不会展示出来，为了将 right 表中的数据展示出来，可以将连接方式设置为外连接方式。

【例 6-6】 使用左连接方式实现数据合并。

```python
import pandas as pd
left = pd.DataFrame({'A': ['A0', 'A1', 'A2'],
                     'B': ['B0', 'B1', 'B2']})
right = pd.DataFrame({'C': ['C0', 'C1', 'C2'],
                      'D': ['D0', 'D1', 'D2']},
                     index=['a','b','c'])
df = left.join(right, how='outer')
print(df)
```

运行结果：

```
     A    B    C    D
0   A0   B0  NaN  NaN
1   A1   B1  NaN  NaN
2   A2   B2  NaN  NaN
a  NaN  NaN   C0   D0
b  NaN  NaN   C1   D1
c  NaN  NaN   C2   D2
```

上述代码中，首先创建了两个 DataFrame 类对象 left 与 right，然后使用 join()方法将 left 对象与 right 对象进行合并，然后再使用 how 参数指定连接的方式，合并后缺失的数据使用 NaN 填充。

假设两个表中行索引与列索引重叠，那么当使用 join()方法进行合并时，使用参数 on 指定重叠的列名即可。

【例 6-7】 两个表中行索引与列索引重叠，指定重叠列名实现数据合并。

```python
import pandas as pd
left = pd.DataFrame({'A': ['A0', 'A1', 'A2'],
                     'B': ['B0', 'B1', 'B2'],
                     'key': ['K0', 'K1', 'K2']})
right = pd.DataFrame({'C': ['C0', 'C1','C2'],
                      'D': ['D0', 'D1','D2']},
                     index=['K0', 'K1','K2'])
#on 参数指定连接的列名
df = left.join(right, how='left', on='key')
print(df)
```

运行结果：

```
     A    B  key   C    D
0   A0   B0   K0  C0   D0
1   A1   B1   K1  C1   D1
2   A2   B2   K2  C2   D2
```

在上述示例中，首先创建了两个 DataFrame 类型的 left 对象与 right 对象，然后在 join()方法中设置连接方式与连接的列名。

6.1.6 数据追加

当从数据库或后台系统的页面中导出数据时，由于单次操作数据量太大，会相当耗时，也容易超时失败，这时可以分多次导出，然后再进行合并。df.append()方法可以将其他

DataFrame 附加到调用方的末尾，并返回一个新对象。它是最简单、最常用的数据合并方式。

df.append()方法的基本语法如下。

```
df.append(other, ignore_index=False, verify_integrity=False, sort=False)
```

参数说明如下。

- other：调用方要追加的其他 DataFrame 或者类似序列内容。可以放入一个由 DataFrame 组成的列表，将所有 DataFrame 追加起来。
- ignore_index：如果为 True，则重新进行自然索引。
- verify_integrity：如果为 True，则遇到重复索引内容时报错。
- sort：进行排序。

如果数据的字段相同，直接使用第一个 DataFrame 的 append()方法，传入第二个 DataFrame。如果需要追加多个 DataFrame，可以将它们组成一个列表再传入。

对于不同结构的追加，一方有而另一方没有的列会增加，没有内容的位置用 NaN 填充。追加操作索引默认为原数据的，不会改变，如果需要忽略，可以传入 ignore_index = True。

重复内容默认是可以追加的，如果传入 verify_integrity = True 参数和值，则会检测追加内容是否重复，如有重复会报错。

append()方法除了追加 DataFrame 外，还可以追加一个 Series，经常用于数据添加更新场景。

【例 6-8】 利用 append()方法追加一行数据。

```python
import pandas as pd
df = pd.DataFrame([['liver', 'E', 89, 21, 24, 64],
                   ['Arry', 'C', 36, 37, 37, 57],
                   ['Strong', 'A', 57, 60, 18, 84]
                   ],columns=['name', 'team', 'No1', 'No2', 'No3', 'No4'])
#定义新同学的信息
lily = pd.Series(['lily', 'C', 55, 56, 57, 58],
                 index=['name', 'team', 'No1', 'No2', 'No3', 'No4'])
#追加
new_df = df.append(lily, ignore_index=True)
print(new_df)
```

运行结果：

```
     name    team   No1   No2   No3   No4
0    liver   E      89    21    24    64
1    Arry    C      36    37    37    57
2    Strong  A      57    60    18    84
3    lily    C      55    56    57    58
```

df.append()方法可以轻松实现数据的追加和拼接。如果列名相同，会追加一行到数据后面；如果列名不同，会将新的列添加到原数据。

6.2　数 据 变 换

在对数据进行分析或挖掘之前，一份完整的数据，数据上虽然没有缺失值，但是有一些数据并不是用户需要的形式，有时数据必须满足一定的条件，如方差分析时要求数据具有正态性、方差齐性、独立性、无偏性,需进行诸如平方根、对数、平方根反正弦操作,实现从一种形式到另一种"适当"形式的变换,以适用于分析或挖掘的需求,这一过程就是数据变换。

数据变换主要是从数据中找到特征表示,通过一些转换方法减少有效变量的数目或找到数据的不变式,即将数据转换成适当形式的过程,以降低数据的复杂度。

不同特征之间往往具有不同的量纲,由此造成数值之间的差异。为了消除特征之间量纲和取值范围的差异可能会造成的影响,需要对数据进行标准化处理。数据变换的方法有:数据类型转换、数据标准化处理(Z-score 标准化)和数据归一化处理(Min-Max 标准化)。其中,数据归一化会将所有的数据约束到[0,1]范围内。

接下来,本节将针对数据转换的常见操作进行详细的讲解。

6.2.1 数据标准化变换

对数据进行分析之前,通常需要先将数据标准化,利用标准化后的数据进行数据分析。数据标准化是一种将整列数据约束在某个范围内的方法,经过标准化处理,原始数据均转换为无量纲化指标测评值,即将数据按照一定的比例缩放,使之投射到一个比较小的特定区间,从而各指标值都处于同一个数量级别上,可以进行综合测评分析。

例如,通过身高、体重去分析一个人的身材,假设身高的衡量标准为"米",体重的衡量标准为"千克",由于二者数量级的差异,会导致判断胖瘦的标准发生改变,导致体重一项具有更大的影响力,但是根据经验可以知道,一个人身材的胖瘦是由身高和体重共同决定的,对于这样的数据而言,给计算机使用就要进行数据标准化。

数据标准化处理的目的在于避免数据量级对模型的训练造成影响。数据标准化处理主要包括以下 3 种常用的方法。

1. 均值标准化数据

均值标准化又称为标准差标准化,通过该方法处理的新数据中均值为 0,标准差为 1。

数据标准化公式如下。

$$x_i = (x_i - \mu)/\delta$$

式中,μ 是均值,δ 是标准差。

【例 6-9】 数据的标准差标准化。

```
import pandas as pd
def StandardScale(data):
    data = (data-data.mean())/data.std()
    return data

df = pd.DataFrame({'height':[1.75,1.8,1.68,1.85,1.7],'weight':[80,82,75,85,70]})
print("原始数据为:\n",df)
h_scale = StandardScale(df['height'])
w_scale = StandardScale(df['weight'])
df['h_scale'] = h_scale
df['w_scale'] = w_scale
print("标准化后矩阵为:\n",df)
```

运行结果:

原始数据为:

```
     height  weight
0    1.75    80
1    1.80    82
2    1.68    75
3    1.85    85
4    1.70    70
标准化后矩阵为:
     height  weight   h_scale    w_scale
0    1.75    80  -0.085453   0.269298
1    1.80    82   0.626656   0.605920
2    1.68    75  -1.082406  -0.572258
3    1.85    85   1.338765   1.110853
4    1.70    70  -0.797562  -1.413813
```

2. 最小-最大标准化（数据归一化）

最小-最大标准化又称为离差标准化,主要对数据进行线性变换,使其范围变为[0,1]。

和数据标准化一样,不同评价指标往往具有不同的量纲和量纲单位,这样的情况会影响数据分析的结果.为了消除指标之间的量纲影响,需要对数据进行处理,但是通过上一小节中的结果可以看到,有一些数据经过标准化后出现了负值,而有时负数会影响用户的数据质量,本节讲述不会产生负数的标准化方法。

数据归一化会将所有的数据约束到[0,1]范围内,是对原始数据所做的一种线性变换,将原始数据的数值映射到[0,1]。

转换公式如下。

$$x_1 = (x - \min)/(\max - \min)$$

【例 6-10】 数据的离差标准化。

```python
import pandas as pd
def MinMaxScale(data):
    data = (data-data.min())/(data.max()-data.min())
    return data
df = pd.DataFrame({'height':[1.75,1.8,1.68,1.85,1.7],'weight':[80,82,75,85,70]})
print("原始数据为:\n",df)
h_scale = MinMaxScale(df['height'])
w_scale = MinMaxScale(df['weight'])
df['h_scale'] = h_scale
df['w_scale'] = w_scale
print("数据归一化后矩阵为:\n",df)
```

运行结果:

```
原始数据为:
     height  weight
0    1.75    80
1    1.80    82
2    1.68    75
3    1.85    85
4    1.70    70
数据归一化后矩阵为:
     height  weight   h_scale   w_scale
0    1.75    80  0.411765  0.666667
1    1.80    82  0.705882  0.800000
```

2	1.68	75	0.000000	0.333333
3	1.85	85	1.000000	1.000000
4	1.70	70	0.117647	0.000000

3. 小数定标标准化

移动数据的小数点,使数据映射到[−1,1]。

6.2.2 数据离散化处理

数据离散化处理一般是在数据的取值范围内设定若干个离散的划分点,将取值范围划分为若干离散化的区间,分别用不同的符号或整数值代表落在每个子区间的数值。将连续型数据转变成离散型数据。例如,成绩取值范围 0~100 被划分为 3 个区间,即[0,59]、[60,84]、[85,100],数值 88 落在[85,100]区间内。

1. 离散化的方法

离散化的方法可以分为两大类,一种是无监督学习的方式,另一种是有监督学习的方式,分段的原则有基于等距离、等频率、聚类或优化的方法。

"监督学习",其训练样本是带有标记信息的,并且监督学习的目的是:对带有标记的数据集进行模型学习,从而便于对新的样本进行分类。

"无监督学习",训练样本的标记信息是未知的,目标是通过对无标记训练样本的学习来揭示数据的内在性质及规律,为进一步的数据分析提供基础。

2. 数据离散化的原因

数据离散化的原因主要体现在以下 4 个方面。

(1)算法需要:如决策树、马尔可夫链、朴素贝叶斯等算法,都是基于离散型的数据展开的。如果要使用该类算法,必须对离散型的数据进行。有效的离散化能减小算法的时间和空间开销,提高系统对样本的分类聚类能力和抗噪声能力。

(2)二值化处理的需要:假设大部分人听歌规律都很一致,会不停地听新的歌曲,但是有一个用户 24h 不停播放同一首歌曲,并且这个歌曲很偏门,导致这首歌的总收听次数特别高。如果将总收听次数来传递给模型,就会误导模型。这时候就需要使用"二值化"。

(3)提高数据处理效率的需要。

(4)提高数据处理准备度的需要。

3. 离散化的优势

实验中很少直接将连续值作为逻辑回归模型的特征输入,而是将连续特征离散化为一系列 0、1 特征交给逻辑回归模型,这样做的优势有以下几点。

(1)离散特征的增加和减少都很容易,易于模型的快速迭代。

(2)稀疏向量内积乘法运算速度快,计算结果方便存储,容易扩展。

(3)离散化后的特征对异常数据有很强的鲁棒性。例如,一个特征是如果年龄>30,则是 1,否则是 0。如果特征没有离散化,一个异常数据"年龄 300 岁"会给模型造成很大的干扰。

(4)逻辑回归属于广义线性模型,表达能力受限;单变量离散化为 N 个后,每个变量有单独的权重,相当于为模型引入了非线性,能够提升模型表达能力,加大拟合。

(5)离散化后可以进行特征交叉,由 $M+N$ 个变量变为 $M \times N$ 个变量,进一步引入非线性,提升表达能力。特征离散化后,模型会更稳定,例如,如果对用户年龄离散化,20～30作为一个区间,不会因为一个用户年龄长了一岁就变成一个完全不同的人。当然,处于区间相邻处的样本会刚好相反,所以如何划分区间是一门学问;特征离散化以后,起到了简化逻辑回归模型的作用,降低了模型过拟合的风险。

4. 常见的七种数据离散化方法

(1) 等距离散法。等距法也称等宽法,这个最容易理解,即将属性值分为具有相同宽度的区间,区间的个数 k 根据实际情况来决定。例如,属性值在[0,60],最小值为 0,最大值为 60,要将其分为 3 等份,则区间被划分为[0,20]、[21,40]、[41,60],每个属性值对应属于它的那个区间。该等距法可以较好地保留数据的完整分布性。

(2) 等频率离散法。根据数据的频率分布进行排序,然后按照频率进行离散,好处是数据将变为均匀分布,但是会更改原有数据的分布状态。简而言之,就是根据数据频率分布去划分数据区间。

(3) K-means 模型离散法。K-means 算法又名 K 均值算法,K-means 算法中的 K 表示的是聚类为 K 个簇,means 代表取每一个聚类中数据值的均值作为该簇的中心,或者称为质心,即用每一个的类的质心对该簇进行描述。

其算法思想大致为:先从样本集中随机选取 K 个样本作为簇中心,并计算所有样本与这 K 个“簇中心”的距离,对于每一个样本,将其划分到与其距离最近的“簇中心”所在的簇中,对于新的簇计算各个簇的新的“簇中心”。

根据以上描述,大致可以猜测到实现 K-means 算法的主要四点如下。

(1) 簇个数 K 的选择。

(2) 各个样本点到“簇中心”的距离。

(3) 根据新划分的簇,更新“簇中心”。

(4) 重复上述(2)、(3)过程,直至“簇中心”没有移动。

“聚类算法”试图将数据集中的样本划分为若干个通常是不相交的子集,每个子集称为一个“簇”,通过这样的划分,每个簇可能对应于一些潜在的概念或类别。

基于聚类的方法,簇的个数要根据聚类算法的实际情况来决定,如对于 K-means 算法,簇的个数可以自己决定,但对于 DBSCAN,则是算法找寻簇的个数。

5. 分位数离散法

利用四分位、五分位、十分位等分位数进行离散。

例如,四分位距,是一种衡量一组数据离散程度的统计量,用 IQR 表示。其值为第一四分位数和第三四分位数的差距。

四分位距的计算公式如下。

$$IQR = Q_3 - Q_1$$

其中,Q_1 为第一四分位数,Q_3 为第三四分位数。

6. 二值化离散法

数据跟阈值比较,如果大于阈值设置为某一固定值(例如 1),如果小于设置则为另一值(例如 0),然后得到一个只拥有两个值域的二值化数据集。

7. 基于卡方分裂的离散法

该分裂算法是把整个属性的取值区间当作一个离散的属性值,然后对该区间进行划分,一般是一分为二,即把一个区间分为两个相邻的区间,每个区间对应一个离散的属性值,该划分可以一直进行下去,直到满足某种停止条件,其关键是划分点的选取。

分裂步骤:

（1）依次计算每个插入点的卡方值,当卡方值达到最大时,将该点作为分裂点,属性值域被分为两块。

（2）然后再计算卡方值,找到最大值将属性值域分成三块。

停止准则:

（1）当卡方检验显著,即 P 值<0.05 时,继续分裂区间。

（2）当卡方检验不显著,即 P 值>0.05 时,停止分裂区间。

8. 1R 离散法

1R 就是 1-Rule,称为 1 规则,也就是产生一层的决策树,用一个规则集的形式,只在某个特定的属性上进行测试。1R 是一个简单廉价的方法,但却常常能得到令人吃惊的准确率。

1R 是一个非常简单的方法,就是对每一个属性逐个测试并且从中选择一个准确率最高的属性作为决策属性。大致的流程如下。

（1）对所有的属性进行遍历。

（2）对该属性,按照如下方式产生一条规则。

（3）计算每个类别出现的次数。

（4）找出最频繁的类别。

（5）产生一条规则,将该类别分配给该属性值。

（6）计算规则产生的误差。

（7）选择误差最小的规则。

以上离散化方法中,前五个为无监督式离散化方法,后两个为监督式离散化方法,对于一般的数据离散来说,无监督式的离散化方法已经足够用来处理数据的离散区间了。后续章节中将会进一步介绍常用的数据离散方法。

6.2.3 数据泛化处理

数据泛化处理指用高层次概念的数据取代低层次概念的数据。例如,年龄是一个低层次的概念,它经过泛化处理后会变成诸如青年、中年等高层次的概念。

需要说明的是,除了上面介绍的操作以外,数据变换期间可能还会涉及一些基本的变换操作,包括轴向旋转、分组与聚合等,关于这些操作会在相关章节中展开介绍。

6.2.4 哑变量处理类别数据

在数据分析或挖掘中,一些算法模型要求输入以数值类型表示的特征,但代表特征的数据不一定都是数值类型的,其中一部分是类别类型的,例如,受教育程度表示方式有大学、研究生、博士等类别,这些类别均为非数值类型的数据。为了将类别类型的数据转换为数值类型的数据,类别类型的数据在被应用之前需要经过"量化"处理。

1. 哑变量处理

哑变量(Dummy Variables),又称为虚拟变量、虚设变量或名义变量,通常是将不能定量处理的变量量化,构造只取 0 或 1 的人工变量,用以反映质的属性的一个人工变量,是量化了的质变量,通常取值为 0 或 1,用于反映某个变量的不同类别。因此,0 和 1 不代表数量的多少,而代表不同类别。哑变量经常用于与特征提取相关的机器学习场景。

　　使用哑变量处理类别转换,事实上就是将分类变量转换为哑变量矩阵或指标矩阵,矩阵的值通常用"0"或"1"表示。

　　假设变量"爱好"的取值分别为唱歌、跳舞、游泳、爬山、画画共 5 种选项,如果使用哑变量表示,则可以分别表示为 col_唱歌(1＝唱歌/0＝非唱歌)、col_跳舞(1＝跳舞/0＝非跳舞)、col_游泳(1＝游泳/0＝非游泳)、col_爬山(1＝爬山/0＝非爬山)、col_画画(1＝画画/0＝非画画),使用哑变量处理后的结果如表 6-1 所示。

表 6-1　经过哑变量转换后对比表

原始数据

	爱好
0	唱歌
1	跳舞
2	游泳
3	爬山
4	画画

	col_唱歌	col_跳舞	col_游泳	col_爬山	col_画画
0	1				
1		1			
2			1		
3				1	
4					1

　　在 Pandas 中,使用 get_dummies() 函数对类别特征进行哑变量处理,将一列或多列的去重值作为新表的列,每列的值由 0 和 1 组成,即如果原来位置的值与列名相同,则在新表中该位置的值为 1,否则为 0,从而形成一个由 0 和 1 组成的特征矩阵。其语法格式如下。

```
pandas.get_dummies(data, prefix=None, prefix_sep='_', dummy_na=False,columns=
None, sparse=False, drop_first=False, dtype=None)
```

参数说明如下。

- data:可接收数组、DataFrame 或 Series 对象,表示哑变量处理的数据。
- prefix:表示列名的前缀,默认为 None。
- prefix_sep:用于附加前缀作为分隔符使用,默认为"_"。
- dummy_na:表示是否为 NaN 值添加一列,默认为 False。
- columns:表示 DataFrame 要编码的列名,默认为 None。
- sparse:表示虚拟列是否是稀疏的,默认为 False。
- drop_first:是否通过从 K 个分类级别中删除第一个级来获得 $K-1$ 个分类级别,默认为 False。

【例 6-11】 演示通过 get_dummies() 函数进行哑变量处理的效果。

```
import pandas as pd
pd.set_option('display.unicode.east_asian_width',True)
df = pd.DataFrame({'爱好':['唱歌','跳舞','游泳','爬山','画画'   ]})
df_new = pd.get_dummies(df,prefix=['col_']) #哑变量处理
print(df_new)
```

运行结果：

```
     col__唱歌    col__游泳    col__爬山    col__画画    col__跳舞
0        1          0          0          0          0
1        0          0          0          0          1
2        0          1          0          0          0
3        0          0          1          0          0
4        0          0          0          1          0
```

上述示例中，创建了一个 DataFrame 对象 df，接着调用了 get_dummies() 函数进行哑变量处理，将数据变成哑变量矩阵，每个特征数据（如唱歌）为单独一列，通过 prefix 参数给每个列名添加了前缀"col"，并用"_"进行连接，使其变为 col_唱歌、col_跳舞、col_游泳、col_爬山、col_画画。

通过运行结果可以看出，一旦原始数据中的值在矩阵中出现，就会以数值 1 表现出来，其余则以 0 显示。

2. 独热编码处理

独热编码（One-Hot Encoding）又称为一位有效编码，它通过 N 位状态寄存器来对 N 个状态进行编码，每个状态都有它独立的寄存器位，且在任何时候只能有一个状态是有效的。有效状态的值为 1，其余状态的值为 0。例如，地区特征有"北京""上海""广东"3 个值，即有 3 个状态值，此时 N 为 3，每个地区特征对应的独热编码如下。

"北京" => 100

"上海" => 010

"广东" => 001

运动特征["足球","篮球","羽毛球","乒乓球"]（这里 $N=4$）：

足球 => 1000

篮球 => 0100

羽毛球 => 0010

乒乓球 => 0001

由上述例子可以看出，独热编码是分类变量作为二进制向量的表示。将分类值映射到整数值，然后，每个整数值被表示为二进制向量，除了整数的索引之外，都是零值，它本身被标记为 1。独热编码就是保证每个样本中的单个特征只有 1 位处于状态 1，其他的都是 0。

【例 6-12】 独热编码处理示例。

```python
from sklearn import preprocessing
enc = preprocessing.OneHotEncoder()
enc.fit([[0,0,3],[1,1,0],[0,2,1],[1,0,2]])    #一共有 4 个数据,3 种特征
array = enc.transform([[0,1,3]]).toarray()    #一个新的数据来测试
print(array)
```

运行结果：

```
100100001
```

这里一共有 4 个数据,3 种特征，我们列出矩阵如表 6-2 所示。

表 6-2　4 个数据与 3 个特征

特征 数据	第一种	第二种	第三种
第一个	0	0	3
第二个	1	1	0
第三个	0	2	1
第四个	1	0	2

我们竖着看,可以看出第一种特征中只有 0、1 两类,第二种有 0、1、2 三类,第三种有 0、1、2、3 四类,因此分别可以用 2、3、4 个状态类来表示。

enc.transform 就是将[0,1,3]这组特征转换成 one hot 编码,toarray()则是转成数组形式。

以上对应关系可以解释为图 6-3。

第一个数为 0,对应第一种特征则为 1 0;

第二个数为 1,对应第二种特征则为 0 1 0;

第三个数为 3,对应第三种特征则为 0 0 0 1。

所以最后的输出为:[[1 0 0 1 0 0 0 0 1]]

独热编码的优、缺点如下。

独热编码的优点:

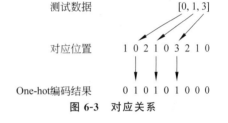

图 6-3　对应关系

(1) 解决了机器学习中分类器不好处理离散数据的问题。

① 欧氏空间。在回归、分类、聚类等机器学习算法中,特征之间距离计算或相似度计算是非常重要的,而常用的距离或相似度的计算都是在欧氏空间的相似度计算,计算余弦相似性,基于的就是欧氏空间。

② 独热编码。使用独热编码,将离散特征的取值扩展到了欧氏空间,离散特征的某个取值就对应欧氏空间的某个点。将离散型特征使用独热编码,确实会让特征之间的距离计算更加合理。

(2) 在一定程度上起到了扩充特征的作用。

独热编码的缺点:

(1) 它是一个词袋模型,不考虑词与词之间的顺序(文本中词的顺序信息也是很重要的)。

(2) 它假设词与词相互独立(在大多数情况下,词与词是相互影响的)。

(3) 它得到的特征是离散稀疏的(这个问题最严重)。

6.2.5　轴向旋转

轴向旋转是一种基本的数据变换操作,主要是重新指定一组数据的行索引或列索引,以达到重新组织数据结构的目的。

在统计数据时,有些数据会因为时间的不同而发生变化。例如,某件商品的价格在非活动期间为 200 元,而在"双 11"活动期间为 150 元,这就造成同一件商品在不同时间对应不同的价格。如表 6-3 所示为商品在活动与非活动期间的价格变化,其中,12 月 14 日为非活动期间,11 月 11 日为活动期间。

表 6-3　商品信息表

销 售 日 期	商 品 名 称	价格/元
2021 年 11 月 11 日	惠普打印机	1200
2021 年 11 月 11 日	爱普生投影机	2400
2021 年 11 月 11 日	松下传真机	1500
2021 年 11 月 11 日	得力碎纸机	375
2021 年 12 月 14 日	惠普打印机	1600
2021 年 12 月 14 日	爱普生投影机	3200
2021 年 12 月 14 日	松下传真机	2000
2021 年 12 月 14 日	得力碎纸机	500

在如表 6-3 所示的表格中,同一款商品在活动前后的价格无法很直观地看出来。为此,可以将商品的名称作为列索引,出售日期作为行索引,价格作为表格中的数据,此时每一行展示了同一日期不同办公电器设备的价格,如表 6-4 所示。

表 6-4　商品信息表(旋转后)

商品名称 销售日期	惠普打印机	爱普生投影机	松下传真机	得力碎纸机
2021 年 11 月 11 日	1200	2400	1500	375
2021 年 12 月 14 日	1600	3200	2000	500

与表 6-3 相比,从表 6-4 可以更直观地看出活动前后的价格浮动。

Pandas 中 DataFrame 类对象使用 pivot()方法或 melt()方法实现轴向旋转操作。

1. pivot()方法

pivot()方法会根据给定的行索引或列索引重新组织一个 DataFrame 对象,其语法格式如下。

```
pivot(index=None, columns=None, values=None)
```

参数说明如下。

- index:用于创建新 DataFrame 对象的行索引,取分组去重的值。如果未设置,则使用原 DataFrame 对象的索引。

- columns:用于创建新 DataFrame 对象的列索引,取去重的值。如果未设置,则使用原 DataFrame 对象的索引。若列和索引的组合有多个值时会报错,需要使用pandas.pivot_table()进行操作。

- values:用于填充新 DataFrame 对象中的值,如果指定多个,会形成多层索引;如果不指定,会默认为所有剩余的值。

【例 6-13】　演示如何使用 pivot()方法来对 DataFrame 对象进行轴向旋转操作。

```
import pandas as pd
df = pd.read_excel(r'./轴向旋转示例数据.xlsx',sheet_name='Sheet4')
#解决数据输出时列名不对齐问题
```

```
pd.set_option('display.unicode.east_asian_width',True)
result = df.pivot(index='销售日期',columns='商品名称',values='价格/元')
print(result)
```

运行结果：

商品名称	得力	碎纸机	惠普打印机	松下传真机	爱普生投影机
销售日期					
2021 年 11 月 11 日	375	1200	1500	2400	
2021 年 12 月 14 日	500	1600	2000	3200	

从运行结果来看，df.pivot() 只是对原数据的结构、显示形式做了变换，在实际业务中，往往还需要在数据透视过程中对值进行计算，此时就要用到 pandas.pivot_table()。

2. melt() 方法

melt() 是 pivot() 的逆操作方法，用于将 DataFrame 类对象的列索引转换为一行数据。melt() 方法的语法格式如下。

```
DataFrame.melt(id_vars=None, value_vars=None, var_name=None,
        value_name='value', col_level=None, ignore_index=True)
```

参数说明如下。

- id_vars：表示无须被转换的列索引。
- value_vars：表示待转换的列索引，若剩余列都需要转换，则忽略此参数。
- var_name：表示自定义的列索引。
- value_name：表示自定义的数据所在列的索引。
- col_level：int 或 str（可选），如果列是多层索引，则使用此级别来融合。
- ignore_index：表示是否忽略索引，默认为 True。

接下来，使用 melt() 方法对前面的 new_df 对象进行轴向旋转，将其重新组织成一个类似于如表 6-2 所示的对象，代码如下。

```
new_df = result.melt(value_name='价格/元',ignore_index=False)
```

6.3 层次化索引与数据重塑

在 Pandas 中，大多数据是以便于操作的 DataFrame 形式展现的，这样可以很容易地获取每行或每列的数据。人们往往希望能够以低维度的形式来展示多维度数据的效果，而 Pandas 中的层次化索引恰好是此类问题的解决方案。不过有些时候，需要将 DataFrame 对象转换为 Series 对象。为此，Pandas 提供了层次化索引、数据重塑和轴向旋转等功能，用于转换一个表格或向量的结构，使其更便于进行下一步的数据分析。

6.3.1 层次化索引的创建

前面所涉及的 Pandas 对象都只有一层索引结构（行索引、列索引），又称为单层索引，层次化索引可以理解为单层索引的延伸，即在一个轴方向上具有多层索引。

对于两层索引结构来说，它可以分为内层索引和外层索引。下面以某些省市的面积表格为例，来认识一下什么是层次化索引，具体如表 6-5 所示。

表 6-5　层次化索引数据示例

	程序设计	90
专业基础课	离散数学	85
	数据结构	88
	数理统计	75
	机器学习	95
专业核心课	数据处理	82
	数据可视化	100
	人工智能	87

在表 6-4 中，按照从左往右的顺序，位于最左边的一列是课程类别，表示外层索引，位于中间的一列是课程的名称，表示内层索引，位于最右边的一列是成绩，表示数据。

Series 和 DataFrame 均可以实现层次化索引，最常见的方式是在构造方法的 index 参数中传入一个嵌套列表。

【例 6-14】　创建具有两层索引结构的 Series 和 DataFrame 对象。

```
import pandas as pd
mulitindex_series = pd.Series([90,85,88,75,95,82,100,87],
            index=[['基础课','基础课','基础课','基础课','核心课','核心课','核
心课','核心课'], ['程序设计','离散数学','数据结构','数理统计','机器学习',
'数据处理','数据可视化','人工智能']])
print("创建具有两层索引结构的 Series 对象:\n",mulitindex_series)
mulitindex_df =  pd.DataFrame({'课程成绩':[90,85,88,75,95,82,100,87]},
                index=[['基础课','基础课','基础课','基础课','核心课',
'核心课','核心课','核心课'], ['程序设计','离散数学','数据结构','数理统计','机器学习',
'数据处理','数据可视化','人工智能']])
print("创建具有两层索引结构的 DataFrame 对象:\n",mulitindex_series)
```

运行结果：

```
创建具有两层索引结构的 Series 对象:
基础课程序设计      90
离散数学      85
数据结构      88
数理统计      75
核心课机器学习      95
数据处理      82
数据可视化    100
人工智能      87
dtype: int64
创建具有两层索引结构的 DataFrame 对象:
基础课程序设计      90
离散数学      85
数据结构      88
数理统计      75
核心课机器学习      95
数据处理      82
数据可视化    100
人工智能      87
dtype: int64
```

上述示例中,在使用构造方法创建 Series 对象时,index 参数接收了一个嵌套列表来设置索引的层级,其中,嵌套的第一个列表会作为外层索引,而嵌套的第二个列表会作为内层索引。

使用 DataFrame 生成层次化索引的方式与 Series 生成层次化索引的方式大致相同,都是对参数 index 进行设置。

需要注意的是,在创建层次化索引对象时,嵌套函数中两个列表的长度必须是保持一致的,否则将会出现 ValueError 错误。

除了使用嵌套列表的方式构造层次化索引以外,还可以通过 MultiIndex 类的方法构建一个层次化索引。

MultiIndex 类提供了 4 种创建层次化索引的方法,具体如下。

* MultiIndex.from_tuples():将元组列表转换为 MultiIndex。
* MultiIndex.from_arrays():将数组列表转换为 MultiIndex。
* MultiIndex.from_product():从多个集合的笛卡儿乘积中创建一个 MultiIndex。
* MultiIndex.from_frame():根据 DataFrame 类对象创建分层索引。

使用上面的任一种方法,都可以返回一个 MultiIndex 类对象。在 MultiIndex 类对象中有三个比较重要的属性,分别是 levels、labels 和 names,其中,levels 表示每个级别的唯一标签,labels 表示每一个索引列中每个元素在 levels 中对应的第几个元素,names 可以设置索引等级名称。接下来,分别使用上面介绍的三种方法来创建 MultiIndex 对象,具体内容如下。

1. 通过 from_tuples()方法创建 MultiIndex 对象

from_tuples()方法可以将包含若干个元组的列表转换为 MultiIndex 对象,其中,元组的第一个元素作为外层索引,元组的第二个元素作为内层索引。

【例 6-15】　通过 from_tuples()方法创建 MultiIndex 对象。

```
from pandas import MultiIndex
import pandas as pd
#创建包含多个元组的列表
list_tuples = [('基础课','程序设计'),('基础课','离散数学'),('基础课','数据结构'),
('基础课','数理统计'), ('核心课','机器学习'),('核心课','数据处理'),('核心课','数据可
视化'),('核心课','人工智能')]
#根据元组列表创建一个 MultiIndex 对象
multi_index = MultiIndex.from_tuples(tuples=list_tuples,names=['课程类别',
'课程名称'])
#学分、成绩数据
values = [[4,90],[3,85],[3,88],[2,75],[3,95],[2,82],[2,100],[3,87]]
#解决数据输出时列名不对齐问题
pd.set_option('display.unicode.east_asian_width',True)
df_indexs = pd.DataFrame(data=values,index=multi_index)
print("MultiIndex 对象:\n",df_indexs)
```

运行结果:

```
MultiIndex 对象:
                  0   1
课程类别课程名称
基础课程序设计      4  90
```

```
离散数学    3   85
数据结构    3   88
数理统计    2   75
核心课机器学习    3    95
数据处理    2   82
数据可视化  2   100
人工智能    3   87
```

上述示例中,通过 from_tuples()方法创建了一个 MultiIndex 对象,其中,传入的 tuples 参数是一个包含多个元组的列表,这表示元组的第一个元素会是外层索引,第二个元素会是内层索引,传入的 names 参数是一个包含两个字符串的列表,代表着两层索引的名称。

接下来,创建一个 DataFrame 对象,把刚刚创建的 multi_index 传递给 index 参数,让该对象具有两层索引结构。

2. 通过 from_arrays()方法创建 MultiIndex 对象

from_arrays()方法是将数组列表转换为 MultiIndex 对象,其中嵌套的第一个列表将作为外层索引,嵌套的第二个列表将作为内层索引。

【例 6-16】 通过 from_arrays()方法创建 MultiIndex 对象。

```
from pandas import MultiIndex
import pandas as pd
import numpy as np
#根据列表创建一个 MulitIndex 对象
multi_array = MultiIndex.from_arrays(arrays=[['基础课','基础课','基础课','基础课',
'核心课','核心课','核心课','核心课'], ['程序设计','离散数学','数据结构','数理统计',
'机器学习','数据处理','数据可视化','人工智能']], names=['课程类别','课程名称'])
#学分、成绩数据
values = np.array([[4,90],[3,85],[3,88],[2,75],[3,95],[2,82],[2,100],[3,87]])
#解决数据输出时列名不对齐问题
pd.set_option('display.unicode.east_asian_width',True)
df_array = pd.DataFrame(data=values,index=multi_array)
print("MultiIndex 对象:\n",df_array)
```

运行结果:

```
MultiIndex 对象:
                    0    1
课程类别课程名称
基础课程序设计    4   90
离散数学    3   85
数据结构    3   88
数理统计    2   75
核心课机器学习    3   95
数据处理    2   82
数据可视化  2   100
人工智能    3   87
```

上述代码中,在创建 MultiIndex 对象时,arrays 参数接收了一个嵌套列表,表示多层索引的标签。需要注意的是,参数 arrays 既可以接收列表,也可以接收数组,不过每个列表或数组的长度必须是相同的。然后创建一个 DataFrame 对象,把刚刚创建的 multi_array 传递给 index 参数,让该对象具有层级索引结构。

3. 通过 from_product()方法创建 MultiIndex 对象

from_product()方法表示从多个集合的笛卡儿乘积中创建一个 MultiIndex 对象。在数学中,两个集合 X 和 Y 的笛卡儿积,又称直积,表示为 $X \times Y$,第一个对象是 X 的成员,而第二个对象是 Y 的所有可能有序对的其中一个成员。例如,假设集合 $A = \{a, b\}$,集合 $B = \{0, 1, 2\}$,则两个集合的笛卡儿积为 $\{(a, 0), (a, 1), (a, 2), (b, 0), (b, 1), (b, 2)\}$。

【例 6-17】　通过 from_product()方法创建 MultiIndex 对象。

```
import pandas as pd
import numpy as np
type = ['基础课','核心课']
course = ['程序设计', '数据处理']
#解决数据输出时列名不对齐问题
pd.set_option('display.unicode.east_asian_width',True)
multi_product = pd.MultiIndex.from_product([type, course],
                                    names=['课程名称', '成绩'])
#使用变量 values 接收 DataFrame 对象的值
values = np.array([[4, 90], [2, 82], [4, 71], [2, 95]])
df_product = pd.DataFrame(data=values, index=multi_product)
print(df_product)
```

运行结果:

```
               0   1
课程名称成绩
基础课程序设计   4  90
     数据处理   2  82
核心课程序设计   4  71
     数据处理   2  95
```

上述示例中,创建了一个 DataFrame 对象,把创建的 multi_product 传递给 index 参数,让该对象具有两层索引结构。

4. 通过 from_frame()方法创建 MultiIndex 对象

from_frame()方法的语法格式如下。

```
MultiIndex.from_frame(df, sortorder=None, names=None)
```

参数说明如下。

- df:frame 数组。
- sortorder:排序顺序,可选参数。
- names:设置多层索引名称,可选。默认采用 df 列的名称。

【例 6-18】　通过 from_frame()方法创建 MultiIndex 对象示例。

```
import pandas as pd
multi_index = pd.DataFrame([('基础课','程序设计'),('基础课','离散数学'),('基础课',
'数据结构'),('基础课','数理统计'),('核心课','机器学习'),('核心课','数据处理'),('核
心课','数据可视化')'),('核心课','人工智能')])
df_indexs = pd.MultiIndex.from_frame(multi_index, names=['课程类别','课程名称'])
#学分、成绩数据
values = [[4,90],[3,85],[3,88],[2,75],[3,95],[2,82],[2,100],[3,87]]
pd.set_option('display.unicode.east_asian_width',True)
df_indexs = pd.DataFrame(data=values,index=df_indexs,columns=['学分','成绩'])
print("MultiIndex 对象:\n",df_indexs)
```

运行结果：

```
MultiIndex 对象:
学分成绩
课程类别课程名称
基础课程序设计        4      90
离散数学         3    85
数据结构         3    88
数理统计         2    75
核心课机器学习        3      95
数据处理         2    82
数据可视化)        2   100
人工智能         3    87
```

6.3.2 层次化索引的数据访问与操作

和普通索引一样，多层索引也可以查看行、列及行与列的名称。常见的操作如下。

```
df.index                                    #索引,是一个 MultiIndex
df.columns                                  #列索引,也是一个 MultiIndex
df.index.names                              #查看行索引的名称
df.columns.name                             #查看列索引的名称
df.index.nlevels                            #查看行层级数
df.index.levels                             #查看行的层级
df.columns.nlevels                          #查看列层级数
df.columns.levels                           #查看列的层级
df.index.get_level_values(n)                #获取索引第 n 层内容
df.columns.get_level_values(n)              #获取列索引第 n 层内容
df.index.get_level_values('name')           #按索引名称取索引内容
df.columns.get_level_values('columnsname')  #按列名称取索引内容
```

与单层索引的用法相比，分层索引的用法要复杂一些，但分层索引访问数据只支持[]、loc 和 iloc 这三种方式。层次化索引的其他常用操作包括选取子集操作、交换分层顺序和排序分层。其中，交换分层顺序是指外层索引与内层索引互换。

1. 层次化索引访问数据

1）使用[]访问数据

由于分层索引的索引层数比单层索引多，在使用[]方式访问数据时，需要根据不同的需求传入不同层级的索引。

使用方式：

变量[第一层索引]
变量[第一层索引][第二层索引]

以上方式中，使用"变量[第一层索引]"可以访问第一层索引嵌套的第二层索引及其对应的数据；使用"变量[第一层索引][第二层索引]"可以访问第二层索引对应的数据。

表 6-6 是某大数据专业的部分课程与成绩。

表 6-6 某大数据专业的部分课程与成绩

专业基础课	程序设计	90
	离散数学	85

续表

专业基础课	数据结构	88
	数理统计	75
专业核心课	机器学习	95
	数据处理	82
	数据可视化	100
	人工智能	87

在如表 6-6 所示的表格中,从左边数第 1 列的数据表示课程的类别,第 2 列的数据表示课程的名称,第 3 列的数据表示课程成绩。其中,第 1 列内容作为外层索引使用,第 2 列内容作为内层索引使用。

【例 6-19】　从某大数据专业的部分课程,筛选出外层索引标签为"核心课"的子集,并指出"数理统计"属于哪类课和对应的成绩。

```
import pandas as pd
#解决数据输出时列名不对齐问题
pd.set_option('display.unicode.east_asian_width',True)
mulitindex_series = pd.Series([90,85,88,75,95,82,100,87],
            index=[['基础课','基础课','基础课','基础课','核心课','核心课','核
心课','核心课'], ['程序设计','离散数学','数据结构','数理统计','机器学习','数据处理',
'数据可视化','人工智能']])
#获取所有外层索引为"核心课"的数据
print(mulitindex_series['核心课'])
#获取内层索引对应的数据
print(mulitindex_series[:,'数理统计'])
```

运行结果:

```
机器学习      95
数据处理      82
数据可视化    100
人工智能      87
dtype: int64
基础课      75
dtype: int64
```

2) 使用 loc 和 iloc 访问数据

使用 iloc 和 loc 也可以访问具有分层索引的 Series 类对象或 DataFrame 类对象。

使用方式:

```
变量.loc[第一层索引]                      #访问第一层索引对应的数据
变量.loc[第一层索引][第二层索引]           #访问第二层索引对应的数据
变量.iloc[整数索引]
```

【例 6-20】　利用 loc 和 iloc 访问二层索引数据。

```
import pandas as pd
import numpy as np
arrays = ['a','a','b','b'],[1,2,1,2]
frame = pd.DataFrame(np.arange(12).reshape((4,3)),
            index=pd.MultiIndex.from_arrays(arrays),
            columns=[['A','A','B'],
```

```
                          ['Green','Red','Green']])
print(frame)
#访问列索引标签为 a 的数据,第一层索引
print(frame.loc['a'])
#访问列索引标签为 A 的数据,第二层索引
print(frame.loc['a', 'A'])
print(frame.iloc[2])
```

运行结果:

```
             A       B
        Green Red Green
a 1      0   1     2
  2      3   4     5
b 1      6   7     8
  2      9  10    11
             A       B
        Green Red Green
1        0   1     2
2        3   4     5
        Green   Red
1        0       1
2        3       4
A Green          6
  Red            7
B Green          8
Name: (b, 1), dtype: int32
```

2. 交换分层顺序

交换分层顺序是指交换外层索引和内层索引的位置。假设将表 6-6 中的表格进行交换分层操作,则交换前后的结果如表 6-7 所示。

表 6-7　交换层次化索引的顺序

（a）交换索引前

专业基础课	程序设计	90
	离散数学	85
	数据结构	88
	数理统计	75
专业基础课	机器学习	95
	数据处理	82
	数据可视化	100
	人工智能	87

（b）交换索引后

程序设计		90
离散数学	专业核心课	85
数据结构		88
数理统计		75
机器学习		95
数据处理	专业核心课	82
数据可视化		100
人工智能		87

在 Pandas 中,交换分层顺序的操作可以使用 swaplevel()方法来完成。接下来,通过 swaplevel()方法来完成如表 6-7 所示的效果,交换外层索引和内层索引的顺序。

```
ser_obj.swaplevel()              #交换外层索引与内层索引位置
```

运行结果:

```
程序设计基础课      90
离散数学基础课      85
```

```
数据结构基础课      88
数理统计基础课      75
机器学习核心课      95
数据处理核心课      82
数据可视化核心课     100
人工智能核心课      87
dtype: int64
```

通过结果可以看出,外层索引和内层索引完成了交换,而且交换后它们对应的数据没有发生任何变化。

3. 排序分层

要想按照分层索引对数据排序,则可以通过 sort_index()方法实现,该方法的语法格式如下。

```
sort_index(axis = 0,level = None,ascending = True,inplace = False,kind =
'quicksort',na_position ='last',sort_remaining = True,by = None)
```

参数说明如下。

- by:表示按指定的值排序。
- ascending:布尔值,表示是否升序排列,默认为 True。

在使用 sort_index()方法排序时,会优先选择按外层索引进行排序,然后再按照内层索引进行排序,关键代码如下。

```
mulitindex_series.sort_index()
```

通过比较排序前和排序后输出的结果可以看出,外层索引按字母表顺序进行排列,内层索引按照从小到大的顺序进行升序排序,且每行对应的数据均随着索引的位置而发生移动。如按照第一级排序:df.sort_index(level=1)。

如果希望按照"成绩"一列进行排序,则可以在调用 sort_values()方法时传入 by 参数,示例代码如下。

```
#按"成绩"列降序排列
mulitindex_series.sort_values(by='成绩',ascending=False)
```

6.3.3　重塑层次化索引

重塑层次化索引的操作属于数据规约操作。数据规约类似数据集的压缩,它的作用主要是从原有数据集中获得一个精简的数据集,这样可以在降低数据规模的基础上,保留原有数据集的完整特性。

由于大型数据集一般存在数量庞大、属性多且冗余、结构复杂等特点,直接被应用可能会耗费大量的分析或挖掘时间。因此通过数据规约操作,在使用精简的数据集进行分析或挖掘时,不仅可以提高工作效率,还可以保证分析或挖掘的结果与使用原有数据集获得的结果基本相同。

要完成数据规约这一过程,可采用多种手段,包括维度规约、数量规约和数据压缩。

1. 维度规约

维度规约是指减少所需属性的数目。数据集中可能包含成千上万个属性,绝大部分属性与分析或挖掘目标无关,这些无关的属性可直接被删除,以缩小数据集的规模,这一操作就是维度规约。

维度规约的主要手段是属性子集选择,属性子集选择通过删除不相关或冗余的属性,从原有数据集中选出一个有代表性的样本子集,使样本子集的分布尽可能地接近所有数据集的分布。

2. 数量规约

数量规约是指用较小规模的数据替换或估计原数据,主要包括回归与线性对数模型、直方图、聚类、采样和数据立方体这几种方法。其中,直方图是一种流行的数据规约方法,它会将给定属性的数据分布划分为不相交的子集或桶(给定属性的一个连续区间)。

3. 数据压缩

数据压缩是利用编码或转换将原有数据集压缩为一个较小规模的数据集。若原有数据集能够从压缩后的数据集中重构,且不损失任何信息,则该数据压缩是无损压缩。若原有数据集只能够从压缩后的数据集中近似重构,则该数据压缩是有损压缩。在进行数据挖掘时,数据压缩通常采用两种有损压缩方法,分别是小波转换和主成分分析,这两种方法都会把原有数据变换或投影到较小的空间。

Pandas 中提供了一些实现数据规约的操作,包括重塑分层索引和降采样,其中,重塑分层索引是一种基于维度规约手段的操作,降采样是一种基于数量规约手段的操作,这些操作都会在后面展开介绍。

Pandas 中重塑层次化索引的操作主要是 stack()方法和 unstack()方法,前者是将数据的列"旋转"为行,后者是将数据的行"旋转"为列。

stack()方法可以将数据的列索引转换为行索引,此过程为堆叠,通过透视某个级别的(可能是多层的)列标签,返回带有索引的 DataFrame,该索引列带有一个新的行标签,这个新标签在原有索引的最右边,其语法格式如下。

```
DataFrame.stack(level=-1, dropna=True)
```

参数说明如下。

- level:表示操作内层索引。若设为 0,表示操作外层索引,默认为−1。
- dropna:表示是否将旋转后的缺失值删除,若设为 True,则表示自动过滤缺失值,设置为 False 则相反。

假设现在有一个 DataFrame 类对象 df,它只有单层索引,如果希望将其重塑为一个具有两层索引结构的对象 result,也就是说,将列索引转换成内层行索引,则重塑前后的效果如表 6-8 所示。

表 6-8　DataFrame 对象重塑为 Series 对象

df

	A 同学	B 同学
0	85	88
1	96	93
2	79	82
3	87	93

result

0	A 同学	85
	B 同学	88
1	A 同学	96
	B 同学	93
2	A 同学	79
	B 同学	82
3	A 同学	87
	B 同学	93

【例 6-21】　演示如何使用 stack( ) 方法将 df 对象旋转成 result。

```
import pandas as pd
df_obj = pd.DataFrame({'A 同学':[85,96,79,87],'B 同学':[88,93,82,93]})
#解决数据输出时列名不对齐问题
pd.set_option('display.unicode.east_asian_width',True)
print("变化前:\n",df_obj)
result = df_obj.stack()
print("result 类型:\n",type(result))
print("stack()方法变化后:\n",df_obj.stack())
```

运行结果：

```
变化前:
     A 同学   B 同学
0     85     88
1     96     93
2     79     82
3     87     93
result 类型:
<class 'pandas.core.series.Series'>
stack()方法变化后:
 0   A 同学     85
     B 同学     88
 1   A 同学     96
     B 同学     93
 2   A 同学     79
     B 同学     82
 3   A 同学     87
     B 同学     93
dtype: int64
```

上述代码中，首先创建了一个 DataFrame 类的对象 df，然后让 df 对象调用 stack( ) 方法进行重塑，表明 df 对象的列索引会转换成行索引。从运行结果可以看出，result 对象具有两层行索引。

使用 type( ) 函数来查看 result 的类型，从输出结果可以看出，DataFrame 对象已经被转换成了一个 Series 对象。

unstack( ) 方法可以将数据的行索引转换为列索引，此过程为解堆，将（可能是多层的）行索引的某个级别透视到列轴，从而生成具有新的最里面的列标签级别的重构的 DataFrame。其语法格式如下。

```
DataFrame.unstack(level=-1, fill_value=None)
```

参数说明如下。

- level：默认为 −1，表示操作内层索引，0 表示操作外层索引。
- fill_value：若产生了缺失值，则可以设置这个参数用来替换 NaN。

接下来，将前面示例中重塑的 Series 对象"恢复原样"，转变成 DataFrame 对象，具体代码如下。

```
result.unstack()
```

上述示例中，首先创建了一个 DataFrame 类对象 df，然后使用 stack( ) 方法将其重塑为

Series 类对象,最后再使用 unstack()方法将其重塑回 DataFrame 类对象。

stack()方法与 unstack()方法还可以在多层索引对象中使用,如表 6-9 所示为一个多层索引的 DataFrame 对象经过旋转后的效果。

表 6-9　DataFrame 对象重塑为 Series 对象

df

		食品学院		经管学院	
		大数据辅修 A 班	计算机辅修 A 班	大数据辅修 A 班	计算机辅修 A 班
男生人数		15	16	8	13
女生人数		19	17	22	23

result

		食品学院	经管学院
男生人数	大数据辅修 A 班	15	8
	计算机辅修 A 班	16	13
女生人数	大数据辅修 A 班	19	22
	计算机辅修 A 班	17	23

【例 6-22】　使用 stack()方法将 df 对象旋转成 result。

```
import pandas as pd
df_obj = pd.DataFrame({'食品学院':[15,16,19,17],
                '经管学院':[8,13,22,23]},
                index=[['男生人数','男生人数','女生人数','女生人数'],
                      ['大数据辅修 A 班','计算机辅修 A 班','大数据辅修 A 班','计算机辅修 A 班']])
#解决数据输出时列名不对齐问题
pd.set_option('display.unicode.east_asian_width',True)
print("变化前:\n",df_obj)
result=df_obj.stack()
print("stack()方法变化后:\n",result)
print("unstack()方法变化后:\n",df_obj.unstack())
```

运行结果:

```
变化前:
食品学院经管学院
男生人数大数据辅修 A 班        15         8
计算机辅修 A 班      16        13
女生人数大数据辅修 A 班        19        22
计算机辅修 A 班      17        23
stack()方法变化后:
男生人数大数据辅修 A 班食品学院      15
经管学院       8
计算机辅修 A 班食品学院      16
经管学院      13
女生人数大数据辅修 A 班食品学院      19
经管学院      22
计算机辅修 A 班食品学院      17
经管学院      23
dtype: int64
unstack()方法变化后:
食品学院经管学院
```

大数据辅修 A 班计算机辅修 A 班大数据辅修 A 班计算机辅修 A 班			
女生人数	19	17	22	23
男生人数	15	16	8	13

在上述代码中首先创建了一个具有层级索引的 DataFrame 类型对象,然后让该对象执行 stack()方法,经旋转后生成一个重塑后的对象,可以使用 type()函数查看该对象类型为 DataFrame,所以当一个具有层级索引的 DataFrame 对象旋转后其对象类型仍为 DataFrame 类型。

层级索引的重塑操作默认是对内层索引进行旋转,当需要对层级索引的最外层索引进行旋转时,需要将 stack()方法中 leve 参数的值设置为 0。

Pandas 中,pivot()、stack()和 unstack()三种方法都是用来对表格进行重排的,其中,stack()方法是 unstack()方法的逆操作。某种意义上,unstack()方法和 pivot()方法是很像的,主要的不同在于,unstack()方法是针对索引或者标签的,即将列索引转成最内层的行索引;而 pivot()方法则是针对列的值,即指定某列的值作为行索引,指定某列的值作为列索引,然后再指定哪些列作为索引对应的值。因此,总结起来一句话就是:unstack()方法针对索引进行操作,pivot()方法针对值进行操作。但实际上,两者在功能上往往可以互相实现。

unstack(self, level = -1, fill_value = None)、pivot(index = None, columns = None, values = None),对比这两个方法的参数,要注意的是,对于 pivot()方法,如果参数 values 指定了不止一列作为值的话,那么生成的 DataFrame 的列索引就会出现层次索引,最外层的索引为原来的列标签;unstack()方法没有指定值的参数,会把剩下的列都作为值,即把剩下的列标签都作为最外层的索引,每个索引对应一个子表。

pivot()方法其实比较容易理解,就是指定相应的列分别作为行、列索引以及值。

6.4　数据分组与聚合

数据分组与聚合的思想来源于关系数据库,是一类重要的数据操作。

分组分析是指根据分组字段将分析对象划分成不同的部分,以进行对比分析各组之间的差异性的一种分析方法。

Pandas 提供了用于分组与聚合操作的一系列方法,具体包括分组方法 groupby()、聚合方法 agg()、转换方法 transform()、应用方法 apply(),掌握了这些方法的使用,便可以有效地提高数据分析的效率。

6.4.1　分组与聚合的原理

分组与聚合是数据分析中比较常见的操作。在 Pandas 中,分组是指使用特定的条件将原数据划分为多个组;聚合在这里指的是对每个分组中的数据执行某些操作(如聚合、转换等),最后将计算的结果进行整合,生成一组新数据。

分组与聚合(split-apply-combine)的过程大概分为三步,具体如下。

(1) 拆分(split):将数据集按照一些标准拆分为若干组。拆分操作是在指定轴上进行,既可以对横轴方向上的数据进行分组,也可以对纵轴方向上的数据进行分组。

（2）应用（apply）：将某个函数或方法（内置和自定义均可）应用到每个分组。

（3）合并（combine）：将产生的新值整合到结果对象中。

接下来，通过一个示例来演示分组与聚合的整个过程，具体如图 6-4 所示。

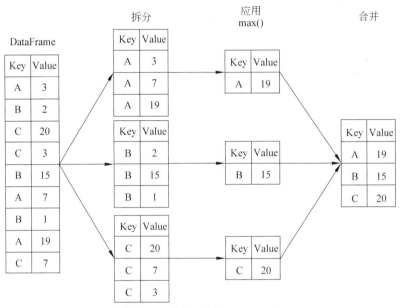

图 6-4　分组聚合过程示意图

图 6-4 使用求分组最大值的例子描述了分组与聚合的整个过程。在图 6-4 中，最左边是一个表格，该表格中"Key"列的数据只有"A""B""C"。按照 Key 列进行分组，把该列中所有数据为"A"的分成一组，所有数据为"B"的分成一组，所有数据为"C"的分成一组，共分成三组；然后对每个分组执行求最大值的操作，计算出每个分组的最大值为 19、15、20，此时每个分组中只有一个最大值；最后将所有分组的最大值整合在一起。

Pandas 中针对分组与聚合操作提供了众多方法，例如，groupby（）、agg（）、transform（）等，通过这些方法可帮助开发人员轻松地拆分和合并数据。

6.4.2　数据分组

根据某个或某几个字段对数据集进行分组，然后对每个分组进行分析与转换，是数据分析中常见的操作。多个分组条件也会产生多层索引的情况。

分组聚合的第一个步骤是将数据拆分成组。

对数据进行分组统计，主要使用 DataFrame 对象的 groupby（）方法，其功能如下。

（1）根据给定的条件将数据拆分成组。

（2）每个组都可以独立应用函数（如求和函数（sum）、求平均值函数（mean）等）。

（3）将结果合并到一个数据结构中。

在 Pandas 中，groupby（）方法用于将数据集按照某些标准（按照一列或多列）划分成若干个组，一般与计算函数结合使用，实现数据的分组统计，该方法的语法格式如下。

```
groupby(by=None, axis=0, level=None, as_index=True, sort=True,group_keys=True,
squeeze=False, observed=False, **kwargs)
```

参数说明如下。

- by：用于确定进行分组的依据。对于参数 by，如果传入的是一个函数，则对索引进行计算并分组；如果传入的是字典或 Series，则用字典或 Series 的值作为分组依据；如果传入的是 NumPy 数组，则用数据元素作为分组依据；如果传入的是字符串或字符串列表，则用这些字符串所代表的字段作为分组依据。
- axis：表示分组轴的方向，可以为 0（表示按行）或 1（表示按列），默认为 0。
- level：如果某个轴是一个 MultiIndex 对象（索引层次结构），则会按特定级别或多个级别分组。
- as_index：表示聚合后的数据是否以组标签作为索引的 DataFrame 对象输出，接收布尔值，默认为 True。
- sort：表示是否对分组标签进行排序，接收布尔值，默认为 True。

数据分组后返回数据的数据类型，它不再是一个 DataFrame，而是一个 groupby 对象，该对象是一个可迭代对象，它里面包含每个分组的具体信息，但无法直接显示。可以调用 groupby 的方法，如 size()方法，返回一个含有分组大小的 series 的 mean()方法，返回每个分组数据的均值。

若 DataFrame 类对象调用 groupby()方法，会返回一个 DataFrameGroupBy 类的对象。若 Series 类对象调用 groupby()方法，会返回一个 SeriesGroupBy 类的对象。DataFrameGroupBy 和 SeriesGroupBy 都是 GroupBy 的子类。

1. 按照一列（列名）分组统计

在 Pandas 对象中，如果它的某一列数据满足不同的划分标准，则可以将该列当作分组键来拆分数据集。DataFrame 数据的列索引名可以作为分组键，但需要注意的是，用于分组的对象必须是 DataFrame 数据本身，否则搜索不到索引名称会报错。

【例 6-23】　读取"电器销售数据.xlsx"数据，按照"商品类别"分组统计销量和销售额。

```
import pandas as pd
#设置数据显示的列数和宽度
pd.set_option('display.max_columns',100)
pd.set_option('display.width',1000)
#解决数据输出时列名不对齐问题
pd.set_option('display.unicode.east_asian_width',True)
df = pd.read_excel(r'./电器销售数据.xlsx',sheet_name='Sheet1')
#抽取数据
df_new = df[['商品类别','销量','销售额']]
#分组统计求和
print(df_new.groupby(by=['商品类别']).sum())
```

运行结果：

```
        销量销售额
商品类别
冰箱     1142    1970850.00
洗衣机   1703    1351470.00
热水器   1597    2597186.00
电视     1215    3662101.00
空调     1171    2780335.00
计算机   3496   18242811.05
```

2. 按照多列分组统计

分组键还可以是长度和 DataFrame 行数相同的列表或元组,相当于将列表或元组看作 DataFrame 的一列,然后将其分组。

【例 6-24】 读取"电器销售数据.xlsx"数据,按照"销售渠道""商品类别"(一级分类、二级分类)分组统计销量和销售额。

```
import pandas as pd
#设置数据显示的列数和宽度
pd.set_option('display.max_columns',100)
pd.set_option('display.width',1000)
#解决数据输出时列名不对齐问题
pd.set_option('display.unicode.east_asian_width',True)
df = pd.read_excel(r'./电器销售数据.xlsx',sheet_name='Sheet1')
#抽取数据
df_new = df[['销售渠道','商品类别','销量','销售额']]
#分组统计求和
print(df_new.groupby(by=['销售渠道','商品类别']).sum())
```

运行结果:

```
          销量销售额
销售渠道商品类别
实体店冰箱      1142   1970850.00
    洗衣机       81    104875.00
    热水器     1015   1709759.00
    电视      1215   3662101.00
    空调      1171   2780335.00
    计算机     1079   5139157.32
网店洗衣机      1622   1246595.00
    热水器      582    887427.00
    计算机     2417  13103653.73
```

groupby()方法可将列名直接当作分组对象,分组中,数值列会被聚合,非数值列会从结果中排除,当 by 不止一个分组对象(列名)时,需要使用 list。

3. 分组并按照指定列进行数据计算

对上述示例按照"商品类别"(二级分类)进行汇总,关键代码如下。

```
df_new.groupby('商品类别')['销量'].sum()
```

4. 对分组数据进行迭代处理

通过 for 循环对分组统计数据进行迭代(遍历分组数据)。

按照"销售渠道"(一级分类)分组,并输出每一类商品的销量和销售额,关键代码如下。

```
for source,type in df_new.groupby('销售渠道'):
    print(source)
    print(type)
```

5. 通过字典进行分组统计

首先创建字典建立的对应关系,然后将字典传递给 groupby()方法,从而实现数据分组统计。

【例 6-25】 读取"图书销量分组演示.xlsx",统计各地区的销量。业务要求:将"北京""上海"和"广州"三个一线城市放在一起进行统计,首先创建一个字典将"上海仓库销量""北京仓库销量"和"广州仓库销量"都对应"北上广",然后使用 groupby()方法进行分组统计。

```
import pandas as pd
#设置数据显示的列数和宽度
pd.set_option('display.max_columns',100)
pd.set_option('display.width',1000)
#解决数据输出时列名不对齐问题
pd.set_option('display.unicode.east_asian_width',True)
df = pd.read_excel(r'./图书销量分组演示.xlsx',sheet_name='Sheet1')
df = df.set_index(['图书名称'])
#创建 Series 对象
dict_data = {'北京仓库销量':'北上广','上海仓库销量':'北上广',
             '广州仓库销量':'北上广','成都仓库销量':'成都','武汉仓库销量':'武汉'}
df_new = df.groupby(dict_data,axis=1).sum()
print(df_new)
```

运行结果:

图书名称	北上广	成都	武汉
Python 程序设计基础案例教程	2187	507	860
PHP 网站开发与设计	1354	61	70
数据库技术与应用(MySQL 版)	2494	78	678
Python 程序设计	1674	311	461
数据库原理及应用教程	2015	437	939

6. 通过 Series 对象进行分组统计

通过 Series 对象进行分组统计时,它与字典的方法类似。

【例 6-26】　读取"图书销量分组演示.xlsx",通过 Series 对象进行分组统计"北上广"销量。

```
import pandas as pd
#设置数据显示的列数和宽度
pd.set_option('display.max_columns',100)
pd.set_option('display.width',1000)
#解决数据输出时列名不对齐问题
pd.set_option('display.unicode.east_asian_width',True)
df = pd.read_excel(r'./图书销量分组演示.xlsx',sheet_name='Sheet1')
df = df.set_index(['图书名称'])
#创建 Series 对象
ser_data = {'北京仓库销量':'北上广','上海仓库销量':'北上广',
            '广州仓库销量':'北上广','成都仓库销量':'成都','武汉仓库销量':'武汉',}
ser_df = pd.Series(ser_data)
df_new = df.groupby(ser_df,axis=1).sum()
print(df_new)
```

运行结果:

图书名称	北上广	成都	武汉
Python 程序设计基础案例教程	2187	507	860
PHP 网站开发与设计	1354	61	70
数据库技术与应用(MySQL 版)	2494	78	678
Python 程序设计	1674	311	461
数据库原理及应用教程	2015	437	939

7. 按函数分组

函数作为分组键的原理类似于字典,通过计算结果进行分组,但是函数更加灵活。例如,从时间中提取年份进行分组,可以通过语句"df.groupby(df.time.apply(lambda x: x.year)).count()"实现。

【例 6-27】 对数据列中"姓名"字段的首字母为元音、辅音分组处理。

```python
import pandas as pd
df = pd.read_csv('./score.csv',sep=',')
def get_letter_type(letter):
    if letter[0].lower() in 'aeiou':
        return '元音'
    else:
        return '辅音'
#使用函数
df.set_index('name').groupby(get_letter_type).sum()
```

在实际应用中,可以多种方法混合起来使用,即按照多个依据,在同一次分组中可以混合使用不同的分组方法,如 df.groupby(['team',df.name.apply(get_letter_type)]).sum()。

6.4.3 数据聚合

数据聚合,一般是指对分组后的数据执行某些操作,如求平均值、求最大值等,并且操作后会得到一个结果集,这些实现聚合的操作称为聚合方法。Pandas 中提供了用作聚合操作的 agg()方法。接下来,本节将针对数据聚合的相关内容进行详细的讲解。

1. 使用内置统计方法聚合数据

前面已经介绍过 Pandas 的统计方法,如用于获取最大值和最小值的 max()和 min(),这些方法常用于简单地聚合分组中的数据。假设现在要计算某 DataFrame 对象中每个分组的平均数,那么可以先按照某一列进行分组,使用 mean()方法应用到每个分组中,并计算出平均数,最后再将每个分组的计算结果合并到一起。

【例 6-28】 读取"电器销售数据.xlsx"数据,按照"销售渠道"分组统计销量和销售额的平均值。

```python
import pandas as pd
#设置数据显示的列数和宽度
pd.set_option('display.max_columns',100)
pd.set_option('display.width',1000)
#解决数据输出时列名不对齐问题
pd.set_option('display.unicode.east_asian_width',True)
df = pd.read_excel(r'./电器销售数据.xlsx',sheet_name='Sheet1')
#抽取数据
df_new = df[['销售渠道','销量','销售额']]
#分组统计求平均值
print(df_new.groupby(by=['销售渠道']).mean().round(1))
```

运行结果:

```
          销量    销售额
销售渠道
实体店     26.5   71474.8
网店       29.6   97677.4
```

上述示例中,把"销售渠道"作为分组键,将 df_new 对象拆分为"实体店"组和"网店"组,然后调用 mean()函数分别作用于 A、B 两组中,计算得到每组的平均值,最后将计算结果进行合并。

需要注意的是,如果参与运算的数据中有 NaN 值,则会自动地将这些 NaN 值过滤掉。

2. 面向列的聚合方法

当内置方法无法满足聚合要求时,这时可以自定义一个函数,将它传给 agg()方法(Pandas 0.20 版本后,aggregate()方法与 agg()方法用法一样,仅需要掌握一个即可),实现对 Series 或 DataFrame 对象进行聚合运算。

agg()方法一般用于使用指定轴上的一项或多项操作进行汇总,可以传入一个函数或函数的字符,还可以用列表的形式传入多个函数。

另外,agg()方法还支持传入函数的位置参数和关键字参数,支持每个列分别用不同的方法聚合,支持指定轴的方向。

agg()方法的语法格式如下。

```
agg(func,axis = 0, * args,** kwargs)
```

参数说明如下。

- func:表示用于汇总数据的函数,可以为单个函数或函数列表。
- axis:表示函数作用于轴的方向,0 或 index 表示将函数应用到每一列;1 或 columns 表示将函数应用到每一行,该参数的默认值为 0。

需要注意的是,通过 agg()方法进行聚合时,func 参数既可以接收 Pandas 中的内置方法,也可以是自定义的函数,同时,这些方法与函数可以作用于每一列,也可以将多个函数或方法作用于同一列,还可以将不同函数或方法作用于不同的列,下面进行详细讲解。

使用 agg()方法的最简单的方式,就是给该方法的 func 参数传入一个函数,这个函数既可以是内置的一个函数,也可以是自定义的。关键代码如下。

```
df_new.groupby(by=['商品类别']).agg(sum).round(1)
```

agg()方法不仅可以将多个函数或方法作用于同一列或每一列,还可以将不同的函数或方法作用于不同列,以实现更加灵活的聚合操作。针对不同的列使用不同的聚合函数,只需要在使用 agg()方法时传入一个形如{'列索引': '函数/方法名'}的参数。例如,按"商品类别"分组统计"销售额"的平均值和总和以及"销售额"总和,关键代码如下。

```
df_new.groupby(by=['商品类别']).agg({'销量':['mean','sum'],'销售额':['sum']}).
round(1)
```

在使用 agg()方法进行聚合时,也可以传入自定义的函数。例如,定义一个 range_data_group()函数,用来计算每个分组数据的极差值(极差值＝最大值－最小值),函数的定义具体如下。

```
def range_data_group(arr):
    return arr.max()-arr.min()
```

接下来,将上述自定义函数作为参数传入 agg()方法中,让每个分组的数据都执行上述函数求极差值,具体代码如下。

```
df_new.groupby(by=['商品类别']).agg(range_data_group)    #使用自定义函数聚合分组数据
```

假设现在产生另外一个需求,不仅需要求出每组数据的极差,还需要计算出每组数据的和,即对一列数据使用两种不同的函数。这时,可以将两个函数的名称放在列表中,之后在调用 agg()方法聚合时作为参数传入即可,具体示例代码如下。

```
#对一列数据用两种函数聚合
df_new.groupby(by=['商品类别']).agg([range_data_group,sum])
```

从输出的结果可以看出,生成的 DataFrame 对象具有两层列索引,每个外层列索引包含两个内层列索引,分别以函数的名称 range_data_group 和 sum 命名。

虽然每一列可以应用不同的函数,但是结果并不能很直观地辨别出每个函数代表的含义。

Pandas 的设计者已经考虑到这一点,为了能更好地反映出每列对应的数据的信息,可以使用"(name,function)"元组将 function(函数名)替换为 name(自定义名称)。下面,在上述示例中进一步优化内层索引的名称,具体代码如下。

```
df_new.groupby(by=['商品类别']).agg([("极差",range_data_group),('和',sum)])
```

从运行结果可以看出,函数名经过重命名以后,可以很清晰直观地找到每组数据的极差值以及总和。

3. 利用字典对不同列数据应用不同函数

如果希望对不同的列使用不同的函数,则可以在 agg()方法中传入一个{"列名":"函数名"}格式的字典。接下来,在上述示例的基础上,使用字典来聚合 data_group 对象,具体代码如下。

```
df_new.groupby(by=['商品类别']).agg({'销量': 'sum', '销售额': 'mean'}).round(1)
```

上述示例中,使用不同的函数对每个分组执行聚合运算,其中,"销量"列数据执行求和运算,"销售额"列数据执行平均值计算。需要注意的是,自定义函数不需要加引号。

当统计不止一个统计函数并用别名显示统计值的名称时,例如,要同时计算某列数据的 mean、std、sum 等,可以使用 agg()方法,需要用 rename()方法来更名,关键代码如下。

```
df_new = df_new.groupby(by=['销售渠道','商品类别']).agg({'销量': [np.sum, np.
mean,np.size]}).rename(columns={'sum':'销量小计','mean':'单笔销售量','size':'销
售次数'})
```

注意:agg()方法执行聚合操作时,会将一组标量值参与某些运算后转换为一个标量值。

4. transform()方法聚合分组数据

前面通过 agg()方法聚合后产生的新数据与原数据的结构相差很大,如果希望聚合前后的数据保持相同的结构,那么可以使用 transform()方法来聚合分组数据。transform()方法可以保留原数据的结构,把聚合的结果广播到分组的所有位置。

transform()方法的语法格式如下。

```
transform(func, * args, engine=None, engine_kwargs=None, **kwargs)
```

参数说明如下。

* func:表示应用于各分组的函数或方法。
* * args:表示传递给 func 的位置参数。

transform()方法返回的结果有两种:一种是可以广播的标量值(np.mean),另一种可以是与分组大小相同的结果数组。

通过 transform()方法操作分组时,transform()方法会把 func()函数应用到各个分组中,并且将结果放在适当的位置上。

【例 6-29】　读取"电器销售数据.xlsx"数据，按照"商品类别"分组统计销量的平均值。

```
import pandas as pd
#设置数据显示的列数和宽度
pd.set_option('display.max_columns',100)
pd.set_option('display.width',1000)
#解决数据输出时列名不对齐问题
pd.set_option('display.unicode.east_asian_width',True)
df = pd.read_excel(r'./电器销售数据.xlsx',sheet_name='Sheet1')
#抽取数据
df_new = df[['品牌','商品类别','销量','销售额']]
#分组统计求平均值
print(df_new.groupby(by=['商品类别'])['销量'].transform('mean').sample(5).
round(2))
```

运行结果：

```
273     25.38
353     34.76
190     30.71
271     24.40
75      27.75
Name: 销量, dtype: float64
```

5. 使用 apply() 方法聚合数据

当某些分组操作，既不适合使用 agg() 方法进行聚合，也不适合使用 transform() 方法进行转换时，便可以让 apply() 方法排上用场了。使用 apply() 方法聚合数据的操作更灵活，它可以代替前两种聚合完成基础操作，另外也可以解决一些特殊聚合操作。apply() 方法类似于 agg() 方法，能够将函数应用于每一列，传入的是 DataFrame，返回一个经过函数计算后的 DataFrame、Series 或标量，然后再把数据组合。

apply() 方法的语法格式如下。

```
apply(func, * args, **kwargs)
```

参数说明如下。

- func：表示应用于各分组的函数或方法。
- * args 和 **kwargs：表示传递给 func 的位置参数或关键字参数。

【例 6-30】　数据分组后应用 apply() 方法统计。

```
import pandas as pd
import numpy as np
#设置数据显示的列数和宽度
pd.set_option('display.max_columns',100)
pd.set_option('display.width',1000)
#解决数据输出时列名不对齐问题
pd.set_option('display.unicode.east_asian_width',True)
df = pd.read_excel(r'./电器销售数据.xlsx',sheet_name='Sheet1')
#抽取数据
df_new = df[['销售渠道','商品类别','销量','销售额']]
#分组统计求平均值
print(df_new.groupby(by=['销售渠道','商品类别'])['销量'].apply(np.mean).round(2))
```

运行结果：

```
销售渠道商品类别
实体店冰箱      25.38
洗衣机    40.50
热水器    32.74
电视     23.82
空调     24.40
计算机    28.39
网店洗衣机     34.51
热水器    27.71
计算机    27.47
Name: 销量, dtype: float64
```

如果希望返回的结果不以分组键为索引,设置 group_keys= False 即可。

使用 apply()方法对 groupby 对象进行聚合操作的方法和 agg()方法相同,只是使用 agg()方法能够实现对不同的字段应用不同的函数,而 apply()则不行。

小   结

本章主要讲述了数据的集成与合并操作、数据变换处理以及数据重塑和数据分组与聚合操作。通过本章的学习可以方便从多个视角、多个维度洞悉数据。

思考与练习

1. 请简述数据集成的概念以及在数据集成时常遇到的问题。
2. 常用的合并方式有哪些? 各有哪些特点?
3. 数据变换的方式有哪些? 各具有什么特点?
4. 请简述层次化索引的概念以及访问数据的常用方式。
5. 请简述数据分组与聚合的原理,常用的方法有哪些?

第7章

Pandas 数据分析与可视化

Pandas 中提供了一些常用的数学统计的方法,使用这些方法可以轻松地对一行、一列或全部的数据进行统计计算,并从数据中计算得出一个统计量(如平均值、方差等),此外也可以一次性描述一组数据的多个统计量。

本节主要利用前述的 Python 包 NumPy, Pandas 和 SciPy 等常用分析工具并结合常用的统计量来进行数据的描述,把数据的特征和内在结构展现出来。

7.1 数据基本统计分析

基本统计分析又叫作描述性统计分析,是指运用制表和分类、图形以及计算概括性数据来描述数据特征的各项活动。描述性统计分析要对调查总体所有变量的有关数据进行统计性描述,主要包括数据的频数分析、集中趋势分析、离散程度分析、分布以及一些基本的统计图形。

Pandas 提供了大量的数据计算函数,可以实现求和、求均值、求最大值、求最小值、求中位数、求众数、求方差、标准差等,从而使得数据统计变得简单、高效。对于 DataFrame,这些统计方法会按列进行计算,最终产生一个以列名为索引、以计算值为值的 Series。

Pandas 提供了很多跟数学和统计相关的方法,其中大部分都属于汇总统计,用来从 Series 中获取某个值(如 max 或 min),或者从 DataFrame 的列中提取一列数据(如 sum)。

描述性统计分析函数为 describe(),返回值是均值、标准差、最大值、最小值、分位数等,括号中可以带一些参数。

接下来,本节将针对统计计算与描述进行详细讲解。

7.1.1 了解数据信息

在进行数据分析时,经常会遇到数据集较大的情况,在经 Pandas 读取数据集后需要对 DataFrame 基础信息进行了解。

1. 了解样本数据

加载完的数据可能由于量太大,需要查看部分样本数据,Pandas 提供了以下三个常用的样式查看方法。

(1) df.head():前部数据,默认 5 条,可以指定条数。

(2) df.tail():尾部数据,默认 5 条,可以指定条数。

(3) df.sample():随机数据,可以指定条数。

【例 7-1】 查看 score.csv 数据集中的数据。

```
import pandas as pd
df = pd.read_csv('./score.csv',sep=',')
print('显示前 3 条数据:\n',df.head(3))
print('显示随机 2 条数据:\n',df.sample(2))
print('显示最后 2 条数据:\n',df.tail(2))
```

运行结果:

```
显示前 3 条数据:
     name   team  No1   No2   No3   No4
0    李博     A     99   68.0   59   77.0
1    李明发    A     41   50.0   62   92.0
2    寇忠云    B     96   94.0   99   NaN
显示随机 2 条数据:
     name   team  No1   No2   No3   No4
64   刘佳慧    B     53   55.0   65   74.0
21   王珺     C     51   66.0   88   83.0
显示最后 2 条数据:
     name   team  No1   No2   No3   No4
100  赵敏     C     97   93.0   65   88.0
101  黄宏军    E     51   88.0   55   68.0
```

2. 查看其他信息

(1) 数据形状:执行 df.shape 会返回一个元组,该元组的第一个元素代表行数,第二个元素代表列数,这就是这个数据的基本形状,也是数据的大小。

(2) 基础信息:执行 df.info 会显示所有数据的类型、索引情况、行列数、各字段数据类型、内存占用等。Series 不支持。

(3) 数据类型:df.dtypes 会返回每个字段的数据类型及 DataFrame 整体的类型。如果是 Series,需要用 s.dtype。

(4) 行列索引内容:df.axes 会返回一个列内容和行内容组成的列表[行索引,列索引]。Series 显示列索引,就是它的索引。

(5) 其他信息:除以上几项重要的信息外,以下信息也比较重要。

```
df.columns                          #列索引,Series 不支持
df.ndim                             #维度
df.size                             #行×列计算总共有多少数据
df.empty                            #是否为空,有空值时不认为是空
df.keys()                           #Series 的索引,DataFrame 的列名
```

此外,Series 独有以下方法。

```
s.name                              #列名
s.array                             #由值组成的数据
```

s.name 可获取索引的名称,需要区分的是例 7-1 数据中 df.name 也能正常执行,它其实是 df 调用数据字段的方法,因为正好有名为 name 的列,如果没有就会报错,DataFrame 是没有此属性的。

3. 数据对比

Pandas 在 V1.1.0 版本中增加了 DataFrame.compare() 和 Series.compare() 方法分别用

于比较两个 DataFrame 和 Series,并总结它们之间的差异。其语法结构如下。

```
DataFrame.compare(other, align_axis=1, keep_shape=False, keep_equal=False)
```

参数说明如下。

- other：DataFrame 要比较的对象。
- align_axis：{0 或'index',1 或'columns'},默认为 1,确定要在哪个轴上对齐比较。
- keep_shape：布尔值,默认为 False;如果为 True,则保留所有行和列。否则,仅保留具有不同值的那些。
- keep_equal：布尔值,默认为 False;如果为 True,则结果保持相等的值。否则,相等的值显示为 NaN。

返回：DataFrame,显示并排堆叠的差异。生成的索引将是一个 MultiIndex,其中,'self' and 'other'在内部层交替堆叠。

【例 7-2】　利用 compare()方法与另一个 DataFrame 比较并显示差异。

```
import pandas as pd
df1 = pd.DataFrame([[1,2,3,4], [1,2,3,4]], index=['A', 'B'])
df2 = pd.DataFrame([[1,2,5,4], [5,2,3,1]], index=['A', 'B'])
df1.compare(df2, align_axis=1)
new_df = df1.compare(df2, align_axis=1).rename(columns={'self': 'left',
'other': 'right'}, level=-1)
print(new_df)
```

运行结果：

```
          0              2              3
      left   right   left   right   left   right
A     NaN    NaN     3.0    5.0     NaN    NaN
B     1.0    5.0     NaN    NaN     4.0    1.0
```

由运行结果来看,相同的数据被 NaN 进行占位。如果想显示原来的数据形态可以通过 keep_shape＝True 实现。如果想看到原始值,可以同时传入 keep_equal＝True。

7.1.2　统计描述

如果希望一次性输出多个统计指标,如平均值、最大值、最小值、求和等,则可以调用 describe()方法实现对数据的总体进行描述,而不用再单独地逐个调用相应的统计方法,这对我们初步了解数据很有帮助。

describe()方法的语法格式如下。

```
describe(percentiles=None, include=None, exclude=None)
```

参数说明如下。

- percentiles：输出中包含的百分数,位于[0,1]。如果不设置该参数,则默认为[0.25, 0.5,0.75],返回 25％,50％,75％分位数。
- include：表示结果中包含数据类型的白名单,默认为 None。
- exclude：表示结果中忽略数据类型的黑名单,默认为 None。

describe()方法会返回一个有多行的所有数字列的统计表,每一行对应一个统计指标,有总数、平均数、标准差、最小值、四分位数、最大值等。如果没有数字,则会输出与字符相关的统计数据,如数量、不重复值数、最大值(字符按首字母顺序)等。

【例 7-3】 读取"score.csv"的四次考试成绩,进行统计描述分析。

```
import pandas as pd
df = pd.read_csv('./score.csv',sep=',')
#解决数据输出时列名不对齐的问题
pd.set_option('display.unicode.ambiguous_as_wide',True)
pd.set_option('display.unicode.east_asian_width', True)
df_new = df.describe()
print(round(df_new,1))
```

运行结果:

```
       No1    No2    No3    No4
count  102.0  100.0  102.0   99.0
mean    65.2   73.9   78.2   75.9
std     21.7   14.0   59.1   15.3
min     30.0   50.0   50.0   50.0
25%     47.0   63.8   59.5   61.5
50%     63.5   75.0   71.5   78.0
75%     84.0   85.0   84.8   89.5
max    100.0   99.0  650.0  100.0 0
```

如果没有数字,则会输出与字符相关的统计数据,如数量、不重复值数、最大值(字符按首字母顺序)等。describe()方法也支持对时间数据的描述性统计,还可以自己指定分位数(一般情况下,默认值包含中位数),指定和排除数据类型。

```
df.describe(percentiles=[.05,.25,.75,.95])       #指定四分位数
df.describe(include=[np.object,np.number])       #指定类型
df.describe(exclude=[np.object])                 #排除类型
```

7.1.3 统计计算

统计计算是数据分析中比较常见的操作,主要是对一组数据运用一些统计计算方法,并通过这些统计计算方法得出相应的统计量。常见的统计计算包括计算和、平均值、最大值、最小值、方差等,还可以结合 NumPy 使用其更加丰富的统计功能。Pandas 中为 Series 类对象和 DataFrame 类对象提供了一些统计计算方法。

Series 应用统计计算方法一般会给出一个数字定值,直接计算出这一列的统计值。如果希望按行计算平均数,即数据集中数据的平均数,可以传入 axis 参数,列传 index 或 0,行传 columns 或 1。统计计算仅对数字类型的列起作用,会忽略文本等其他类型。

常见的统计计算方法及其说明如表 7-1 所示。

表 7-1 常见的统计计算方法及其说明

方　　法	说　　明
sum()	计算和
mean()	计算平均值
max()、min()	计算最大值、最小值

方　　法	说　　明
idxmax()、idxmin()	计算最大索引值、最小索引值
count()	计算非 NAN 值的个数
var()	计算样本值的方差
std()	计算样本值的标准差
cumsum()、cumprod()	计算样本值的累计和、样本值的累计积
cummin()、cummax()	计算样本值累计最小值、样本值累计最大值

1. 求和（sum()函数）

在 Python 中通过调用 DataFrame 对象的 sum()函数实现行/列数据的求和运算，Pandas DataFrame.sum()函数用于返回用户所请求轴的值之和。如果输入值是索引轴，则它将在列中添加所有值，并且对所有列都相同。它返回一个序列，其中包含每一列中所有值的总和。

在计算 DataFrame 中的总和时，它还能够跳过 DataFrame 中的缺失值。

sum()函数语法结构如下。

```
DataFrame.sum(axis=None, skipna=None, level=None, …)
```

参数说明如下。

- axis：axis＝1 表示按行相加；axis＝0 表示按列相加，默认按列相加。
- skipna：skipna＝1，表示 NaN 值自动转换为 0；skipna＝0，表示 NaN 值不自动转换；默认 NaN 值自动转换为 0。其中，NaN 表示非数值。在进行数据处理、数据计算时，Pandas 会为缺少的值自动分配 NaN 值。
- level：表示索引层级。

返回值：返回 Series 对象或 DataFrame 对象，一组含有行/列小计的数据。

【例 7-4】 读取"大数据 211 班成绩表.xlsx"的前五行三门课成绩，并计算每个同学的总成绩。

```
import pandas as pd
df = pd.read_excel(r'./大数据 211 班成绩表.xlsx').head()
df_new = df.iloc[:,:5]                        #前五行的三门课
#解决数据输出时列名不对齐的问题
pd.set_option('display.unicode.ambiguous_as_wide',True)
pd.set_option('display.unicode.east_asian_width', True)
df_new['总成绩'] = df_new.sum(axis=1)         #计算每个学生的总成绩
print(df_new)
```

运行结果：

```
      学号       姓名   Python 程序设计   数据库   数据结构   总成绩
0  DS210101   申志凡        98         98     100     296
1  DS210102   冯默风        78         95      48     221
```

2	DS210103	石双英	84	100	71	255
3	DS210104	史伯威	97	74	29	200
4	DS210105	王家骏	54	82	36	172

2. 求均值(mean()函数)

在 Python 中,通过调用 DataFrame 对象的 mean()函数实现行/列数据平均值运算,语法如下。

```
DataFrame.mean(axis=None, skipna=None, level=None, …)
```

参数说明如下。

- axix:axis=1,表示按行计算平均值;axis=0,表示按列计算平均值;默认按列计算平均值。
- skipna:skipna=1,表示 NaN 值自动转换为 0;skipna=0,表示 NaN 值不自动转换;默认 NaN 值自动转换为 0。
- level:表示索引层级。

返回值:返回 Series 对象或 DataFrame 对象,行/列的平均值数据。

【例 7-5】 读取"大数据 211 班成绩表.xlsx"的前五行三门课成绩,并计算各门课平均成绩。

```
import pandas as pd
df = pd.read_excel(r'./大数据 211 班成绩表.xlsx').head()
df_new = df.iloc[:,:5]                        #前五行的三门课
#解决数据输出时列名不对齐的问题
pd.set_option('display.unicode.ambiguous_as_wide',True)
pd.set_option('display.unicode.east_asian_width', True)
#df_new['平均成绩'] = df.mean(axis=1).round(1)      #计算每个学生的三门平均成绩
df_new_mean = df_new.mean(axis=0)             #计算每门课的平均成绩
df_new = df_new.append(df_new_mean,ignore_index=True)
print(df_new)
```

运行结果:

	学号	姓名	Python 程序设计	数据库	数据结构
0	DS210101	申志凡	98.0	98.0	100.0
1	DS210102	冯默风	78.0	95.0	48.0
2	DS210103	石双英	84.0	100.0	71.0
3	DS210104	史伯威	97.0	74.0	29.0
4	DS210105	王家骏	54.0	82.0	36.0
5	NaN	NaN	82.2	89.8	56.8

从上述运算结果来看,Python 程序设计、数据库、数据结构三门课的平均成绩分别为 82.2、89.8、56.8。

如果希望按行计算平均数,即数据集中每个学生的成绩的平均数,可以传入 axis 参数,列传 index 或 0,行传 columns 或 1。

计算每个学生的三门平均成绩的关键代码:

```
df_new['平均成绩'] = df.mean(axis=1)
df_new['平均成绩'] = df.mean(axis= 'columns')
df_new['平均成绩'] = df.mean(1)
```

求平均数的方法仅对数字类型的列起作用,会忽略文本等其他类型。我们发现,索引仍

然是默认的自然索引,无法辨认是谁的成绩,所以可以先创建以 name 为索引再进行计算。

3. 求最大值(max()函数)

在 Python 中,通过调用 DataFrame 对象的 max()函数实现行/列数据最大值运算,语法如下。

```
DataFrame.max(axis=None, skipna=None, level=None, …)
```

参数说明如下。

- axix:axis=1,表示按行求最大值;axis=0,表示按列求最大值;默认按列求最大值。
- skipna:skipna=1,表示 NaN 值自动转换为 0;skipna=0,表示 NaN 值不自动转换;默认 NaN 值自动转换为 0。
- level:表示索引层级。

返回值:返回 Series 对象或 DataFrame 对象,行/列的最大值数据。

【例 7-6】 读取"大数据 211 班成绩表.xlsx"的前五行三门课成绩,并求每门课的最高分成绩。

```
import pandas as pd
df = pd.read_excel(r'./大数据 211 班成绩表.xlsx').head()
df_new = df.iloc[:,2:5]                          #前五行的三门课(没有学号和姓名)
#解决数据输出时列名不对齐的问题
pd.set_option('display.unicode.ambiguous_as_wide',True)
pd.set_option('display.unicode.east_asian_width', True)
df_new_max = df_new.max(axis=0)                  #计算每门课的最高分成绩
df_new = df_new.append(df_new_max,ignore_index=True)
print(df_new)
```

运行结果:

```
   Python 程序设计   数据库   数据结构
0       98         98      100
1       78         95       48
2       84        100       71
3       97         74       29
4       54         82       36
5       98        100      100
```

4. 求最小值(min()函数)

在 Python 中,通过调用 DataFrame 对象的 min()函数实现行/列的数据最小值运算,语法如下。

```
DataFrame.min(axis=None, skipna=None, level=None, …)
```

参数说明如下。

- axix:axis=1,表示按行求最小值;axis=0,表示按列求最小值;默认按列求最小值。
- skipna:skipna=1,表示 NaN 值自动转换为 0;skipna=0,表示 NaN 值不自动转换;默认 NaN 值自动转换为 0。
- level:表示索引层级。

返回值:返回 Series 对象或 DataFrame 对象,行/列的最小值数据。

【例 7-7】 读取"大数据 211 班成绩表.xlsx"的前五行三门课成绩,并求每个同学的最低成绩。

```
import pandas as pd
df = pd.read_excel(r'./大数据 211 班成绩表.xlsx').head()
df_new = df.iloc[:,:5]                      #前五行的三门课(没有学号和姓名)
#解决数据输出时列名不对齐的问题
pd.set_option('display.unicode.ambiguous_as_wide',True)
pd.set_option('display.unicode.east_asian_width', True)
df_new['最低成绩'] = df_new.min(axis=1)        #计算每个学生的最低成绩
print(df_new)
```

运行结果：

	学号	姓名	Python 程序设计	数据库	数据结构	最低成绩
0	DS210101	申志凡	98	98	100	98
1	DS210102	冯默风	78	95	48	48
2	DS210103	石双英	84	100	71	71
3	DS210104	史伯威	97	74	29	29
4	DS210105	王家骏	54	82	36	36

5. 求中位数(median()函数)

数据的中心位置是我们最容易想到的数据特征。借由中心位置，可以知道数据的一个平均情况，如果要对新数据进行预测，那么平均情况是非常直观的选择。数据的中心位置可分为均值(Mean)、中位数(Median)和众数(Mode)。其中，均值和中位数用于定量的数据，众数用于定性的数据。对于定量数据(Data)来说，均值是总和除以总量 N，中位数是数值大小位于中间(奇偶总量处理不同)的值，均值相对中位数来说，包含的信息量更大，但是容易受异常的影响。

中位数又称中值，是统计学中的专有名词，是指按顺序排列的一组数据中位于中间位置的数，其不受异常值的影响。例如，年龄 20、24、45、35、25、22、34、28、37 这 9 个数，中位数就是按照大小排序后位于中间的数字，即 28，而年龄 55、23、45、35、25、22、34、28、20、27 这 10 个数，中位数则是排序后中间两个数的平均值，即 27.5。在 Python 中，直接调用 DataFrame 对象的 median()函数就可以轻松实现中位数的运算，语法如下。

```
DataFrame.median(axis=None, skipna=None, level=None, numeric_only=None, **
kwargs)
```

参数说明如下。

- axis：axis=1 表示行，axis=0 表示列，默认为 None(无)。
- skipna：布尔型，表示计算结果是否排除了 NaN/Null 值，默认为 True。
- level：表示索引层级，默认无。
- numeric_only：仅数字，布尔型，默认无。
- **kwarg：要传递给函数的附加关键字参数。

返回值：返回 Series 对象或 DataFrame 对象。

【例 7-8】 读取"大数据 211 班成绩表.xlsx"的四门课成绩，并计算每门课成绩的中位数。

```
import pandas as pd
df = pd.read_excel(r'./大数据 211 班成绩表.xlsx')
df_new = df.iloc[:,2:6]                      #四门课(没有学号和姓名)
#解决数据输出时列名不对齐的问题
pd.set_option('display.unicode.ambiguous_as_wide',True)
```

```
pd.set_option('display.unicode.east_asian_width', True)
df_new= df_new.median()                                #计算每门课成绩的中位数
print(df_new)
```

运行结果：

```
Python 程序设计    80.0
数据库           80.0
数据结构          41.0
数据处理          86.0
```

6. 求众数（mode()函数）

众数就是一组数据中出现最多的数，它代表了数据的一般水平。

在 Python 中，通过调用 DataFrame 对象的 mode()函数可以实现众数运算，语法如下。

```
DataFrame.mode(axis=0,numeric_only=False,dropna=True)
```

参数说明如下。

- axis：axis＝1 表示行，axis＝0 表示列，默认为 0。
- numeric_only：仅数字，布尔型，默认为 False。如果为 True，则仅适用于数字列。
- dropna：是否删除缺失值，布尔型，默认为 True。

返回值：返回 Series 对象或 DataFrame 对象。

【例 7-9】　读取"大数据 211 班成绩表.xlsx"的四门课成绩，并计算每门课成绩的众数。

```
import pandas as pd
df = pd.read_excel(r'./大数据 211 班成绩表.xlsx')
df_new = df.iloc[:,2:6]
#解决数据输出时列名不对齐的问题
pd.set_option('display.unicode.ambiguous_as_wide',True)
pd.set_option('display.unicode.east_asian_width', True)
print("四门课程的众数:\n",df_new.mode().iloc[1:,:])    #四门课程的众数
```

运行结果：

```
四门课程的众数:
     Python 程序设计    数据库    数据结构    数据处理
0       68.0          63.0      9        98.0
```

7. 求方差（var()函数）和标准差（数据标准化 std()函数）

方差主要用于衡量一组数据的离散程度，即各组数据与它们的平均数的差的平方，那么用这个结果来衡量这组数据的波动大小，并把它叫作这组数据的方差，方差越小越稳定。通过方差可以了解一个问题的波动性，能够帮助人们解决很多身边的问题、协助人们做出合理的决策。

在 Python 中，通过调用 DataFrame 对象的 var()函数可以实现方差运算，语法如下。

```
DataFrame.var(axis=None,skipna=None,level=None,ddof=1, numeric_only=None,**
kwargs)
```

参数说明如下。

- axis：axis＝1 表示行，axis＝0 表示列，默认为 None(无)。
- skipna：布尔型，表示计算结果是否排除 NaN/Null 值，默认为 True。
- level：表示索引层级，默认为 None(无)。

- ddof：整型，默认为 1。自由度，计算中使用的除数是 $N-ddof$，其中 N 表示元素的数量。
- numeric_only：仅数字，布尔型，默认无。
- **kwargs：要传递给函数的附加关键字参数。

返回值：返回 Series 对象或 DataFrame 对象。

标准差又称均方差，是方差的平方根，用来表示数据的离散程度。

在 Python 中，通过调用 DataFrame 对象的 std() 函数求标准差，语法如下。

```
DataFrame.std(axis=None,skipna=None,level=None,ddof=1, numeric_only=None,**
kwargs)
```

std() 函数的参数用法与 var() 函数一样，不再赘述。

【例 7-10】 读取"大数据 211 班成绩表.xlsx"的四门课成绩，并计算每位同学成绩的方差和标准差。

```
import pandas as pd
df = pd.read_excel(r'./大数据 211 班成绩表.xlsx').head()
df_new = df.iloc[:,2:6]
df_new_backup = df.iloc[:,2:6]
#解决数据输出时列名不对齐的问题
pd.set_option('display.unicode.ambiguous_as_wide',True)
pd.set_option('display.unicode.east_asian_width', True)
df_new['方差'] = df_new.var(axis=1)
df_new['标准差'] = df_new_backup.std(axis=1)
print(df_new)
```

运行结果：

	Python 程序设计	数据库	数据结构	数据处理	方差	标准差
0	98	98	100	95	4.250000	2.061553
1	78	95	48	82	394.916667	19.872510
2	84	100	71	87	141.666667	11.902381
3	97	74	29	93	970.916667	31.159536
4	54	82	36	92	658.666667	25.664502

8. 求分位数（quantile()函数）

分位数也称分位点，它以概率为依据将数据分割为几个等份，常用的有中位数（即二分位数）、四分位数、百分位数等。分位数是数据分析中常用的一个统计量，经过抽样得到一个样本值。

在 Python 中，通过调用 DataFrame 对象的 quantile() 函数求分位数，语法如下。

```
DataFrame.quantile(q=0.5,axis=0,numeric_only=True, interpolation='linear')
```

参数说明如下。

- q：浮点型或数组，默认为 0.5（50％分位数），其值为 0～1。
- axis：axis=1 表示行，axis=0 表示列，默认为 0。
- numeric_only：仅数字，布尔型，默认为 True。
- interpolation：内插值，可选参数，用于指定要使用的插值方法。当期望的分位数位于两个数据点 i 和 j 之间时：

线性：$i+(j-i)\times$分数，其中，分数是指数被 i 和 j 包围的小数部分。

较低：i。

较高：j。

最近：i 或 j 都以最近者为准。

中点：$(i+j)/2$。

返回值：返回 Series 对象或 DataFrame 对象。

【例 7-11】　读取"大数据 211 班成绩表.xlsx"的 10 位同学 4 门课成绩，并计算每位同学的平均成绩，输出根据平均成绩的分位数淘汰 25% 的学生名单。

```
import pandas as pd
df = pd.read_excel(r'./大数据 211 班成绩表.xlsx').head(10)
df_new = df.iloc[:,0:6]
#解决数据输出时列名不对齐的问题
pd.set_option('display.unicode.ambiguous_as_wide',True)
pd.set_option('display.unicode.east_asian_width', True)
df_new['平均成绩'] = df_new.mean(axis=1)
#计算平均成绩 25% 的分位数。
x = df_new['平均成绩'].quantile(0.25)
name_list = df_new[df_new['平均成绩']<=x]['姓名']
print("输出淘汰的 25% 学生名单:\n",name_list)
```

运行结果：

```
输出淘汰的 25% 学生名单:
 4     王家骏
 6     叶长青
 8     冯辉
Name: 姓名, dtype: object
```

9. 非统计计算

除了简单的数学统计外，往往还需要对数据做非统计性计算，如去重、格式化等。

```
df.all()                        #返回所有列值的 Series
df.round()                      #四舍五入
df.round({'No1':2,'No4':1})     #指定列保留小数
df.nunique()                    #每个列的去重值的数量
s.nunique()                     #某列去重
df.isna()                       #值的真假判断
```

7.1.4　位置计算

在做数据分析时经常会遇到位置计算的操作，Pandas 提供了 diff() 和 shift() 经常用来计算数据的增量变化，rank() 用来生成数据的整体排名。

1. 位置差值 diff()

diff() 可以做位移差操作，经常用来计算一个序列数据中上一个数据和下一个数据之间的差值，如增量研究。默认被减的数列下移一位，原数据在同位置上对移动后的数据相减，得到一个新的序列，第一位由于被减数下移，没有数据，所以结果为 NaN。可以传入一个数值来规定移动多少位，负数代表移动方向相反。Series 类型如果是非数字，会报错，DataFrame 会对所有数字列移动计算，同时不允许有非数字类型列。

对于 DataFrame,还可以传入 axis＝1 进行左右移动。

【例 7-12】　计算前 6 名学生每次成绩较前次成绩的变化值。

```python
import pandas as pd
import numpy as np
df = pd.read_csv('./score.csv',sep=',')
#解决数据输出时列名不对齐的问题
pd.set_option('display.unicode.ambiguous_as_wide',True)
pd.set_option('display.unicode.east_asian_width', True)
df_new = df.loc[:5,'No1':'No4'].diff(1,axis=1)
print(df_new)
```

运行结果:

```
    No1    No2    No3    No4
0   NaN  -31.0  - 9.0   18.0
1   NaN    9.0   12.0   30.0
2   NaN   -2.0    5.0    NaN
3   NaN    3.0   43.0    5.0
4   NaN   15.0  -25.0   11.0
5   NaN   34.0   18.0  -46.0
```

2. 位置移动 shift()

shift() 可以对数据进行移位,不做任何计算,也支持上下左右移动,移动后目标位置的类型无法接收的为 NaN。

```python
df.shift()              #整体下移一行,最顶的一行为 NaN
df.shift()              #整体向上移一行,最低的一行为 NaN
df.shift(3,axis=1)      #右移动 3 位
df.shift(2,axis=-1)     #左移动 2 位
```

3. 位置序号 rank()

rank() 可以生成数据的排序值替换掉原来的数据值,它支持对所有类型数据进行排序,如英文会按字母顺序。

【例 7-13】　使用 rank() 对学生的成绩排名。

```python
import pandas as pd
import numpy as np
df = pd.read_csv('./score.csv',sep=',')
#解决数据输出时列名不对齐的问题
pd.set_option('display.unicode.ambiguous_as_wide',True)
pd.set_option('display.unicode.east_asian_width', True)
print(df.head().rank())
```

运行结果。

```
    name  team  No1  No2  No3  No4
0    2.0   1.5  5.0  3.0  2.0  2.0
1    3.0   1.5  1.0  1.0  3.0  3.0
2    1.0   3.0  4.0  5.0  5.0  NaN
3    4.0   4.0  2.0  2.0  4.0  4.0
4    5.0   5.0  3.0  4.0  1.0  1.0
```

method 参数指定的排序过程中遇到相同值的序数计算方法,可取的值有下面几个。

（1）'average'：默认，在每个组中分配平均排名（相同的值就是一个组，下同）。

（2）'min'：对整个组使用最小排名。

（3）'max'：对整个组使用最大排名。

（4）'first'：按照值在数据中出现的次序分配排名。

（5）'dense'：类似于'min'，但是组间排名总是增加 1，而不是一个组中的相等元素的数量。

【例 7-14】　根据 rank()的 method 传入不同的参数，对一组成绩排序。

```python
import pandas as pd
socre = pd.Series([98, 86, 86, 86, 87, 90, 91, 87, 88])
rank_socre = pd.DataFrame()
rank_socre['base'] = socre
rank_socre['average'] = socre.rank(method='average')
rank_socre['min'] = socre.rank(method='min')
rank_socre['first'] = socre.rank(method='first')
rank_socre['max'] = socre.rank(method='max')
rank_socre['dense'] = socre.rank(method='dense')
print(rank_socre)
```

运行结果。

```
   base  average  min  first  max  dense
0    98      9.0  9.0    9.0  9.0    6.0
1    86      2.0  1.0    1.0  3.0    1.0
2    86      2.0  1.0    2.0  3.0    1.0
3    86      2.0  1.0    3.0  3.0    1.0
4    87      4.5  4.0    4.0  5.0    2.0
5    90      7.0  7.0    7.0  7.0    4.0
6    91      8.0  8.0    8.0  8.0    5.0
7    87      4.5  4.0    5.0  5.0    2.0
8    88      6.0  6.0    6.0  6.0    3.0
```

7.2　数据选取与查询

在数据分析过程中，除了查看 DataFrame 样本数据集外，有时还需要按照一定的条件对数据进行筛选。数据集中的数据不需要全部出现，此时也可以选取部分数据。

数据选取主要是通过 DataFrame 对象中的 loc 属性和 iloc 属性分别实现标签索引和位置（数字）索引。

1. loc 属性

该属性基于标签索引（索引名称，如 a、b 等），用于按标签选取数据。

以列名（columns）和行名（index）作为参数，当只有一个参数时，默认是行名，即选取整行数据，包括所有列，如 df.loc['姓名']。当执行切片操作时，既包含起始索引，也包含结束索引。

2. iloc 属性

该属性基于位置索引（整数索引，从 0 到 length−1），用于按位置选取数据。

以行和列位置索引（即 0，1，2，…）作为参数，0 表示第一行，1 表示第二行，以此类推。

当只有一个参数时,默认是行索引,即选取整行数据,包括所有列,如选取第一行数据,df.iloc[0]。当执行切片操作时,只包含起始索引,不包含结束索引。

iloc 主要使用整数来索引数据,而不能使用字符标签来索引数据。而 loc 恰恰相反,它只能使用字符标签来索引数据,而不能使用整数来索引数据。不过,当 DataFrame 对象的行索引或列索引使用的是整数时,则其就可以使用整数来索引。

7.2.1 选取指定列的数据

选取指定列的数据,可以通过直接列名、使用 loc 属性和 iloc 属性、at 和 iat 方式三种方法获取数值。若获取一列数据,得到的数据类型为 Series。在选取列时注意不能使用切片方式。

1. 直接使用列名

如果切片里是一个列名组成的列表,则可筛选出对应的列,如 df[['name','No1']]。如果只有一列,不同的表达结果不一样。例如:

```
df[['name']]                                #选择 name 一列,返回 DataFrame
df['name']                                  #选择 name 一列,返回 Series
```

【例 7-15】 直接使用列名,以三种方式获取 DataFrame 数据。

```
import pandas as pd
pd.set_option('display.unicode.east_asian_width',True)
data = [['男',185,80],['女',165,60],['女',156,45],['男',175,70]]
name = ['Strong','Tommy','Berry','Bill']
columns = ['性别', '身高','体重']
df = pd.DataFrame(data=data,index=name,columns=columns)
print('方式一获取一列数据:\n',df['身高'])
print('方式二获取一列数据:\n',df.身高)
print('获取多列数据:\n',df[['身高','体重']])
```

运行结果:

```
方式一获取一列数据:
 Strong    185
Tommy     165
Berry     156
Bill      175
Name: 身高, dtype: int64
方式二获取一列数据:
 Strong    185
Tommy     165
Berry     156
Bill      175
Name: 身高, dtype: int64
获取多列数据:
        身高  体重
Strong  185    80
Tommy   165    60
Berry   156    45
Bill    175    70
```

从上述三种操作方法效果是一样的,切片([])操作比较通用,当列名为一个合法的 Python

变量时,可以直接使用点操作(.name)为属性去使用。如列名不符合变量命名规范,如 first name(中间有空格)等,则无法使用点操作,因为变量不允许以数字开头或存在空格,如果想使用可以将列名处理,如将空格替换为下画线、增加字母开头前缀,如 first_name。

2. 使用 loc 属性和 iloc 属性

使用 loc 属性和 iloc 属性时,需要有两个参数,第一个参数代表行,第二个参数代表列。在选取指定列数据时,行参数不能省略。

【例 7-16】 使用 loc 属性和 iloc 属性,读取指定的列数据。

```
import pandas as pd
pd.set_option('display.unicode.east_asian_width',True)
data = [['男',185,80],['女',165,60],['女',156,45],['男',175,70]]
name = ['Strong','Tommy','Berry','Bill']
columns = ['性别', '身高','体重']
df = pd.DataFrame(data=data,index=name,columns=columns)
print(df.loc[:, [ '身高','体重']])        #选取'身高'和'体重'两列数据
print(df.iloc[:, [ 0,2]])                 #选取第 1 列和第 3 列
print(df.loc[:, '身高':])                 #选取从"身高"到最后一列
print(df.iloc[:,:2])                      #连续选取从第 1 列开始到第 3 列,但不包括第 3 列
```

运行结果:

```
         身高    体重
Strong   185    80
Tommy    165    60
Berry    156    45
Bill     175    70
         性别    体重
Strong   男     80
Tommy    女     60
Berry    女     45
Bill     男     70
         身高    体重
Strong   185    80
Tommy    165    60
Berry    156    45
Bill     175    70
         性别    身高
Strong   男     185
Tommy    女     165
Berry    女     156
Bill     男     175
```

3. at 和 iat 方式

如果需要取数据中一个具体的值,就像取平面直角坐标系中的一个点一样,可以使用.at[]来实现。at 类似于 loc,仅取一个具体的值,结构为 df.at[<索引>,<列名>]。如果是一个 Series,可以直接用索引取到该索引的值。iat 与 iloc 一样,仅支持数字索引。

at[ ]与 iat[]具有获取单个值的功能,分别使用的是标签下标和整数下标进行单个值的获取。

【例 7-17】 at[ ]与 iat[ ]获取单个值。

```
import pandas as pd
```

```
pd.set_option('display.unicode.east_asian_width',True)
data = [['男',185,80],['女',165,60],['女',156,45],['男',175,70]]
name = ['Strong','Tommy','Berry','Bill']
columns = ['性别','身高','体重']
df = pd.DataFrame(data=data,index=name,columns=columns)
print('原数据:\n',df)
print(df.at['Berry','身高'])
print(df.iat[2,1])
```

运行结果:

```
原数据:
        性别  身高  体重
Strong  男   185  80
Tommy   女   165  60
Berry   女   156  45
Bill    男   175  70
 156
 156
```

iat 和 at 仅适用于标量,因此非常快。较慢的、更通用的功能是 iloc 和 loc。iat 和 at 仅给出单个值输出,而 iloc 和 loc 可以给出多行输出。

7.2.2　选取一行数据

选取一行数据需要使用 loc 属性。df.loc 的格式是 df.loc[<行表达式>,<列表达式>],如果列表达式部分不传,将返回所有列,Series 仅支持行表达式进行索引的部分。loc 操作通过索引和列的条件筛选出数据。如果仅返回一条数据,则类型为 Series。

【例 7-18】　选取 Bill 的数据信息。

```
import pandas as pd
data = [['男',185,80],['女',165,60],['女',156,45],['男',175,70]]
name = ['Strong','Tommy','Berry','Bill']
columns = ['性别','身高','体重']                #指定列索引
df = pd.DataFrame(data=data,index=name,columns=columns)
print(df.loc['Bill'])
```

运行结果:

```
性别男
身高     175
体重      70
Name: Bill, dtype: object
```

想要使用 iloc 属性选取第一行数据,指定行索引即可,如 df.iloc[0]。

7.2.3　选取多行数据

通过切片方式可以选取多行数据时,切片的逻辑和 Python 列表的逻辑一样,不包括右边的索引值。例如:

```
df[:3]                            #前 3 行数据
df[6:10]                          #从第 6 行到第 10 行数据
df[:]                             #所有数据,一般不这么用
```

```
df[:10:2]                              #按步长 2 取数据
df[::-1]                               #反转顺序
```

1. 选取任意多行数据

通过 loc 属性和 iloc 属性分别指定行名和行索引，可以实现选取任意多行数据。

【例 7-19】　选取"Bill"和"Tommy"的身高和体重信息。

```
import pandas as pd
pd.set_option('display.unicode.east_asian_width',True)
data = [['男',185,80],['女',165,60],['女',156,45],['男',175,70]]
name = ['Strong','Tommy','Berry','Bill']
columns = ['性别', '身高', '体重']           #指定列索引
df = pd.DataFrame(data=data,index=name,columns=columns)
print(df.loc[['Bill','Tommy']])
print(df.iloc[[1,3]])
```

运行结果：

```
       性别  身高  体重
Bill    男   175   70
Tommy   女   165   60
       性别  身高  体重
Tommy   女   165   60
Bill    男   175   70
```

2. 选取连续任意多行数据

在 loc 属性和 iloc 属性中合理使用冒号"："，可以实现连续选取任意多行数据，但是不支持仅索引一条数据。

【例 7-20】　选取连续任意多行数据。

```
import pandas as pd
#解决数据输出时列名不对齐的问题
pd.set_option('display.unicode.east_asian_width',True)
data = [['男',185,80],['女',165,60],['女',156,45],['男',175,70]]
name = ['Strong','Tommy','Berry','Bill']
columns = ['性别', '身高', '体重']
df = pd.DataFrame(data=data,index=name,columns=columns)
print("全部数据:\n",df)
print("从'Strong'到'Bill'(loc):\n",df.loc['Strong':'Bill'])
                                        #从'Strong'到'Bill'
print("从起始行到'Tommy'(loc):\n",df.loc[:'Tommy':])  #从起始行到'Tommy'
print("从 1 行到 4(iloc):\n",df.iloc[0:4])            #从 1 行到 4 行
print("从 2 行到最后一行(iloc):\n",df.iloc[1::])       #从 2 行到最后一行
```

运行结果：

```
全部数据:
       性别  身高  体重
Strong  男   185   80
Tommy   女   165   60
Berry   女   156   45
Bill    男   175   70
从'Strong'到'Bill'(loc):
```

```
       性别  身高  体重
Strong  男   185   80
Tommy   女   165   60
Berry   女   156   45
Bill    男   175   70
从起始行到'Tommy'(loc):
       性别  身高  体重
Strong  男   185   80
Tommy   女   165   60
从1行到4(iloc):
       性别  身高  体重
Strong  男   185   80
Tommy   女   165   60
Berry   女   156   45
Bill    男   175   70
从2行到最后一行(iloc):
       性别  身高  体重
Tommy   女   165   60
Berry   女   156   45
Bill    男   175   70
```

7.2.4　选取指定行列数据

选取指定行列数据是通过指定 loc 属性和 iloc 属性的参数实现的。与 loc[]可以使用列的名称不同，利用 df.iloc[<行表达式>,<列表达式>]格式可以使用数字索引(行和列的 0~n 索引)进行数据筛选，意味着 iloc[]的两个表达式只支持数字切片形式，其他方面是相同的。

【例 7-21】　使用 loc 属性和 iloc 属性，选取指定行列数据。

```
import pandas as pd
pd.set_option('display.unicode.east_asian_width',True)
data = [['男',185,80],['女',165,60],['女',156,45],['男',175,70]]
name = ['Strong','Tommy','Berry','Bill']
columns = ['性别','身高','体重']
df = pd.DataFrame(data=data,index=name,columns=columns)
print('查看 Bill 的体重:\n',df.loc['Bill','体重'])           #"体重"
print('查看 Bill 的体重:\n',df.loc[['Bill'],['体重']])        #"Bill"的"体重"
print('查看 Bill 的体重和身高:\n',df.loc[['Bill'],['体重','身高']])
                                              #"Bill"的"体重"和"身高"
print('查看第 2 行到最后一行的第 3 列:\n',df.iloc[[1],[2]])       #第 2 行第 3 列
print('查看第 2 行到最后一行的第 1 列和第 3 列:\n',df.iloc[1:,[0,2]])
                                  #第 2 行到最后一行的第 3 列
print('第 2 行到最后一行的第 1 列和第 3 列:\n',df.iloc[1:,[0,2]])
                                  #第 2 行到最后一行的第 1 列和第 3 列
print('查看所有行的第 3 列:\n',df.iloc[:,2])       #所有行,第 3 列
```

运行结果：

```
查看 Bill 的体重:
 70
查看 Bill 的体重:
       体重
Bill   70
查看 Bill 的体重和身高:
```

```
          体重   身高
Bill    70   175
查看第 2 行到最后一行的第 3 列：
          体重
Tommy   60
查看第 2 行到最后一行的第 1 列和第 3 列：
          性别   体重
Tommy    女    60
Berry    女    45
 Bill    男    70
第 2 行到最后一行的第 1 列和第 3 列：
          性别   体重
Tommy    女    60
Berry    女    45
 Bill    男    70
查看所有行的第 3 列：
Strong    80
Tommy     60
Berry     45
Bill      70
Name: 体重, dtype: int64
```

在上述结果中,第一个输出结果是一个数字,不是数据,这是由于"df.loc['Bill','体重']"语句中没有使用方括号[],导致输出的数据不是 DataFrame 对象。

7.2.5　剔除区间以外的数据

df.truncate()可以对 DataFrame 和 Series 进行截取,可以将索引传入 before 和 after 参数,将这个区间以外的数据剔除。

【例 7-22】　剔除 1 之前和 3 以后的数据集。

```
import pandas as pd
df = pd.read_csv('./score.csv',sep=',')
print(df.head())
print(df.truncate(before=1,after=3))
```

运行结果：

```
    name    team   No1   No2    No3   No4
0   李博      A     99    68.0   59    77.0
1   李明发     A     41    50.0   62    92.0
2   寇忠云     B     96    94.0   99    NaN
3   李欣      C     48    51.0   94    99.0
4   石璐      D     64    79.0   54    65.0
    name    team   No1   No2    No3   No4
1   李明发     A     41    50.0   62    92.0
2   寇忠云     B     96    94.0   99    NaN
3   李欣      C     48    51.0   94    99.0
```

7.2.6　其他复杂查询选取数据

1. 通过逻辑运算选取数据

类似于 Python 的逻辑运算,我们以 DataFrame 其中一列进行逻辑计算,会产生一个对应的由布尔值组成的 Series，真假值由此位上的数据是否满足逻辑表达式决定。

【例 7-23】 查找身高大于 160cm，体重超过 65kg 的信息。

```python
import pandas as pd
pd.set_option('display.unicode.east_asian_width',True)
data = [['男',185,80],['女',165,60],['女',156,45],['男',175,70]]
name = ['Strong','Tommy','Berry','Bill']
columns = ['性别', '身高', '体重']
df = pd.DataFrame(data=data,index=name,columns=columns)
print(df.loc[(df['身高']>160)&(df['体重']>65)])
```

运行结果：

	性别	身高	体重
Strong	男	185	80
Bill	男	175	70

关于 DataFrame 的逻辑运算，判断身高和体重部分"身高大于 160cm，体重超过 65kg"的值，满足表达式的值显示为 True，不满足表达式的值显示为 False。

2. 通过函数筛选数据

可以在表达式处使用 lambda() 函数，默认变量是其操作的对象。如果操作的对象是一个 DataFrame，那么变量就是这个 DataFrame；如果是一个 Series，那么就是这个 Series。

【例 7-24】 查询索引为偶数的 DataFrame 的数。

```python
import pandas as pd
df = pd.read_csv('./score.csv',sep=',').head()
print(df[lambda  s:s.index%2 == 0])
```

运行结果：

	name	team	No1	No2	No3	No4
0	李博	A	99	68.0	59	77.0
2	寇忠云	B	96	94.0	99	NaN
4	石璐	D	64	79.0	54	65.0

3. 通过 query() 方法选取行列数据

DataFrame 行和列的选取还可以通过 Pandas 的 query() 方法实现。df.query(expr) 使用布尔表达式查询 DataFrame 的列，表达式是一个字符串。

```python
DataFrame. query(self, expr, inplace = False, ** kwargs)
```

其中，参数 expr 是要评估的查询字符串，kwargs 是 dict 关键字参数。

【例 7-25】 查找身高大于 160cm，体重超过 65kg 的信息。

```python
import pandas as pd
pd.set_option('display.unicode.east_asian_width',True)
data = [['男',185,80],['女',165,60],['女',156,45],['男',175,70]]
name = ['Strong','Tommy','Berry','Bill']
columns = ['性别', '身高', '体重']
df = pd.DataFrame(data=data,index=name,columns=columns)
print(df.query('身高>160 & 体重>65'))
```

运行结果：

	性别	身高	体重
Strong	男	185	80
Bill	男	175	70

df.eval()与 df.query()类似,也可以用于表达式筛选,如 df.eval('total＝No1＋No2＋No3＋No4'),参数应以字符的形式传入表达式。而 df.filter()可以对行名和列名进行筛选,支持模糊匹配、正则表达式,如 df.filter(items＝['name','team'])可以选取 name 和 team 列。

4. 其他高级查询

Pandas 提供了一个按列数据类型筛选的功能:df.select_dtypes(include＝None,exclude＝None),它可以指定包含和不包含的数据类型,如果只有一个类型,传入字符;如果有多个类型,传入列表。例如,df.select_dtypes(include＝['float64'])。如果没有满足条件的数据,会返回一个仅有索引的 DataFrame。

一些复杂的数据处理过程中,df.where()和 df.mask()通过给定的条件对原数据是否满足条件进行筛选,最终返回与原数据形状相同的数据。

df.where()中可以传入一个布尔表达式、布尔值的 Series/DataFrame、lambda 函数、序列或者可调用的对象,然后与原数据做对比,返回一个行索引与列索引与原数据相同的数据,且在满足条件的位置保留原值,在不满足条件的位置填充 NaN。df.mask()的用法和 df.where()基本相同,唯一的区别是 df.mask()将满足条件的位置填充为 NaN。

【例 7-26】 利用 df.where()和 df.mask()进行数据查询。

```
import pandas as pd
df = pd.read_csv('./score.csv',sep=',')
pd.set_option('display.unicode.east_asian_width',True)
df_score= df[['No1','No2','No3','No4']].head()
print('利用 where()查询成绩大于 85 的数据:\n',df_score.where(df_score>85))
print('利用 mask()查询成绩大于 85 的数据:\n',df_score.mask(df_score>85))
```

运行结果:

```
利用 where()查询成绩大于 85 的数据:
    No1    No2    No3    No4
0  99.0   NaN    NaN    NaN
1  NaN    NaN    NaN    92.0
2  96.0   94.0   99.0   NaN
3  NaN    NaN    94.0   99.0
4  NaN    NaN    NaN    NaN
利用 mask()查询成绩大于 85 的数据:
    No1    No2    No3    No4
0  NaN    68.0   59.0   77.0
1  41.0   50.0   62.0   NaN
2  NaN    NaN    NaN    NaN
3  48.0   51.0   NaN    NaN
4  64.0   79.0   54.0   65.0
```

7.3　数据排序与排名

在数据处理中,数据的排序也是常见的一种操作。数据排序是指按一定的顺序将数据重新排列,帮助使用者发现数据的变化趋势,同时提供一定的业务线索,还具有对数据纠错、分类的作用。

由于 Pandas 中存放的是索引和数据的组合,所以它既可以按索引进行排序,也可以按数据进行排序。

7.3.1　按索引排序

sort_index()方法可以按行索引或者列索引进行排序,默认以从小到大的升序方式排列。如希望按降序排序,传入 ascending＝False。

sort_index()方法的语法格式如下。

```
sort_index(axis = 0, level = None, ascending = True, inplace = False, kind =
'quicksort', na_position ='last', sort_remaining = True)
```

参数说明如下。

- axis：轴索引(排序的方向),0 表示 index(按行),1 表示 columns(按列)。
- level：若不为 None,则对指定索引级别的值进行排序。
- ascending：是否升序排列,默认为 True,表示升序。
- inplace：默认为 False,表示对数据表进行排序,不生成新的实例。
- kind：选择排序算法。

默认情况下,Pandas 对象是按照升序排列,当然也可以通过参数 ascending＝False 改为降序排列。

【例 7-27】　演示如何按索引对 Series 和 DataFrame 分别进行排序。

```
import numpy as np
import pandas as pd
ser_obj = pd.Series(range(10, 15), index=[5, 3, 1, 3, 2])
print("原数据(Series):\n", ser_obj)
ser_obj_new1 = ser_obj.sort_index()                      #按索引进行升序排列
print("按索引进行升序排列:\n", ser_obj_new1)
ser_obj_new2 = ser_obj.sort_index(ascending = False)     #按索引进行降序排列
print("按索引进行降序排列:\n", ser_obj_new2)
df_obj = pd.DataFrame(np.arange(9).reshape(3, 3), index=[4, 3, 5])
print("原数据(DataFrame):\n", df_obj)
df_obj_new1 = df_obj.sort_index()                        #按索引升序排列
print("按索引升序排列:\n", df_obj_new1)
df_obj_new2 = df_obj.sort_index(ascending = False)       #按索引降序排列
print("按索引降序排列:\n", df_obj_new2)
```

运行结果:

```
原数据(Series):
5    10
3    11
```

```
1    12
3    13
2    14
dtype: int64
按索引进行升序排列:
1    12
2    14
3    11
3    13
5    10
dtype: int64
按索引进行降序排列:
5    10
3    11
3    13
2    14
1    12
dtype: int64
原数据(DataFrame):
     0  1  2
4    0  1  2
3    3  4  5
5    6  7  8
按索引升序排列:
     0  1  2
3    3  4  5
4    0  1  2
5    6  7  8
按索引降序排列:
     0  1  2
5    6  7  8
4    0  1  2
3    3  4  5
```

　　通过比较排序前后的输出结果可知,执行 sort_index()方法后,DataFrame 类对象的行索引按从小到大的顺序排列,该索引对应的一行数据的位置也随之改变。

　　若希望按照列索引的大小排列数据,则需要将 sort_index()方法中的参数 axis 设置为 1。如 df.sort_index(axis＝1,ascending＝False)。因此需要注意的是,当对 DataFrame 进行排序操作时,要注意轴的方向。如果没有指定 axis 参数的值,则默认会按照行索引进行排序;如果指定 axis＝1,则会按照列索引进行排序。

7.3.2　按值排序

　　Pandas 中 Series、DataFrame 类对象的数据按值排序时主要使用 sort_values()方法,数字按大小顺序,字符按字母顺序。Series 和 DataFrame 都支持此方法。该方法类似于 SQL 中的 order by()方法。

　　sort_values()方法可以根据指定行/列进行排序,该方法的语法格式如下。

```
sort_values(by,axis＝0, ascending＝True, inplace＝False, kind＝'quicksort',na_
position='last',ignore_index=False)
```

　　参数说明如下。

- by：表示排序的名称列表。
- axis：轴，0 表示行，1 表示列，默认按照行排序。
- ascending：升序或者降序排列，布尔型值，True 则升序，如果 by=['列名 1','列名 2']，则该参数可以是[True, False]，即第一个字段升序，第二个字段降序。
- inplace：布尔型，是否用排序后的数据框替换现有的数据框。
- kind：指定排序算法，值为'quicksort'（快速排序），'mergesort'（混合排序），'heapsort'（堆排序），默认为'quicksort'。
- na_position：参数只有两个值 first 和 last，若设为 first，则会将 NaN 值放在开头；若设为 last，则会将 NaN 值放在最后。
- ignore_index：布尔值，是否忽略索引，值为 True 标记索引（从 0 开始按顺序的整数值），值为 False 则忽略索引。

【例 7-28】 对电器销售数据实现单列、多列和分组后的排序。

```python
import pandas as pd
df=pd.DataFrame(pd.read_excel(r"./电器销售数据.xlsx"))
#解决数据输出时列名不对齐的问题
pd.set_option('display.unicode.east_asian_width',True)
#按照"销售额"进行排序
df1 = df.sort_values(by='销售额',ascending=False)
print("按照"销售额"单列进行排序:\n",df1)
#按照商品类别和销售额两列数据排序
df2=df.sort_values(by=['商品类别','销售额']) #传入一个或多个排序的列名
print("按照商品类别和销售额两列数据排序:\n",df2)
#对统计结果进行排序
df1=df.groupby(["商品类别"])["销售额"].sum().reset_index()
df2=df1.sort_values(by='销售额',ascending=False)
print("对统计结果进行排序:\n",df2)
```

运行结果：

```
按照"销售额"单列进行排序:
        序号  商品代码   品牌   ...   销售单价     销售额     进货成本
197    198  NC005  Apple  ...  15688.0  768712.0  645718.08
122    123  NC006  Apple  ...  13388.0  602460.0  512091.00
 54     55  NC006  Apple  ...  13388.0  548908.0  466571.80
  2      3  PC004  Apple  ...  10888.0  468184.0  407320.08
280    281  NC004  Apple  ...  10188.0  427896.0  376548.48
..     ...    ...    ...  ...     ...      ...        ...
353    354  WM005  德尔玛  ...     99.0    1782.0    1496.88
332    333  WM014  松井   ...    198.0    1782.0    1425.60
223    224  WH012  美的   ...    769.0    1538.0    1353.44
136    137  WM005  德尔玛  ...     99.0    1287.0    1081.08
 91     92  WM011  华光   ...     99.0    1089.0     936.54

[371 rows x 12 columns]
按照商品类别和销售额两列数据排序:
        序号  商品代码   品牌   ...   销售单价   销售额    进货成本
167    168  RF008  海尔  ...  3199.0  6398.0  5694.22
186    187  RF006  海尔  ...  1299.0  6495.0  5196.00
327    328  RF010  海信  ...   999.0  7992.0  6713.28
```

```
30    31    RF013   美的    ...   1699.0    11893.0    9990.12
241   242   RF011   康佳    ...   838.0     12570.0    10810.20
..    ...   ...     ...     ...   ...       ...        ...
280   281   NC004   Apple   ...   10188.0   427896.0   376548.48
2     3     PC004   Apple   ...   10888.0   468184.0   407320.08
54    55    NC006   Apple   ...   13388.0   548908.0   466571.80
122   123   NC006   Apple   ...   13388.0   602460.0   512091.00
197   198   NC005   Apple   ...   15688.0   768712.0   645718.08

[371 rows x 12 columns]
对统计结果进行排序:
      商品类别      销售额
5     计算机    18242811.05
3     电视      3662101.00
4     空调      2780335.00
2     热水器    2597186.00
0     冰箱      1970850.00
1     洗衣机    1351470.00
```

上述例子中,多列排序是按照给定列的先后顺序进行排序。

按行排序,关键代码如下。

```
df.sort_values(by,ascending=True,axis=1)
```

排序的数据类型要一致,否则会出现错误提示。

nsmallest()和 nlargest()用来实现数字列的排序,并可指定返回的个数,如 df.nsmallest(5,['No1','No2'])。

7.3.3　数据排名

排名是根据 Series 或 DataFrame 对象的某几列的值进行排名,主要使用 rank()方法,其语法格式如下。

```
DataFrame.rank(axis=0, method='average', numeric_only=None, na_option='keep',
ascending=True, pct=False)
```

功能:计算沿着轴的数值数据(1～n)。值的排名是这些值的排名的平均值。返回从小到大排序的下标。

参数说明如下。

- axis:轴,0 表示行,1 表示列,默认为 0。
- method:表示在具有相同值的情况下所使用的排序方法,默认为 average。其他值如下。

  average:在相等分组中,为各个值分配平均排名。

  min:使用整个分组的最小排名。

  max:使用整个分组的最大排名。

  first:按值在原始数据中的出现顺序分配排名。

- numeric_only:对于 DataFrame 对象,如果设置为 True,则只对数字列进行排序。

- na_option :空值的排序方式,设置如下。

> keep：将 NA 值保留在原来的位置。
>
> top：如果升序,将 NA 值排名第一。
>
> bottom：如果降序,将 NA 值排名第一。

- ascending：boolean,默认为 True,True 为升序排名,False 为降序排名。
- pct：boolean,默认为 False,是否以百分比形式返回排名,默认为 False。

【例 7-29】 对电器销售数据的销量排序后,输出顺序排名和平均排名。

```
import pandas as pd
df=pd.DataFrame(pd.read_excel(r"./电器销售数据.xlsx"))
#解决数据输出时列名不对齐的问题
pd.set_option('display.unicode.east_asian_width',True)
#pd.set_option('display.max_rows', 1000)
#按照"销售额"进行降序排序
df = df.sort_values(by='销量',ascending=False)
#顺序排名
df['顺序排名'] = df['销量'].rank(method='first',ascending=False)
print("按照"销量"单列进行排序后的顺序排名:\n",df[['商品名称','销量','顺序排名']])
df['平均排名'] = df['销量'].rank(ascending=False)
print("按照"销量"单列进行排序后的平均排名:\n",df[['商品名称','销量','平均排名']])
```

运行结果：

```
按照"销量"单列进行排序后的顺序排名：
                        商品名称            销量    顺序排名
31            GREE GSP20 烘干机滚筒干衣机       61    1.0
65          Haier JSQ24-A2(12T)燃气热水器   50    2.0
262         Hisense KFR-26GW/ER01N2 空调  50    3.0
247          XDWJ-40SA1 40 升电热水器        50    4.0
192         Haier JSQ24-A2(12T)燃气热水器   50    5.0
..                       ...           ...    ...
47                  L32E11 液晶电视          2    367.0
77           Sharp LCD-40DS30A 平板电视      2    368.0
167            Haier BCD-231WDBB 冰箱       2    369.0
338  Huawei M2-803L 4G 64GB 八核平板电脑手机香槟金  2    370.0
223          Midea F50-15A1 50 升电热水器     2    371.0

[371 rows x 3 columns]
按照"销量"单列进行排序后的平均排名：
                        商品名称            销量    平均排名
31            GREE GSP20 烘干机滚筒干衣机       61    1.0
65          Haier JSQ24-A2(12T)燃气热水器   50    5.5
262         Hisense KFR-26GW/ER01N2 空调  50    5.5
247          XDWJ-40SA1 40 升电热水器        50    5.5
192         Haier JSQ24-A2(12T)燃气热水器   50    5.5
..                       ...           ...    ...
47                  L32E11 液晶电视          2    368.5
77           Sharp LCD-40DS30A 平板电视      2    368.5
167            Haier BCD-231WDBB 冰箱       2    368.5
338  Huawei M2-803L 4G 64GB 八核平板电脑手机香槟金  2    368.5
223          Midea F50-15A1 50 升电热水器     2    368.5

[371 rows x 3 columns]
```

其中,销量相同时,以顺序排名的平均值作为平均排名。

排名通常有顺序排名、平均排名、最小值排名和最大值排名四种。当值相同时,对于顺序排名是按照出现的先后顺序进行排名;平均排名是按照顺序排名的平均值进行平均排名;最小值排名是按顺序排名并取最小值作为排名;最大值排名是按顺序排名并取最大值作为排名。其中,平均排名关键代码为:

```
df['平均排名'] = df['销量'].rank(ascending=False)
```

最小值排名的关键代码为:

```
df['最小值排名'] = df['销量'].rank(method='min',ascending=False)
```

最大值排名的关键代码为:

```
df['最大值排名'] = df['销量'].rank(method='max',ascending=False)
```

7.4　常用的数据分析

数据分析方法是以目的为导向的,通过目的选择数据分析的方法。

7.4.1　分组分析

分组分析是指根据分组字段将分析对象划分成不同的部分,以对比分析各组之间差异性的一种分析方法。常用的统计指标有:计数、求和、平均值。

在 Pandas 中,groupby()函数用于将数据集按照某些标准(按照一列或多列)划分成若干个组,一般与计算函数结合使用,实现数据的分组统计,该方法的语法格式如下。

```
groupby(by=None, axis=0, level=None, as_index=True, sort=True,group_keys=True,
squeeze=False, observed=False, **kwargs)
```

参数说明如下。

- by:用于确定进行分组的依据。对于参数 by,如果传入的是一个函数,则对索引进行计算并分组;如果传入的是字典或 Series,则用字典或 Series 的值作为分组依据;如果传入的是 NumPy 数组,则用数据元素作为分组依据;如果传入的是字符串或字符串列表,则用这些字符串所代表的字段作为分组依据。
- axis:表示分组轴的方向,可以为 0(表示按行)或 1(表示按列),默认为 0。
- level:如果某个轴是一个 MultiIndex 对象(索引层次结构),则会按特定级别或多个级别分组。
- as_index:表示聚合后的数据是否以组标签作为索引的 DataFrame 对象输出,接收布尔值,默认为 True。
- sort:表示是否对分组标签进行排序,接收布尔值,默认为 True。

数据分组后返回数据的数据类型,不再是一个 DataFrame,而是一个 groupby 对象。可以调用 groupby 的方法,如 size()方法,返回一个含有分组大小的 series 的 mean()方法,返回每个分组数据的均值。

1. 按照一列(列名)分组统计

在 Pandas 对象中,如果它的某一列数据满足不同的划分标准,则可以将该列当作分组键来拆分数据集。DataFrame 数据的列索引名可以作为分组键，但需要注意的是，用于分组的对象必须是 DataFrame 数据本身，否则搜索不到索引名称会报错。

【例 7-30】 读取"电器销售数据.xlsx"数据，按照"商品类别"分组统计销量和销售额。

```
import pandas as pd
#设置数据显示的列数和宽度
pd.set_option('display.max_columns',100)
pd.set_option('display.width',1000)
#解决数据输出时列名不对齐问题
pd.set_option('display.unicode.east_asian_width',True)
df = pd.read_excel(r'./电器销售数据.xlsx',sheet_name='Sheet1')
#抽取数据
df_new = df[['商品类别','销量','销售额']]
#分组统计求和
print(df_new.groupby(by=['商品类别']).sum())
```

运行结果：

商品类别	销量	销售额
冰箱	1142	1970850.00
洗衣机	1703	1351470.00
热水器	1597	2597186.00
电视	1215	3662101.00
空调	1171	2780335.00
计算机	3496	18242811.05

2. 按照多列分组统计

分组键还可以是长度和 DataFrame 行数相同的列表或元组，相当于将列表或元组看作 DataFrame 的一列，然后将其分组。

【例 7-31】 读取"电器销售数据.xlsx"数据，按照"销售渠道""商品类别"（一级分类、二级分类）分组统计销量和销售额。

```
import pandas as pd
#设置数据显示的列数和宽度
pd.set_option('display.max_columns',100)
pd.set_option('display.width',1000)
#解决数据输出时列名不对齐问题
pd.set_option('display.unicode.east_asian_width',True)
df = pd.read_excel(r'./电器销售数据.xlsx',sheet_name='Sheet1')
#抽取数据
df_new = df[['销售渠道','商品类别','销量','销售额']]
#分组统计求和
print(df_new.groupby(by=['销售渠道','商品类别']).sum())
```

运行结果：

销售渠道	商品类别	销量	销售额
实体店	冰箱	1142	1970850.00
	洗衣机	81	104875.00
	热水器	1015	1709759.00
	电视	1215	3662101.00
	空调	1171	2780335.00
	计算机	1079	5139157.32
网店	洗衣机	1622	1246595.00

```
热水器   582    887427.00
计算机   2417  13103653.73
```

groupby()函数可将列名直接当作分组对象,分组中,数值列会被聚合,非数值列会从结果中排除,当 by 不止一个分组对象(列名)时,需要使用 list。

3. 分组并按照指定列进行数据计算

对上述示例按照"商品类别"(二级分类)进行汇总,关键代码如下。

```
df_new.groupby('商品类别')['销量'].sum()
```

4. 对分组数据进行迭代处理

通过 for 循环对分组统计数据进行迭代(遍历分组数据)。

按照"销售渠道"(一级分类)分组,并输出每一类商品的销量和销售额,关键代码如下。

```
for source,type in df_new.groupby('销售渠道'):
    print(source)
    print(type)
```

7.4.2　分布分析

分布分析指根据分析的目的,将数据(定量数据)等距或不等距分组,进行研究各组分布规律的一种分析方法。

面元划分是指数据被离散化处理,按一定的映射关系划分为相应的面元(可以理解为区间),只适用于连续数据。

连续数据又称连续变量,指在一定区间内可以任意取值的数据,该类型数据的特点是数值连续不断,相邻两个数值可做无限分割。

连续数据离散化场景:数据分析和统计的预处理阶段,经常会碰到年龄、消费等连续型数值,我们希望将数值进行离散化分段统计,提高数据区分度。

分布分析将数值进行离散化分段统计以提高数据区分度。例如,将有关某门课成绩的数据进行离散化(又称为分箱或分桶)或分为"面元",即将某门课成绩分成几个区间。

离散化的必要性在于以下三点。

(1)节省计算资源,提高计算效率。

(2)算法模型(尤其是分类模型)的计算需求。尽管决策树等许多模型可以支持连续数据的输入,但是决策树本身首先会将连续数据转换为离散数据,因此离散化转换是必不可少的步骤。

(3)增强模型的稳定性和准确性。数据离散化后,处于异常状态的数据将不会清楚地突出显示异常特征,但是会被分成子集的一部分。

数据离散化是指将连续的数据进行分段,使其变为一段段离散化的区间。分段的原则有基于等距离、等频率或优化的方法。

常用的离散化方法主要有定界与等宽法、等频法和聚类分析法。

1. 定界与等宽法离散数据

Pandas 主要基于两个函数实现连续数据的离散化处理。

● pandas.cut():根据指定分界点对连续数据进行分箱处理。

● pandas.pcut():根据指定区间数据对连续数据进行等宽分箱处理。所谓等宽,是指每个区间中的数据量是相同的。

qcut()和 cut()的区别：qcut()：传入参数，要将数据分成多少组，即组的个数，具体的组距是由代码计算的。cut()：传入参数，是分组依据。

Pandas 提供了 cut()函数可以进行连续型数据的定界离散化，该方法的语法格式如下。

```
pandas.cut(x, bins, right = True, labels = None, retbins = False, precision = 3,
include_lowest = False, duplicates = 'raise')
```

参数说明如下。

- x：表示要分箱的数组，必须是一维的。
- bins：接收 int 和序列类型的数据。如果传入的是 int 类型的值，则表示在 x 范围内的等宽单元的数量（划分为多少个等间距区间）；如果传入的是一个序列，则表示将 x 划分在指定的序列中，若不在此序列中，则为 NaN。
- right：是否包含右端点，决定区间的开闭，默认为 True。
- labels：用于生成区间的标签。
- retbins：是否返回 bin。
- precision：精度，默认保留三位小数。
- include_lowest：是否包含左端点。

cut()函数会返回一个 Categorical 对象，可以将其看作一组表示面元名称的字符串，它包含分组的数量以及不同分类的名称。

假设当前有一组课程成绩数据，需要将这组课程成绩数据划分为 $0\sim60$、$60\sim70$、$70\sim80$、$80\sim90$、90 以上共 5 种类型，图 7-1 是将这些数据经过面元划分前后的对比效果。

	面元化处理前			面元化处理后	
	成绩			成绩	
0	65		0	(60,70]	
1	55		1	(0,60]	
2	80		2	(70,80]	
3	94		3	(90,100]	
4	84		4	(80,90]	
5	72		5	(70,80]	
6	90		6	(90,]100	
7	57		7	(0,60]	

图 7-1　面元化处理过程

【例 7-32】　使用 cut()函数将上述课程数据进行面元划分。

```
import pandas as pd
pd.set_option('display.unicode.east_asian_width',True)
grade_list = [65,55,80,94,84,72,90,57]
bins = [0,60,70,80,90,100]
print("原始数据:\n",grade_list)
cuts = pd.cut(grade_list,bins)
print("统计每个区间的人数:\n",pd.value_counts(cuts))
```

运行结果：

```
原始数据:
 [65, 55, 80, 94, 84, 72, 90, 57]
统计每个区间的人数:
 (0, 60]     2
(70, 80]     2
(80, 90]     2
(60, 70]     1
(90, 100]    1
dtype: int64
```

上述代码中,定义了表示课程成绩数据集和划分规则的变量 grade_list 和 bins,然后调用 cut() 函数将 grade_list 按照 bins 的划分规则进行离散化。上述示例返回了一个 Categories 类对象,它包含面元划分的个数以及各区间的范围。

Categories 对象中的区间范围跟数学符号中的"区间"一样,都是用圆括号表示开区间,用方括号则表示闭区间。如果希望设置左闭右开区间,则可以在调用 cut() 函数时传入 right=False 进行修改,示例代码如下。

```
pd.cut(grade,bins,right=False)
```

运行结果:

```
统计每个区间的人数:
 [0, 60)     2
[80, 90)     2
[90, 100)    2
[60, 70)     1
[70, 80)     1
dtype: int64
```

使用等宽法离散化对数据分布具有较高要求,若数据分布不均匀,那么各个类的数目也会变得不均匀。

pandas.qcut() 可以指定所区分的数据,Pandas 会自动进行分箱处理。该方法的语法格式如下。

```
pandas.qcut(x,q,labels=None,retbins=False,precision=3,duplicates='raise')
```

参数说明如下。

- x:要进行分组的数据,数据类型为一维数组,或 Series 对象。
- q:组数,即要将数据分成几组,后边举例说明。
- labels:可以理解为组标签,这里注意标签个数要和组数相等。
- retbins:默认为 False,当为 False 时,返回值是 Categorical 类型(具有 value_counts () 方法),为 True 时返回值是元组。

【例 7-33】　使用 cut() 函数将上述课程数据进行面元划分。

```
import pandas as pd
pd.set_option('display.unicode.east_asian_width',True)
grade_list = [65,55,80,94,84,72,90,57]
print("原始数据:\n",grade_list)
cuts = pd.cut(grade_list, q=5)
print("统计每个区间的人数:\n",pd.value_counts(cuts))
```

运行结果：

```
原始数据:
 [65, 55, 80, 94, 84, 72, 90, 57]
统计每个区间的人数:
 (54.999, 60.2]     2
(70.6, 80.8]      2
(87.6, 94.0]      2
(60.2, 70.6]      1
(80.8, 87.6]      1
dtype: int64
```

由运行结果来看，qcut()函数不需要指定数字划分的区间。

2. 等频法离散数据

等频法是将相同数量的记录放在每个区间，保证每个区间的数量基本一致。即将属性值分为具有相同宽度的区间，区间的个数 k 根据实际情况来决定。例如，有 60 个样本，要将其分为 $k=3$ 部分，则每部分的长度为 20 个样本。

【例 7-34】 等频法离散化连续型数据。

```python
import pandas as pd
import numpy as np
pd.set_option('display.unicode.east_asian_width',True)
score_list = [65,55,80,94,84,72,90,57]
print("原始数据:\n",score_list)
def SameRateCut(data,k):
    k = 2
    w = data.quantile(np.arange(0,1+1.0/k,1.0/k))
    data = pd.cut(data,k)
    return  data
result  = SameRateCut(pd.Series(score_list),3)
print("统计每个区间的人数:\n",pd.value_counts(result))
```

运行结果：

```
原始数据:
 [65, 55, 80, 94, 84, 72, 90, 57]
统计每个区间的人数:
 (54.961, 74.5]     4
(74.5, 94.0]       4
dtype: int64
```

3. 分位数法离散数据

分位数法离散数据利用四分位、五分位、十分位等分位数进行离散。

【例 7-35】 利用分位数法离散数据。

```python
import pandas as pd
import numpy as np
#设置数据显示的列数和宽度
pd.set_option('display.max_columns',100)
pd.set_option('display.width',1000)
#解决数据输出时列名不对齐问题
pd.set_option('display.unicode.east_asian_width',True)
df = pd.read_excel(r'./大数据 211 班成绩表.xlsx').head(10)
```

```
#计算每个学生的总成绩
df['总成绩'] = df.Python 程序设计+df.数据库+df.数据结构+df.数据处理+df.数据可视化
+df.军训+df.体育
#查看总成绩的统计描述,df['总成绩']为 object 需要转换
print("查看总成绩的统计描述:\n",df['总成绩'].astype(float).describe())
#将总成绩离散化,根据四分位数分为四段
bins = [min(df['总成绩'])-1,498,568,595,max(df['总成绩'])+1]
#给三段数据贴标签
labels = ['498 及其以下','498 到 568','468 到 595','580 及其以上']
#总分层
df['总分层'] = pd.cut(df.总成绩,bins,labels=labels)
df_new = df.groupby(by=['总分层']).agg({'总成绩':np.size}).rename(columns={'总
成绩':'人数'})
print(df_new)
```

运行结果：

```
查看总成绩的统计描述:
 count     10.000000
mean     551.600000
std       64.534573
min      452.000000
25%      498.500000
50%      568.000000
75%      595.750000
max      655.000000
Name: 总成绩, dtype: float64
人数
总分层
498 及其以下      3
498 到 568      3
468 到 595      1
580 及其以上      3
```

4. 基于聚类法离散数据

一维聚类离散包括两个过程：选取聚类算法（K-means 算法）将连续属性值进行聚类；处理聚类之后得到的 k 个簇，得到每个簇对应的分类值（类似这个簇的标记），将在同一个簇内的属性值作为统一标记。

7.4.3 交叉分析

交叉分析通常用于分析两个或两个以上分组变量之间的关系，以交叉表形式进行变量间关系的对比分析。一般分为定量、定量分组交叉，定量、定性分组交叉，定性、定型分组交叉。常用命令格式如下。

数据交叉分析函数 pivot_table()语法格式如下。

```
pivot_table(values, index, columns, aggfunc, fill_value)
```

参数说明如下。

• values：数据透视表中的值。

• index：数据透视表中的行。

• columns：数据透视表中的列。

- aggfunc：统计函数。
- fill_value：NA 值的统一替换。

返回值：数据透视表的结果。

使用 DataFrame 对象的 pivot_table()方法可以实现数据透视表功能。数据透视表是对 DataFrame 中的数据进行快速分类汇总的一种分析方法，可以根据一个或多个字段，在行和列的方向对数据进行分组聚合，以多种不同的方式灵活地展示数据的特特征，从不同角度对数据进行分析。

若要使用数据透视表功能，则 DataFrame 必须是长表形式，即每列都是不同属性的数据项。

数据透视表可以根据一个或多个字段，在行和列的方向对数据进行分组聚合，以多种不同方式灵活展示数据的特征，从不同角度对数据进行分析。

使用要求：DataFrame 必须是长表形式，即每一列都是不同属性的数据项。

【例 7-36】 利用 pivot_table()方法制作数据透视表，分析每周各商品的订购总金额。

```
df=pd.read_excel(r'./订单_new.xlsx')
df1= df.pivot_table(values='金额', index='周次', columns='商品名称',
        aggfunc='sum', margins=True)
```

运行结果：

商品名称	T恤	休闲鞋	卫衣	围巾	运动服	All
周次						
5	16963.24	7435.8	55123.55	3429.00	38850.0	121801.59
6	44898.63	18297.9	45534.91	1979.64	38671.5	149382.58
7	25708.06	5670.0	379.50	7666.92	21168.0	60592.48
8	NaN	58376.7	126.50	6767.28	21325.5	86595.98
All	87569.93	89780.4	101164.46	19842.84	120015.0	418372.63

默认对所有的数据列进行透视，非数值列自动删除，也可选取部分列进行透视。

7.4.4　结构分析

结构分析是在分组以及交叉的基础上，计算各组成部分所占的比重进而分析总体的内部特征的一种分析方法。

这个分组主要是指定性分组，定性分组一般看结构，它的重点在于占总体的比重。

【例 7-37】 对"大数据班成绩表.xlsx"中的数据按照班级，查看男女生各占多少。

实现代码如下。

```
import pandas as pd
import numpy as np
df = pd.read_excel('./大数据班成绩表.xlsx')
df_pt = df.pivot_table(values=['学号'],index=['班级'],columns=['性别'],aggfunc
=[np.count_nonzero])
print(df_pt)
new_df = df_pt.div(df_pt.sum(axis=1),axis=0)
print(new_df)
new_df = df_pt.div(df_pt.sum(axis=0),axis=1)
print(new_df)
```

运行结果：

```
   count_nonzero
学号
性别  女  男
班级
大数据 01        2   8
大数据 02        1   10
大数据 03        3   7
   count_nonzero
学号
性别  女  男
班级
大数据 01    0.200000   0.800000
大数据 02    0.090909   0.909091
大数据 03    0.300000   0.700000
   count_nonzero
学号
性别  女  男
班级
大数据 01    0.333333   0.32
大数据 02    0.166667   0.40
大数据 03    0.500000   0.28
```

7.4.5 相关分析

判断两个变量是否具有线性相关关系的最直观的方法是直接绘制散点图，看变量之间是否符合某个变化规律。当需要同时考察多个变量间的相关关系时，一一绘制它们之间的简单散点图是比较麻烦的。此时可以利用散点矩阵图同时绘制各变量间的散点图，从而快速发现多个变量间的主要相关性，这在进行多元回归时显得尤为重要。

相关分析研究现象之间是否存在某种依存关系，并对具体有依存关系的现象探讨其相关方向以及相关程度，是研究随机变量之间的相关关系的一种统计方法。

为了更加准确地描述变量之间的线性相关程度，通过计算相关系数来进行相关分析，在二元变量的相关分析过程中，比较常用的有 Pearson 相关系数、Spearman 秩相关系数和判定系数。Pearson 相关系数一般用于分析两个连续变量之间的关系，要求连续变量的取值服从正态分布。不服从正态分布的变量、分类或等级变量之间的关联性可采用 Spearman 秩相关系数（也称等级相关系数）来描述。

相关系数：可以用来描述定量变量之间的关系。

相关系数与相关程度如表 7-2 所示。

表 7-2　相关系数与相关程度的关系

相关系数 $|r|$ 取值范围	相关程度
$0 \leqslant |r| < 0.3$	低度相关
$0.3 \leqslant |r| < 0.8$	中度相关
$0.8 \leqslant |r| \leqslant 1$	高度相关

相关分析函数如下。

```
DataFrame.corr()
Series.corr (other)
```

如果由 DataFrame 调用 corr()方法,那么将会计算每列两两之间的相似度。如果由序列调用 corr()方法,那么只计算该序列与传入的序列之间的相关度。

返回值:DataFrame 调用,返回 DataFrame;Series 调用,返回一个数值型,大小为相关度。

【例 7-38】　利用相关分析函数,计算"农产品产量与降雨量.xlsx"数据集中"亩产量(kg)"和"年降雨量(mm)"的相关系数。

```
import pandas as pd
df = pd.read_excel('./农产品产量与降雨量.xlsx')
df['亩产量(kg)'].corr(df['年降雨量(mm)'])
```

运行结果:

```
0.9999974941310077
```

从运行结果来看,"亩产量(kg)"和"年降雨量(mm)"之间属于高度相关。

7.5　Pandas 可视化方法

数值型的数据不仅给人枯燥的感觉,而且无法直观地反映其中的问题,为了能快速地从数据中获取关键信息,可通过图表这种可视化方式进行展示。

Pandas 的可视化图表(Chart)可以让数据直达我们的想法,让数据自己说话。Pandas 的 plot()方法可以快速地绘制一些常见的图表,包括折线图、柱形图、条形图、直方图、箱形图、饼图等。

Pandas 提供的 plot()方法可以快速方便地将 Series 和 DataFrame 中的数据进行可视化,它是对 matplotlib.axes.Axes.plot 的封装。代码执行后会生成一张可视化图形。

plot()方法的语法格式如下。

```
plot(x=None, y=None, kind='line', ax=None, subplots=False, sharex=None, sharey
=False, layout = None, figsize = None, use_index = True, title = None, grid = None,
legend=True, style=None, logx=False, logy=False, loglog=False, xlabel=None,
ylabel=None, xlim=None, ylim=None, rot=None,xerr=None,secondary_y=False, sort_
columns=False, **kwargs)
```

参数说明如下。

* x、y:表示 x 轴和 y 轴的数据。
* kind:表示绘图的类型。参数的取值可以为'line'(折线图,默认)、'bar'(柱形图)、'barh'(条形图)、'hist'(直方图)、'box'(箱形图)、'kde'(密度图)、'pie'(饼图)等。
* figsize:表示图表尺寸的大小(单位为 px),接收形式如(宽度,高度)的元组,这两个元素分别代表图表的宽度和高度。
* title:表示图表的标题。
* grid:表示是否显示网格线,若为 True,则显示网格线。
* xlabel:表示 x 轴的标签。

- ylabel：表示 y 轴的标签。
- rot：表示轴标签旋转的角度。

需要说明的是，Pandas 中使用 plot()方法绘制的图表默认是不支持显示中文的。为保证图表中坐标轴的标签能够正常地显示出来，这里需要借助 Matplotlib 库，通过"plt.rcParams['font.sans-serif'] = ['SimHei']"将图表中文本的字体设置为黑体。

Pandas 利用 plot()调用 Matplotlib 快速绘制出数据可视化图形。注意，第一次使用 plot()时可能需要执行两次才能显示图形。

【例 7-39】 利用 plot()方法绘制"李博"四次成绩的折线图。

```python
import pandas as pd
import matplotlib.pyplot as plt
df = pd.read_csv('./score.csv',sep=',')
df.set_index('name',inplace=True)
plt.rcParams['font.sans-serif'] = ['SimHei']
df.loc['李博','No1':'No4'].plot(kind='line',title='李博同学成绩折线图',style=
'-',xlabel='作业次数',ylabel='成绩')
plt.show()
```

运行结果如图 7-2 所示。

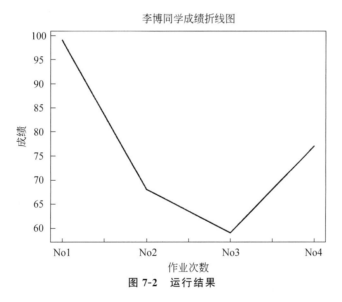

图 7-2 运行结果

注意：PyCharm 中 plot()方法绘图不显示的图，需要导入 matplotlib.pyplot 库，绘图后调用 matplotlib.pyplot.show()方法。

小   结

本章主要讲解了 Pandas 的数据分析与可视化知识，包括数据基本统计分析、数据选取与查询、数据排序与排名以及常用的数据分析方法等内容。通过本章的学习，希望读者能掌握 Pandas 的数据分析与可视化操作。

思考与练习

1. 常见的统计计算方法有哪些?

2. 数据选取主要是通过 DataFrame 对象中哪两个属性? 在使用上有什么区别?

3. 对数据按照索引和值排序的方法是什么?

4. 请简述 Pandas 库中常用的分析方法有哪些?

第 8 章

Pandas 数据处理与分析实战

对学生考试成绩数据进行处理分析,可以有利于任课教师对学生学习状态的了解。本章以 A~E 组的 4 次综合实践成绩进行分析,主要让读者体验从 Python 编程到 Pandas 等做数据处理与分析知识的应用。

8.1 数据集准备

数据集(Data set 或 dataset),又称为资料集、数据集合或资料集合,是一种由数据组成的集合,可以简单理解成一个 Excel 表格。

数据集:score.csv。

各列说明如下。

- name:学生的姓名,这列没有重复值,一个学生一行,即一条数据,共 102 条。
- team:所在的团队、班级,这个数据会重复。
- No1~No4:四次小组综合实践成绩的成绩,可能会有重复值。

8.2 编程实现数据处理分析

8.2.1 数据探索

通过直接读取文件,显示前 5 行数据。

```
import csv
f = open("score.csv", "r")
reader = csv.reader(f)
content = []
for row in reader:
    content.append(row)
f.close()
for i in range(5):
    print(content[i])
```

运行结果:

```
['name', 'team', 'No1', 'No2', 'No3', 'No4']
['李博', 'A', '99', '68', '59', '77']
['李明发', 'A', '41', '50', '62', '92']
['寇忠云', 'B', '96', '94', '99', '']
['李欣', 'C', '48', '51', '94', '99']
```

如果查看其他数据信息，还必须进行很复杂的编程。

8.2.2 处理数据

（1）查看总共分了几组。

```
team_list = []
for row in content[1:]:
    team_list.append(row[1])
team_count = set(team_list)
print("学生共有%d组,分别是:%r"%(len(team_count),team_count))
```

运行结果：

学生共有5组,分别是:{'B', 'A', 'D', 'C', 'E'}

（2）按学生分为 5 组，统计在每个组中的学生人数。

```
content_dict = {}
for row in content[1:]:
    team_name = row[1]
    if team_name not in content_dict.keys():
        content_dict[team_name] = [row]
    else:
        content_dict[team_name].append(row)
for key in content_dict:
    print(key,":",len(content_dict[key]))
```

运行结果：

```
A : 18
B : 23
C : 22
D : 19
E : 20
```

（3）以元组的形式，统计在每组中的人数。

```
number_tuple = []
for key, value in content_dict.items():
    number_tuple.append((key, len(value)))
print (number_tuple)
```

运行结果：

[('A', 18), ('B', 23), ('C', 22), ('D', 19), ('E', 20)]

（4）统计每组学生的第一次成绩的均值，并保留一位小数。

```
mean_list = []
for key, value in content_dict.items():
    sum= 0
    for row in value:
        sum += float(row[2])
    mean_list.append((key, sum/len(value)))
for item in mean_list:
    print(item[0],":",round(item[1],1))
```

运行结果：

```
A : 65.4
B : 69.7
C : 61.6
D : 64.7
E : 64.4
```

从上述运行结果来看,虽然实现了相关的要求,但是并没有对数据进行预处理。通过 Python 编程实现数据的处理分析,还是比较复杂的。接下来,将利用 Pandas 库实现成绩数据的处理与分析。

8.3　Pandas 实现成绩数据处理与分析

8.3.1　数据探索

1. 导入数据

导入 Pandas 库,起别名为 pd。

```
import pandas as pd
```

接下来,就可以用 pd 调用 Pandas 的所有功能。

```
df = pd.read_csv('./score.csv',sep=',')
print(df)
```

运行结果:

```
      name   team   No1    No2    No3    No4
0     李博     A      99     68.0   59     77.0
1     李明发   A      41     50.0   62     92.0
2     寇忠云   B      96     94.0   99     NaN
3     李欣     C      48     51.0   94     99.0
4     石璐     D      64     79.0   54     65.0
..    ...    ...    ...    ...    ...    ...
97    李慧     A      73     73.0   85     53.0
98    陈晨     C      40     65.0   71     54.0
99    杨小传   A      100    70.0   55     90.0
100   赵敏     C      97     93.0   65     88.0
101   黄宏军   E      51     88.0   55     68.0

[102 rows x 6 columns]
```

2. 查看 5 条数据

(1)查看前 5 条数据。

```
df.head()
```

(2)查看最后 5 条数据。

```
df.tail()
```

(3)随机查看 5 条数据。

```
df.sample()
```

上述 3 条语句,括号内可以写明想查看的条数,如查看 10 条,df.head(10)。

3. 验证数据

（1）查看数据行数和列数。

```
df.shape                     # (102, 6)
```

（2）查看各列的数据类型。

```
print(df.dtypes)
```

运行结果：

```
name      object
team      object
No1        int64
No2      float64
No3        int64
No4      float64
dtype: object
```

（3）查看数据行和列名。

```
print(df.axes)
```

运行结果：

```
[RangeIndex(start=0, stop=102, step=1), Index(['name', 'team', 'No1', 'No2',
'No3', 'No4'], dtype='object')]
```

（4）显示列名。

```
print(df.columns)
```

运行结果：

```
Index(['name', 'team', 'No1', 'No2', 'No3', 'No4'], dtype='object')
```

（5）查看索引、列的数据类型和内存信息。

```
print(df.info())
```

运行结果：

```
<class 'pandas.core.frame.DataFrame'>
RangeIndex: 102 entries, 0 to 101
Data columns (total 6 columns):
 #   Column  Non-Null Count  Dtype
---  ------  --------------  -----
 0   name    102 non-null    object
 1   team    102 non-null    object
 2   No1     102 non-null    int64
 3   No2     100 non-null    float64
 4   No3     102 non-null    int64
 5   No4     99 non-null     float64
dtypes: float64(2), int64(2), object(2)
memory usage: 4.9+ KB
None
```

4. 建立索引

从上述运行结果来看，可以将 name 列作为索引。

```
df.set_index('name',inplace=True)
```

其中,可选参数 inplace＝True 会将指定好索引的数据再赋值给 df 使索引生效,否则索引不会生效。

注意:这里并没有修改原数据集,从我们读取数据后就已经和它没有关系了,我们处理的是内存中的 df 变量。

利用 print(df.head())运行结果:

```
name   team  No1  No2   No3  No4
李博      A    99   68.0  59   77.0
李明发     A    41   50.0  62   92.0
寇忠云     B    96   94.0  99   NaN
李欣      C    48   51.0  94   99.0
石璐      D    64   79.0  54   65.0
```

从运行结果来看,将 name 建立索引后,就没有从 0 开始的数字索引了。

8.3.2 数据预处理

由于学生成绩数据中可能包含缺失值、重复值和异常值,下面分别介绍如何根据实际情况对数据中的缺失值、重复值、异常值进行检测与处理。

1. 缺失值处理

(1)采取已有数据填充:由 df.info()的显示结果可以看出,"No1"列和"No4"列中存在缺失值,可以通过"df.fillna(method＝'ffill',inplace＝True)"对缺失值填充。

(2)对无意义的数据进行删除:若缺失值不影响数据分析结果,则使用"df.dropna()"删除"No1"列和"No4"列中包含缺失值的数据。

2. 重复值处理

使用 duplicated()方法先检测数据中是否有重复值。由于被检测的数据量较大,在duplicated()返回的结果对象中无法了解哪些行被标记为 True,因此这里可以筛选出结果对象中值为 True 的数据,即包含重复项的数据,代码如下。

```
print(df[df.duplicated()])
```

运行结果:

```
name  team  No1  No2   No3  No4
63  赵雨霏    A    70   73.0  75   87.0
82  沈洁宇    B    100  80.0  68   80.0
```

从运行结果来看,数据中包含两条重复的行。

重复行被检测出来后,可将重复行删除,代码如下。

```
new_df =  df.drop_duplicates(ignore_index=True)
print(new_df)
```

运行结果:

```
    name   team  No1  No2   No3   No4
0    李博     A    99   68.0  59    77.0
1    李明发    A    41   50.0  62    92.0
2    寇忠云    B    96   94.0  99    NaN
```

```
3     李欣      C    48   51.0   94   99.0
4     石璐      D    64   79.0   54   65.0
..    ...   ...  ...    ...  ...   ...
95    李慧      A    73   73.0   85   53.0
96    陈晨      C    40   65.0   71   54.0
97    杨小传    A   100   70.0   55   90.0
98    赵敏      C    97   93.0   65   88.0
99    黄宏军    E    51   88.0   55   68.0

[100 rows x 6 columns]
```

从运行结果可以看出,删除重复项以后,数据又少了 2 行,剩余 100 行。

3. 异常值处理

缺失值和重复值处理完之后,还需检测各列中是否包含异常值。

```python
import pandas as pd
from matplotlib import pyplot as plt
df = pd.read_csv('./score.csv',sep=',')
df.fillna(method='ffill',inplace=True)
new_df =  df.drop_duplicates(ignore_index=True)
data = new_df.loc[:,'No1':'No4']
box = data.boxplot()
plt.show()
```

运行结果如图 8-1 所示。

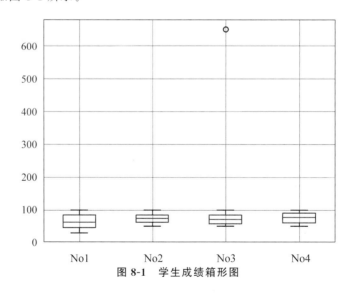

图 8-1　学生成绩箱形图

箱形图中 No3 列有一个异常值。对于被检测出来的异常值,需要先查看具体是哪些数据,之后再决定是否删除。

定义一个用于获取异常值及其索引的函数 box_outliers()。

```python
def box_outliers(ser):
    #对需要检测的数据集进行排序
    new_ser = ser.sort_values()
    #判断数据的总数量是奇数还是偶数
    if new_ser.count() % 2 == 0:
```

```
        #分别计算 Q3、Q1、IQR
        Q3 = new_ser[int(len(new_ser) / 2):].median()
        Q1 = new_ser[:int(len(new_ser) / 2)].median()
    elif new_ser.count() % 2 != 0:
        Q3 = new_ser[int((len(new_ser)-1) / 2):].median()
        Q1 = new_ser[:int((len(new_ser)-1) / 2)].median()
    IQR = round(Q3 - Q1, 1)
    rule = (round(Q3+1.5 * IQR, 1)<ser) | (round(Q1-1.5 * IQR, 1) > ser)
    index = np.arange(ser.shape[0])[rule]
    #获取包含异常值的数据
    outliers = ser.iloc[index]
return outliers
```

依次获取 No3 列的数据,并使用 box_outliers()函数检测数据中是否包含异常值,返回数据中的异常值及其对应的索引。

```
outliers_ser = box_outliers(new_df['No3'])
print("异常值的索引和值:",outliers_ser)
```

运行结果:

```
异常值的索引和值: 25    650
```

由于 650 这个数据属于分数多输入一个 0,直接修改即可。

```
outliers_ser[25]  = 65              #修改异常值
```

如果在处理异常值时,出现值无法修改或者对分析结果影响不大时,可以通过 drop()函数删除即可。

8.3.3　数据选取

数据预处理之后,接下来,对数据进行一些筛选操作。

1. 选择列

(1)选择一列。选择列的方法如下,如选择 No1,就可以表达为:

```
df['No1']                        #查看指定的列
```

或者

```
df.No1                           #功能同上
```

运行结果:

```
0      99
1      41
2      96
3      48
4      64
      ...
95     73
96     40
97     100
98     97
99     51
Name: No1, Length: 100, dtype: int64
```

这里返回的是一个 Series 类型数据,可以理解为数列,它也是带索引的。此时可以看到,索引在这里已经发挥了作用,否则索引就是一个数字,无法知道与之对应的是谁的数据。

（2）选择多列。选择多列可以用以下方法。

```
df[['team','No1']]                              #只看这两列,注意括号
df.loc[:,['team','No1']]                        #与上一行效果一样
```

df.loc[x,y]是一个非常强大的数据选择函数,其中,x 代表行,y 代表列,行和列都支持条件表达式,也支持类似列表那样的切片(如果要用自然索引,需要用 df.iloc[])。

2. 选择行

选择行的方法如下。

（1）通过索引选取行。

```
#用指定索引选取
df[df.index == '李慧']                          #首先保证 name 列为索引列,然后指定姓名
```

（2）通过自然索引选取行,用自然索引选择,类似列表的切片。

```
df[0:3]                                          #取前三行
df[0:10:2]                                        #在前 10 个中每两个取一个
df.iloc[:10,:]                                    #前 10 个
```

3. 指定行和列

同时给定行和列的显示范围。

```
df.loc['石璐','No1':'No4']                       #只看"石璐"的四次成绩
df.loc['李慧':'赵敏','team':'No4']               #查看从"李慧"到"赵敏"指定区间数据
```

最后一行语句,运行结果:

```
name    team    No1    No2    No3    No4
李慧      A       73     73.0   85     53.0
陈晨      C       40     65.0   71     54.0
杨小传    A       100    70.0   55     90.0
赵敏      C       97     93.0   65     88.0
```

4. 条件选择

按一定的条件显示数据。

（1）单一条件选择数据。

```
df[df.No1 > 90]                                  #No1 列大于 90
df[df.team == 'C']                               #team 列为'C'的
df[df.index == '管彤']                           #指定索引即原数据中的 name
```

最后一行语句,运行结果:

```
name    team    No1    No2    No3    No4
管彤      E       100    83.0   76     78.0
```

（2）组合条件选择数据。

```
df[(df.No1 > 90) & (df.team == 'C')]             #"&"表示与的关系
df[df['team'] == 'C'].loc[df.No1>90]             #多重筛选
```

最后一行语句,运行结果:

```
name      team   No1   No2    No3   No4
任昭阳     C     98    50.0   62    50.0
赵敏       C     97    93.0   65    88.0
```

8.3.4　数据分析

1. 排序

在进行数据分析时,经常用的是排序,然后观察数据。

```
df.sort_values(by = 'No1')                              #按 No1 列数据升序排序,默认为升序
df.sort_values(by = 'No1',ascending=False)    #降序
df.sort_values(['team','No1'],ascending=[True,False])   #team 升序,No1 降序
```

最后一行语句,运行结果:

```
name      team   No1   No2    No3    No4
杨小传     A     100   70.0   55     90.0
李博       A     99    68.0   59     77.0
柴心怡     A     87    74.0   53     100.0
王安然     A     84    64.0   91     84.0
王炜哲     A     81    78.0   76     93.0
...       ...   ...   ...    ...    ...
徐占聪     E     36    74.0   52     95.0
董纯纯     E     35    97.0   72     75.0
宋承俪     E     35    82.0   65     81.0
姜偲倩     E     32    69.0   64     96.0
王志萌     E     30    91.0   56     88.0

[100 rows x 5 columns]
```

2. 分组聚合

对数据分组查看,会用到 groupby()方法。

```
df.groupby('team').sum()                #按小组分组对应列相加
df.groupby('team').mean()               #按小组分组对应列求平均
#不同列不同的计算方法
df.groupby('team').agg({
    'No1':sum,                          #总和
    'No2':'count',                      #总数
    'No3':'mean',                       #平均
    'No4':max                           #最大值
})
```

最后一行语句,运行结果:

```
team   No1    No2    No3          No4
A      1107   17     103.470588   100.0
B      1504   22     76.545455    95.0
C      1355   22     64.409091    99.0
D      1230   19     77.210526    100.0
E      1288   20     75.100000    100.0
```

3. 数据转换

对数据表进行转置,以 A-No1、…、E-No4 两点连成的折线为轴对数据进行翻转。

```
df.groupby('team').sum().T
```

运行结果：

```
team    A        B        C        D        E
No1   1107.0   1504.0   1355.0   1230.0   1288.0
No2   1298.0   1701.0   1471.0   1466.0   1449.0
No3   1759.0   1684.0   1417.0   1467.0   1502.0
No4   1323.0   1579.0   1631.0   1388.0   1642.0
```

读者也可以试试以下代码，看有什么效果。

```
df.groupby('team').sum().stack()
df.groupby('team').sum().unstack()
```

4. 增加列

用 Pandas 增加一列非常方便，就与新定义一个字典的键值一样。

```
df['year'] = 2022                                         #增加一个固定值的列，比如增加一个年份列
df['total'] = df.No1 + df.No2 + df.No3 + df.No4           #增加四次总成绩列
#将计算得来的结果赋值给新列
df['total'] = df.loc[:,'NO1':'No4'].apply(lambda x:sum(x),axis=1)
df['total'] = df.sum(axis=1)                              #可以把所有为数字的列相加
df['avg'] = df.total /4                                   #增加平均成绩
```

5. 统计分析

根据数据分析目标，试着使用以下函数，看看能得到什么结论。

```
df.mean()                                                 #返回所有列的均值
df.mean(1)                                                #返回所有行的均值
df.corr()                                                 #返回列与列之间的相关系数
df.count()                                                #返回每一列中的非空值的个数
df.max()                                                  #返回每一列的最大值
df.min()                                                  #返回每一列的最小值
df.median()                                               #返回每一列的中位数
df.std()                                                  #返回每一列的标准差
df.var()                                                  #方差
df.mode()                                                 #众数
```

8.3.5 数据可视化

Pandas 利用 plot()调用 Matplotlib 快速绘制出数据可视化图形。注意，第一次使用 plot()时可能需要执行两次才能显示图形。

可以使用 plot()快速绘制折线图。

```
df['No1'].plot()                                          #No 1 成绩的折线分布
```

可以先选择要展示的数据，再绘图。

```
df.loc['李慧','No1':'No4'].plot()                          #李慧四次的成绩变化
```

可以使用 plot.bar()绘制柱状图。

```
df.loc['李慧','No1':'No4'].plot.bar()                      #柱状图
df.loc['李慧','No1':'No4'].plot.barh()                     #横向柱状图
```

如果想绘制横向柱状图，可以将 bar()更换为 barh()。

对数据聚合计算后,可以绘制成多条折线图。

```
#各 Team 四次总成绩趋势
df.groupby('team').sum().T.plot()
```

也可以用饼图。

```
#各组人数对比
df.groupby('team').count().No1.plot.pie()
```

8.3.6 数据输出

对于处理后的数据,可以非常轻松地导出 Excel 和 CSV 文件。

```
df.to_csv('score_new.csv')          #导出 CSV 文件
df.to_excel(' score_new.xlsx')      #导出 Excel 文件
```

导出的文件位于工程文件的同一目录下,可以打开看看。

小　　结

本章主要通过编程和 Pandas 库对成绩数据处理与分析进行了讲解,涉及数据分析全过程知识点。

思考与练习

请根据淘宝 APP 2014 年 11 月 18 日至 2014 年 12 月 18 日的大约一千二百万条用户行为数据集做数据的处理与分析。

第9章
Matplotlib 库绘制可视化图表

数据可视化通过对真实数据的采集、清洗、预处理、分析等过程建立数据模型，并最终将数据转换为各种图形，清晰而直观地呈现数据的特征、趋势或关系等，来打造较好的视觉效果，辅助数据分析和展示数据分析的结果。

本章主要介绍使用 Matplotlib 库和 Pandas 库中的绘图功能绘制折线图、直条图、直方图、饼图、箱形图、散点图等基本图形的方法，并通过实例展示数据可视化的效果。

9.1 数据可视化概述

9.1.1 常见的可视化图表类型

数据可视化最常见的应用是一些统计图表，如直方图、散点图、饼图等，这些图表作为统计学的工具，创建了一条快速了解数据集的途径，并成为令人信服的沟通手段，所以可以在大量的方案、新闻中见到这些统计图形。

接下来，介绍一些数据分析中比较常见的图表。

1. 直方图

直方图，又称为质量分布图，是一种统计报告图，由一系列高度不等的纵向条纹或线段表示数据分布的情况，一般用横轴表示数据的类型，纵轴表示分布情况。直方图示例如图 9-1 所示。

大数据211班数据结构成绩分布直方图

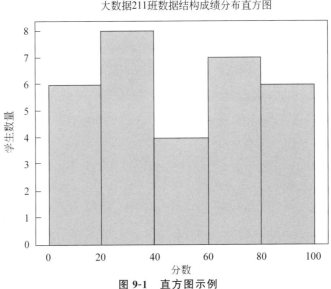

图 9-1　直方图示例

通过观察可以发现,直方图可以利用方块的高度来反映数据的差异。不过,直方图只适用于中小规模的数据集,不适用于大规模的数据集。

2. 折线图

折线图是用直线段将各数据点连接起来而组成的图形,以折线的方式显示数据的变化趋势。折线图可以显示随时间(根据常用比例设置)变化的连续数据,适用于显示在相等时间间隔下数据的趋势。折线图示例如图 9-2 所示。

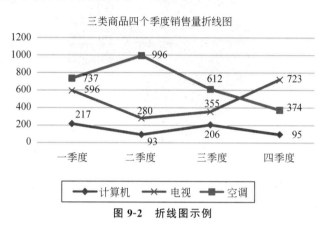

图 9-2　折线图示例

上述折线图中,x 轴表示季度,y 轴表示产品的销量,分别用三条不同颜色的线段和标记,描述了每个季度计算机、电视、空调的销售数量。折线图可以很容易反映出数据变化的趋势,如哪个季度销售的数量变多,哪个季度销售的数量变少,通过折线的倾斜程度都能一览无余。另外,多条折线对比还能看出哪种产品销售得比较好,更受欢迎。

3. 条形图

条形图是用宽度相同的条形的高度或者长短来表示数据多少的图形,可以横置或纵置,纵置时也称为柱形图。条形图示例如图 9-3 所示。

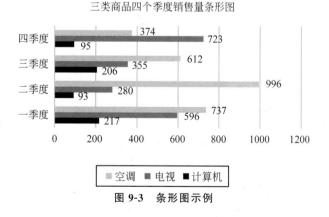

图 9-3　条形图示例

图 9-3 中,通过条形的长短,可以比较四个季度这三种商品的销售情况。

4. 饼图

饼图可以显示一个数据序列(图表中绘制的相关数据点)中各项的大小与各项总和的比例,每个数据序列具有唯一的颜色或图形,并且与图例中的颜色是相对应的。饼图示例如

图 9-4 所示。

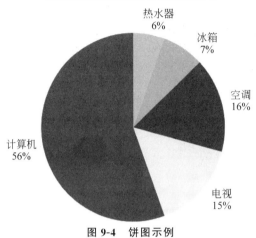

图 9-4　饼图示例

　　饼图中的数据点由圆环图的扇面表示,相同颜色的扇面是一个数据系列,并用所占的百分比进行标注。饼图可以很清晰地反映出各数据系列的百分比情况。

5. 散点图

　　在回归分析中,散点图是指数据点在直角坐标系平面上的分布图,通常用于比较跨类别的数据。散点图包含的数据点越多,比较的效果就会越好。散点图示例如图 9-5 所示。

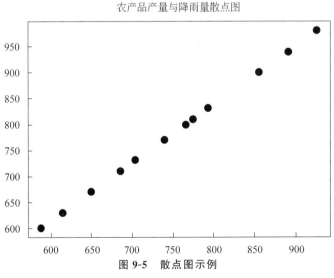

图 9-5　散点图示例

　　散点图中每个坐标点的位置是由变量的值决定的,用于表示因变量随自变量变化的大致趋势,以判断两种变量的相关性(分为正相关、负相关、不相关)。例如,身高与体重、降雨量与产量等。

　　散点图适合显示若干数据序列中各数值之间的关系,以判断两变量之间是否存在某种关联。对于处理值的分布和数据点的分簇,散点图是非常理想的。

6. 箱形图

箱形图又称为盒须图、盒式图或箱形图,是一种用作显示一组数据分散情况资料的统计图,因形状如箱子而得名,在各种领域中也经常被使用,常见于品质管理。箱形图示例如图 9-6 所示。

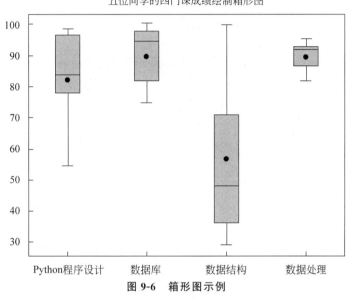

图 9-6　箱形图示例

箱形图包含六个数据结点,会将一组数据按照从大到小的顺序排列,分别计算出它的上边缘、上四分位数、中位数、下四分位数、下边缘,还有一个异常值。箱形图提供了一种只用 5 个点对数据集做简单总结的方式。

综上所述,上述几种常用的图表分别适用于如下应用场景。

(1) 直方图:适于比较数据之间的多少。

(2) 折线图:反映一组数据的变化趋势。

(3) 条形图:显示各个项目之间的比较情况,和直方图有类似的作用。

(4) 饼图:用于表示一个样本(或总体)中各组成部分的数据占全部数据的比例,对于研究结构性问题十分有用。

(5) 散点图:显示若干数据系列中各数值之间的关系,类似 x、y 轴,判断两变量之间是否存在某种关联。

(6) 箱形图:在识别异常值方面有一定的优越性。

9.1.2　可视化图表的基本构成

数据分析图表有很多种,但每一种图表的组成部分是基本相同的。图表由画布(figure)和轴域(axes)两个对象构成。画布表示一个绘图容器,画布上可以划分为多个轴域。一张完整的图表一般包括:画布、图表标题、绘图区、数据系列、坐标轴、坐标轴标题、图例、文本标签、网格线等,如图 9-7 所示。

下面将详细介绍各个组成部分的功能。

(1) 画布:图中最大的白色区域,作为其他图表元素的容器。

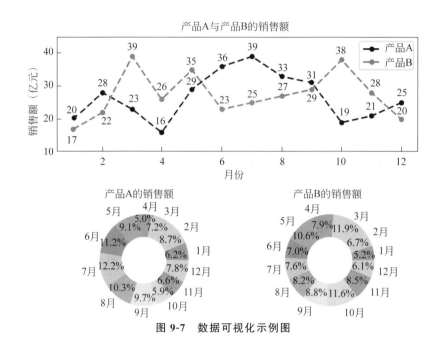

图 9-7   数据可视化示例图

（2）图表标题：用来概括图表内容的文字，常用的功能有设置字体、字号及字体颜色等。

（3）绘图区：画布中的一部分，即显示图形的矩形区域，可改变填充颜色、位置，以便为图表展示更好的图形效果。

（4）数据系列：在数据区域中，同一列（或同一行）数值数据的集合构成一组数据系列，也就是图表中相关数据点的集合。图表中可以有一组到多组的数据系列，多组数据系列之间通常采用不同的图案、颜色或符号来区分。

（5）坐标轴及坐标轴标题：坐标轴是标识数值大小及分类的垂直组和水平线，上面有标定数据值的标志（刻度）。一般情况下，水平轴（x 轴）表示数据的分类；坐标轴标题用来说明坐标轴的分类及内容，分为水平坐标轴和垂直坐标轴。

（6）图例：是指示图表中系列区域的符号、颜色或形状定义数据系列所代表的内容。图例由两部分构成：①图例标识，代表数据系列的图案，即不同颜色的小方块；②图例项，与图例标识对应的数据系列名称，一种图例标识只能对应一种图例项。

（7）文本标签：用于为数据系列添加说明文字。

（8）标签：用于为数据系列添加说明文字。

（9）网格线：贯穿绘图区的线条，类似标尺可以衡量数据系列数值的标准。常用的功能有设置网格线宽度、样式、颜色、坐标轴等。

图表由画布（figure）和轴域（axes）两个对象构成。画布表示一个绘图容器，画布上可以划分为多个轴域，如图 9-8 所示。轴域表示一个带坐标系的绘图区域，如图 9-9 所示。

9.1.3   数据可视化方式选择依据

数据可视化图形的表达需要配合展示用户的意图和目标，即要表达什么思想就应该选择对应的数据可视化展示方式。

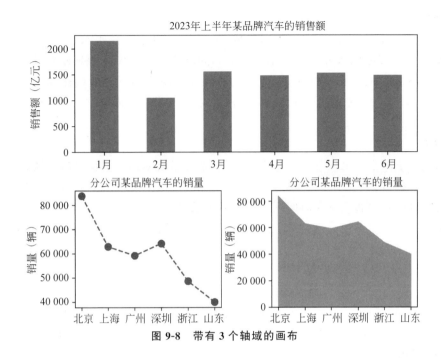

图 9-8 带有 3 个轴域的画布

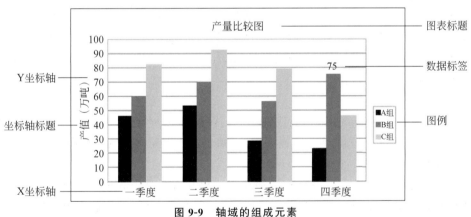

图 9-9 轴域的组成元素

数据可视化要展示的信息内容按主题可分为 4 种：趋势、对比、结构、关系。

1. 趋势

趋势是指事物的发展趋势，如走势的高低、状态好坏的变化等趋势，通常用于按时间发展的眼光来评估事物的场景。例如，按日的用户数量趋势、按周的订单量趋势、按月的转化率趋势等。

趋势常用的数据可视化图形是折线图，在时间项较少的情况下，也可以使用柱形图展示。

2. 对比

对比是指不同事物之间或同一事物在不同时间下的对照，可直接反映事物的差异性。例如，新用户与老用户的客单价对比、不同广告来源渠道的订单量和利润率对比等。

对比常用的数据可视化图形有柱形图、条形图、雷达图等。

3. 结构

结构也可以称为成分、构成或内容组成,是指一个整体由哪些元素组成,以及各个元素的影响因素或程度的大小。例如,不同品类的利润占比、不同类型客户的销售额占比的影响因素或程度的大小。例如,结构常用的数据可视化图形一般使用饼图或与饼图类型相似的图形,如玫瑰图、扇形图、环形图等;如果要查看多个周期或分布下的结构,可使用面积图。

4. 关系

关系是指不同事物之间的相互联系,这种联系可以是多种类型和结构。例如,微博转发路径属于一种扩散关系;用户频繁一起购买的商品属于频繁发生的交叉销售关系;用户在网页上先后浏览的页面属于基于时间序列的关联关系等。

关系常用的数据可视化图形,会根据不同的数据可视化目标选择不同的图形,如关系图、树形图、漏斗图、散点图等。

9.1.4 常见的数据可视化库

Python 作为数据分析的重要语言,为数据分析的每个环节都提供了很多库。常见的数据可视化库包括 Matplotlib、Seaborn、ggplot、Bokeh、Pygal、PyEcharts,下面将逐一介绍。

1. Matplotlib

Matplotlib 是 Python 中众多数据可视化库的鼻祖,其设计风格与 20 世纪 80 年代设计的商业化程序语言 MATLAB 十分接近,具有很多强大且复杂的可视化功能。Matplotlib 包含多种类型的 API(Application Program Interface,应用程序接口),可以采用多种方式绘制图表并对图表进行定制。

2. Seaborn

Seaborn 是基于 Matplotlib 进行高级封装的可视化库,它支持交互式界面,使绘制图表的功能变得更简单,且图表的色彩更具吸引力,可以画出丰富多样的统计图表。

3. ggplot

ggplot 是基于 Matplotlib 并旨在以简单方式提高 Matplotlib 可视化感染力的库,它采用叠加图层的形式绘制图形。例如,先绘制坐标轴所在的图层,再绘制点所在的图层,最后绘制线所在的图层,但其并不适用于个性化定制图形。此外,ggplot2 为 R 语言准备了一个接口,其中的一些 API 虽然不适用于 Python,但适用于 R 语言,并且功能十分强大。

4. Bokeh

Bokeh 是一个交互式的可视化库,它支持使用 Web 浏览器展示,可使用快速简单的方式将大型数据集转换成高性能的、可交互的、结构简单的图表。

5. Pygal

Pygal 是一个可缩放向量图表库,用于生成可在浏览器中打开的 SVC(Scalable Vector Graphics)格式的图表,这种图表能够在不同比例的屏幕上自动缩放,方便用户交互。

6. PyEcharts

PyEcharts 是一个生成 ECharts(Enterprise Charts,商业产品图表)的库,它生成的ECharts 凭借良好的交互性、精巧的设计得到了众多开发者的认可。

尽管 Python 在 Matplotlib 库的基础上封装了很多轻量级的数据可视化库,但万变不离其宗,掌握基础库 Matplotlib 的使用既可以使读者理解数据可视化的底层原理,也可以使读者具备快速学习其他数据可视化库的能力。本书主要详细介绍 Matplotlib 库的功能。

9.2　可视化 Matplotlib 库的概述

Matplotlib 是利用 Python 进行数据分析的一个重要的可视化工具,它依赖于 NumPy 模块和 Tkinter 模块,只需要少量代码就能够快速绘制出多种形式的图形,如折线图、直方图、饼图、散点图等。

9.2.1　Matplotlib 库的使用导入与设置

Matplotlib 库提供了一种通用的绘图方法,其中应用最广泛的是 matplotlib.pyplot 模块,导入该模块后,即可直接调用其中的各种绘图功能。

使用 Matplotlib 绘图,需要导入 matplotlib.pyplot 模块。

```
import matplotlib.pyplot as plt                    #导入 Matplotlib 绘图包
```

Matplotlib 使用 rc 参数定义图形的各种默认属性,如画布大小、线条样式、坐标轴、文本、字体等,rc 参数存储在字典变量中,根据需要可以修改默认属性。例如,使用以下设置语句可以在图表中正常显示中文或坐标轴的负号刻度。

```
plt.rcParams['font.sans-serif'] = ['SimHei']       #设置字体正常显示中文
plt.rcParams['axes.unicode_minus'] = False         #设置坐标轴正常显示负号
```

9.2.2　Matplotlib 库绘图的层次结构

假设想画一幅素描,首先需要在画架上放置并固定一个画板,然后在画板上放置并固定一张画布,最后在画布上画图。

同理,使用 Matplotlib 库绘制的图形并非只有一层结构,它也是由多层结构组成的,以便对每层结构进行单独设置。使用 Matplotlib 绘制的图形主要由三层组成:容器层、图像层和辅助显示层。

1. 容器层

容器层主要由 Canvas 对象、Figure 对象、Axes 对象组成,其中,Canvas 对象充当画板的角色,位于底层;Figure 对象充当画布的角色,可以包含多个图表,位于 Canvas 对象的上方,也就是用户操作的应用层的第一层;Axes 对象充当画布中绘图区域的角色,拥有独立的坐标系,可以将其看作一个图表,位于 Figure 对象的上方,也就是用户操作的应用层的第二层。Canvas 对象、Figure 对象、Axes 对象的层次关系如图 9-10 所示。

需要说明的是,Canvas 对象无须用户创建。Axes 对象拥有属于自己的坐标系,它可以是直角坐标系,即包含 x 轴和 y 轴的坐标系,也可以是三维坐标系(Axes 的子类 Axes3D 对象),即包含 x 轴、y 轴、z 轴的坐标系。

2. 图像层

图像层是指绘图区域内绘制的图形。例如,本节中使用 plot()方法根据数据绘制的直线。

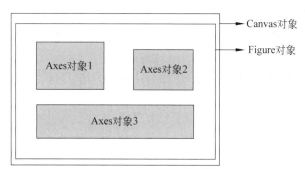

图 9-10 **Canvas** 对象、**Figure** 对象、**Axes** 对象的层次关系

3. 辅助显示层

辅助显示层是指绘图区域内除所绘图形之外的辅助元素，包括坐标轴（Axis 类对象，包括轴脊和刻度，其中，轴脊是 Spine 类对象，刻度是 Ticker 类对象）、标题（Text 类对象）、图例（Legend 类对象）、注释文本（Text 类对象）等。辅助元素可以使图表更直观、更容易被用户理解，但是又不会对图形产生实质的影响。

需要说明的是，图像层和辅助显示层所包含的内容都位于 Axes 类对象之上，都属于图表的元素。

9.3   Matplotlib 库绘图的基本流程

9.3.1   创建简单图表的基本流程

通过 pip install matplotlib 命令进行自动安装 Matplotlib 库后，用 Matplotlib 画图一般需要如下 5 个流程：导入模块、创建画布、制作图形、美化图片（添加各类标签和图例）、保存并显示图表。接下来详细讲解各个流程。

1. 导入 matplotlib.pyplot 模块

matplotlib.pytplot 包含一系列类似于 MATLAB 的画图函数。导入模块：

```
import matplotlib.pyplot as plt
```

2. 利用 figure() 创建画布

由于 Matplotlib 的图像均位于绘图对象中，在绘图前，先要创建绘图对象。如果不创建就直接调用绘图 plot() 函数，Matplotlib 会自动创建一个绘图对象。figure() 函数的语法格式如下。

```
def figure(num=None, figsize=None, dpi=None, facecolor=None, edgecolor=None,
frameon=True, figureclass=Figure, clear=False, **kwargs)
```

参数说明如下。

- num：接收 int 或 string，是一个可选参数，既可以给参数也可以不给参数。可以将该 num 理解为窗口的属性 id，即该窗口的身份标识。如果不提供该参数，则创建窗口的时候该参数会自增，如果提供则该窗口会以该 num 为 id 存在。

- figsize：可选参数。整数元组，默认是无。提供整数元组则会以该元组为长宽，若不提供，默认为 rcfiuguer.figsize。例如，(4,4) 即以长 4 英寸×宽 4 英寸的大小创建一个窗口。

- dpi：可选参数，整数。表示该窗口的分辨率，如果没有提供则默认为 rcfiuguer.dpi。
- facecolor：可选参数，表示窗口的背景颜色，如果没有提供则默认为 rcfiuguer. facecolor。其中，颜色的设置是通过 RGB，范围是'♯000000'～'♯FFFFFF'，其中，每 2 字节 16 位表示 RGB 的 0～255。例如，'♯FF0000'表示 R：255 G：0 B：0 即红色。
- edgecolor：可选参数，表示窗口的边框颜色，如果没有提供则默认为 figure,edgecolor。
- frameon：可选参数，表示是否绘制窗口的图框，默认为 True。
- figureclass：从 matplotlib.figure.Figure 派生的类，可选，使用自定义图形实例。
- clear：可选参数，默认为 False，如果提供参数为 True，并且该窗口存在则该窗口内容会被清除。

3. 绘制图表

通过调用 plot() 函数可实现在当前绘图对象中绘制图表。plot() 函数的语法格式如下。

```
plt.plot(x, y, label, color, linewidth, linestyle)
```

或

```
plt .plot (x, y, fmt,label)
```

参数说明如下。

- x、y：表示所绘制的图形中各点位置在 x 轴和 y 轴上的数据，用数组表示。
- label：给所绘制的曲线设置一个名字，此名字在图例（legend）中显示。只要在字符串前后添加"＄"符号，Matplotlib 就会使用其内嵌的 LaTeX 引擎来绘制数学公式。
- color：指定曲线的颜色。
- linewidth：指定曲线的宽度。
- linestyle：指定曲线的样式。
- fmt：指定曲线的颜色和线型，如"b--"，其中，b 表示蓝色，"--"表示线型为虚线，该参数也称为格式化参数。

调用 plot() 函数前，先定义所绘制图形的坐标，即图形在 x 轴和 y 轴上的数据。

4. 添加各类标签和图例

在调用 plot() 函数完成绘图后，还需要为图表添加各类标签和图例。pyplot 中添加各类标签和图例的函数如下。

（1）plt.xlabel()：在当前图形中指定 x 轴的名称，可以指定位置、颜色、字体大小等参数。

（2）plt.ylabel()：在当前图形中指定 y 轴的名称，可以指定位置、颜色、字体大小等参数。

（3）plt.title()：在当前图形中指定图表的标题，可以指定标题名称、位置、颜色、字体大小等参数。

（4）plt.xlim()：指定当前图形 x 轴的范围，只能输入一个数值区间，不能使用字符串。

（5）plt.ylim()：指定当前图形 y 轴的范围，只能输入一个数值区间，不能使用字符串。

（6）plt.xticks()：指定 x 轴刻度的数目与取值。

（7）plt.yticks()：指定 y 轴刻度的数目与取值。

（8）plt.legend()：指定当前图形的图例，可以指定图例的大小、位置和标签。

5. 保存和显示图表

在完成图表绘制、添加各类标签和图例后，下一步所要完成的任务是将图表保存为图片,并在本机上显示图表。保存和显示图表的函数如下。

(1) plt.savefig():保存绘制的图表为 JPEG、TIFF 或 PNG 图片,可以指定图表的分辨率、边缘和颜色等参数,该代码必须在 plt.show()代码前。

(2) plt.show():在本机显示图表。

【例 9-1】 利用 Matplotlib 绘制折线图,展现北京一周的天气,如从星期一到星期日的天气温度:8,7,8,9,11,7,5。

实现代码如下。

```
#1.导入模块
import matplotlib.pyplot as plt
#2.创建画布
plt.figure(figsize=(10, 10), dpi=100)
#3.绘制折线图
plt.plot([1, 2, 3, 4, 5, 6 ,7], [8,7,8,9,11,7,5])
#4.添加标签
plt.xlabel("Week")
plt.ylabel("Temperature")
#5.显示图像
plt.show()
```

运行结果如图 9-11 所示。

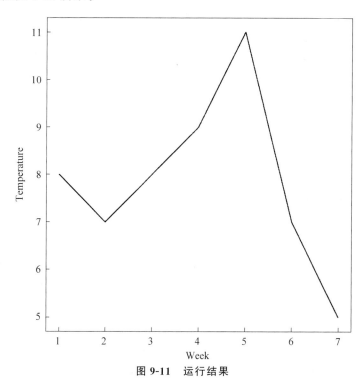

图 9-11　运行结果

9.3.2　绘制子图的基本流程

Matplotlib 可以将整个画布规划成等分布局的 $m \times n$(行×列)的矩阵区域,并按照先行后列的方式对每个区域进行编号(编号从 1 开始),之后在选中的某个或某些区域中绘制单个或多个子图。在每个绘图区域中可以绘制不同的图像,这种绘图形式称为创建子图。

1. 绘制单子图

用 pyplot 的 subplot()函数可以在规划好的某个区域中绘制单个子图,subplot()函数的语法格式如下。

```
subplot(nrows, ncols, index, projection, polar, sharex, sharey, label, **kwargs)
```

参数说明如下。

- nrows:表示规划区域的行数。
- ncols:表示规划区域的列数。
- index:表示选择区域的索引,默认从 1 开始编号。
- projection:表示子图的投影类型。
- polar:表示是否使用极坐标,默认为 False。若参数 polar 设为 True,则作用等同于 projection='polar'.

参数 nrows、ncols、index 既支持单独传参,也支持以一个 3 位整数(每位整数必须小于 10)的形式传参。例如,subplot(235)与 subplot(2,3,5)是等价的。

subplot()函数会返回一个 Axes 类的子类 SubplotBase 对象。

需要说明的是,Figure 类对象可以使用 add_ subplot()方法绘制单子图,此方式与 subplot()函数的作用是等价的。

【例 9-2】 创建 3 个子图,分别绘制正弦函数、余弦函数和线性函数。

实现代码如下。

```
#1.导入模块
import matplotlib.pyplot as plt
import numpy as np
x = np.linspace(0,10,80)
y = np.sin(x)
z = np.cos(x)
k = x
#第一行的左图
plt.subplot(221)
plt.plot(x,z,"r--",label="$cos(x)$")
#第一行的右图
plt.subplot(222)
plt.plot(x,y,label="$sin(x)$",color="blue",linewidth=2)
#第二整行
plt.subplot(212)
plt.plot(x,k,"g--",label="$x$")
plt.legend()
plt.savefig("image.png",dpi=100)
plt.show()
```

运行结果如图 9-12 所示。

当 Jupyter Notebook 工具运行 Matplotlib 程序时,默认会以静态图片的形式显示运行结果,此时的图片不支持放大或缩小等交互操作。实际上,Jupyter Notebook 支持两种绘图模式,分别为控制台绘图和弹出窗绘图。

(1)控制台绘图。控制台绘图是默认模式,该模式是将绘制的图表以静态图片的形式显示,具有便于存储图片、不支持用户交互的特点。开发者可以在 Matplotlib 程序中添加

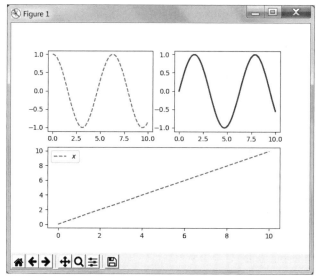

图 9-12　同一个画布创建 3 个子图

"％matplotlib inline"语句,通过控制台来显示图片。

（2）弹出窗绘图。弹出窗绘图模式是将绘制的图表以弹出窗口的形式显示,具有支持用户交互、支持多种图片存储格式的特点。开发者可以在 Matplotlib 程序中添加"％matplotlib auto"或"％matplotlibnotebook"语句,通过弹出窗口来显示图片。

需要注意的是,Matplotlib 程序添加完设置绘图模式的语句后,很有可能出现延迟设置绘图模式的现象。因此这里建议重启服务,即在 Jupyter Notebook 工具的菜单栏中选择 Kernel→Restart,之后在弹出的"重启服务?"窗口中选择"重启"即可。

2. 绘制多子图

使用 pyplot 的 subplots（）函数可以在规划好的所有区域中一次绘制多个子图。subplots（）函数的语法格式如下。

```
subplots(nrows=1,ncols=1,sharex=False,sharey=False,squeeze=True,subplot_kw=
None,gridspec_kw=None,**fig_kw)
```

参数说明如下。

- nrows：表示规划区域的行数,默认为 1。
- ncols：表示规划区域的列数,默认为 1。
- sharex、sharey：表示是否共享子图的 x 轴或 y 轴。

subplots（）函数会返回一个包含两个元素的元组,其中,元组的第一个元素为 Figure 对象,第二个元素为 Axes 对象或 Axes 对象数组。

【例 9-3】 将画布规划成 2×2 的矩阵区域,之后在第 3 个区域中绘制子图。

```
%matplotlib auto
import matplotlib.pyplot as plt
#将画布划分为 2×2 的等分区域
fig, ax_arr = plt.subplots(2, 2)
#获取 ax_arr 数组第 1 行第 0 列的元素 , 也就是第 3 个区域
ax_thr = ax_arr[1, 0]
ax_thr.plot([1, 2, 3, 4, 5])
```

运行结果如图 9-13 所示。

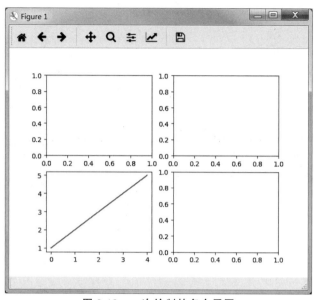

图 9-13　一次绘制的多个子图

3. 共享相邻子图的坐标轴

当使用 subplots() 函数绘制子图时，可以通过该函数的 sharex 或 sharey 参数控制是否共享 x 轴或 y 轴。sharex 或 sharey 参数支持 False 或'none'、True 或'all'、'row'、'col'中的任一取值，关于这些取值的含义如下。

- True 或'all': 表示所有子图之间共享 x 轴或 y 轴。
- False 或'none': 表示所有子图之间不共享 x 轴或 y 轴。
- 'row': 表示每一行的子图之间共享 x 轴或 y 轴。
- 'col': 表示每一列的子图之间共享 x 轴或 y 轴。

下面以同一画布中 2 行 2 列的子图为例，分别展示 sharex 参数不同取值的效果，如图 9-14 所示。

【例 9-4】　将画布规划成 2×2 的矩阵区域，依次在每个区域中绘制子图，每一列子图之间共享 x 轴。

```
%matplotlib auto
import numpy as np
import matplotlib.pyplot as plt
plt.rcParams['axes.unicode_minus'] = False
x1 = np.linspace(0, 2 * np.pi, 400)
x2 = np.linspace(0.01, 10, 100)
x3 = np.random.rand(10)
x4 = np.arange(0,6,0.5)
y1 = np.cos(x1 ** 2)
y2 = np.sin(x2)
y3 = np.linspace(0,3,10)
y4 = np.power(x4,3)
#共享每一列子图之间的 x 轴
```

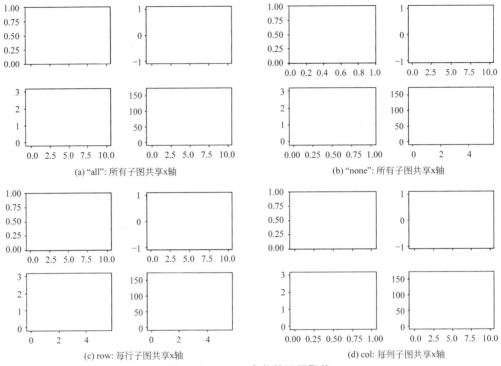

图 9-14   sharex 参数的不同取值

```
fig, ax_arr = plt.subplots(2, 2, sharex='col')
ax1 = ax_arr[0, 0]
ax1.plot(x1, y1)
ax2 = ax_arr[0, 1]
ax2.plot(x2, y2)
ax3 = ax_arr[1, 0]
ax3.scatter(x3, y3)
ax4 = ax_arr[1, 1]
ax4.scatter(x4, y4)
plt.show()
```

运行结果如图 9-15 所示。

4. 共享非相邻子图的坐标轴

当 pyplot 使用 subplot() 函数绘制子图时，也可以将代表其他子图的变量赋值给 sharex 或 sharey 参数，此时可以共享非相邻子图之间的坐标轴。

【例 9-5】 将画布规划成 2×2 的矩阵区域，之后在索引为 1 的区域中先绘制一个子图，再次将画布规划成 2×2 的矩阵区域，之后在索引为 4 的区域中绘制另一个子图，后绘制的子图与先绘制的子图之间共享 x 轴。

```
%matplotlib auto
x1 = np.linspace(0, 2 * np.pi, 400)
y1 = np.cos(x1 ** 2)
x2 = np.linspace(0.01, 10, 100)
y2 = np.sin(x2)
ax_one = plt.subplot(221)
```

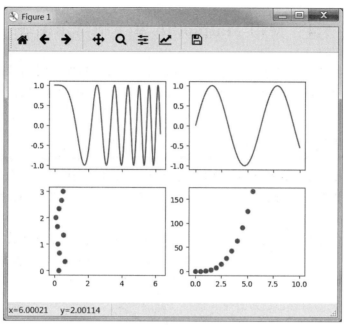

图 9-15　每列子图共享 x 轴

```
ax_one.plot(x1, y1)
#共享子图 ax_one 和 ax_two 的 x 轴
ax_two = plt.subplot(224, sharex=ax_one)
ax_two.plot(x2, y2)
```

运行结果如图 9-16 所示。

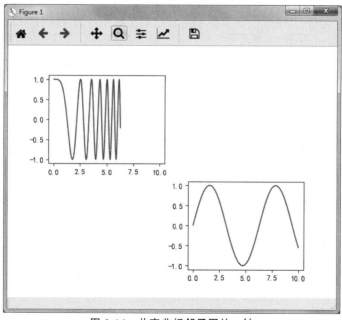

图 9-16　共享非相邻子图的 x 轴

9.4   使用 Matplotlib 库绘制常用图表

常用图表的绘制主要包括绘制直方图、绘制散点图、绘制柱状图、绘制折线图、绘制饼图、绘制面积图、绘制热力图、绘制箱形图、绘制雷达图、绘制 3D 图表、绘制多个子图表以及图表的保存。

9.4.1   绘制直方图

直方图(Histogram)又称质量分布图,是统计报告图的一种,由一系列高度不等的纵向条纹或线段表示数据分布的情况,一般用横轴表示数据所属类别,纵轴表示分布情况(数量或占比)。

用直方图可以比较直观地看出产品质量特性的分布状态,便于判断其总体质量分布情况。直方图可以发现分布表无法发现的数据模式、样本的频率分布和总体的分布。

pyplot 模块的 hist()函数用于绘制直方图,其语法格式如下。

```
matplotlib.pyplot.hist(x,bins = None,range = None,density = None,histtype=
'bar',color = None,label = None, …, ** kwargs)
```

参数说明如下。

- x:数据集,最终的直方图将对数据集进行统计。
- bins:统计数据的区间分布,一般为绘制条柱的个数。若给定一个整数,则返回 "bins+1"个条柱,默认为 10。
- range:元组类型,显示 bins 的上下范围(最大值和最小值)。
- density:布尔型,显示频率统计结果,默认为 None。设置值为 False 不显示频率统计结果;设置值为 True 则显示频率统计结果。频率统计结果=区间数目/(总数×区间宽度)。
- histtype:可选参数,设置值为 bar、barstacked、step 或 stepfilled。默认为 bar,推荐使用默认配置。step 使用的是梯状,stepfilled 则会对梯状内部进行填充,效果与 bar 参数类似。
- color:表示条柱的颜色,默认为 None。

【例 9-6】 利用 hist()函数绘制"大数据 211 班成绩表"中"数据结构"成绩分布的直方图。实现代码如下。

```
import pandas as pd
import matplotlib.pyplot as plt
df = pd.read_excel("./大数据211班成绩表.xlsx")
x = df['数据结构']
plt.rcParams['font.sans-serif'] = ['SimHei']
plt.xlabel('分数')
plt.ylabel('学生数量')
#显示图标题
plt.title("大数据211班数据结构成绩分布直方图")
plt.hist(x,bins=[0, 20, 40, 60, 80, 100]
,facecolor='b',edgecolor='black',alpha=0.5)
plt.show()
```

运行结果如图 9-17 所示。

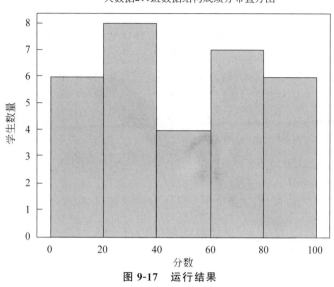

图 9-17　运行结果

9.4.2　绘制散点图

散点图（Scatter Diagram）又称为散点分布图，是以一个特征为横坐标、另一个特征为纵坐标，使用坐标点（散点）的分布形态反映特征间统计关系的一种图形。

散点图是指在回归分析中，数据点在直角坐标系平面上的分布图，用两组数据构成多个坐标点，判断两变量之间是否存在某种关联或总结坐标点的分布模式。

散点图将序列显示为一组点。值由点在图表中的位置表示。类别由图表中的不同标记表示。散点图通常用于比较跨类别的聚合数据。

散点图主要是用来查看数据的分布情况或相关性，一般用在线性回归分析中，查看数据点在坐标系平面上的分布情况。散点图表示因变量而变化的大致趋势，因此可以选择合适的函数对数据点进行拟合。

散点图与折线图类似，也是由一个个点构成的。但不同之处在于，散点图的各点之间不会按照前后关系以线条连接起来。散点图以某个特征为横坐标，以另外一个特征为纵坐标，通过散点的疏密程度和变化趋势表示两个特征的数量关系。

散点图通常用于显示和比较数值，例如，科学数据、统计数据和工程数据。

Matplotlib 绘制散点图使用 plot() 函数和 scatter() 函数都可以实现，本节使用 scatter() 函数绘制散点图。scatter() 函数专门用于绘制散点图，使用方式和 plot() 函数类似，区别在于前者具有更高的灵活性，可以单独控制使得每个散点与数据匹配，并让每个散点具有不同的属性。scatter() 函数的语法如下。

pyplot 模块中的 scatter() 函数用于绘制散点图，其语法格式如下。

```
matplotlib.pyplot.scatter(x, y, s = None, c = None, marker = None, alpha = None,
linewidths=None, …, **kwargs)
```

参数说明如下。

- x、y：表示 x 轴和 y 轴对应的数据，可选值。
- s：指定点的大小（也就是面积），默认为 20。若传入的是一维数组，则表示每个点的大小。
- c：点的颜色或颜色序列，默认为蓝色。其他如 c = 'r'（red）；c = 'g'（green）；c = 'k'（black）；c = 'y'（yellow）。若传入的是一维数组，则表示每个点的颜色。
- marker：标记样式，表示绘制的散点类型，可选值，默认是圆点。
- alpha：表示点的透明度，接收 0～1 的小数。
- cmap：colormap，用于表示从第一个点开始到最后一个点之间颜色的渐进变化。
- linewidths：设置标记边框的宽度。

【例 9-7】 利用 scatter()函数绘制农产品产量与降雨量的散点图。

实现代码如下。

```
import pandas as pd
import matplotlib.pyplot as plt
df = pd.read_excel("./农产品产量与降雨量.xlsx")
plt.rcParams['font.sans-serif'] = ['SimHei'] #解决中文乱码问题
x = df['亩产量(kg)']
y = df['年降雨量(mm)']
plt.title('农产品产量与降雨量散点图')
plt.scatter(x,y,color='b')
plt.show()
```

运行结果如图 9-18 所示。

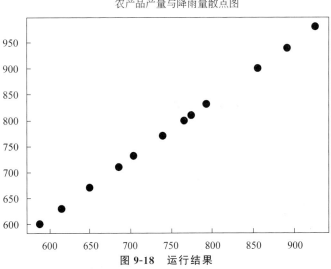

图 9-18   运行结果

9.4.3   绘制柱状图

柱形图，又称长条图、柱状图、条状图等，是一种以长方形的长度为变量的统计图表，它由一系列高度不等的纵向条纹表示数据分布的情况。一般来说，柱形图只有一个变量，比较适用于较小的数据集分析。

pyplot 模块中用于绘制柱状图的函数为 bar()，其语法格式如下。

```
bar(x, height, width, bottom=None, * , align='center',data=None, **kwargs)
```

参数说明如下。

- x：表示 x 轴的数据。
- height：表示条形的高度，即 y 轴数据。
- width：表示条形的宽度，默认为 0.8，也可以指定固定值。
- ＊：星号本身不是参数。星号表示其后面的参数为命名关键字参数，命名关键字参数必须传入参数名，否则程序会出现错误。
- align：对齐方式，如 center（居中）和 edge（边缘），默认为 center。
- data：data 关键字参数。如果给定一个数据参数，所有位置和关键字参数将被替换。
- ＊＊kwargs：关键字参数，其他可选参数，如 color（颜色）、alpha（透明度）、label（每个柱子显示的标签）等。
- edgecolor：表示条形边框的颜色。

bar()函数可以绘制出各种类型的柱形图，如基本柱形图、多柱形图、堆叠柱形图等，通过对 bar()函数的主要参数设置可以实现不同的效果。

【例 9-8】 绘制多柱状图。

实现代码如下。

```
import pandas as pd
import matplotlib.pyplot as plt
import numpy as np
df = pd.read_excel("./电器销售数据.xlsx",sheet_name='Sheet2',index_col=0)
df = df.iloc[1:4]                        #获取第二行开始的数据
dfT=df.T                                 #对数据进行转置处理
plt.rcParams['font.sans-serif'] = ['SimHei']   #解决中文乱码问题
xlabel =   ['北京总公司','广州分公司','南宁分公司','上海分公司','长沙分公司','郑州分
公司','重庆分公司']
x=np.arange(len(xlabel))
width = 0.25
plt.bar(x-width,dfT['电视'],width = width,color='r')
plt.bar(x ,dfT['空调'],width = width,color='g')
plt.bar(x+width ,dfT['冰箱'],width = width,color='b')
for m,n in zip(x-width,dfT['电视']):
    plt.text(m,n,format(n,','),ha='center',va='bottom',fontsize=8)
                        #设置一个柱子的文本标签,format(n,',')格式化数据为千位分隔符格式
plt.legend(['电视','空调','冰箱',])
plt.xticks(x,xlabel)
plt.show()
```

运行结果如图 9-19 所示。

9.4.4　绘制折线图

折线图（Line Chart）是一种将数据点按照顺序连接起来的图形，也可以看作是将散点图按照 x 轴坐标顺序连接起来的图形。折线图的主要功能是查看因变量 y 随着自变量 x 改变的趋势，最适合用于显示随时间（根据常用比例设置）而变化的连续数据。同时，还可以看出数量的差异、增长趋势的变化。例如，天气温度的变化、公众号日访问统计图等，都可以用折线图体现。

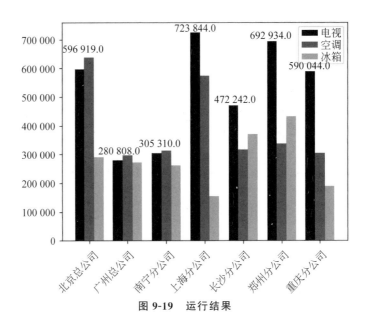

图 9-19 运行结果

在折线图中,类别数据沿水平轴均匀分布,所有值的数据沿垂直轴均匀分布。

Matplotlib 绘制折线图主要使用 plot()函数,能够绘制一些简单的折线图,下面尝试绘制多折线图。

【例 9-9】 从"大数据 211 班成绩表"中读取五位同学的"Python 程序设计""数据库""数据处理"成绩,绘制折线图。

实现代码如下。

```
import pandas as pd
import matplotlib.pyplot as plt
df = pd.read_excel("./大数据 211 班成绩表.xlsx").head()
                                            #head()函数只读取前五行数据
name = df['姓名']
python = df['Python 程序设计']
database = df['数据库']
dataprocess = df['数据处理']
plt.rcParams['font.sans-serif'] = ['SimHei']        #解决中文乱码问题
plt.rcParams['ytick.direction'] = 'in'              #y 轴的刻度线向内显示
plt.rcParams['xtick.direction'] = 'out'             #x 轴的刻度线向外显示
plt.title("前五位同学三门课成绩对比折线图",fontsize='16')
plt.plot(name,python,label='Python 程序设计',color='r',marker='p')
plt.plot(name,database,label='数据库',color='g',marker='*')
plt.plot(name,dataprocess,label='数据处理',color='b',marker='+')
plt.ylabel('分数')
plt.legend(['Python 程序设计','数据库','数据处理',])
plt.show()
```

运行结果如图 9-20 所示。

9.4.5 绘制饼图

饼图(Pie Graph)用于表示不同分类的占比情况,通过弧度大小来对比各种分类。饼图

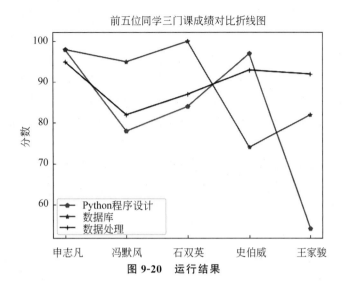

图 9-20　运行结果

可以比较清楚地反映出部分与部分、部分与整体之间的比例关系，易于显示每组数据相对于总数的大小，而且显现方式直观。

例如，在工作中如果遇到需要计算总费用或金额的各个部分构成比例的情况，一般通过各个部分与总额相除来计算，但是这种比例表示方法很抽象，而通过饼形图将直接显示各个组成部分所占比例，一目了然。

Matplotlib 绘制饼形图主要使用 pie() 方法，其语法格式如下。

```
pie(x, explode=None, labels=None, colors=None, autopct=None,
    pctdistance=0.6, shadow=False, labeldistance=1.1, startangle=None,
    radius=None, counterclock=True, wedgeprops=None, textprops=None,
    center=(0, 0), frame=False, rotatelabels=False, hold=None, data=None)
```

参数说明如下。

- x：（每一块）饼形图的比例，如果 sum(x) > 1，会使用 sum(x) 归一化。
- labels：（每一块）饼图外侧显示的说明文字。
- explode：（每一块）离开中心距离。
- startangle：起始绘制角度，默认图是从 x 轴正方向逆时针画起，如设定为 90 则从 y 轴正方向画起。
- shadow：在饼图下面画一个阴影。默认为 False，即不画阴影。
- labeldistance：label 标记的绘制位置，相对于半径的比例，默认为 1.1，如小于 1 则绘制在饼图内侧。
- autopct：控制饼图内百分比设置，可以使用 format 字符串或者 format function '%1.1f'指定小数点前后位数（没有用空格补齐）。
- pctdistance：类似于 labeldistance，指定 autopct 的位置刻度，默认为 0.6。
- radius：控制饼图半径，默认为 1。
- counterclock：指定指针方向；布尔值，可选参数，默认为 True，即逆时针。将值改为 False 即可改为顺时针。
- wedgeprops：字典类型，可选参数，默认为 None。参数字典传递给 wedge 对象用来画一个饼图。例如，wedgeprops＝{'linewidth'：3}设置 wedge 线宽为 3。

- textprops：设置标签（labels）和比例文字的格式；字典类型，可选参数，默认为 None。传递给 text 对象的字典参数。
- center：浮点类型的列表，可选参数，默认为(0,0)，即图标中心位置。
- frame：布尔类型，可选参数，默认为 False。如果是 True，绘制带有表的轴框架。
- rotatelabels：布尔类型，可选参数，默认为 False。如果为 True，旋转每个 label 到指定的角度。

【例 9-10】 从"电器销售数据.xlsx"读取前 5 行第 1 列，绘制北京总公司产品的销售额的饼状图。

实现代码如下。

```
import pandas as pd
import matplotlib.pyplot as plt
df = pd.read_excel("./电器销售数据.xlsx",sheet_name='Sheet2',index_col=0)
df = df.iloc[0:5,[0]]                          #读取前 5 行第 1 列
plt.rcParams['font.sans-serif']=['SimHei']    #解决中文乱码问题
labels = df.index
sizes = df['北京总公司']
colors= ['red', 'yellow','green','pink', 'gold', 'blue']
plt.pie(sizes, #绘图数据
        labels=labels,                         #添加区域水平标签
        colors=colors,                         #设置饼图的自定义填充色
        labeldistance=1.02,                    #设置各扇形标签(图例)与圆心的距离
        autopct='%.1f%%',                      #设置百分比的格式,保留一位小数
        startangle=90,                         #设置饼图的初始角度
        radius = 0.5,                          #设置饼图的半径
        center = (0.2,0.2),                    #设置饼图的原点
        textprops = {'fontsize':9, 'color':'k'}, #设置文本标签的属性值
        pctdistance=0.6)                       #设置百分比标签与圆心的距离
plt.axis('equal')                  #设置 x,y 轴刻度一致,即使饼图长宽相等,保证饼图为圆形
plt.title('北京总公司 5 类商品销售占比情况分析')
plt.show()
```

运行结果如图 9-21 所示。

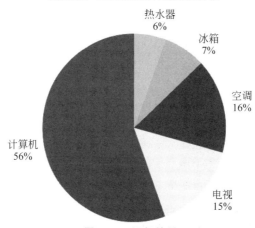

图 9-21　运行结果

　　饼图也存在各种类型,主要包括基础饼形图、分裂饼形图、立体感带阴影的饼形图、环形图等。

　　分裂饼形图是将认为主要的饼形图部分分裂出来,以达到突出显示的目的。分裂饼形图主要通过设置 explode 参数实现,该参数用于设置饼形图距中心的距离,需要将哪块饼图分裂出来,就设置它与中心的距离即可,例如,explode =(0.1,0,0,0,0)。

　　立体感带阴影的饼形图主要通过 shadow 参数实现,设置该参数值为 True 即可,关键代码如下。

```
shadow= True
```

　　环形图是由两个及两个以上大小不一的饼形图叠在一起,去除中间的部分所构成的图形,效果这里还是通过 pie()函数实现,一个关键参数是 wedgeprops,字典类型,用于设置饼形图内外边界的属性,如环的宽度、环边界颜色和宽度,关键代码如下。

```
wedgeprops= {'width':0.3,'edgecolor':'blue'}
```

　　绘制内嵌环形图实际是双环形图,绘制内嵌环形图需要注意以下 3 点。

　　(1) 连续使用两次 pie()函数。

　　(2) 通过 wedgeprops 参数设置环形边界。

　　(3) 通过 radius 参数设置不同的半径。

　　另外,由于图例内容比较长,为了使得图例能够正常显示,图例代码中引入了两个主要参数:frameon 参数设置图例有无边框,bbox_to_anchor 参数设置图例位置。

　　【例 9-11】　从"电器销售数据.xlsx"读取前 5 行第 1 列,绘制北京总公司、广州分公司产品的销售额的环形饼图。

　　实现代码如下。

```
import pandas as pd
import matplotlib.pyplot as plt
df = pd.read_excel("./电器销售数据.xlsx",sheet_name='Sheet2',index_col=0)
df = df.iloc[0:5,[0,1]]                    #读取前 5 行第 1、2 列
plt.rcParams['font.sans-serif']=['SimHei']    #解决中文乱码问题
labels = df.index
x1 = df['北京总公司']
x2 = df['广州分公司']
colors= ['red', 'yellow','green','pink', 'gold', 'black']
#外环
plt.pie(x1,autopct='%.1f',radius=1,pctdistance=0.85,colors=colors,wedgeprops
=dict(linewidth=2,width=0.3,edgecolor='w'))
#内环
plt.pie (x2, autopct = '%.1f ', radius = 0.7, pctdistance = 0.7, colors = colors,
wedgeprops=dict(linewidth=2,width=0.3,edgecolor='w'))
#图例
legend_text = labels = df.index
#设置图例标题、位置,去掉图例边框
plt.legend(legend_text,title='商品类别', frameon=False, bbox_to_anchor=(0.2,
0.5))
#设置 x、y 轴刻度一致,保证饼图为环形
plt.axis('equal')
plt.title('北京总公司与广东分公司 5 类商品销售占比情况分析')
plt.show()
```

运行结果如图 9-22 所示。

北京总公司与广东分公司5类商品销售占比情况分析

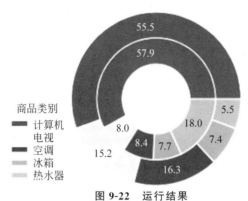

图 **9-22** 运行结果

9.4.6 绘制面积图

面积图用于体现数量随时间而变化的程度,也可用于引起人们对总值趋势的注意。例如,表示随时间而变化的利润的数据,可以绘制在面积图中以强调总利润。

Matplotlib 绘制面积图主要使用 stackplot()函数,语法格式如下。

```
matplotlib.pyplot.stackplot(x, * args, labels=(), colors=None, baseline=
'zero', data=None, **kwargs)
```

参数说明如下。

- x:形状为$(N,)$的类数组结构,即尺寸为 N 的一维数组。必备参数。
- y:形状为(M,N)的类数组结构,即尺寸为(M,N)的二维数组。必备参数。y 参数有以下两种应用方式。

  stackplot(x,y):y 的形状为(M,N)。

  stackplot(x,y1,y2,y3):y1,y2,y3,y4 均为一维数组且长度为 N。

- baseline:基线。字符串,取值范围为{'zero', 'sym', 'wiggle', 'weighted_wiggle'}。默认认为'zero'。可选参数。

  'zero':以 0 为基线,如绘制简单的堆积面积图。

  'sym':以 0 上下对称,有时被称为主题河流图。

  'wiggle':所有序列的斜率平方和最小。

  'weighted_wiggle':类似于'wiggle',但是增加各层的大小作为权重。绘制出的图形也被称为流图。

- labels:为每个数据系列指定标签。是长度为 N 的字符串列表。
- colors:每组面积图所使用的颜色,循环使用。颜色列表或元组。
- **kwargs:Axes.fill_between 支持的关键字参数。

stackplot()函数的作用是绘制堆积面积图、主题河流图、流图。

【例 9-12】 读取 1860—2005 年美国各年龄段人口占总人口的百分比,然后把各年龄段的人口数据堆叠起来,画一个面积图。

实现代码如下。

```
import pandas as pd
from matplotlib import pyplot as plt
population=pd.read_excel(r"./1860—2005年美国各年龄段人口占总人口的百分比.xls",
index_col=0)
plt.rcParams['font.sans-serif'] = ['SimHei']
p1=population.iloc[0:16]                          #提取有效数据
year=p1.index.astype(int)                         #提取年份，并转换为整数类型
v1=p1["Under 5"].values                           #提取5岁以下的数据
v2=p1["5 to 19"].values                           #提取5~19岁的数据
v3=p1["20 to 44"].values                          #提取20~44岁的数据
v4=p1["45 to 64"].values                          #提取45~64岁的数据
v5=p1["65+"].values                               #提取65岁以上的数据
plt.stackplot(year,v1,v2,v3,v4,v5)
plt.legend(p1.loc[0:4],loc='best')
plt.xlabel('年份')
plt.ylabel('人口比率')
plt.show()
```

运行结果如图 9-23 所示。

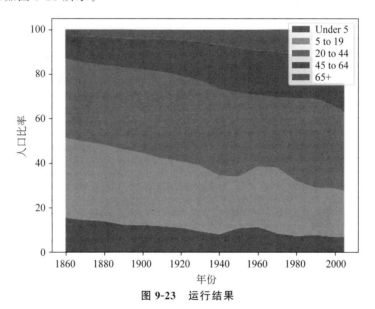

图 9-23　运行结果

可以看出，大的趋势是：年轻人口比重在逐年减少，老年人口比重则逐年增高。

9.4.7　绘制热力图

热力图是通过密度函数进行可视化用于表示地图中点的密度的热图，它使人们能够独立于缩放因子感知点的密度。热力图可以显示不可点击区域发生的事情。利用热力图可以观察数据表里的多个特征中的两两内容的相似度。例如，以特殊高亮的形式显示访客热表的页面区域和访客所在的地理区域的图示。

热力图是数据分析的常用方法，通过色差、亮度来展示数据的差异，易于理解。热力图在网页分析、业务数据分析等其他领域也有较为广泛的应用。

【例 9-13】　从"大数据 211 班成绩表"中读取五位同学的"Python 程序设计""数据库""数据结构""数据处理"成绩，绘制热力图对比分析。

实现代码如下。

```
import pandas as pd
import matplotlib.pyplot as plt
df = pd.read_excel("./大数据 211 班成绩表.xlsx").head()
name = df['姓名']
x = df.loc[:,'Python 程序设计':'数据处理']
plt.rcParams['font.sans-serif'] = ['SimHei']      #解决中文乱码问题
plt.imshow(x)
plt.xticks(range(0,4,1),['Python 程序设计','数据库','数据结构','数据处理'])
plt.yticks(range(0,5,1),name)
plt.colorbar()
plt.title('五名学生的四科成绩统计热力图')
plt.show()
```

运行结果如图 9-24 所示。

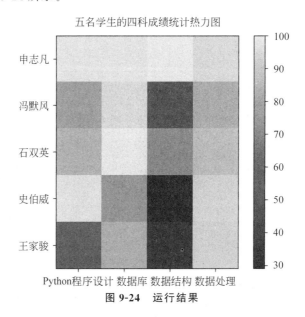

图 9-24　运行结果

9.4.8　绘制箱形图

箱形图也称盒须图,通过绘制反映数据分布特征的统计量,提供有关数据位置和分散情况的关键信息,尤其在比较不同特征时,更可表现其分散程度差异。

箱形图最大的优点就是不受异常值的影响(异常值也称为离群值),可以以一种相对稳定的方式描述数据的离散分布情况,因此在各种领域也经常被使用。另外,箱形图也常用于异常值的识别。

箱形图通过数据的四分位数来展示数据的分布情况。例如,数据的中心位置、数据间的离散程度、是否有异常值等。

把数据从小到大进行排列并等分成四份,第一分位数(Q1)、第二分位数(Q2)和第三分位数(Q3)分别为数据的第 25%、50%和 75%的数字。

四分位间距(Interquartile Range(IQR))=上分位数(upper quartile)-下分位数(lower quartile)

箱形图分为两部分,分别是箱(box)和须(whisker)。箱用来表示从第一分位到第三分位的数据,须用来表示数据的范围。

箱形图从上到下各横线分别表示:数据上限(通常是 Q3＋1.5×IQR),第三分位数(Q3),第二分位数(中位数),第一分位数(Q1),数据下限(通常是 Q1－1.5×IQR)。有时还有一些圆点,位于数据上下限之外,表示异常值(outliers)。

Matplotlib 绘制箱形图主要使用 boxplot(),语法格式如下。

```
matplotlib.pyplot.boxplot(x, notch=None, sym=None, vert=None, whis=None,
positions=None, widths=None, patch_artist=None, bootstrap=None, usermedians=
None, conf_intervals=None, meanline=None, showmeans=None, showcaps=None,
showbox=None, showfliers=None, boxprops=None, labels=None, flierprops=None,
medianprops=None, meanprops=None, capprops=None, whiskerprops=None, manage_
ticks=True, autorange=False, zorder=None, *, data=None)
```

参数说明如下。

- x:指定要绘制箱形图的数据。
- notch:是否是凹口的形式展现箱形图。
- sym:指定异常点的形状。
- vert:是否需要将箱形图垂直摆放。
- whis:指定上下须与上下四分位的距离。
- positions:指定箱形图的位置。
- widths:指定箱形图的宽度。
- patch_artist:是否填充箱体的颜色。
- meanline:是否用线的形式表示均值。
- showmeans:是否显示均值。
- showcaps:是否显示箱形图顶端和末端的两条线。
- showbox:是否显示箱形图的箱体。
- showfliers:是否显示异常值。
- boxprops:设置箱体的属性,如边框色、填充色等。
- labels:为箱形图添加标签。
- flierprops:设置异常值的属性。
- medianprops:设置中位数的属性。
- meanprops:设置均值的属性。
- capprops:设置箱形图顶端和末端线条的属性。
- whiskerprops:设置须的属性。

箱形图也可以作成横向的,在 boxplot 命令里加上参数 vert＝False 即可。

【例 9-14】　从"大数据 211 班成绩表"中读取前五位同学的"Python 程序设计""数据库""数据结构""数据处理"成绩,绘制箱形图。

实现代码如下。

```
import pandas as pd
import matplotlib.pyplot as plt
df = pd.read_excel("./大数据 211 班成绩表.xlsx").head()
name = df['姓名']
```

```
x = df.loc[:,'Python 程序设计':'数据处理']
plt.rcParams['font.sans-serif'] = ['SimHei']  #解决中文乱码问题
plt.boxplot(x ,                                #指定绘制箱形图的数据
        whis = 1.5,                            #指定 1.5 倍的四分位差
        widths = 0.3,                          #指定箱形图中箱子的宽度为 0.3
        patch_artist = True,                   #填充箱子颜色
        showmeans = True,                      #显示均值
        boxprops = {'facecolor':'RoyalBlue'},  #指定箱子的填充色为宝蓝色
        flierprops = {'markerfacecolor':'red', 'markeredgecolor':'red',
            'markersize':3},                   #指定异常值的填充色、边框色和大小
        meanprops = {'marker':'h','markerfacecolor':'black',
            'markersize':8},        #指定均值点的标记符号(六边形)、填充色和大小
        #指定中位数的标记符号(虚线)和颜色
        medianprops = {'linestyle':'--','color':'orange'},
        labels=['Python 程序设计','数据库','数据结构','数据处理']
)
plt.title('五位同学的四门课成绩绘制箱形图')
plt.show()
```

运行结果如图 9-25 所示。

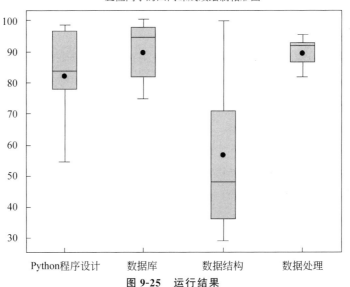

图 9-25 运行结果

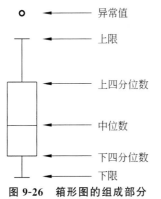

图 9-26 箱形图的组成部分

箱形图将数据切割分离(实际上就是将数据分为四大部分),如图 9-26 所示。

下面介绍箱形图每部分的具体含义以及如何通过箱形图识别异常值。

(1) 下四分位数:图 9-26 中的下四分位数指的是数据的 25%分位点所对应的值(Q1)。计算分位数可以使用 Pandas 的 quantile()函数。

(2) 中位数:中位数即为数据的 50%分位点所对应的值(Q2)。

（3）上四分位数：上四分位数则为数据的 75% 分位点所对应的值（Q3）。

（4）上限：上限的计算公式为 $Q3+1.5\times(Q3-Q1)$。

（5）下限：下限的计算公式为 $Q1-1.5\times(Q3-Q1)$。

其中，$Q3-Q1$ 表示四分位差。如果使用箱形图识别异常值，其判断标准是，当变量的数据值大于箱形图的上限或者小于箱形图的下限时，就可以将这样的数据判定为异常值。判断异常值的算法如表 9-1 所示。

表 9-1 判断箱形图异常值的标准

判 断 标 准	结 论
$x>Q1+1.5\times(Q3-Q1)$ 或者 $x<Q1-1.5\times(Q3-Q1)$	异常值
$x>Q1+3\times(Q3-Q1)$ 或者 $x<Q1-3\times(Q3-Q1)$	极端异常值

判断上述示例异常值的关键代码如下。

```
Q1 = x.quantile(q=0.25)                    #计算下四分位数
Q3 = x.quantile(q=0.75)                    #计算上四分位数
#基于 1.5 的四分位数差计算上下限对应的值
low_limit = Q1 - 1.5 * (Q3-Q1)
up_limit = Q3 + 1.5 * (Q3-Q1)
#查找异常值
val = x[(x > up_limit) |( x <low_limit)]
print("异常值如下:")
print(val)
```

9.4.9 绘制雷达图

雷达图也称为网络图、星图、蜘蛛网图、不规则多边形、极坐标图等。雷达图是以从同一点开始的轴上表示的三个或更多个定量变量的二维图表的形式显示多变量数据的图形方法。轴的相对位置和角度通常是无信息的。雷达图相当于平行坐标图，轴径向排列。

【例 9-15】 从"大数据 211 班成绩表"中读取前五位同学的"Python 程序设计""数据库""数据结构""数据处理"成绩，绘制雷达图。

实现代码如下。

```
import matplotlib.pyplot as plt
import numpy as np
#%matplotlib inline
#某学生的课程与成绩
courses = ['数据结构', '数据可视化', '高数', '英语', '软件工程',
           '组成原理', 'C 语言', '体育']
scores = [82, 95, 78, 85, 45, 88, 76, 88]
dataLength = len(scores)                    #数据长度
#angles 数组把圆周等分为 dataLength 份
angles = np.linspace(0, 2 * np.pi, dataLength, endpoint=False)
scores.append(scores[0])
angles = np.append(angles, angles[0])       #闭合
#绘制雷达图
plt.polar(angles,                           #设置角度
          scores,                           #设置各角度上的数据
          'rv--',                           #设置颜色、线型和端点符号
```

```
          linewidth=2)                              #设置线宽
```
#设置角度网格标签
```
plt.thetagrids(angles * 180/np.pi, courses, fontproperties='simhei',
fontsize=12)
```
#填充雷达图内部
```
plt.fill(angles, scores, facecolor='r', alpha=0.2)
plt.show()
```
运行结果如图 9-27 所示。

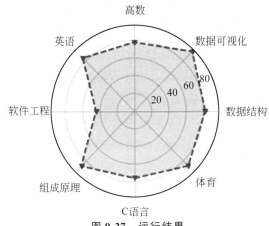

图 9-27 运行结果

9.4.10 绘制 3D 图形

3D 图表有立体感也比较美观,看起来更加"高大上"。下面介绍两种 3D 图表:三维柱形图和三维曲面图。

绘制 3D 图表,依旧使用 Matplotlib,但需要安装 mpl_toolkits 工具包,使用如下 pip 安装命令。

```
pip install -upgrade matplotlib
```
安装好这个模块后,即可调用 mpl_tookits 下的 mplot3d 类进行 3D 图形的绘制。

【例 9-16】 绘制 3D 柱形图。

实现代码如下。

```
import matplotlib.pyplot as plt
from mpl_toolkits.mplot3d.axes3d import Axes3D
import numpy as np
fig = plt.figure()
axes3d = Axes3D(fig)
zs = [1, 5, 10, 15, 20]
for z in zs:
    x = np.arange(0, 10)
    y = np.random.randint(0, 40, size=10)
    axes3d.bar(x, y, zs=z, zdir='x', color=['r', 'green', 'black', 'b'])
plt.show()
```
运行结果如图 9-28 所示。

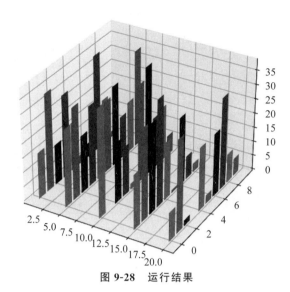

图 9-28　运行结果

【例 9-17】　绘制 3D 曲面图。

实现代码如下。

```python
import matplotlib.pyplot as plt
import numpy as np
from mpl_toolkits.mplot3d import Axes3D
fig = plt.figure()
ax = Axes3D(fig)
delta = 0.125
#生成代表 x 轴数据的列表
x = np.arange(-4.0, 4.0, delta)
#生成代表 y 轴数据的列表
y = np.arange(-3.0, 4.0, delta)
#对 x、y 数据执行网格化
X, Y = np.meshgrid(x, y)
Z1 = np.exp(-X**2 - Y**2)
Z2 = np.exp(-(X - 1)**2 - (Y - 1)**2)
#计算 z 轴数据(高度数据)
Z = (Z1 - Z2) * 2
#绘制 3D 图形
ax.plot_surface(X, Y, Z,
    rstride=1,                          #rstride(row)指定行的跨度
    cstride=1,                          #cstride(column)指定列的跨度
    cmap=plt.get_cmap('rainbow'))       #设置颜色映射
#设置 z 轴范围
ax.set_zlim(-2, 2)
plt.show()
```

运行结果如图 9-29 所示。

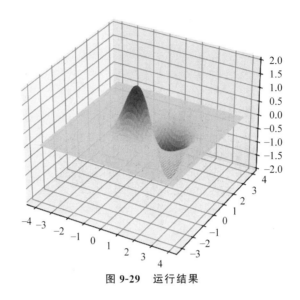

图 9-29   运行结果

小   结

本章介绍了 Matplotlib 库和 Pandas 扩展库中常用的绘图方法,主要内容如下。

(1) 介绍了常用可视化图表类型及其作用。

(2) 绘图时应根据数据可视化的目标,选择数据源和图表类型,再调用 Matplotlib 库或 Pandas 库中的绘图方法,最后还可以将图表保存为图形文件。

(3) Matplotlib 库提供了一种通用的绘图方法。利用 Pandas 中的 plot()函数绘图方法实现数据的可视化。

思考与练习

1. 常见的可视化图表类型有哪些? 各有什么特点?

2. 可视化图表的基本构成元素有哪些?

3. 请简述 Matplotlib 库绘图的基本流程。

4. Matplotlib 绘制图表时,常见的辅助元素有哪些?

5. 常见的数据可视化库有哪些?

6. 某电商平台在 2022 年 6 月对平台上所有子类目的销售额进行了统计,结果如表 9-2 所示。

表 9-2   电商平台子类目的销售额

子 类 目	销售额/亿	子 类 目	销售额/亿
计算机	4623	手机	3976
家居	5623	箱包	987
美妆	1892		

绘制平台子类目占比情况的饼图。

图表辅助元素定制与美化

第 9 章主要讲解了利用 Matplotlib 绘制一些简单的图表,通过这些图表可以将复杂的数字简单化、形象化,使读者一目了然,方便对数据的理解,也对数据分析、数据挖掘起到了关键性的作用,但是这些图表由于缺少数据标注等辅助元素的设置无法准确地描述图表。

本章主要介绍设置坐标轴的标签、添加标题和图例、注释文本,并通过线条颜色的设置将图表变得更漂亮。

10.1　图表辅助元素的设置

第 9 章使用 Matplotlib 绘制了一些常用的图表,并通过这些图表直观地展示了数据,但这些图表还有一些不足。例如,折线图中的多条折线因缺少标注而无法区分折线的类别,柱形图中的矩形条因缺少数值标注而无法知道准确的数据等。因此,需要添加一些辅助元素来准确地描述图表。

Matplotlib 提供了一系列定制图表辅助元素的函数或方法,可以帮助用户快速且正确地理解图表。本节将对图表辅助元素的定制进行详细介绍。

图表的辅助元素是指除根据数据绘制的图形之外的元素,常用的辅助元素包括坐标轴、标题、图例、网格、参考线、参考区域、注释文本和表格,它们都可以对图形进行补充说明。

10.2　图表样式定制

Matplotlib 绘制的图表具有固定的样式。例如,折线图的线条一直是蓝色的实线;散点图的数据点一直是圆点等,以这种固定样式绘制出的图表既单一又不美观。Matplotlib 内置了一些图表元素的样式,包括颜色、线型、数据标记、字体、主题风格等,通过修改这些样式可以美化图表。

10.2.1　默认图表样式

1. 图表元素的配置项

Matplotlib 在绘图的过程中会读取存储在本地的配置文件 matplotlibrc,通过 matplotlibrc 文件中的默认配置信息指定图表元素的默认样式,完成图表元素样式的初始设置,不需要开发人员逐一设置便可使用。

matplotlibrc 文件包含众多图表元素的配置项,可以通过 rc_params()函数查看全部的配置项,示例代码如下。

```
import matplotlib
matplotlib.rc_params()
```

rc_params()函数返回一个 RcParams 对象。RcParams 对象是一个字典对象,其中,字典的键是由配置要素(如 ytick)及其属性(如 right)组成的配置项,值为配置项的默认值。

所有的配置项按作用对象的不同主要分为 10 种配置要素,包括 lines(线条)、patch(图形)、font(字体)、text(文本)、axes(坐标系)、xtick 和 ytick(刻度)、grid(网格)、legend(图例)、figure(画布)及 savefig(保存图像)。

2. 图表样式的修改

Matplotlib 通过灵活地修改配置项来改变图表的样式,而不必拘泥于系统默认的配置。图表的样式可以通过两种方式进行修改:局部修改和全局修改。

局部修改的方式是指通过代码动态地修改 Matplotlib 配置项,此方式用于满足程序局部定制的需求。若希望局部修改图表的样式,则可以通过以下任一种方式实现。

(1)通过给函数的关键字参数传值来修改图表的样式。例如,将线条的宽度设为 2,代码如下。

```
plt.plot([1,2,3],[3,4,5],linewidth=2)
```

(2)通过"rcParams[配置项]"重新为配置项赋值来修改图表的样式。例如,将线条的宽度设为 2,代码如下。

```
plt.rcParams['lines.linewidth'] = 2
```

(3)通过给 rc()函数的关键字参数传值来修改图表的样式。rc()函数的语法格式如下。

```
rc(group,**kwargs)
```

该函数的 group 参数表示配置要素。例如,将线条的宽度设为 3,代码如下。

```
plt.rc('lines',linewidth=3)
```

需要注意的是,第 1 种方式只能对某一图表中指定元素的样式进行修改,而第 2 种和第 3 种方式可以对整个 py 文件中指定元素的样式进行修改。

全局修改的方式是指直接修改 matplotlibrc 文件的配置项,此方式用于满足程序全局定制的需求,可以对指定的图表样式进行统一修改,不需要每次在具体的程序中进行单独修改,不仅提高了代码的编写效率,而且减轻了重复操作的负担。

matplotlibrc 文件主要存在于 3 个路径:当前工作路径、用户配置路径和系统配置路径。不同的路径决定了配置文件的调用顺序。Matplotlib 使用 matplotlibrc 文件的路径搜索顺序如下。

(1)当前工作路径:程序运行的目录。

(2)用户配置路径:通常位于 HOME\.matplotlib\目录中,可以通过环境变量 MATPLOTLBRC 进行修改。

(3)系统配置路径:位于 Matplotlib 安装路径的 mpl-data 目录中。

Matplotlib 可以使用 matplotlib_fname()函数查看当前使用的 matplotlibrc 文件所在的路径,示例代码及运行结果如下。

```
import matplotlib
```

```
matplotlib.matplotlib_fname()
```

运行结果：

```
'C:\\ProgramData\\Anaconda3\\lib\\site-packages\\matplotlib\\mpl-data\\
matplotlibrc'
```

以上提供了多种修改图表样式的方式，具体选择哪种方式完全取决于项目。若用户开发的项目中包含多个相同的配置项，可以采用全局修改的方式修改图表样式；若用户开发的项目中需要定制个别配置项，可以采用局部修改的方式灵活地修改图表的样式，例如，使用rcParams 字典设置中文字体。

10.2.2　颜色样式定制

在数据可视化中，颜色通常被用于编码数据的分类或定序属性（例如学历类型，博士为1，硕士为2，……）。图表使用颜色时应遵循一定的基本规则，既要避免使用过多的颜色，又要避免随意使用颜色，否则会直接影响可视化的效果且不易让人理解。

Matplotlib 内置了一些表示单一颜色的基础颜色和表示一组颜色的颜色映射表。

1. 使用基础颜色

Matplotlib 的基础颜色主要有 3 种表示方式：单词缩写或单词、十六进制或 HTML 模式、RGB 模式，具体介绍如下。

（1）单词缩写或单词表示的颜色。

Matplotlib 支持使用单词缩写或单词表示的 8 种颜色：青色、洋红色、黄色、黑色、红色、绿色、蓝色、白色。每种颜色的表示方式及说明如表 10-1 所示。

表 10-1　单词缩写或单词表示的颜色

单 词 缩 写	单　　　词	说　　　明
c	cyan	青色
m	magenta	洋红色
y	yellow	黄色
k	black	黑色
r	red	红色
g	green	绿色
b	blue	蓝色
w	white	白色

（2）十六进制或 HTML 模式表示的颜色。

Matplotlib 支持使用十六进制或 HTML/CSS 模式表示更多的颜色，它将这些颜色存储在colors.cnames 字典中，可通过访问 colors.cnames 字典查看全部的颜色，示例代码如下。

```
for cname, hex in matplotlib.colors.cnames.items():
    print(cname, hex)
```

（3）RGB 模式表示的颜色。

Matplotlib 支持使用 RGB 模式的三元组表示颜色，其中，元组的第 1 个元素代表红色值，第 2 个元素代表绿色值，第 3 个元素代表蓝色值，且每个元素的取值范围均是[0,1]。示例代码如下。

```
color = (0.3, 0.3, 0.4)
```

以上 3 种方式表示的颜色都可以传入 Matplotlib 带有表示颜色的 color 或 c 参数的不同函数或方法中,从而为图表的相应元素设置颜色。例如,分别用 3 种方式将线条的颜色设为绿色,代码如下。

```
#第 1 种
plt.plot([1, 4, 7], [2, 5, 8], color='g')
#第 2 种
plt.plot([1, 4, 7], [2, 5, 8], color='#2E8B57')
#第 3 种
plt.plot([1, 4, 7], [2, 5, 8], color=(0.0, 0.5, 0.0))
plt.show()
```

2. 使用颜色映射表

Matplotlib 内置了众多预定义的颜色映射表,使用这些颜色映射表可以为用户提供更多的颜色建议,为用户节省大量的开发时间。pyplot 模块中提供了 colormaps() 函数用于查看所有可用的颜色映射表,示例代码如下。

```
plt.colormaps()
```

颜色映射表的名称分为有"_r"后缀和无"_r"后缀两种,其中,有"_r"后缀的颜色表相当于同名的无"_r"后缀的反转后的颜色表。颜色映射表能够表示丰富的颜色,常用映射表有 autumn、bone、cool、coppe、flag、gray、hot、hsv、jet、pink、prism、sprint、summer、winter。

为了让用户合理地使用颜色映射表,颜色映射表一般可以划分为以下 3 类。

- Sequential:表示同一颜色从低饱和度到高饱和度的单色颜色映射表。
- Diverging:表示颜色从中间的明亮色过渡到两个不同颜色范围方向的颜色映射表。
- Qualitative:表示可以轻易区分不同种类数据的颜色映射表。

此外,开发人员可以自定义新的颜色映射表,再通过 matplotlib.cm.register_cmap() 函数将自定义的颜色映射表添加到 Matplotlib。

Matplotlib 主要有两种使用颜色映射表的方式:第一种方式是在调用函数或方法绘制图表或添加辅助元素时将颜色映射表传递给关键字参数 cmap;第二种方式是直接调用 set_cmap() 函数进行设置。这两种方式的具体用法如下。

(1) 使用关键字参数 cmap 的示例代码如下。

```
plt.scatter(x, y, c=np.random.rand(10), cmap=matplotlib.cm.jet)
```

(2) 使用 set_cmap() 函数的示例代码如下。

```
plt.set_cmap(matplotlib.cm.jet)
```

10.2.3 线型样式选择

由于图表中每个线条均具有不同的含义,一般可以通过设置颜色、宽度、类型来区分线条。其中,类型是区分线条的常见方式之一。Matplotlib 内置了 4 种线条的类型,每种线条类型的取值、说明和样式如图 10-1 所示。

在 Matplotlib 中,默认的线条类型是实线。当用 pyplot 绘制折线图、显示网格或添加

线型取值	说明	样式
':'	短虚线	....
'-.'	点画线	—·—·—·—·—·—
'--'	长虚线	— — — — — — —
'-'	实线	————————

图 10-1　线条的类型

参考线时,可以将线型的取值传递给 linestyle 或 ls 参数,以选择其他的线条类型。例如,将折线图的线条设为长虚线,具体代码如下。

```
plt.plot([1, 4, 7], [2, 5, 8], linestyle='--')
#或者
plt.plot([1, 4, 7], [2, 5, 8], ls='--')
```

10.2.4　数据标记添加

在 Matplotlib 中,折线图的线条由数据标记及其之间的连线组成,且默认隐藏数据标记。数据标记一般指代表单个数据的圆点或其他符号等,用于强调数据点的位置,常见于折线图和散点图中。下面将介绍在折线图或散点图中添加数据标记的方法。

Matplotlib 中内置了许多数据标记,使用这些数据标记可以便捷地为折线图或散点图标注数据点。数据标记可以分为填充型标记和非填充型标记,这两种标记的取值、样式及说明分别如图 10-2 和图 10-3 所示。

标记取值	样式	说明	标记取值	样式	说明
's'	■	正方形	'X'	✖	叉形
'8'	●	八边形	'P'	✚	十字交叉形
'>'	▶	右三角	'd'	◆	长菱形
'<'	◀	左三角	'D'	◆	正菱形
'^'	▲	正三角	'H'	⬢	六边形1
'v'	▼	倒三角	'h'	⬡	六边形2
'o'	●	圆形	'*'	★	星形
			'p'	⬟	五边形

图 10-2　填充型标记

使用 pyplot 的 plot()函数或 scatter()函数绘制折线图或散点图时,可以将标记的取值传递给 marker 参数,从而为折线图或散点图添加数据标记。

例如,绘制一条带有星形标记的折线,代码如下。

```
plt.plot([1, 4, 7], [2, 5, 8], marker='*')
```

除此之外,pyplot 还可以为以下参数传值以控制标记的属性。

- markeredgecolor 或 mec:表示数据标记的边框颜色。
- markeredgewidth 或 mew:表示数据标记的边框宽度。

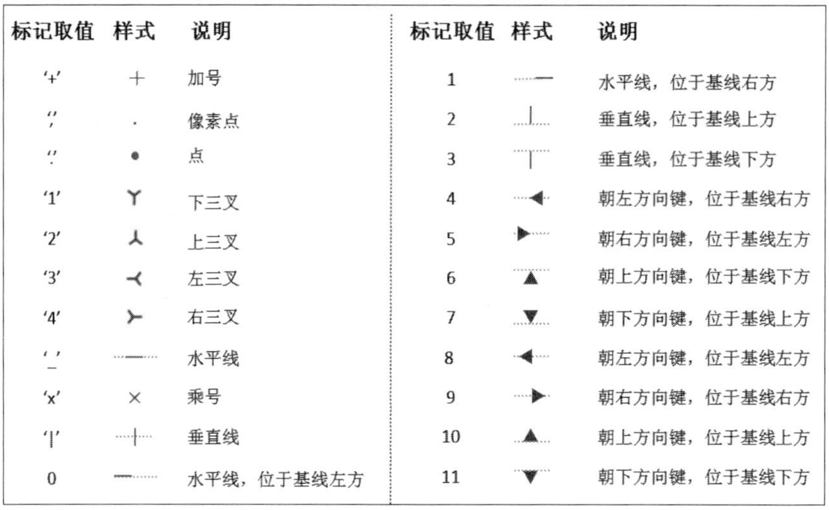

标记取值	样式	说明	标记取值	样式	说明
'+'	＋	加号	1	──	水平线，位于基线右方
','	·	像素点	2	⊥	垂直线，位于基线上方
'.'	●	点	3	⊤	垂直线，位于基线下方
'1'	Y	下三叉	4	◄	朝左方向键，位于基线右方
'2'	人	上三叉	5	►	朝右方向键，位于基线左方
'3'	≺	左三叉	6	▲	朝上方向键，位于基线下方
'4'	≻	右三叉	7	▼	朝下方向键，位于基线上方
'_'	──	水平线	8	◄	朝左方向键，位于基线左方
'x'	×	乘号	9	►	朝右方向键，位于基线右方
'|'	┼	垂直线	10	▲	朝上方向键，位于基线上方
0	──	水平线，位于基线左方	11	▼	朝下方向键，位于基线下方

图 10-3　非填充型标记

- markerfacecolor 或 mfc：表示数据标记的填充颜色。
- markerfacecoloralt 或 mfcalt：表示数据标记备用的填充颜色。
- markersize 或 ms：表示数据标记的大小。

例如，为刚刚添加的星形标记设置大小和颜色，代码如下。

```
plt.plot([1, 4, 7], [2, 5, 8], marker='*',markersize=20,markerfacecolor='y')
```

Matplotlib 在绘制折线图时，可以使用字符串分别为线条指定颜色、线型和数据标记这 3 种样式，但每次都需要分别给参数 color、linestyle、marker 传值，使得编写的代码过于烦琐。为此，Matplotlib 提供了由颜色、标记、线型构成的格式字符串。格式字符串是快速设置线条基本样式的缩写形式的字符串，语法格式如下。

'[颜色][标记][线型]'

以上格式的每个选项都是可选的，选项之间组合的顺序也是可变的，若未提供则会使用样式循环中的值。其中，颜色只能是字母缩写形式表示的颜色。

若格式字符串中只有颜色一个选项，可以使用十六进制、单词拼写等其他形式表示的颜色。

Pyplot 的 plot() 函数的 fmt 参数可接收格式字符串，以便能同时为线条指定多种样式，但该参数不支持以 fmt 为关键字的形式传参，而支持以位置参数的形式传递。

例如，绘制带有圆形标记的品红色虚线，代码如下。

```
plt.plot([1, 4, 7], [2, 5, 8], 'mo--')
```

10.2.5　字体样式设置

在 Matplotlib 中，文本都是 text 模块的 Text 类对象，可以通过之前介绍的 text()、annotate()、title() 等函数进行创建。Text 类中提供了一系列设置字体样式的属性，包括字体类别、字体大小、字体风格、字体角度等，这些属性及其说明如表 10-2 所示。

表 10-2　Text 类的常用属性

属　　性	说　　明
fontfamily 或 family	字体类别,支持具体的字体名称,也支持'serif'、'sans-serif'、'cursive'、'fantasy'、'monospace'中任一取值
fontsize 或 size	字体大小,可以是以点为单位,也可以是'xx-small'、'x-small'、'small'、'medium'、'large'、x-large'、'xx-large'中任意取值
fontstretch 或 stretch	字体拉伸,取值范围为 0~1000,或是'ultra-condensed'、'extra-condensed'、'condensed'、'semi-condensed'、'normal'、semi-expanded'、'expanded'、'extra-expanded'、'ultra-expanded'中任意取值
fontstyle 或 style	字体风格,取值为 'normal'(标准)、'italic'(斜体)或 'oblique'(倾斜)
fontvariant 或 variant	字体变体,取值为 'normal' 和 'small-caps'
fontweight 或 weight	字体粗细,取值范围为 0~1000,或是'ultralight'、'light'、'normal'、'regular'、'book'、'medium'、'roman'、'semibold'、'demibold'、'demi'、'bold'、'heavy'、'extra bold'、'black'中任意取值
rotation	文字的角度,支持角度值,也可从'vertical'、'horizontal'中任意取值

表 10-2 中的属性也可以作为 text()、annotate()、title()函数的同名关键字参数,以便用户在创建文本的同时设置字体的样式。

例如,为折线图的线条添加注释文本,并设置字体的相关属性,代码如下。

```
plt.plot([1, 4, 7], [2, 5, 8])
plt.text(3, 4, 'y=x+1', bbox=dict(facecolor='y'), family='serif', fontsize=20,
fontstyle='normal', rotation=-60)
```

【例 10-1】 已知某电商平台 2020 年、2021 年的 12 个月份的营业额。其中,2020 年和 2021 年 12 个月的营业额分别为[55,38,48,59,60,57,56,40,51,52,70,68]和[49,30,40,48,49,48,49,51,45,48,52,58]。请绘制反映 2020 年、2021 年营收趋势的折线图,并设置代表 2020 年的折线样式:颜色为"♯8B0000",标记为正三角形,线型为长虚线,线宽为 1.5;代表 2021 年的折线样式:颜色为"♯006374",标记为长菱形,线型为实线,线宽为 7.5。

```
import numpy as np
import matplotlib.pyplot as plt
plt.rcParams["font.sans-serif"] = ["SimHei"]
plt.rcParams["axes.unicode_minus"] = False
#2020 年营业额
turnover_2020 = np.array([55, 38, 48, 59, 60, 57, 56, 40, 51, 52, 70, 68])
#2021 年营业额
turnover_2021 = np.array([49, 30, 40, 48, 49, 48, 49, 51, 45, 48, 52, 58])
date_x = np.arange(1, 13)
fig = plt.figure()
ax = fig.add_subplot(111)
#第 1 条折线
ax.plot(date_x, turnover_2020, color='#8B0000', marker='^',
linestyle='--', linewidth=1.5, label='2020 年')
#第 2 条折线
ax.plot(date_x, turnover_2021, color='#006374', marker='d',
linewidth=1.5, label='2021 年')
ax.set_ylabel('营业额(万元)')
ax.legend()
```

```
plt.show()
```
运行结果如图 10-4 所示。

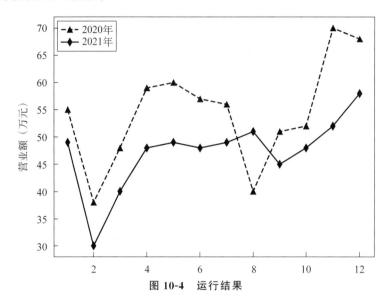

图 10-4　运行结果

10.3　设置坐标轴的标签、刻度范围和刻度标签

坐标轴对数据可视化效果有着直接的影响。坐标轴的刻度范围过大或过小、刻度标签过多或过少,都会导致图形显示的比例不够理想。

Matplotlib 提供了设置 x 轴和 y 轴标签的方式,下面分别进行介绍。

10.3.1　设置坐标轴的标签

1. 设置 x 轴的标签
Matplotlib 中可以直接使用 pyplot 模块的 xlabel()函数设置 x 轴的标签,xlabel()函数的语法格式如下。

```
xlabel(xlabel, fontdict=None, labelpad=None, **kwargs)
```
参数说明如下。
- xlabel:表示 x 轴标签的文本。
- fontdict:表示控制标签文本样式的字典。
- labelpad:表示标签与 x 轴轴脊间的距离。

此外,Axes 对象使用 xlabel()函数也可以设置 x 轴的标签。

2. 设置 y 轴的标签
Matplotlib 中可以直接使用 pyplot 模块的 ylabel()函数设置 y 轴的标签,ylabel()函数的语法格式如下。

```
ylabel(pylabel, fontdict=None, labelpad=None, **kwargs)
```
该函数的 ylabel 参数表示 y 轴标签的文本,其余参数与 xlabel()函数的参数的含义相同,此处不再赘述。

- pylabel:表示 y 轴标签的文本。
- fontdict:表示控制标签文本样式的字典。
- labelpad:表示标签与 y 轴轴脊的距离。

此外,Axes 对象使用 set_ylabel()方法也可以设置 y 轴的标签。

10.3.2　设置刻度范围和刻度标签

当绘制图表时,坐标轴的刻度范围和刻度标签都与数据的分布有着直接的联系,即坐标轴的刻度范围取决于数据的最大值和最小值。在使用 Matplotlib 绘图时若没有指定任何数据,x 轴和 y 轴的范围均为 $0.05 \sim 1.05$,刻度标签均为 $[-0.2, 0.0, 0.2, 0.4, 0.6, 0.8, 1.0, 1.2]$;若指定了 x 轴和 y 轴的数据,刻度范围和刻度标签会随着数据的变化而变化。Matplotlib 提供了重新设置坐标轴的刻度范围和刻度标签的方式,下面分别进行介绍。

1. 设置刻度范围

使用 pyplot 模块的 xlim()函数和 ylim()函数分别可以设置或获取 x 轴和 y 轴的刻度范围。xlim()函数的语法格式如下。

```
xlim(left=None, right=None, emit=True, auto=False, * ,
xmin=None, xmax=None)
```

参数说明如下。

- left:表示 x 轴刻度取值区间的左位数。
- right:表示 x 轴刻度取值区间的右位数。
- emit:表示是否通知限制变化的观察者,默认为 True。
- auto:表示是否允许自动缩放 x 轴,默认为 True。

此外,Axes 对象可以使用 set_xlim()和 set_ylim()方法分别设置 x 轴和 y 轴的刻度范围。

2. 设置刻度标签

使用 pyplot 模块的 xticks()函数和 yticks()函数分别可以设置或获取 x 轴和 y 轴的刻度线位置和刻度标签。xticks()函数的语法格式如下。

```
xticks(ticks=None, labels=None, **kwargs)
```

该函数的 ticks 参数表示刻度显示的位置列表,它还可以设为空列表,以此禁用 x 轴的刻度;labels 表示指定位置刻度的标签列表。

此外,Axes 对象可以使用 set_xticks()或 set_yticks()方法分别设置 x 轴或 y 轴的刻度线位置,使用 set_xticklabels()或 set_yticklabels()方法分别设置 x 轴或 y 轴的刻度标签。

【**例 10-2**】　对 7 月某天早 6 点到晚 6 点气温数据绘制折线图。

```
import matplotlib.pyplot as plt
plt.rcParams["font.sans-serif"] = ["SimHei"]
plt.rcParams["axes.unicode_minus"] = False
#气温数据
temp_data = [23,23,24,26,28,31,32,34,35,34,34,33,31]
#时间
time_data = ['6点','7点','8点','9点','10点','11点','12点','13点','14点','15点',
'16点','17点','18点']
fig = plt.figure()
```

```
ax = fig.add_subplot(111)
plt.plot(time_data,temp_data,color='m',linestyle='-',marker='o',mfc='w')
#设置 x 轴和 y 轴的标签
ax.set_ylabel("温度(摄氏度)")
ax.set_xlabel("时间")
#设置 y 轴的刻度线位置、刻度标签
ax.set_yticks(temp_data)
ax.set_yticklabels(temp_data)
plt.show()
```

运行结果如图 10-5 所示。

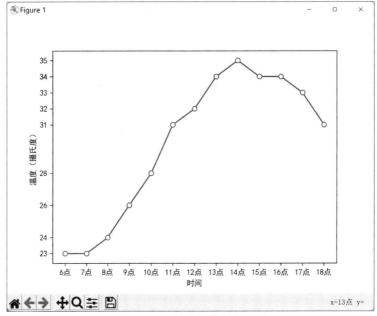

图 10-5　气温数据绘制折线图

10.4　标题和图例添加与网格线显示

10.4.1　添加图表标题

图表的标题代表图表名称,一般位于图表的顶部且与图表居中对齐,可以迅速地让读者理解图表要说明的内容。Matplotlib 中可以直接使用 pyplot 模块的 title()函数添加图表标题,title()函数的语法格式如下。

```
title(label, fontdict=None, loc='center', pad=None, **kwargs)
```

参数说明如下。

- label:表示标题的文本。
- fontdict:表示控制标题文本样式的字典。
- loc:表示标题的对齐样式。
- pad:表示标题与图表顶部的距离,默认为 None。

此外,Axes 对象还可以使用 set_title()方法添加图表的标题。

10.4.2　添加图表图例

图例是一个列举各组图形数据标识方式的方框图，它由图例标识和图例项两个部分构成，其中，图例标识是代表各组图形的图案，图例项是与图例标识对应的名称（说明文本）。当 Matplotlib 绘制包含多组图形的图表时，可以在图表中添加图例，帮助用户明确每组图形代表的含义。

Matplotlib 中可以直接使用 pyplot 模块的 legend()函数添加图例，legend()函数的语法格式如下。

```
legend(handles, labels, loc, bbox_to_anchor, ncol, title, shadow, fancybox,
* args, **kwargs)
```

参数说明如下。

- handles 和 labels 参数。handles 参数表示由图形标识构成的列表，labels 参数表示由图例项构成的列表。需要注意的是，handles 和 labels 参数应接收相同长度的列表，若接收的列表长度不同，则会对较长的列表进行截断处理，使较长列表与较短列表长度相等。

- loc 参数。loc 参数用于控制图例在图表中的位置，该参数支持字符串和数值两种形式的取值，每种取值及其对应的图例位置的说明如表 10-3 所示。

表 10-3　loc 参数的取值及其对应的图例位置

位　　置	位　置　字　符　串	位　置　编　码
自适应	Best	0
右上	upper right	1
左上	upper left	2
左下	lower left	3
右下	lower right	4
正右	right	5
中央偏左	center left	6
中央偏右	center right	7
中央偏下	lower center	8
中央偏上	upper center	9
正中央	center	10

具体在图中的位置，如图 10-6 所示。

- bbox_to_anchor 参数。bbox_to_anchor 参数用于控制图例的布局，该参数接收一个包含两个数值的元素，其中，第一个数值用于控制图例显示的水平位置，值越大则说明图例显示的位置越偏右；第二个数值用于控制图例的垂直位置，值越大则说明图例显示的位置越偏上。

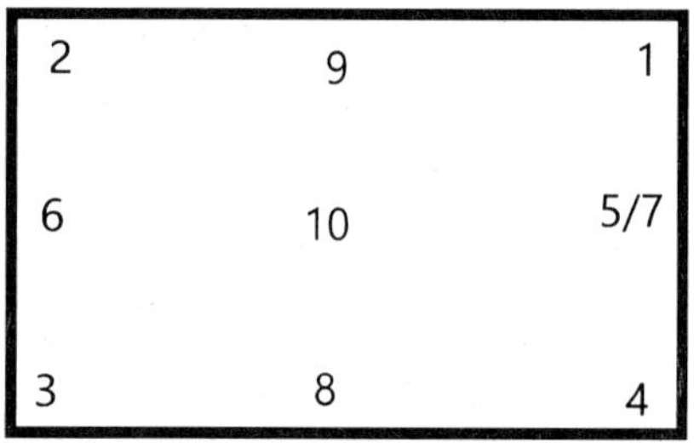

图 10-6　loc 参数的取值及其
对应的图例位置图

- ncol 参数。ncol 参数表示图例的列数,默认为 1。
- title 参数。title 参数表示图例的标题,默认为 None。
- shadow 参数。shadow 参数控制是否在图例后面显示阴影,默认为 None。
- fancybox 参数。fancybox 参数控制是否为图例设置圆角边框,默认为 None。

若使用 pyplot 绘图函数绘图时已经预先通过 label 参数指定了显示于图例的标签,则后续可以直接调用 legend()函数添加图例;若未预先指定应用于图例的标签,则后续在调用 legend()函数时为参数 handles 和 labels 传值即可。

10.4.3　显示网格线

网格是从刻度线开始延伸,贯穿至整个绘图区域的辅助线条,它能帮助人们轻松地查看图形的数值。网格按不同的方向可以分为垂直网格和水平网格,这两种网格既可以单独使用,也可以同时使用,常见于添加图表精度、分辨图形细微差别的场景。

Matplotlib 中可以直接使用 pyplot 模块的 grid()函数显示网格,grid()函数的语法格式如下。

```
grid(b=None, which='major', axis='both', **kwargs)
```

参数说明如下。
- b:表示是否显示网格。
- which:表示显示网格的类型,默认为 major。
- axis:表示显示哪个方向的网格,默认为 both。
- linewidth 或 lw:网格线的宽度。

此外,还可以使用 Axes 对象的 grid()函数显示网格。需要说明的是,坐标轴若没有刻度,就无法显示网格。

10.5　添加参考线和参考区域

10.5.1　显示网格线

参考线是一条或多条贯穿绘图区域的线条,用于为绘图区域中图形数据之间的比较提供参考依据,如目标线、平均线、预算线等。参考线按方向的不同可分为水平参考线和垂直参考线。Matplotlib 中提供了 axhline()函数和 axvline()函数,分别用于添加水平参考线和垂直参考线,具体介绍如下。

使用 axhline()函数绘制水平参考线。axhline()函数的语法格式如下。

```
axhline(y=0, xmin=0, xmax=1, linestyle='-', **kwargs)
```

参数说明如下。
- y:表示水平参考线的纵坐标。
- xmin:表示水平参考线的起始位置,默认为 0。
- xmax:表示水平参考线的终止位置,默认为 1。
- linestyle:表示水平参考线的类型,默认为实线。

使用 axvline()绘制垂直参考线。axvline()函数的语法格式如下。

```
axvline(x=0, ymin=0, ymax=1, linestyle='-', **kwargs)
```

参数说明如下。

- x：表示垂直参考线的横坐标。
- ymin：表示垂直参考线的起始位置，默认为 0。
- ymax：表示垂直参考线的终止位置，默认为 1。
- linestyle：表示垂直参考线的类型，默认为实线。

10.5.2　添加参考区域

pyplot 模块中提供了 axhspan() 函数和 axvspan() 函数，分别用于为图表添加水平参考区域和垂直参考区域，具体介绍如下。

使用 axhspan() 函数绘制水平参考区域。axhspan() 函数的语法格式如下。

```
axhspan(ymin, ymax, xmin=0, xmax=1, **kwargs)
```

参数说明如下。

- ymin：表示水平跨度的下限，以数据为单位。
- ymax：表示水平跨度的上限，以数据为单位。
- xmin：表示垂直跨度的下限，以轴为单位，默认为 0。
- xmax：表示垂直跨度的上限，以轴为单位，默认为 1。

使用 axvspan() 函数绘制垂直参考区域。axvspan() 函数的语法格式如下。

```
axvspan(xmin, xmax, ymin=0, ymax=1, **kwargs)
```

参数说明如下。

- xmin：表示垂直跨度的下限。
- xmax：表示垂直跨度的上限。

10.6　添加注释文本与表格

10.6.1　添加指向型注释文本

注释文本是图表的重要组成部分，它能够对图形进行简短的描述，有助于用户理解图表。注释文本按注释对象的不同主要分为指向型注释文本和无指向型注释文本，其中，指向型注释文本一般是针对图表某一部分的特定说明，无指向型注释文本一般是针对图表整体的特定说明。

下面将介绍添加指向型注释文本和无指向型注释文本的方法。

指向型注释文本是指通过指示箭头的注释方式对绘图区域的图形进行解释的文本，它一般使用线条连接说明点和箭头指向的注释文字。pyplot 模块中提供了 annotate() 函数为图表添加指向型注释文本，该函数的语法格式如下。

```
annotate(s,xy, * args,arrowprops, bbox,**kwargs)
```

参数说明如下。

- s：表示注释文本的内容。
- xy：表示被注释的点的坐标位置，接收元组 (x,y)。

- xytext：表示注释文本所在的坐标位置，接收元组(x,y)。
- arrowprops：表示指示箭头的属性字典。
- bbox：表示注释文本的边框属性字典。

arrowprops 参数接收一个包含若干键的字典，通过向字典中添加键值对来控制箭头的显示。常见的控制箭头的键包括 width、headwidth、headlength、shrink、arrowstyle 等，其中，键 arrowstyle 代表箭头的类型，该键对应的值及对应的类型如图 10-7 所示。

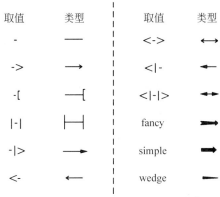

图 10-7　arrowstyle 的取值及对应的类型

10.6.2　添加无指向型注释文本

无指向型注释文本是指仅使用文字的注释方式对绘图区域的图形进行说明的文本。pyplot 模块中提供了 text()函数为图表添加无指向型注释文本，该函数的语法格式如下。

```
text(x, y, s, fontdict=None, withdash=<deprecated parameter>, **kwargs)
```

参数说明如下。

- x、y：表示注释文本的位置。
- s：表示注释文本的内容。
- horizontalalignment 或 ha：表示水平对齐的方式，可以取值为'center'、'right'或'left'。
- verticalalignment 或 va：表示垂直对齐的方式，可以取值为'center'、'top'、'bottom'、'baseline'或'center_baseline'。

【例 10-3】已知某中学对全体高三文科班学生进行高考前的第一次模拟考试，分别计算了全体男生、女生的平均成绩，统计结果如表 10-4 所示。

表 10-4　全校高三男生、女生的平均成绩

学　　科	平均成绩（男）	平均成绩（女）
语文	105	108
数学	123	105
英语	104	116
政治	79	85
历史	87	80
地理	98	88

按照以下要求绘制图表。

（1）绘制柱形图。柱形图的 x 轴为学科，y 轴为平均成绩。

（2）设置 y 轴的标签为"平均成绩/分"。

（3）设置 x 轴的刻度标签位于两组柱形中间。

（4）添加标题为"高三文科班男生、女生的平均成绩"。

（5）添加图例。

（6）向每个柱形的顶部添加注释文本，标注平均成绩。

```python
import numpy as np
import matplotlib.pyplot as plt
plt.rcParams['font.sans-serif'] = ['SimHei']
plt.rcParams['axes.unicode_minus'] = False
#添加无指向型注释文本
def autolabel(rects):
    """在每个矩形条的上方附加一个文本标签，以显示其高度"""
    for rect in rects:
        height = rect.get_height()
        plt.text(rect.get_x() + rect.get_width() / 2, height + .5,
                 s='{}'.format(height),
                 ha='center', va='bottom')
labels = np.array(['语文', '数学', '英语', '物理', '化学', '生物'])
x = np.arange(0, labels.size)
y_men = np.array([105, 123, 104, 79, 87, 98])
y_women = np.array([108, 105,116, 85, 80, 88])
bar_width = 0.35
#绘制柱形图
bars_men = plt.bar(x - bar_width/2, y_men, width=bar_width, label='男生')
bars_women = plt.bar(x + bar_width/2, y_women, width=bar_width, label='女生')
plt.xticks(x, labels)
plt.title('全校高三男生、女生的平均成绩')
plt.ylabel('平均成绩/分')
autolabel(bars_men)
autolabel(bars_women)
print(np.vstack((y_men ,y_women)))
#添加参考线
mean_value = np.vstack((y_men ,y_women)).mean()
plt.axhline(mean_value,ls='--',linewidth=1.0,label = '')
plt.legend()
plt.show()
```

运行结果如图 10-8 所示。

10.6.3　在图表中添加表格

Matplotlib 可以绘制各种各样的图表，以便用户发现数据间的规律。为了更加凸显数据间的规律与特点，便于用户从多元分析的角度深入挖掘数据潜在的含义，可将图表与数据表格结合使用，使用数据表格强调图表某部分的数值。Matplotlib 中提供了为图表添加数据表格的 table()函数，该函数的语法格式如下。

```python
table(cellText=None, cellColours=None, cellLoc='right', colWidths=None,
rowLabels=None,rowLoc=None,colLabels=None,colColours=None,
colLoc =None,loc=None, ···, **kwargs)
```

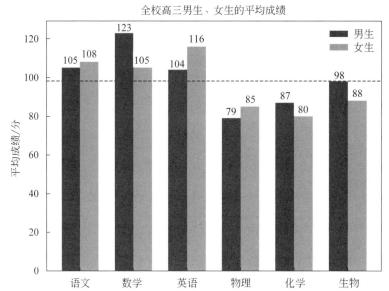

图 10-8　全体高三文科班学生进行高考前的第一次模拟考试柱状图

参数说明如下。

- cellText：表示表格单元格中的数据，可以是一个二维列表。
- cellColours：表示单元格的背景颜色。
- cellLoc：表示单元格文本的对齐方式，支持'left'、'center'、'right'三种取值，默认为'right'。
- colWidths：表示每列的宽度。
- rowLabels：表示行标题的文本。
- rowLoc：表示行标题的对齐方式。
- colLabels：表示列标题的文本。
- colColours：表示列标题所在单元格的背景颜色。
- colLoc：表示列标题的对齐方式。
- loc：表示表格对于绘图区域的对齐方式。

此外，还可以使用 Axes 对象的 table()方法为图表添加数据表格，此方法与 table()函数的用法相似，此处不再赘述。

小　　结

本章介绍了 Matplotlib 库和 Pandas 扩展库中常用的绘图方法，主要内容如下。

（1）介绍了常用可视化图表类型及其作用。

（2）绘图时应根据数据可视化的目标，选择数据源和图表类型，再调用 Matplotlib 库或 Pandas 库中的绘图方法，最后还可以将图表保存为图形文件。

（3）Matplotlib 库提供了一种通用的绘图方法。利用 Pandas 中的 plot()函数绘图方法实现数据的可视化。

（4）除了绘制基本的图形，还可以根据需要设置图表标题、坐标轴标题、图例、网格线等图表元素，进一步修饰和美化图表，方便对图表的理解和查看。

思考与练习

1. 图表样式的修改有哪几种方式？如何实现？

2. 常见的选择线型样式有哪些？

3. 请简述如何设置坐标轴的标签、刻度范围和刻度标签？

4. 在利用 Matplotlib 绘制图表时，常见的辅助元素都有哪些？

5. 某电商平台在 2022 年 6 月对平台上所有子类目的销售额进行了统计，结果如表 10-5 所示。

表 10-5　电商平台子类目的销售额

子　类　目	销售额/亿
电脑	4623
家居	5623
美妆	1892
手机	3976
箱包	987

按照以下要求绘制图表。

（1）绘制平台子类目占比情况的饼图。

（2）添加标题为"电商平台子类目的销售额"。

（3）添加图例，以两列的形式进行显示。

（4）添加表格，说明子类目的销售额。

第11章

Seaborn 绘制数据分析图表

Matplotlib 是比较优秀的绘图库,但是 API 使用过于复杂。Seaborn 是一个基于 Matplotlib 的高级可视化效果库,偏向于统计图表。相比 Matplotlib,它的语法相对简单,绘制图表时不需要花很多工夫去修饰,但是它的绘图方式会比较局限,不够灵活。

本章主要是利用 Seaborn 绘制可视化数据分析图表。

11.1　Seaborn 与数据集加载

Seaborn 是基于 Matplotlib 的 Python 可视化库,它提供了一个高级界面来绘制有吸引力的统计图形,主要是数据挖掘和机器学习中的变量特征选取。

11.1.1　Seaborn 概述

Seaborn 基于 Matplotlib 核心库进行了更高级的 API 封装,用户可以轻松地画出更漂亮的图形。而 Seaborn 的漂亮主要体现在配色更加舒服,以及图形元素的样式更加细腻。通常把 Seaborn 视为 Matplotlib 的补充,而不是替代物。

1. Seaborn 主要功能特点

(1) 绘图接口更加集成,可通过少量参数设置实现大量封装绘图。

(2) 多数图表具有统计学含义,例如,分布、关系、统计、回归等。

(3) 对 Pandas 和 NumPy 数据类型支持非常友好。

(4) 风格设置更为多样,例如,风格、绘图环境和颜色配置等。

Seaborn 旨在成为用户探索和理解数据的核心工具,可以对整个数据集(数据帧和数组)进行操作,并在内部执行必要的语义映射和统计聚合,以生成信息图。

2. 利用 Seaborn 绘制统计图形的步骤

(1) 首先,导入必要的模块 Seaborn 和 Matplotlib,由于 Seaborn 模块是 Matplotlib 模块的补充,所以绘制图表前必须引用 Matplotlib 模块。seaborn 的依赖库为 NumPy、Scipy、Pandas、Matplotlib。

```
import numpy as np
import pandas as pd
import seaborn as sns
import matplotlib.pyplot as plt
from scipy import stats, integrate
```

(2) 调用 set()方法设置图形主题,这一步是可选的。Seaborn 使用 Matplotlib rcParam 系统来控制图形外观。

（3）加载数据集。指定 x 轴、y 轴数据。

（4）使用绘图函数绘制图形。

使用 Seaborn 绘制图表之前，需要导入绘图的接口，具体代码如下。

```
import seaborn as sns
```

另外，也可以在 Jupyter Notebook 中使用如下魔术命令绘图。

```
%matplotlib inline
```

11.1.2　Seaborn 数据集加载

1. 获取网络数据集

Seaborn 附带了样本数据集，所有数据集均为 CSV 格式，数据集默认存放在线上，地址为 https://github.com/mwaskom/seaborn-data。

（1）获取样本数据地址函数。

```
seaborn.get_data_home()
```

函数的返回值为样本数据集的缓存地址。

（2）加载数据集函数。

```
seaborn.load_dataset()
```

函数原型：

```
seaborn.load_dataset(name, cache=True, data_home=None, **kws)
```

参数说明如下。

- name：数据集的名称，对应 https://github.com/mwaskom/seaborn-data 中的 name.csv 字符串。
- cache：是否从网络下载数据集。布尔值，可选参数。当取值为 True 时，首选从本地缓存加载数据，如果下载数据会将数据缓存在本地。
- data_home：缓存目录。字符串，可选参数。默认为 None，即 get_data_home()。
- kws：传递给 pandas.read_csv() 的附加参数。键值对，可选参数。

返回值：默认从网络加载数据集，类型为 pandas.DataFrame。

2. 加载本地数据集

由于数据集默认从 Github 下载，由于网络不稳定或者没有网络，所以直接访问数据集可能不方便，因此加载本地数据集比较灵活。

加载本地数据集的步骤如下。

（1）直接从 https://github.com/mwaskom/seaborn-data 下载数据集。

（2）将数据集保存在同一个目录中，如 D:\seaborn-data。

（3）加载数据时，设置 load_dataset() 函数的 cache 参数为 True，data_home 参数为 D:\seaborn-data。即 sns.load_dataset('iris',data_home=r'D:\seaborn-data',cache=True)。

3. 加载自定义数据

除了 Seaborn 附带的数据集，也可以自己创建数据。

根据 load_data() 函数概述可知，其原理就是利用 pandas.read_csv() 函数读取 CSV 文件，因此，只要数据最终被转换为 DataFrame 格式即可。

11.2　Seaborn 图表的基本设置

Seaborn 图表的基本设置通常指设置绘图的背景色、风格、字型、字体等。

11.2.1　背景风格设置

Seaborn 通过 set()函数实现风格设置。

set()函数的语法格式如下。

```
seaborn.set( context='notebook', style='darkgrid', palette='deep', font=
'sans-serif',font_scale = 1, color_codes = True, rc = None)
```

从这个 set()函数可以看出，通过它可以设置背景色、风格、字型、字体等。我们定义一个函数，这个函数主要是生成 50 个 0～20 的变量，然后用这个变量画出 3 条曲线。运行结果为 Matplotlib 默认参数下的绘制风格，也可以使用 seaborn.set()进行风格设置。Seaborn 有 5 个背景主题，适用于不同的应用场景和人群偏好，具体如下。

（1）darkgrid：灰色网格（默认值）。Seaborn 默认的灰色网格底色灵感来源于 Matplotlib 却更加柔和。在大多数情况下，图应优于表。Seaborn 的默认灰色网格底色避免了刺目的干扰。

网格能够帮助我们查找图表中的定量信息，而灰色网格主题中的白线能避免影响数据的表现，白色网格主题则更适合表达"重数据元素"。

（2）whitegrid：白色网格。

（3）dark：灰色背景。

（4）white：白色背景。

（5）ticks：四周带刻度线的白色背景

Seaborn 将 Matplotlib 的参数划分为两个独立的组合：第一组用于设置绘图的外观风格；第二组主要将绘图的各种元素按比例缩放，以至可以嵌入不同的背景环境中。控制这些参数的接口主要有以下两对方法。

（1）控制风格：axes_style()、set_style()。

（2）缩放绘图：plotting_context()、set_context()。

每对方法中的第一个方法(axes_style()、plotting_context())会返回一组字典参数，而第二个方法(set_style()、set context())会设置 Matplotlib 的默认参数。

set_style()和 set()的区别：set_style()是用来设置主题的，Seaborn 有 5 个预设好的主题——darkgrid、whitegrid、dark、white 和 ticks，默认为 darkgrid。set()通过设置参数可以设置背景、调色板等，更加常用。

11.2.2　设置绘图元素比例

Seaborn 使用 seaborn.set_context(context＝None，font_scale＝1，rc＝None)函数设置绘图背景参数，它主要用来影响标签、线条和其他元素的效果，但不会影响整体的风格，跟 style 有点区别。这个函数默认使用 notebook，其他 context 可选值有 paper、talk、poster。

11.2.3　边框控制

控制边框显示方式,主要使用 despine()函数。

(1) 移除顶部和右边边框。

```
sns.despine()
```

(2) 使两个坐标轴离开一段距离。

```
sns.despine(offset=10,trim=True)
```

(3) 移除左边边框,与 set_style()方法的白色网格配合使用效果更佳。

```
sns.set_style("whitegrid")
sns.despine(left=True)
```

(4) 移除指定边框,设置值为 True 即可。

```
sns.despine(fig=None,ax=None, top=True, right=True, left=True, bottom=False,
offset=None,trim=False)
```

【**例 11-1**】　Seaborn 图表的基本设置示例。

```
import numpy as np
import seaborn as sns
import matplotlib.pyplot as plt
def sinplot(flip=2):
    x = np.linspace(0, 15, 100)
    for i in range(1, 6):
        plt.plot(x, np.sin(x + i * .5) * (7 - i) * flip)
sns.set(style='white', font='SimHei')               #设置背景为白色
plt.rcParams['font.sans-serif'] = ['SimHei']        #设置字体正常显示中文
plt.rcParams['axes.unicode_minus'] = False          #设置坐标轴正常显示负号
sns.set_context("paper")
plt.xlabel('x轴')
plt.ylabel('y轴')
sinplot()                                           #调用自定义函数
sns.despine(offset=10)             #移除图像的上部和右侧的坐标轴,偏离左侧轴的距离10
plt.show()
```

运行结果如图 11-1 所示。

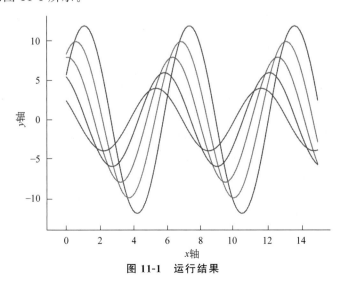

图 11-1　运行结果

11.3 常用图表的绘制

当处理一组数据时,通常先要做的就是了解变量是如何分布的。对于单变量的数据来说,采用直方图或核密度曲线是个不错的选择;对于双变量的数据来说,可采用多面板图形展现,如散点图、二维直方图、核密度估计图形等。

在 Seaborn 中实现折线图有如下两种方法。

1. 使用 replot()函数

在 replot()函数中通过设置 kind 参数为 line 绘制折线图,例如下面的代码。

```
sns.replot(kind="scatter")    #相当于 scatterplot(),用来绘制散点图
sns.replot(kind="line")       #相当于 lineplot(),用来绘制曲线图
```

2. 使用 lineplot()函数直接绘制折线图。

针对这种情况,Seaborn 库提供了对单变量和双变量分布的绘制函数,如 displot()函数、jointplot()函数。

11.3.1 可视化数据的分布

当处理一组数据时,通常先要做的就是了解变量是如何分布的。

对于单变量的数据来说,采用直方图或核密度曲线是个不错的选择。

对于双变量的数据来说,可采用多面板图形展现,如散点图、二维直方图、核密度估计图形等。

针对这种情况,Seaborn 库提供了对单变量和双变量分布的绘制函数,如 distplot()函数、jointplot()函数,下面介绍这些函数的使用,具体内容如下:

1. 绘制单变量分布

可以采用最简单的直方图描述单变量的分布情况。Seaborn 中提供了 distplot()函数,它默认绘制的是一个带有核密度估计曲线的直方图。distplot()为 hist 加强版,kdeplot()为密度曲线图。

distplot()函数的语法格式如下。

```
seaborn.distplot(a, bins=None, hist=True, kde=True, rug=False, fit=None, color=None)
```

参数说明如下。

- a:表示要观察的数据,可以是 Series、一维数组或列表。
- bins:用于控制条形的数量。
- hist:接收布尔类型,表示是否绘制(标注)直方图。
- kde:接收布尔类型,表示是否绘制高斯核密度估计曲线。
- rug:接收布尔类型,表示是否在支持的轴方向上绘制 rugplot。

【例 11-2】 通过 distplot()函数绘制直方图的示例。

```
import numpy as np
import seaborn as sns
import matplotlib.pyplot as plt
sns.set()
```

```
np.random.seed(0)                           #确定随机数生成器的种子,如果不使用,每次生成图形不一样
arr = np.random.randn(100)                                          #生成随机数组
ax = sns.distplot(arr, bins=10, hist=True, kde=True, rug=True)      #绘制直方图
plt.show()
```

运行结果如图 11-2 所示。

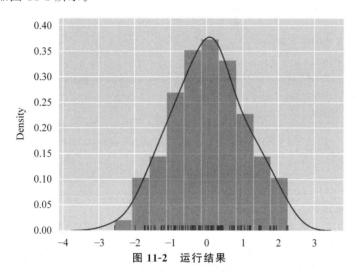

图 11-2　运行结果

上述示例中,首先导入了用于生成数组的 NumPy 库,然后使用 Seaborn 调用 set()函数获取默认绘图,并且调用 random 模块的 seed()函数确定随机数生成器的种子,保证每次产生的随机数是一样的,接着调用 randn()函数生成包含 100 个随机数的数组,最后调用 distplot()函数绘制直方图。

从图 11-2 中可以看出,直方图共有 10 个条柱,每个条柱的颜色为蓝色,并且有核密度估计曲线。

根据条柱的高度可知,位于−1~1 区间的随机数值偏多,小于−2 的随机数值偏少。

通常,采用直方图可以比较直观地展现样本数据的分布情况,不过,直方图存在一些问题,它会因为条柱数量的不同导致直方图的效果有很大的差异。为了解决这个问题,可以绘制核密度估计曲线进行展现。

核密度估计是在概率论中用来估计未知的密度函数,属于非参数检验方法之一,可以比较直观地看出数据样本本身的分布特征。

通过 distplot()函数绘制核密度估计曲线的示例如下。

```
#创建包含 500 个位于[0,100]整数的随机数组
array_random = np.random.randint(0, 100, 500)
#绘制核密度估计曲线
sns.distplot(array_random, hist=False, rug=True)
```

在上述示例中,首先通过 random.randint()函数返回一个最小值不低于 0、最大值低于 100 的 500 个随机整数数组,然后调用 displot()函数绘制核密度估计曲线。

运行结果如图 11-3 所示。

从图 11-3 中可以看出,图表中有一条核密度估计曲线,并且在 x 轴的上方生成了观测数值的小细条。

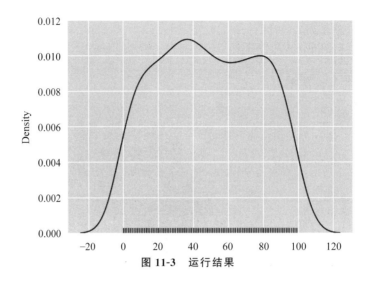

图 11-3   运行结果

2. 绘制双变量分布

两个变量的二元分布可视化也很有用。在 Seaborn 中最简单的方法是使用 jointplot()函数。该函数可以创建一个多面板图形,如散点图、二维直方图、核密度估计等,以显示两个变量之间的双变量关系及每个变量在单独坐标轴上的单变量分布。

jointplot()函数的语法格式如下。

```
seaborn.jointplot(x, y, data=None, kind='scatter', stat_func=<function personr>,color=None, size=6, ratio=5, space=0.2, dropna=True, xlim=None, ylim=None, …, **kwargs)
```

参数说明如下。

- kind:表示绘制图形的类型。
- stat_func:用于计算有关关系的统计量并标注图。
- color:表示绘图元素的颜色。
- size:用于设置图的大小(正方形)。
- ratio:表示中心图与侧边图的比例。该参数的值越大,则中心图的占比会越大。
- space:用于设置中心图与侧边图的间隔大小。
- xlim、ylim:表示 x、y 轴的范围。

下面以散点图、二维直方图、核密度估计曲线为例,介绍如何使用 Seaborn 绘制这些图形。

调用 seaborn.jointplot()函数绘制散点图的示例如下。

```
#创建 DataFrame 对象
import pandas as pd
dataframe_obj = pd.DataFrame({"x": np.random.randn(500),"y": np.random.randn(500)})
#绘制散布图
sns.jointplot(x="x", y="y", data=dataframe_obj)
```

上述示例中,首先创建了一个 DataFrame 对象 dataframe_obj 作为散点图的数据,其中,x 轴和 y 轴的数据均为 500 个随机数,接着调用 jointplot()函数绘制一个散点图,散点图 x 轴的名称为"x",y 轴的名称为"y"。

运行结果如图 11-4 所示。

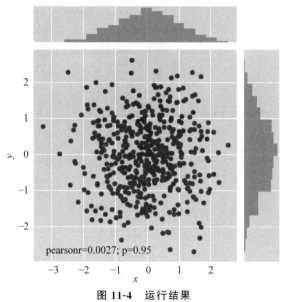

图 11-4　运行结果

从图 11-4 中可以看出,散点图的底部显示了计算的两个系数:pearsonr 和 p,另外,在图表的上方和右侧增加了直方图,便于观察 x 和 y 轴数据的整体分布情况,并且它们的均值都是 0。

二维直方图类似于"六边形"图,主要是因为它显示了落在六角形区域内的观察值的计数,适用于较大的数据集。当调用 jointplot() 函数时,只要传入 kind="hex",就可以绘制二维直方图,具体示例代码如下。

```
#绘制二维直方图
sns.jointplot(x="x", y="y", data=dataframe_obj, kind="hex")
```

运行结果如图 11-5 所示。

从六边形颜色的深浅,可以观察到数据密集的程度。另外,图形的上方和右侧仍然给出了直方图。注意,在绘制二维直方图时,最好使用白色背景。

利用核密度估计同样可以查看二元分布,Seaborn 中用等高线图来表示。当调用 joinintplot() 函数时只要传入 kind="kde",就可以绘制核密度估计图形,具体示例代码如下。

```
#核密度估计
sns.jointplot(x="x", y="y", data=dataframe_obj, kind="kde")
```

上述示例中,绘制了核密度的等高线图,另外,在图形的上方和右侧给出了核密度曲线图。

运行结果如图 11-6 所示。

通过观察等高线的颜色深浅,可以看出哪个范围的数值分布最多,哪个范围的数值分布最少。

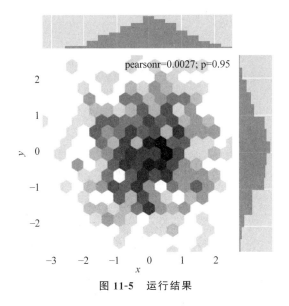

图 11-5　运行结果

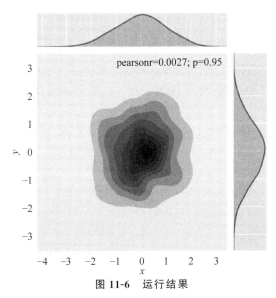

图 11-6　运行结果

3. 绘制成对的双变量分布

要想在数据集中绘制多个成对的双变量分布,则可以使用 pairplot( )函数实现,该函数会创建一个坐标轴矩阵,并且显示 DataFrame 对象中每对变量的关系。

Seaborn 可以一次性两两组合多个变量作出多个对比图,有 n 个变量,就会做出一个 $n×n$ 个格子的图,譬如有 2 个变量,就会产生 4 个格子,每个格子就是两个变量之间的对比图。

var1　vs.　var1
var1　vs.　var2
var2　vs.　var1
var2　vs.　var2

相同的两个变量之间（var1　vs.　var1 和 var2　vs.　var2）以直方图展示，不同的变量则以散点图展示（var1　vs.　var2 和 var2　vs.　var1）。要注意的是，数据中不能有 NaN（缺失的数据），否则会报错。

另外，pairplot()函数也可以绘制每个变量在对角轴上的单变量分布。

接下来，通过 sns.pairplot()函数绘制数据集变量间关系的图形，示例代码如下。

```
#加载 seaborn 中的数据集
dataset = sns.load_dataset("tips")
#绘制多个成对的双变量分布
sns.pairplot(dataset)
```

上述示例中，通过 load_dataset()函数加载了 Seaborn 中内置的数据集（单击链接 https://github.com/mwaskom/Seaborn-data 可以查看内置的所有数据集），根据 tips 数据集绘制多个双变分布。

运行结果如图 11-7 所示。

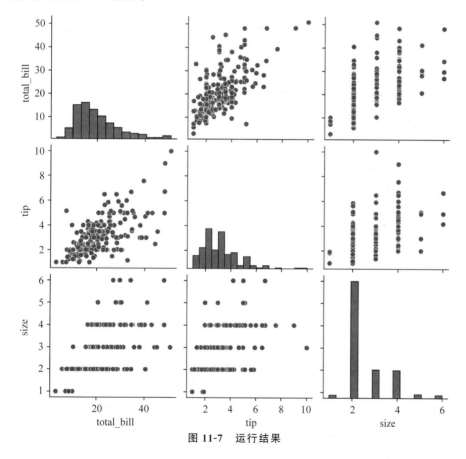

图 11-7　运行结果

11.3.2　对分类数据绘图

数据集中的数据类型有很多种，除了连续的特征变量之外，最常见的就是类别型的数据类型，如人的性别、学历、爱好等，这些数据类型都不能用连续的变量来表示，而是用分类的数据来表示。

Seaborn 针对分类数据提供了专门的可视化函数,这些函数大致可以分为如下三种。

(1) 分类数据的散点图:swarmplot()与 stripplot()。

(2) 分类数据的分布图:boxplot()与 violinplot()。

(3) 分类数据的统计估算图:barplot()与 pointplot()。

下面针对分类数据可绘制的图形进行简单介绍,具体内容如下。

通过 stripplot()函数可以绘制一个散点图,stripplot()函数的语法格式如下。

```
stripplot(x = None, y = None,hue = None,data = None,
order = None,hue_order = None,jitter = False, …,** kwargs)
```

参数说明如下。

- x、y、hue:用于绘制长格式数据的输入。
- data:用于绘制的数据集。如果 x 和 y 不存在,则它将作为宽格式,否则将作为长格式。
- order、hue_order:用于绘制分类的级别。
- jitter:表示抖动的程度(仅沿类别轴)。当很多数据点重叠时,可以指定抖动的数量,或者设为 True 使用默认值。

为了更好地理解,接下来通过 stripplot()函数绘制一个散点图,示例代码如下。

```
tips = sns.load_dataset("tips")
sns.stripplot(x="day", y="total_bill", data=tips)
```

运行结果如图 11-8 所示。

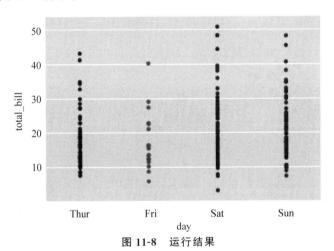

图 11-8   运行结果

从图 11-8 中可以看出,图表中的横坐标是分类的数据,而且一些数据点会互相重叠,不易于观察。为了解决这个问题,可以在调用 stripplot()函数时传入 jitter 参数,以调整横坐标的位置,改后的示例代码如下。

```
#加载内置的数据集 tips
tips = sns.load_dataset("tips")
#绘制散点图
sns.stripplot(x="day", y="total_bill", data=tips, jitter=True)
```

运行结果如图 11-9 所示。

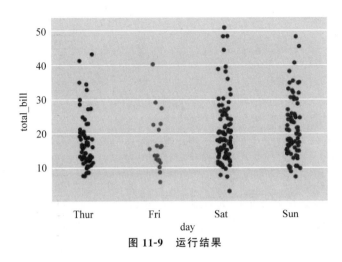

图 11-9　运行结果

除此之外，还可调用 swarmplot()函数绘制散点图，该函数的好处是所有的数据点都不会重叠，可以很清晰地观察到数据的分布情况，示例代码如下。

```
#加载内置的数据集 tips
tips = sns.load_dataset("tips")
#绘制散点图
sns.swarmplot(x="day", y="total_bill", data=tips)
```

运行结果如图 11-10 所示。

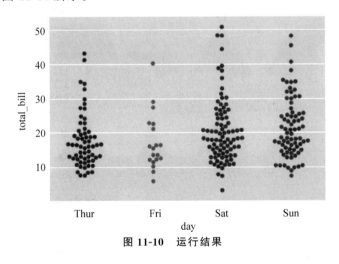

图 11-10　运行结果

11.3.3　类别内的统计估计

要想查看各个分类中的数据分布，显而易见，散点图是不满足需求的，原因是它不够直观。针对这种情况，可以绘制如下两种图形进行查看。

箱形图：利用箱形图可以提供有关数据分散情况的信息，可以很直观地查看数据的四分位分布（1/4 分位，中位数，3/4 分位以及四分位距）。

提琴图：箱形图与核密度图的结合，它可以展示任意位置的密度，可以很直观地看到哪些位置的密度较高。

接下来，针对 Seaborn 库中箱形图和提琴图的绘制进行简单的介绍。

1. 绘制箱形图

Seaborn 中用于绘制箱形图的函数为 boxplot()，其语法格式如下。

```
seaborn.boxplot(x = None, y = None,hue = None,data = None,
orient = None, palette = None,saturation = 0.75, …, ** kwargs)
```

参数说明如下。

- orient：表示数据垂直或水平显示，取值为"v"或"h"。
- palette：用于设置不同级别色相的颜色变量。
- saturation：用于设置数据显示的颜色饱和度。

使用 boxplot() 函数绘制箱形图的具体示例如下。

```
#加载内置的数据集 tips
tips = sns.load_dataset("tips")
#绘制箱形图
sns.boxplot(x="day", y="total_bill", data=tips)
```

上述示例中，使用 Seaborn 中内置的数据集 tips 绘制了一个箱形图，图 11-11 中 x 轴的名称为 day，其刻度范围是 Thur～Sun(周四至周日)，y 轴的名称为 total_bill，刻度范围为 10～50。

运行结果如图 11-11 所示。

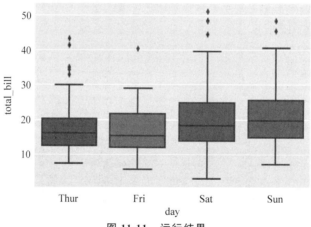

图 11-11　运行结果

从图 11-11 中可以看出，Thur 列大部分数据都小于 30，不过有 5 个大于 30 的异常值，Fri 列中大部分数据都小于 30，只有一个异常值大于 40，Sat 一列中有 3 个大于 40 的异常值，Sun 一列中有两个大于 40 的异常值。

2. 绘制提琴图

Seaborn 中用于绘制提琴图的函数为 violinplot()，其语法格式如下。

```
seaborn.violinplot(x = None, y = None, hue = None, data = None, order = None, hue_
order = None, bw ='scott', cut = 2, scale ='area', scale_hue = True, gridsize = 100,
width = 0.8, inner = 'box', split = False, dodge = True, orient = None, linewidth =
None, color = None, palette = None, saturation = 0.75, ax = None, ** kwargs)
```

通过 violinplot() 函数绘制提琴图的示例代码如下。

```
#加载内置的数据集 tips
```

```
tips = sns.load_dataset("tips")
#绘制提琴图
sns.violinplot(x="day", y="total_bill", data=tips)
```

上述示例中,使用 Seaborn 中内置的数据集 tips 绘制了一个提琴图,图 11-12 中 x 轴的名称为 day,y 轴的名称为 total_bill。

运行结果如图 11-12 所示。

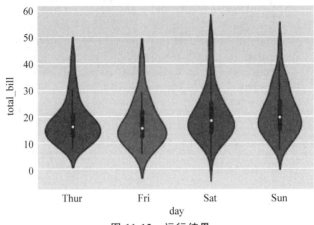

图 11-12　运行结果

从图 11-12 中可以看出,Thur 一列中位于 5~25 的数值较多,Fri 一列中位于 5~30 的数值较多,Sat 一列中位于 5~35 的数值较多,Sun 一列中位于 5~40 的数值较多。

要想查看每个分类的集中趋势,则可以使用条形图和点图进行展示。Seaborn 库中用于绘制这两种图表的具体函数如下。

- barplot()函数:绘制条形图。
- pointplot()函数:绘制点图。

这些函数的 API 与上面那些函数都是一样的,这里只讲解函数的应用,不再过多对函数的语法进行讲解了。

1. 绘制条形图

最常用的查看集中趋势的图形就是条形图。默认情况下,barplot()函数会在整个数据集上使用均值进行估计。若每个类别中有多个类别时(使用了 hue 参数),则条形图可以使用引导来计算估计的置信区间(是指由样本统计量所构造的总体参数的估计区间),并使用误差条来表示置信区间。

使用 barplot()函数的示例如下,运行结果如图 11-13 所示。

```
#加载内置的数据集 tips
tips = sns.load_dataset("tips")
#绘制条形图
sns.barplot(x="day", y="total_bill", data=tips)
```

2. 绘制点图

另外一种用于估计的图形是点图,可以调用 pointplot()函数进行绘制,该函数会用高度估计值对数据进行描述,而不是显示完整的条形,它只会绘制点估计和置信区间。

通过 pointplot()函数绘制点图的示例如下,运行结果如图 11-14 所示。

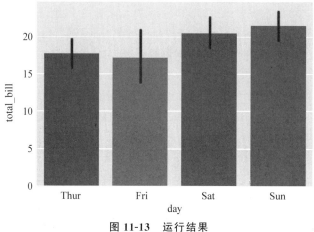

图 11-13 运行结果

```
#加载内置的数据集 tips
tips = sns.load_dataset("tips")
#绘制条形图
sns.pointplot(x="day", y="total_bill", data=tips)
```

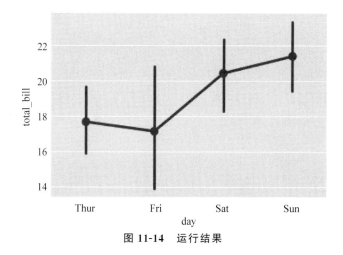

图 11-14 运行结果

Pandas 与 Seaborn 之间有什么区别呢？其实两者都是使用了 Matplotlib 来作图，但是有非常不同的设计差异。在只需要简单地作图时直接用 Pandas，但要想作出更加吸引人、更丰富的图就可以使用 Seaborn。Pandas 的作图函数并没有太多的参数来调整图形，所以必须要深入了解 Matplotlib。Seaborn 的作图函数中提供了大量的参数来调整图形，所以并不需要太深入了解 Matplotlib。Seaborn 的 API：https://stanford.edu/～mwaskom/software/seaborn/api.html♯style-frontend。

小　　结

本章主要讲解了 Seaborn 的来源和数据集加载的三种方式，然后介绍了 Seaborn 图表的基本设置，最后通过数据的分布、对分类数据绘图以及类别内部的统计估计三个方面讲述了常用图表的绘制。

思考与练习

1. 简述 Seaborn 数据集加载的三种方式。

2. 从应用场景角度,简述 set_style( )和 set( )的区别。

3. 简述利用 Seaborn 绘制数据的分布、对分类数据绘图以及类别内部的统计估计三类图的常用方法。

第 12 章

时间序列数据处理与分析

时间序列(简称时序)是在一个时间周期内,测量值按照时间顺序变化,将这个变量与关联的时间对应而形成的一个数据序列。它既可以是定期出现的,也可以是不定期出现的。例如,每天的温度变化、农作物随时间的生长高度等。时间序列数据是一种重要的结构化数据类型。

时间序列的数据主要有以下几种。

(1) 时间戳(Timestamp),表示特定的时刻,如现在。

(2) 固定时期(Period),如 2022 全年或者 2022 年 10 月。

(3) 时间间隔(Interval),由起始时间戳和结束时间戳表示。

(4) 实验或过程时间,每个时间点都是相对于特定时间的一个变量。

时间序列数据分析就是发现这组数据的变化规律并用于样本以外预测的统计技术。在很多行业,如企业经营管理、市场潜量预测、气象预报等领域应用,主要是通过观察历史数据,分析变化过程和发展情况,推测未来发展趋势。

Pandas 具有强大的时序处理能力,被广泛应用于金融数据分析,提供了一组标准的时间序列处理工具和数据算法,可以高效且轻松地操作时间序列数据,具有很强的实用性。接下来,本章将针对时间序列分析的内容进行详细的讲解。

12.1 日期和时间数据类型

12.1.1 datetime 构造

时间与数字相比,较为复杂,有多种进制。在计算机中,时间通常用时间戳(Timestamp)表示。时间戳是指格林尼治时间(1970 年 1 月 1 日 00 时 00 分 00 秒)起至当前的总秒数。它是一个非常大的数字,一直在增加。

对于时间的表示来说,固定时间是指一个时间点,如 2022 年 11 月 11 日 00:00:00。固定时间是时序数据的基础,一个固定的时间带有丰富的信息,如年份、周几,可以通过属性进行读取。

Python 中通过 datetime 库支持创建和处理时间。

Python 标准库中包含用于日期(date)、时间(time)、日历数据的数据类型,主要用到 datetime、time、calendar 模块。datetime 库的时间数据类型见表 11-1。

表 12-1 datetime 库的时间数据类型及使用说明

类　型	说　明
date	日期(年、月、日)
time	时间(时、分、秒、毫秒)
datetime	日期和时间
timedelta	两个 datetime 的差(日、秒、毫秒)
tzinfo	用于存储时区信息的基本类型

表中，date 类型的数据用于创建日期型数据，通过年、月、日进行存储。

【例 12-1】　指定日期 date 类型数据的创建。

```
import datetime
date = datetime.date(2022,9,1)
print(date)
print(date.year,date.month,date.day)
```

运行结果：

```
2022-09-01
2022 9 1
```

time 类型的数据用于存储时间数据，通过时、分、秒、毫秒进行存储。

【例 12-2】　time 类型数据的用法。

```
import datetime
time = datetime.time(8,30,15)
print(time)
print(time.hour,time.minute,time.second)
```

运行结果：

```
08:30:15
8 30 15
```

datetime 类数据是 date 类和 time 类数据的组合，通过 now 函数可以查看当前的时间。

【例 12-3】　使用 now 函数查看当前时间。

```
import datetime
now = datetime.datetime.now()
print(now)
print(now.year,now.month,now.day)
```

运行结果：

```
2022-06-24 16:16:16.232223
2022 6 24
```

timedelta 类数据为两个 datetime 类数据的差，也可以通过给 datetime 类对象加或减去
类对象，以此获得新的 datetime 对象。

【例 12-4】　timedelta 类数据应用。

```
import datetime
from datetime import timedelta
delta = datetime.datetime(2022,10,1) - datetime.datetime(2022,6,24,8,0)
```

```
print(delta)
print(delta.days)
start = datetime.datetime(2022,6,18)
newdate = start + timedelta(12)                    #传入 days
print(newdate)
```

运行结果:

```
98 days, 16:00:00
98
2022-06-30 00:00:00
```

12.1.2　数据转换

在数据分析中,字符串和 datetime 类数据需要进行转换,通过 str()方法可以直接将 datetime 类数据转换为字符串数据。

【例 12-5】　将 datetime 类数据转换为字符串数据。

```
from datetime import datetime
stamp = datetime(2021,10,1)
print(str(stamp))
```

运行结果:

```
2021-10-01 00:00:00
```

如果需要将 datetime 类数据转换为特定格式的字符串数据,需要使用 strftime()方法。datetime 格式说明见表 12-2。

表 12-2　datetime 格式说明

类　　型	描　　述
%Y	四位的年份
%y	两位的年份
%m	两位的月份[01,…,12]
%d	两位的日期[01,…,31]
%H	小时,24 小时制[00,…,24]
%I	小时,12 小时制[01,…,12]
%M	两位的分钟[00,…,59]
%S	两位的秒
%W	每年的第几周,星期一为每周第一天
%F	%Y-%m-%d 的简写(如 2019-5-5)
%D	%m/%d%y 的简写(如 05/20/19)

【例 12-6】　使用 strftime()方法转换 datetime 类型数据。

```
from datetime import datetime
from dateutil.parser import parse
stamp = datetime(2021,10,1)
strdate = stamp.strftime('%Y/%m/%d')              #格式化为字符串
print(strdate)
```

```
print(parse('2022-01-03'), parse('Jan 31, 2022 10:23 PM'),parse('02/11/2022'))
```

运行结果：

```
2021/10/01
2012-01-03 00:00:00 2012-01-31 22:23:00 2022-02-11 00:00:00
```

可以使用 datetime. strptime 和格式代码将字符串转换为日期。

【例 12-7】 将字符串转换为日期类型。

```
from datetime import datetime
w_value = '2021-10-07'
print(datetime.strptime('2021-10-07','%Y-%m-%d'))
datestrs = ['10/01/1949','7/1/1921']
print([datetime.strptime(x,'%m/%d/%Y') for x in datestrs ])
```

运行结果：

```
2021-10-07 00:00:00
[datetime.datetime(1949, 10, 1, 0, 0), datetime.datetime(1921, 7, 1, 0, 0)]
```

datetime 模块中 strptime()方法和 strftime()方法的区别如下。

- datetime.datetime.strptime(字符串,时间格式)：给定一个时间字符串和时间格式，返回一个 datetime 时间对象。
- datetime.datetime.strftime(时间对象,输出格式)：给定一个时间对象和输出格式，返回一个时间字符串。

在 Pandas 中也可以通过 to_datetime()函数快速将一列字符串数据转换为 datetime 数据。

【例 12-8】 利用 Pandas 的 to_datetime()函数将字符串数据转换为 datetime 数据。

```
import pandas as pd
datestrs = ['7/6/2022','2/4/2021']
new_datestrs = pd.to_datetime(datestrs)            #Pandas 模块的时间转换模块
print(new_datestrs)
idx = pd.to_datetime(datestrs + [None])
print(idx)
```

运行结果：

```
DatetimeIndex(['2022-07-06', '2021-02-04'], dtype='datetime64[ns]', freq=
None)
DatetimeIndex(['2022-07-06', '2021-02-04', 'NaT'], dtype='datetime64[ns]',
freq=None)
```

12.2 时间序列的基本操作

12.2.1 创建时间序列

对于时间序列数据而言,必然少不了时间戳这一关键元素。Pandas 中,时间戳使用 TimeStamp(Series 派生的子类)对象表示,该对象与 datetime 有高度兼容性,可以直接通过 to_datetime()函数将 datetime 转换为 TimeStamp 对象。

【例 12-9】 利用 to_datetime()函数将 datetime 转换为 TimeStamp 对象。

```
import pandas as pd
ts = pd.to_datetime('20210828')                       #将 datetime 转换为 Timestamp 对象
print("输出日期:",ts)
date_index = pd.to_datetime(['20210820', '20210828', '20210908'])
print("输出多个日期:\n",date_index)
print("取出第一个时间戳:\n",date_index[0])         #取出第一个时间戳
```

运行结果:

```
输出日期: 2021-08-28 00:00:00
输出多个日期:
 DatetimeIndex(['2021-08-20', '2021-08-28', '2021-09-08'], dtype='datetime64
[ns]', freq=None)
取出第一个时间戳:
 2021-08-20 00:00:00
```

由运行结果来看,如果传入的是多个 datetime 组成的列表,则 Pandas 会将其强制转换为 DatetimeIndex 类对象。DatetimeIndex 对象表示由一组时间戳构成的索引,它里面['2021-08-20', '2021-08-28', '2021-09-08']序列中的每个标量值(如 2021-08-20)都是一个 Timestamp 对象,dtype='datetime64[ns]表示数据的类型为 datetime64[ns],freq=None 表示没有日期频率。

在 Pandas 中,最基本的时间序列类型就是以时间戳为索引的 Series 对象。创建一个 Series 对象,然后将刚创建的 date_index 作为该对象的索引。

【例 12-10】 创建时间序列类型的索引。

```
import pandas as pd
import numpy as np
from datetime import datetime
date_index = pd.to_datetime(['20210920', '20210928', '20211008'])
date_ser = pd.Series([58, 68, 88], index=date_index)
print("用时间戳作为 Series 对象的索引:\n",date_ser)
date_list = [datetime(2021, 1, 1), datetime(2021, 6, 1),
        datetime(2021, 7, 1), datetime(2021, 4, 1),
        datetime(2021, 5, 5), datetime(2021, 6, 1)]
time_se = pd.Series(np.arange(6), index=date_list)
print("用 datetime 的列表作为索引(形式一):\n",time_se)
data_demo = [[1, 4, 7], [2, 5, 8],
        [3, 6, 9]]
date_list = [datetime(2021, 2, 23), datetime(2021, 3, 15),
        datetime(2021, 4, 22)]
time_df = pd.DataFrame(data_demo, index=date_list)
print("用 datetime 的列表作为索引(形式二):\n",time_df)
```

运行结果:

```
用时间戳作为 Series 对象的索引:
 2021-09-20    58
2021-09-28    68
2021-10-08    88
dtype: int64
用 datetime 的列表作为索引(形式一):
```

```
 2021-01-01    0
2021-06-01    1
2021-07-01    2
2021-04-01    3
2021-05-05    4
2021-06-01    5
dtype: int32
用 datetime 的列表作为索引(形式二):
           0 1 2
2021-02-23 1 4 7
2021-03-15 2 5 8
2021-04-22 3 6 9
```

从运行结果中可以看出,Series 对象的索引变成了"年-月-日"格式的日期,日期索引对应的数据是 58、68、88。

除此之外,还可以直接将包含多个 datetime 对象的列表传给 index 参数,同样能创建具有时间戳索引的 Series 对象。

通常也可以通过 Pandas 的 Timestamp() 方法对时间进行时区转换、年份和月份替换等一系列操作,并可以指定时区。例如,将当前时间指定为北京时间: pd.Timestamp('now', tz='Asia/Shanghai')。

对于时间的缺失值,有专门的 NaT 来表示。NaT 可以代表固定时间、时长、时间周期为空的情况,类似于 np.nan 可以参与时间的各种计算。

12.2.2　通过时间戳索引选取子集

DatetimeIndex 的主要作用之一是用作 Pandas 对象的索引,使用它作为索引除了拥有普通索引对象的所有基本功能外,还拥有一些专门对时间序列数据操作的高级用法,如根据日期的年份或月份获取数据。

【例 12-11】　通过不同形式的时间戳获取数据子集。

```
import pandas as pd
import numpy as np
from datetime import datetime
#指定索引为多种形式日期字符串的列表
date_list = ['2020/03/20', '2021/03/15',
       '2020.9.1', '2021.5.1',
       '2021.8.1', '2022.4.1']
#将日期字符串转换为 DatetimeIndex
date_index = pd.to_datetime(date_list)
#创建以 DatetimeIndex 为索引的 Series 对象
date_se = pd.Series(np.arange(6), index=date_index)
print("输出全部时间戳索引的列表:\n",date_se)
print("根据位置索引获取第 2 个数据:\n",date_se[2])
date_time = datetime(2021,5,1)
print("根据构建的日期获取数据:\n",date_se[date_time])
print("获取某年索引数据:\n",date_se['2021'])
```

运行结果:

输出全部时间戳索引的列表:

```
 2020-03-20     0
2021-03-15     1
2020-09-01     2
2021-05-01     3
2021-08-01     4
2022-04-01     5
dtype: int32
根据位置索引获取第 2 个数据:
 2
根据构建的日期获取数据:
 3
获取某年索引数据:
2021-03-15     1
2021-05-01     3
2021-08-01     4
dtype: int32
```

上述示例中，首先创建一个时间序列类型的 Series 对象，然后用最简单的选取子集的方式，直接使用位置索引来获取具体的数据，接下来使用 datetime 构建的日期获取其对应的数据，最后演示了获取某年或某个月的数据，可以直接用指定的年份或者月份操作索引。例如，获取 2021 年的所有数据。

在操作索引时，直接使用一个日期字符串（符合可以被解析的格式）进行获取，如 date_se['2021.5.1']、date_se['2021/5/1'] 等。

除了使用索引的方式以外，还可以通过 truncate() 方法截取 Series 或 DataFrame 对象，该方法的语法格式如下。

```
truncate(before = None, after = None, axis = None, copy = True)
```

参数说明如下。

- before：表示截断此索引值之前的所有行。
- after：表示截断此索引值之后的所有行。
- axis：表示截断的轴，默认为行索引方向。

例如，示例代码如下。

【例 12-12】 获取 2021 年 1 月 1 日之前、2021 年 1 月 1 日之后的数据。

```
import pandas as pd
import numpy as np
#指定索引为多种形式日期字符串的列表
date_list = ['2020/03/20', '2021/03/15',
        '2020.9.1', '2021.5.1',
        '2021.8.1', '2022.4.1']
#将日期字符串转换为 DatetimeIndex
date_index = pd.to_datetime(date_list)
#创建以 DatetimeIndex 为索引的 Series 对象
date_se = pd.Series(np.arange(6), index=date_index)
sorted_se = date_se.sort_index()
print("输出全部时间戳索引的列表:\n", sorted_se)
sorted_se.truncate(before='2020-1-1')
print("获取 2021-1-1 以前的数据:\n", sorted_se.truncate(before='2021-1-1'))
print("获取 2021-1-1 以后的数据:\n", sorted_se.truncate(after='2021-1-1'))
```

运行结果：

```
输出全部时间戳索引的列表：
2020-03-20    0
2020-09-01    2
2021-03-15    1
2021-05-01    3
2021-08-01    4
2022-04-01    5
dtype: int32
获取 2021-1-1 以后的数据：
2021-03-15    1
2021-05-01    3
2021-08-01    4
2022-04-01    5
dtype: int32
获取 2021-1-1 以前的数据：
2020-03-20    0
2020-09-01    2
dtype: int32
```

12.3　固定频率的时间序列

　　DatetimeIndex 对象中的时间戳并没有什么规律，不过有时候可能会碰到一些特殊的场合，如每周一开例会汇报上周的工作情况，这时就会要求数据具有固定的时间频率，这个频率可以是年份、季度、月份或其他时间形式。

12.3.1　创建固定频率的时间序列

　　Pandas 中提供了一个 date_range() 函数，主要用于生成一个具有固定频率的 DatetimeIndex 对象，该函数的语法格式如下。

```
date_range(start = None, end = None, periods = None, freq = None, tz = None,
normalize = False, name = None, closed = None,** kwargs)
```

参数说明如下。

- start：表示起始日期，默认为 None。
- end：表示终止日期，默认为 None。
- periods：表示产生多少个时间戳索引值。若设置为 None，则 start 与 end 必须不能为 None。
- freq：表示以自然日为单位，这个参数用来指定计时单位，例如，5H，表示每隔 5 小时计算一次。
- tz：表示时区，如 Asia/Hong_Kong。
- normalize：接收布尔值，默认为 False。如果设为 True，那么在产生时间戳索引值之前，会将 start 和 end 都转换为当日的午夜 0 点。
- name：给返回的时间序列索引指定一个名字。
- closed：表示 start 和 end 这个区间端点是否包含在区间内，可以取值为如下选项。

left：表示左闭右开区间。

right：表示左开右闭区间。

None：表示两边都是闭区间。

需要注意的是，start、end、periods、freq 这四个参数至少要指定三个参数，否则会出现错误。当调用 date_range() 方法创建 DatetimeIndex 对象时，如果只是传入了开始日期（start 参数）与结束日期（end 参数），则默认生成的时间点是按天计算的，即 freq 参数为 D。

【例 12-13】　利用 date_range() 创建固定频率的时间序列。

```python
import pandas as pd
#生成一段时间的序列，默认为 00:00
dates_index_1 = pd.date_range('2022/06/13', '2022/06/18')
print(dates_index_1)
#传入 start 与 periods 参数，指定长度
dates_index_2 = pd.date_range(start='2022/06/18', periods=5)
print(dates_index_2)
#传入 end 与 periods 参数，指定结束日期
dates_index_3 = pd.date_range(end='2022/06/18', periods=5)
print(dates_index_3)
#传入日期，然后每隔一周连续生成五个星期六的日期
dates_index_4 = pd.date_range('2022-06-18',        #起始日期
                              periods=5,            #周期
                              freq='W-SAT')         #频率
print(dates_index_4)
```

运行结果：

```
DatetimeIndex(['2022-06-13', '2022-06-14', '2022-06-15', '2022-06-16',
       '2022-06-17', '2022-06-18'],
      dtype='datetime64[ns]', freq='D')
DatetimeIndex(['2022-06-18', '2022-06-19', '2022-06-20', '2022-06-21',
       '2022-06-22'],
      dtype='datetime64[ns]', freq='D')
DatetimeIndex(['2022-06-14', '2022-06-15', '2022-06-16', '2022-06-17',
       '2022-06-18'],
      dtype='datetime64[ns]', freq='D')
DatetimeIndex(['2022-06-18', '2022-06-25', '2022-07-02', '2022-07-09',
       '2022-07-16'],
      dtype='datetime64[ns]', freq='W-SAT')
```

由运行结果可以看出，如果只是传入了开始日期或结束日期，则还需要用 periods 参数指定产生多少个时间戳。起始日期与结束日期定义了时间序列索引的严格边界。

如果希望时间序列中的时间戳都是每周固定的星期日，则可以在创建 DatetimeIndex 时将 freq 参数设为"W-SAT"。DatetimeIndex 对象的列表中一共有五个日期字符串，第一个字符串表示的日期 2022-06-18 是第一个周六，第二个字符串表示的日期 2021-06-25 是第二个周日，以此类推，每个字符串代表的都是连续的周六。

【例 12-14】　创建一个 Series 对象，将创建的 dates_index 作为该对象的索引。

```python
import pandas as pd
dates_index = pd.date_range('2022/06/18', periods=5,freq='W-SAT')
ser_price_data = [168,165,160,155,168]
data_date_index = pd.Series(ser_price_data,dates_index)
```

```
print(data_date_index)
```

运行结果：

```
2022-06-18    168
2022-06-25    165
2022-07-02    160
2022-07-09    155
2022-07-16    168
Freq: W-SAT, dtype: int64
```

默认情况下，如果开始日期或起始日期中带有与时间相关的信息（如 12:30），则生成的时间序列中会保留时间信息。不过从标准来说，每一天是从 0 点开始的，要想产生一组被规范化到当天午夜（00:00:00）的时间戳，可以将 normalize 参数的值设为 True。

【例 12-15】 利用 normalize 参数，将创建的 dates_index 规范化到当天午夜（00:00:00）的时间戳。

```
import pandas as pd
#指定开始日期、产生日期个数、默认的频率，以及时区，默认时分秒不变
date_index = pd.date_range(start = '2022/06/18 12:30:00', periods = 3, tz = 'Asia/
Hong_Kong')
print(date_index)
#规范化时间戳，从 0 开始
norm_date_index = pd.date_range(start = '2021/8/1 12:30:00', periods = 3, normalize
=True, tz = 'Asia/Hong_Kong')
print(norm_date_index)
```

运行结果：

```
DatetimeIndex(['2022-06-18 12:30:00+08:00', '2022-06-19 12:30:00+08:00',
               '2022-06-20 12:30:00+08:00'],
       dtype='datetime64[ns, Asia/Hong_Kong]', freq='D')
DatetimeIndex(['2021-08-01 00:00:00+08:00', '2021-08-02 00:00:00+08:00',
               '2021-08-03 00:00:00+08:00'],
       dtype='datetime64[ns, Asia/Hong_Kong]', freq='D')
```

在上述两个示例中，第一个示例中生成的时间戳没有进行规范，它的时间信息为 12:30:00，而第二个示例中对生成的时间戳进行了规范，它的时间信息为 00:00:00。

12.3.2　时间序列的频率、偏移量

通常，默认生成的时间序列数据是按天计算的，即频率为"D"。"D"是一个基础频率，通过用一个字符串的别名表示，例如，"D"是"day"的别名。Pandas 中的频率是由一个基础频率和一个乘数组成的，例如，"7D"表示每 7 天。

接下来通过一张表来列举时间序列的基础频率，如表 12-3 所示。

表 12-3　时间序列的基础频率

别　　名	偏移量类型	说　　明
D	Day	每日历日
B	BusinessDay	每工作日
H	Hour	每小时

别　　名	偏移量类型	说　　明
T/min	Minute	每分
S	Second	每秒
L/ms	Million	每毫秒
U	Micro	每微妙
M	MonthEnd	每月最后一个日历日
BM	BusinessMonthEnd	每月最后一个工作日
MS	MonthBegin	每月第一个日历日
BMS	BusinessMonthBegin	每月第一个工作日
W-MON、W-TUE、…	Week	从指定的星期几开始算起，每周
WOM-1MON、WOM-2MON、…	WeekOfMonth	产生每月第一、二、三、四周的星期几，例如，WOM-1MON 表示每月的第一个星期一
Q-JAN、Q-FEB…	QuarterEnd	对于以指定月份（JAN、FEB、…、DEC）结束的年度，每季度的最后一月的最后一个日历日
BQ-JAN、BQ-FEB、…	BusinessQuarterEnd	对于以指定月份（JAN、FEB、…、DEC）结束的年度，每季度的最后一月的最后一个工作日
QS-JAN、QS-FEB、…	QuarterBegin	对于以指定月份（JAN、FEB、…、DEC）结束的年度，每季度的最后一月的第一个日历日
BQS-JAN、BQS-FEB、…	BusinessQuarterBegin	对于以指定月份（JAN、FEB、…、DEC）结束的年度，每季度的最后一月的第一个工作日
A-JAN、A-FEB、…	YearEnd	每年指定月份最后一个日历日
BA-JAN、BA-FEB、…	BusinessYearEnd	每年指定月份最后一个工作日
AS-JAN、AS-FEB、…	YearBegin	每月指定月份第一个日历日
BAS-JAN、BAS-FEB、…	BusinessYearBegin	每月指定月份第一个工作日

除此之外，每个基础频率还可以跟着一个被称为日期偏移量的 DateOffset 对象。如果想要创建一个 DateOffset 对象，则需要先导入 pd.tseries.offsets 模块后才行。还可以使用 offsets 模块中提供的偏移量类型进行创建。

【例 12-16】　演示如何设置 DatetimeIndex 对象的频率。

```python
import pandas as pd
from pandas.tseries.offsets import *
#生成每隔 7 天的日期偏移量
new_date = pd.date_range(start='2022/6/18', end='2022/7/18', freq='7D')
print(new_date)
#生成每隔 4 个月 5 天的日期偏移量
date_offset  = DateOffset(months=4, days=5)
new_date = pd.date_range(start='2022/6/18', end='2022/12/18', freq=date_offset)
print(new_date)
#生成 1 周 8 个小时日期偏移量
date_offset  = Week(1) + Hour(8)    #"周"使用 Week 类型表示,"小时"使用 Hour 表示,它们
                                    #之间可以用加号连接
new_date = pd.date_range(start='2022/6/18', end='2022/7/18', freq=date_offset)
print(new_date)
```

运行结果：

```
DatetimeIndex(['2022-06-18', '2022-06-25', '2022-07-02', '2022-07-09',
        '2022-07-16'],
        dtype='datetime64[ns]', freq='7D')
DatetimeIndex(['2022-06-18', '2022-10-23'], dtype='datetime64[ns]', freq=
'<DateOffset: days=5, months=4>')
DatetimeIndex(['2022-06-18 00:00:00', '2022-06-25 08:00:00',
        '2022-07-02 16:00:00', '2022-07-10 00:00:00',
        '2022-07-17 08:00:00'],
        dtype='datetime64[ns]', freq='176H')
```

12.3.3　时间序列的移动

移动(shifting)是指沿着时间轴方向将数据进行前移或后移。Pandas 对象中提供了一个 shift()方法,用来前移或后移数据,但索引保持不变。shift()方法的语法格式如下。

```
shift(periods=1, freq=None, axis=0)
```

参数说明如下。

- periods：表示移动的幅度,可以为正数,也可以为负数,默认是 1,代表移动一次。注意这里移动的都是数据,而索引是不移动的,移动之后没有对应值的,就被赋值为 NaN。
- freq：可选参数,默认为 None,只适用于时间序列,如果这个参数存在,那么会按照参数值来移动时间索引,而数据值不会发生变化。
- axis：axis＝1 表示列,axis＝0 表示行,默认为 0。

为了让读者更好地理解,下面以 Series 对象为例,通过一张图来描述向前移动与向后移动发生的变化,具体如图 12-1 所示。

数据移动前			数据移动后			数据移动后		
2021－09－01	1		2021－09－01	2	向前移动	2021－09－01	NaN	向后移动
2021－09－02	2		2021－09－02	3		2021－09－02	1	
2021－09－03	3		2021－09－03	4		2021－09－03	2	
2021－09－04	4		2021－09－04	5		2021－09－04	3	
2021－09－05	5		2021－09－05	NaN		2021－09－05	4	

图 12-1　移动数据

在图 12-1 中,时间序列数据经过移动操作后,数据发生了变化,而时间戳索引没有发生任何变化。数据向前移动一次,位于最前面的数据被丢弃,位于末尾一行的数据因原数据向前移动变成了 NaN;数据向后移动一次,位于末尾的数据被丢弃,位于开头一行的数据因原数据向后移动变为 NaN。由此可见,数据由于前后移动出现了边界情况。

【例 12-17】　时间序列数据发生前移或后移。

首先,创建一个使用 DatetimeIndex 作为索引的 Series 对象。然后,调用 shift()方法时传入一个正数 1,这表明沿着纵轴方向移动一次。若调用 shift()方法时传入一个负数－1,这表明沿着纵轴方向反方向移动一次。

```
import pandas as pd
import numpy as np
```

```
date_index = pd.date_range('2021/09/01', periods=5)
time_ser = pd.Series(np.arange(5) + 1, index=date_index)
print(time_ser)
print(time_ser.shift(1))
```

运行结果：

```
2021-09-01    1
2021-09-02    2
2021-09-03    3
2021-09-04    4
2021-09-05    5
Freq: D, dtype: int32
2021-09-01    NaN
2021-09-02    1.0
2021-09-03    2.0
2021-09-04    3.0
2021-09-05    4.0
Freq: D, dtype: float64
```

shift()方法还可以应用于比对某门课成绩升降对比，关键代码如下。

```
df['成绩升降']=df['英语']-df['英语'].shift(1)
```

再例如，分析股票数据时，获取的股票数据中有股票的实时价格，也有每日的收盘价"close"，此时需要将实时价格和上一个工作日的收盘价进行对比，这时通过 shift() 方法就可以轻松解决。

12.4　时间周期及计算

时期表示的是时间区间，如数天、数月或数年等。

12.4.1　时期对象创建与运算

在 Pandas 中，Period 类表示一个标准的时间段或时期，如某年、某月、某日、某小时等。

1. 创建一个时期对象

创建 Period 对象的方式比较简单，只需要在 Period 类的构造方法中以字符串或整数的形式传入一个日期即可。

【例 12-18】　通过传入整数和字符串的参数创建时期对象。

```
import pandas as pd
period_1 = pd.Period(2022)     #传入一个整数,表示从 2022-01-01 到 2022-12-31 的时间段
print(period_1)
period_2 = pd.Period('2022/7')  #表示从 2022-07-01 到 2022-07-31 的整月时间
print(period_2)
```

运行结果：

```
2022
2022-07
```

如果在 Jupyter Notebook 中运行 pd.Period('2022/7')，将会输出"Period('2022-07', 'M')"，可以看出 Period 对象中包含两部分，第 1 部分是表示日期的字符串，第 2 部分是表示时期的

单位,它会根据传入的日期自动识别,另外,也可以在创建时指定。

2. 创建多个固定频率的 Period 对象

如果希望创建多个固定频率的 Period 对象,则可以通过 period_range() 函数实现。

【例 12-19】　创建多个固定频率的 Period 对象示例。

```
import pandas as pd
import numpy as np
period_index = pd.period_range('2022.01.02','2022.05.20',freq='M')
print("方式一:\n",period_index)
str_list = ['2020', '2021', '2022']
new_period = pd.PeriodIndex(str_list, freq='A-DEC')
print("方式二:\n",new_period)
period_ser = pd.Series(np.arange(5), period_index)
print("PeriodIndex 作为 Series 的索引:\n",period_ser)
```

运行结果:

```
方式一:
 PeriodIndex(['2022-01', '2022-02', '2022-03', '2022-04', '2022-05'], dtype=
'period[M]')
方式二:
 PeriodIndex(['2020', '2021', '2022'], dtype='period[A-DEC]')
PeriodIndex 作为 Series 的索引:
 2022-01    0
2022-02    1
2022-03    2
2022-04    3
2022-05    4
Freq: M, dtype: int32
```

从运行结果可以看出,方式一返回了一个 PeriodIndex 对象,是由一组时期对象构成的索引,它里面的['2022-01', '2022-02', '2022-03', '2022-04', '2022-05']是一个时期序列,序列中的每个元素都是一个 Period 对象,dtype＝'period[M]',代表时期的数据类型为 period[M],freq＝'M',表明时期的计算单位为每月。

由方式二的输出可以看出,除了使用上述方式创建 PeriodIndex 外,还可以直接在PeriodIndex 的构造方法中传入一组日期字符串。

同 DatetimeIndex 对象相比,PeriodIndex 对象也可以作为 Series 或 DataFrame 的索引使用。

注意:DatetimeIndex 和 PeriodIndex 在日常使用的过程中并没有太大的区别,其中,DatetimeIndex 是用来指代一系列时间点的一种索引结构,而 PeriodIndex 则是用来指代一系列时间段的索引结构。

3. Period 对象的数学运算

如果 Period 对象加上或者减去一个整数,则会根据具体的时间单位进行位移操作。

如果相同频率的两个 Period 对象进行数学运算,那么计算结果为它们的单位数量。

【例 12-20】　Period 对象的数学运算

```
import pandas as pd
period = pd.Period('2022/7')            #表示从 2022-07-01 到 2022-07-31 的整月时间
print(period)
period_1 = period + 2                    #Period 对象加一个整数
```

```
print(period_1)
period_2 = period - 2                           # Period 对象减一个整数
print(period_2)
other_period = pd.Period(202101, freq='M')
newperiod = period - other_period
print(newperiod)
```

运行结果：

```
2022-07
2022-09
2022-05
<18 * MonthEnds>
```

12.4.2　时期的频率转换

在工作中统计数据时，可能会遇到类似于这样的问题，例如，将某年的报告转换为季报告或月报告。为了解决这个问题，Pandas 中提供了一个 asfreq()方法来转换时期的频率，如把某年转换为某月。

asfreq()方法的语法格式如下。

```
asfreq(freq,method = None,how = None,normalize = False,fill_value = None)
```

参数说明如下。

- freq：表示计时单位，可以是 DateOffset 对象或字符串。
- how：可以取值为 start 或 end，默认为 end，仅适用于 PeriodIndex。
- normalize：布尔值，默认为 False，表示是否将时间索引重置为午夜。
- fill_value：用于填充缺失值的值，在升采样期间应用。

【例 12-21】　演示如何将年度时期转换为年初或年末的月度时期。

```
import pandas as pd
period = pd.Period('2022', freq='A-DEC')               # 创建时期对象
period_asfreq_start = period.asfreq('M', how='start')  # 转换时期频率
print(period_asfreq_start)
period_asfreq_end = period.asfreq('M', how='end')      # 转换时期频率
print(period_asfreq_end)
```

运行结果：

```
2022-01
2022-12
```

由运行结果可以看出，首先创建了一个表示 2022 年全年的时期对象 period，然后调用 asfreq()方法转换频率为每月，此时 period 所表示的范围为 2022-01～2022-12 并分别获取了 period 的开始和结束，整个时间段的起始日期为 2022-01，结束日期为 2022-12。

12.5　重采样处理

重采样是指将时间序列从一个频率转换到另一个频率的处理过程。如果是将高频率数据聚合到低频率，例如，将每日采集的频率变成每月采集，则称为降采样（downsamling）；如

果将低频率数据转换到高频率数据,例如,将每月采集的频率变成每日采集,则称为升采样(upsampling)。

并不是所有的重采样都会划分到降采样与升采样两大类中,例如,将采集数据的频率由每周一转换为每周日,类似于这样的转换既不属于降采样,也不属于升采样。

12.5.1　重采样方法(resample)

Pandas 中的 resample()是一个对常规时间序列数据重新采样和频率转换的便捷方法,可以对原样本重新处理,其语法格式如下。

```
resample(rule, how=None, axis=0, fill_method=None, closed=None, label=None, …)
```

参数说明如下。

- rule：表示重采样频率的字符串或 DateOffset,如 M、5min 等。
- how：用于产生聚合值的函数名或函数数组,默认为 None。
- fill_method：表示升采样时如何插值,可以取值为 ffill、bfill 或 None,默认为 None。
- closed：设置降采样哪一端是闭合的,可取值为 right 或 left。若设为 right,则表示划分为左开右闭的区间;若设为 left,则表示划分为左闭右开的区间。
- label：表示降采样时设置聚合值的标签。
- convention：重采样日期时,低频转高频采用的约定,可以取值为 start 或 end,默认为 start。
- limit：表示前向或后向填充时,允许填充的最大时期数。

【例 12-22】　创建一个时间序列类型的 Series 对象,然后按周重采样后计算平均值。

```
import pandas as pd
import numpy as np
date_index = pd.date_range('2022.6.8', periods=30)
time_ser = pd.Series(np.arange(30), index=date_index)
time_ser_re = time_ser.resample('W-MON').mean()
print(time_ser_re)
time_ser_re_left = time_ser.resample('W-MON',closed='left').mean()
print(time_ser_re_left)
```

运行结果：

```
2022-06-13    2.5
2022-06-20    9.0
2022-06-27    16.0
2022-07-04    23.0
2022-07-11    28.0
Freq: W-MON, dtype: float64
2022-06-13    2.0
2022-06-20    8.0
2022-06-27    15.0
2022-07-04    22.0
2022-07-11    27.5
Freq: W-MON, dtype: float64
```

上述创建的 Series 对象是按每天进行采样的,从 2022 年 6 月 8 日开始采集,一共有 30 天的数据。这时,如果需要改成按每周进行采样,此时可以使用 resample()方法重采样。

从运行结果中可以看出,生成的 Series 对象中,它的时间戳索引为每周一,数据为每周求得的平均值,相当于 Pandas 中的分组操作,只不过是按周进行分组。

如果重采样时传入 closed 参数为 left,则表示采样的范围是左闭右开型的,也就是说,位于此范围的时间序列中,开头的时间戳包含在内,结尾的时间戳是不包含在内的。

注意:要进行重采样的对象,必须具有与时间相关的索引,如 DatetimeIndex、PeriodIndex 或 TimedeltaIndex。

12.5.2　降采样

降采样时间颗粒会变大,例如,原来是按天统计的数据,现在要变成按周统计。降采样时数据量是减少的,为了避免有些时间戳对应的数据闲置,可以利用内置方法(如 sum()、mean()等)聚合数据。

在金融领域中,股票数据比较常见的是 OHLC 重采样,包括开盘价(open)、最高价(high)、最低价(low)和收盘价(close)。为此,Pandas 中专门提供了一个 ohlc()方法。

重采样就相当于另外一种形式的分组操作,它会按照日期将时间序列进行分组,之后对每个分组应用聚合方法得出一个结果,同样实现了对时间序列数据降采样的效果。

【例 12-23】　对一组随机数据进行降采样处理。

```
import pandas as pd
import numpy as np
date_index = pd.date_range('2022/07/01', periods=30)
shares_data = np.random.rand(30).round(2)
time_ser = pd.Series(shares_data, index=date_index)
#print(time_ser)
#利用 ohlc()输出 2022 年 7 月份每周的开盘价、最高价、最低价、收盘价
time_ser_ohlc = time_ser.resample('7D').ohlc()        #OHLC 重采样
print(time_ser_ohlc)
time_ser_gb = time_ser.groupby(lambda x: x.isocalendar().week).mean()
print(time_ser_gb)
```

运行结果:

```
            open  high  low   close
2022-07-01  0.53  0.99  0.17  0.62
2022-07-08  0.03  0.93  0.03  0.57
2022-07-15  0.32  0.72  0.06  0.54
2022-07-22  0.72  0.86  0.50  0.55
2022-07-29  0.30  0.75  0.30  0.75
26    0.710000
27    0.441429
28    0.547143
29    0.541429
30    0.593333
dtype: float64
```

12.5.3　升采样

时间序列数据在降采样时,总体的数据量是减少的,只需要从高频向低频转换时,应用聚合函数即可。与降采样不同,升采样的时间颗粒是变小的,例如,按周统计的数据要变成

按天统计,数据量会增多,这很有可能导致某些时间戳没有相应的数据。

【例 12-24】　对 2022 年 6 月 19 日以来的手机、笔记本和 iPad 三种物品价格数据进行升采样处理。

```
import pandas as pd
import numpy as np
data_demo = np.array([['3500', '8510', '2300'], ['4500', '9460', '2580']])
date_index = pd.date_range('2022/06/19', periods=2, freq='W-SUN')
time_df = pd.DataFrame(data_demo, index=date_index,columns=['手机', '笔记本',
'iPad'])
print(time_df)
time_df_new = time_df.resample('D').asfreq()
print(time_df_new)
time_df_fill = time_df.resample('D').ffill()
print(time_df_fill)
```

运行结果:

```
            手机   笔记本  iPad
2022-06-19  3500  8510  2300
2022-06-26  4500  9460  2580
            手机   笔记本  iPad
2022-06-19  3500  8510  2300
2022-06-20  NaN   NaN   NaN
2022-06-21  NaN   NaN   NaN
2022-06-22  NaN   NaN   NaN
2022-06-23  NaN   NaN   NaN
2022-06-24  NaN   NaN   NaN
2022-06-25  NaN   NaN   NaN
2022-06-26  4500  9460  2580
            手机   笔记本  iPad
2022-06-19  3500  8510  2300
2022-06-20  3500  8510  2300
2022-06-21  3500  8510  2300
2022-06-22  3500  8510  2300
2022-06-23  3500  8510  2300
2022-06-24  3500  8510  2300
2022-06-25  3500  8510  2300
2022-06-26  4500  9460  2580
```

上述例子所使用的数据是从 2022 年 6 月 19 日开始采集的,每周一统计一次,总共统计了两周,重新按天采样,使用 resample()和 asfreq()两个方法实现重采样,并将数据转换为指定的频率,time_df 中的数据重新按天采样时,没有指定数据的部分都被填充为 NaN 值。

遇到没有指定数据的情况,常用的解决办法就是插值,具体有如下三种方式。

(1) 通过 ffill(limit)或 bfill(limit)方法,取空值前面或后面的值填充,limit 可以限制填充的个数。

(2) 通过 fillna('ffill')或 fillna('bfill')进行填充,传入 ffill 则表示用 NaN 前面的值填充,传入 bfill 则表示用后面的值填充。

(3) 使用 interpolate()方法根据插值算法补全数据。

12.6 窗口计算处理

窗口是指在一个数列中,选择一部分所形成的一个数据区间。所以"窗口"可以被理解为集合,一个窗口就是一个集合。在统计分析中需要不同的"窗口"。例如,7 天或者一个月分为一组再进行排序、求平均等计算。

按照一定的规则产生很多窗口,对每个窗口施加计算得到的结果集成为一个新的数列,这个过程称为窗口计算。窗口常见的统计计算有平均、方差等。

在时间序列中,还有另外一个比较重要的概念——滑动窗口。滑动窗口指的是根据指定的单位长度来框住时间序列,从而计算框内的统计指标。相当于一个长度指定的滑块在刻度尺上面滑动,每滑动一个单位即可反馈滑块内的数据。

滑动窗口的概念比较抽象,下面举个例子描述一下。某电商平台按天记录了 2021 年全年(1 月 1 日-12 月 31 日)的销售数据,现在运营总监拟关注 11 月 11 日(双 11)的销售情况,如果只是单独查看 11 月 11 日当天的数据,但是这个数据比较绝对,无法很好地反映出这个日期前后销售的整体情况。

为了提升数据的准确性,可以将某个点的取值扩大到包含这个点的一段区间,用区间内的数据进行判断。例如,可以将 11 月 8 日-11 月 15 日的数据拿出来,求此区间的平均值作为抽查结果。这个区间就是窗口,它的单位长度为 7,数据是按天统计的,所以统计的是 7 天的平均指标。这样显得更加合理,可以很好地反映"双 11"活动的整体情况。

移动窗口就是窗口向一端滑行,每次滑行并不是区间整块的滑行,而是一个单位一个单位地滑行。例如,把 11 月 8 日-11 月 15 日的窗口向右边滑行一个单位,此时窗口框住的时间区间范围为 2021-11-9-2021-11-16。

每次窗口移动,一次只会移动一个单位的长度,并且窗口的长度始终为 7 个单位长度,直至移动到末端。由此可知,通过滑动窗口统计的指标会更加平稳一些,数据上下浮动的范围会比较小。

Pandas 中提供了一个移动窗口方法 rolling(),其语法格式如下。

```
rolling(window, min_periods=None, center=False, win_type=None, on=None, axis=
0, closed=None)
```

参数说明如下。

- window:表示窗口的大小,值可以是 int(整数值)或 offset(偏移)。如果是整数值,每个窗口是固定的大小,即包含相同数量的观测值。如果值为 offset,则指定了每个窗口包含的时间段,每个窗口包含的观测值的数量是不一定的。
- min_periods:每个窗口最少包含的观测值数量。当值是 int 类型时默认为 None,当值是 offset 类型时默认为 1。
- center:是否把窗口的标签设置为居中,默认为 False。
- win_type:表示窗口的类型,默认为加权平均,支持非常丰富的窗口函数。
- on:对于 dataframe 而言,指定要计算滚动窗口的列,值为列名。
- axis:计算的轴方向。默认为 0,表示对列进行计算。
- closed:窗口的开闭区间定义,支持'left'、'right'、'both'或'neither'。对于 offset 类型,

默认是左开右闭,默认为 right。

【例 12-25】 演示如何在时间窗口上应用 mean()方法。

```
import pandas as pd
import numpy as np
year_data = np.random.randn(365)
date_index = pd.date_range('2022-01-01', '2022-12-31', freq='D')
ser = pd.Series(year_data, date_index)
print(ser.head())
```

运行结果:

```
2022-01-01    1.658853
2022-01-02    0.320694
2022-01-03   -0.803499
2022-01-04   -1.483952
2022-01-05   -0.450976
Freq: D, dtype: float64
```

调用 rolling()方法按指定的单位长度(7 天)创建一个滑动窗口,示例代码如下。

```
roll_window = ser.rolling(window=7)
print(roll_window)
```

运行结果:

```
Rolling [window=7,center=False,axis=0]
```

上述示例返回了一个 rolling 类对象,表示一个滑动窗口,其中 window＝7 代表窗口的大小为 7,center＝False 代表窗口的标签不居中,axis＝0 代表对列进行计算。窗口会按照从左向右的方向,一个单位一个单位地向右滑行。

如果要在窗口中统计一些指标,如中位数、平均值等,则可以对窗口应用相应的统计方法。例如,在时间窗口中计算这一段数据的平均值,示例代码如下。

```
me_roll = roll_window.mean()
print(me_roll)
```

运行结果:

```
2022-01-01         NaN
2022-01-02         NaN
2022-01-03         NaN
2022-01-04         NaN
2022-01-05         NaN
              ...
2022-12-27    0.147989
2022-12-28   -0.011763
2022-12-29   -0.178123
2022-12-30   -0.042342
2022-12-31    0.028114
Freq: D, Length: 365, dtype: float64
```

从运行结果中可以看出,由于前 7 个时间戳的单位长度小于 10,所以返回的数据都为 NaN,从第 7 个时间戳开始,所有时间戳对应的都是每个窗口的平均值。

为了更好地观测窗口的特点,接下来,使用 Matplotlib 画图工具来展示原始数据与所有窗口中数据的区别,示例代码如下。

```
import matplotlib.pyplot as plt
ser.plot(style='r-')
ser_window = ser.rolling(window=7).mean()
ser_window.plot(style='b')
plt.show()
```

上述示例中,根据原始数据绘制了红色、线型为实线的折线,根据窗口中的数据绘制了深蓝色、线型为实线的折线。

运行结果如图 12-2 所示。

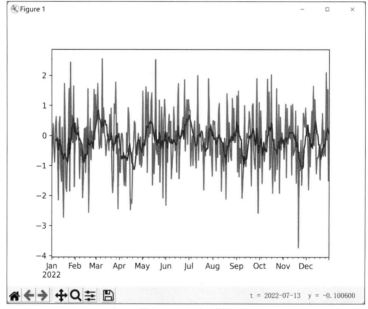

图 12-2　运行结果

从图 12-2 的折线图中可以看出,由于随机数本身的特点,所有的数据浮动的幅度比较大,而窗口数据的整体动向相对趋于平稳。

12.7　基于四类影响要素的时间序列分析

时间序列分析是指找出数据变化发展规律,从而预测未来的趋势。因此进行时间数列分析,首先要弄清时间数列中的各指标数值的大小受哪些因素影响。在社会经济现象发展变化的过程中,往往有很多因素对它起着这样或那样的作用,影响其数值的大小,有来自自然方面的因素,也有来自社会、习俗等方面的因素。这些因素大致可归为四种类型:长期趋势、季节变动、循环变动和不规则变动。下面分别加以说明。

1. 长期趋势

长期趋势是指时间数列中指标数值在较长一段时间内,由于受普遍的、持续的、决定性的基本因素的作用,使发展水平沿着一个方向持续向上或向下发展或持续不变的基本态势。例如,我国国民总收入和国内生产总值及人均国内生产总值指标都表现出持续上升的势态

（这是整个国民经济发展的基本状态）；随着城市化进程的推进，乡村人口比例呈逐年下降趋势。这些表现均属于"长期趋势"。

在经济学里，"长期"可以指十年或更长。即所谓"长期"必须足够长才能判断有否趋向，而相对较短的时间数列，即使观察值紧密地围绕在一条直线周围也不能判断其具有长期趋势。长期趋势在经济现象中出现的例子很多，如自然资源中煤、石油、贵金属等储量由于资源的有限性和使用呈逐渐减少的趋势。通过长期趋势分析，可以了解经济现象在一段相当长的时间内发展变化的方向、趋势和规律，进而进行预测和决策，此外，如果时间数列中还有其他影响因素，消除长期趋势影响可以更好地研究其他各种变动。

2. 季节变动

季节变动是指数列中各期指标值随着季节交替而出现周期性的、有规则的重复变动，这里的时间通常指一年。例如，羽绒衣的销售在每年的冬季形成旺季，冷饮销售则集中在夏天，旅馆、餐饮业又总是节假日生意红火，杭州以春、秋的气候最宜人，因而每年 5 月左右、10 月左右总呈现出游客高峰。

值得一提的是，季节变动的概念可以进一步扩展，只要呈现重复变动，不仅是年中的季节，每月、每周、每天而且每小时的周期性变动，均可称为季节变动。例如，人们日用水量的波动和日用电量的波动在 24 小时就会呈现季节变动，超市或购物商场营业额在一周之内也有明显的规律性变化。据研究，股票市场某些指标的波动有显著的"周一效应"与"周末效应"，这也可归入"季节变动"。

测定季节变动，分析其规律，有利于有关部门科学计划、合理安排好生产、流通和消费，确保社会生产和人民生活正常、有序地进行。

3. 循环变动

与季节变动的情形相类似，循环变动也是时间数列中的各指标随着时间变动发生周期性的重复变化，但循环变动所需的时间更长，重复变动的规律性、变动周期和时间也不像季节变动来得稳定、可以预料。

经济活动经历了从衰退、萧条到复苏、繁荣，接着又开始衰退、萧条，再复苏，再繁荣，如此周而复始的过程，这个过程短则需要若干年，长则需要数十年，而且很难判断每种变化情形要持续多久，下一个拐点何时出现等，这就是循环变动。产生循环变动的原因很多，如自然灾害、战争、人口的大量增加或减少、开发新的基建项目、经济的萧条和复苏等都会导致经济现象存在循环变动。

4. 不规则变动

不规则变动是由未能得到解释的一些短期波动所组成的，常指时间数列由于受偶然因素或意外条件影响，在一段时间内（通常指短期内）呈现不规则的或自然不可预测的变动。例如，由于受随机气候变动的影响，商品销售量的时间数列会产生短期的不规则变动。如果一个时间数列变动不受长期趋势、季节变动或循环变动影响，那么通常就认为其受不规则变动的影响，不规则变动有时也称剩余变动。不规则变动是无预知的。

将时间数列的变动分解成上述四种因素，为描述时间数列提供了方便。时间数列的波动可以解释为这四种变动的综合后果。这种综合的数学模型通常有两种，分别是"加法模型"和"乘法模型"。

加法模型：当时间数列的四种变动因素相互独立时，时间数列就是各因素的代数和。即：

$$Y = T + S + C + I$$

Y 表示时间数列的观察值，T 为长期趋势值，S 为季节变动值，C 是循环变动值，I 为不规则变动值。在加法模式中，S、C、I 是关于 T 的数量变量，用绝对数表示。

乘法模型：当时间数列的四种变动因素相互影响时，时间数列就是各因素的乘积。即：

$$Y = T \times S \times C \times I$$

乘法模型是最常用的一种形式，模式中只有长期趋势值 T 用其原始单位（绝对量）表示，而另外三个因素用系数或百分数表示。

【例 12-26】 对某电商平台近三年数据进行增长趋势和季节性波动分析。

```python
import pandas as pd
import matplotlib.pyplot as plt
df = pd.read_excel('时间序列数据分析.xls')
df1=df[['订单付款时间','买家实际支付金额']]
#将"订单付款时间"设置为索引
df1 = df1.set_index('订单付款时间')
plt.rcParams['font.sans-serif']=['SimHei']
df_y=df1.resample('AS').sum().to_period('A')     #按年统计数据
#print(df_y)
df_q=df1.resample('Q').sum().to_period('Q')      #按季度统计数据
#print(df_q)
fig = plt.figure(figsize=(8,3))                  #绘制子图
ax=fig.subplots(1,2)
df_y.plot(subplots=True,ax=ax[0])
df_q.plot(subplots=True,ax=ax[1])
plt.subplots_adjust(top=0.95,bottom=0.2)         #调整图表距上部和底部的空白
plt.show()
```

运行结果如图 12-3 所示。

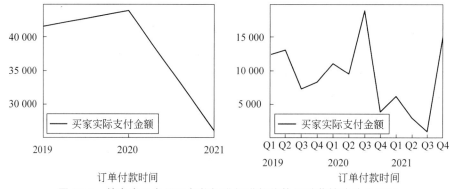

图 12-3 某电商平台近三年数据进行增长趋势和季节性波动分析图

小　　结

本章主要介绍了 Pandas 中用于处理时间序列的相关内容，包括日期和时间数据类型、创建时间序列、时间戳索引和切片操作、固定频率的时间序列、时期及计算、重采样、窗口计算。

思考与练习

1. 什么是时间序列？
2. 时间序列的数据有哪几种？
3. 什么是降采样？什么是升采样？

第 13 章

文本数据分析

自然语言处理（Natural Language Processing，NLP）是计算机科学领域以及人工智能领域的一个重要研究方向，是一门融语言学、计算机科学、数学、统计学于一体的科学。主要研究方向是对书面或口头形式的语言进行各种处理和加工的技术，同时也是研究人与人交际中以及人与计算机交际中语言问题的各种理论和方法。语言的多样性、多变性以及歧义性给 NLP 的学习带来了困难。

NLP 研究内容包括很多的分支领域，如机器翻译、智能问答、文本分类、舆情分析、自动校对、语音识别与合成等。日常生活中有广泛的应用，常见应用场景有百度翻译、微信语音转文字、新闻分类等。

所以针对不同的语言有不同的处理库，本章主要以 Python 提供的库来处理，最常见的是处理英文的 NLTK 库，它自带的语料库都是英文的，由于中文要比英文的结构复杂得多，不适合用 NLTK 进行处理，所以提供了 jieba 库来更好地处理中文。

接下来，本章主要围绕 NLTK 介绍一下文本预处理的过程，以及一些文本分析的经典应用。

13.1 文本数据处理与分析工具

13.1.1 文本数据处理

中文 NLP 流程和英文相比略有不同，主要表现在文本预处理环节。

首先，中文文本没有像英文的单词空格那样隔开，因此不能直接像英文一样可以直接用最简单的空格和标点符号完成分词。一般需要用分词算法完成分词。

其次，中文的编码不是 UTF-8，而是 Unicode，在预处理的时候，需要处理编码的问题。这两点构成了中文相比英文的一些不同点。

中文 NLP 流程由语料获取、语料预处理、文本向量化、模型构建、模型训练和模型评价 6 部分组成。

1. 语料获取

在 NLP 之前，需要得到文本语料。文本语料的获取一般有下面几种方法。

（1）利用已经建好的数据集，或第三方语料库，可以省去很多处理成本。

（2）获取网上数据。很多时候所要解决的是某种特定领域的应用，仅靠开放语料库经常无法满足需求，这就需要用爬虫技术去获取需要的信息。

（3）制定数据搜集策略来搜集数据。可以通过制定数据搜集策略，从业务的角度来搜集所需要的数据。

（4）与第三方合作获取数据。通过购买的方式满足部分需求文本数据。

2．语料预处理

获取语料后还需要对语料进行预处理，常见的语料预处理如下。

（1）去除数据中非文本部分。

大多数情况下，获取的文本数据存在很多无用的部分，如爬取来的一些 HTML 代码、CSS 标签和不需要用的标点符号等，这些都需要分步骤去除。少量的非文本内容可以直接用 Python 的正则表达式删除，复杂的非文本内容可以通过 Python 的一个库 BeautifulSoup 去除。

（2）选取中文分词工具。

中文文本没有像英文单词空格那样隔开，因此不能直接像英文一样可以直接用空格和标点符号完成分词。中文文本一般需要用分词算法完成分词。常用的中文分词软件有很多，如 jieba、FoolNLTK、HanLP、THULAC、NLPIR、LTP 等，本书使用 jieba 库为分词工具。jieba 库是使用 Python 语言编写的，其安装步骤很简单，使用 pip install jieba 命令即可完成。

（3）词性标注。

给词语标上词类标签，如名词、动词、形容词等，常用的词性标注方法有基于规则的、基于统计的算法等。

（4）去停用词。

停用词就是句子中没必要的单词，去掉停用词对理解整个句子的语义没有影响。中文文本中存在大量的虚词、代词或者没有特定含义的动词、名词，在文本分析的时候需要去掉。

3．文本向量化

数据处理经过除去数据中非文本部分、中文分词和去停用词，基本上是干净的文本了。但是无法直接把文本用于任务计算，需要通过某些处理手段，预先将文本量化为特征向量。

一般可以调用一些模型来对文本进行处理，常用的模型有词袋模型（Bag of Words）、One-Hot 表示、TF-IDF 表示、n 元语法（n-gram）模型、Word2vec 模型。

4．模型构建

文本向量化后，根据文本分析的需求进行模型构建。过于复杂的模型往往反而不是最优的选择。

模型的复杂度与模型训练时间呈现正相关，模型复杂度越高，模型训练时间往往也越长，而结果的精度可能与简单的模型相差无几。

自然语言处理中使用的模型包括机器学习和深度学习两种。常用的机器学习模型有 KNN、SVM、Naive Bayes、决策树、K-means 等，深度学习模型有 RNN、CNN、LSTM、Seq2Seq、FastText、TextCNN 等。

5．模型训练

构建模型完成后，则进行模型训练，其中包括模型微调等。

在模型训练的过程中要注意两个问题：一个是在训练集上表现很好，但在测试集上表现很差的过拟合问题；另一个是模型不能很好地拟合数据的欠拟合问题。同时，也要防止出现梯度消失和梯度爆炸问题。

仅训练一次的模型往往无法达到理想的精度与效果，需要进行模型调优迭代，提升模型的效果。模型调优往往是一个复杂冗长且枯燥的过程，需要多次对模型的参数做出修正，调优的同时需要权衡模型的精度与泛用性,在提高模型精度的同时还需要避免造成过拟合。

6. 模型评价

模型训练完成后,还需要对模型的效果进行评价。

模型的评价指标主要有准确率、精确率、召回率、F1 值、ROC 曲线、AUC 曲线等。

针对不同类型的模型,所用的评价指标往往也不同。如分类模型常用的评价方法有准确率(Accuracy)、精确率(Log loss)、AUC 等。

同一种评价方法也往往适用于多种类的模型。对于实际的生产环境,模型性能评价的侧重点也不一样,不同的业务场景对模型的性能有不同的要求,如可能造成经济损失的预测结果会要求更高的模型精度。

13.1.2　语料库中的 NLTK 与 jieba

语料库是为某一个或多个应用而专门收集的、有一定结构的、有代表性的、可以被计算机程序检索的、具有一定规模的语料的集合。

语料库的实质是经过科学取样和加工的大规模电子文本库。

语料作为最基本的资源,尽管在不同的 NLP 系统中所起到的作用不同,但是却在不同层面上共同构成了各种 NLP 方法赖以实现的基础。

语料库具备如下 3 个显著的特征。

(1) 语料库中存放的是真实出现过的语言材料。

(2) 语料库是以计算机为载体,承载语言知识的基础资源。

(3) 语料库是对真实语料进行加工、分析和处理的资源。

语料库主要用于语言研究、编纂工具参考书籍、语言教学、NLP 等方面。

语料库包含的语言词汇、语法结构、语义和语用信息为语言学研究和 NLP 研究提供了大量的资料来源。

1. NLTK

NLTK 全称为 Natural Language Toolkit,它是一套基于 Python 的自然语言处理工具包,可以方便地完成自然语言处理的任务,包括分词、词性标注、命名实体识别(NER)及句法分析等。

NLTK 是一个免费的、开源的、社区驱动的项目,它为超过 50 个语料库和词汇资源(如WordNet)提供了易于使用的接口,以及一套用于分类、标记化、词干化、解析和语义推理的文本处理库。NLTK 也是当前最为流行的自然语言编程与开发工具,在进行 NLP 研究和应用时,利用 NLTK 中提供的函数可以大幅度地提高效率。

接下来,通过一张表来列举 NLTK 中用于语言处理任务的一些常用模块,具体如表 13-1所示。

表 13-1　NLTK 中的常用模块

功　　能	模　　块	描　　述
获取语料库	nltk.corpus	语料库和词典的标准化切口
字符串处理	nltk.tokenize、nltk.stem	分词、分句和提取主干
词性标注	nltk.tag	HMM、n-gram、backoff

续表

功　　能	模　　块	描　　述
分类	nltk.classify、nltk.cluster	朴素贝叶斯、决策树、K-means
分块	nltk.chunk	正则表达式、命名实体、n-gram
指标评测	nltk.metrics	准确率、召回率和协议系数
概率与评估	nltk.probability	频率分布

2. jieba

"jieba"中文分词是最好的 Python 中文分词组件。jieba 最适合做中文分词,它拥有以下特点。

(1) 支持三种分词模式。

① 精确模式:试图将句子最精确地切开,适合文本分析。

② 全模式:把句子中所有可以成词的词语都扫描出来,速度非常快,但是不能解决歧义。

③ 搜索引擎模式:在精确模式的基础上,对长词再次切分,提高召回率,适合用于搜索引擎分词。

(2) 支持繁体分词。

(3) 支持自定义词典。

(4) MIT 授权协议。

jieba 库中主要的功能包括分词、添加自定义词典、关键词提取、词性标注、并行分词等,可以参考 https://github.com/fxsjy/jieba 网址进行全面学习。后期在使用到 jieba 库的某些功能时,会再另行单独介绍。

13.1.3　安装 NLTK 和下载语料库

要想使用 NLTK 库处理自然语言,前提是需要先安装。这里,既可以在终端使用 pip 命令直接安装,也可以安装 Anaconda 直接使用。以前者为例,打开终端输入如下命令安装 NLTK 库。

```
>>> pip install -U nltk
```

安装完以后,在终端中启动 Python,然后输入如下命令测试是否安装成功。

```
>>> import nltk
```

按 Enter 键,如果程序中没有提示任何错误的信息,则表示成功安装;否则表示安装失败。值得一提的是,Anaconda 中默认已经安装了 NLTK 库(但是没有安装语料库),可以用 import 导入使用,无须再另行安装。

NLTK 库中附带了许多语料库(指经科学取样和加工的大规模电子文本库),例如布朗语料库、Gutenberg 语料库、新闻语料库等,完整的信息发布在 http://nltk.org/nltk_data/ 上。如果希望在计算机上安装单独的数据包,或者是下载全部数据包,则需要在 Jupyter Notebook(或者管理员账户)中执行以下操作。

```
nltk.download()                                    # 打开 NLTK 下载器
```

此时，打开了一个 NLTK Downloader 窗口，如图 13-1 所示。

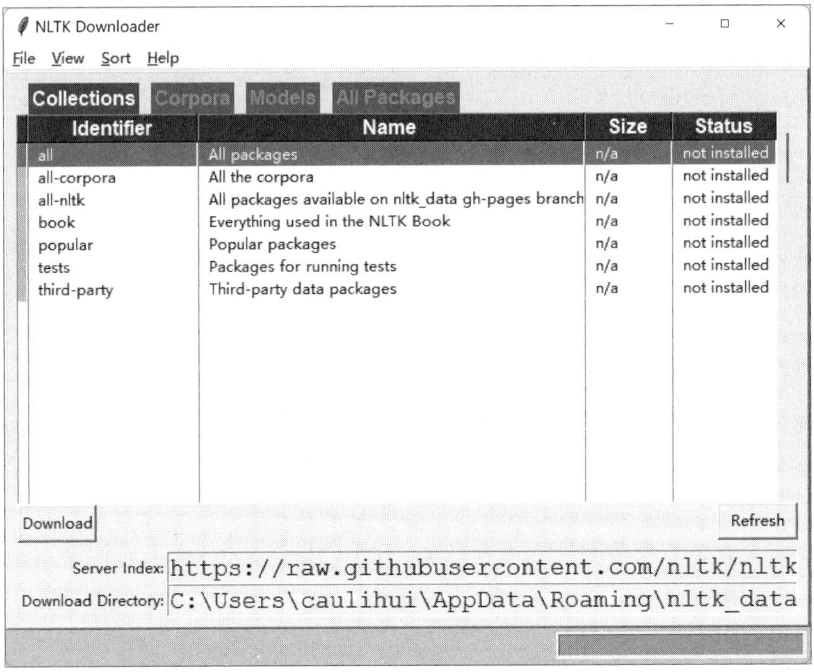

图 13-1　打开 NLTK Downloader 窗口

图 13-1 的窗口中包含以下选项。

（1）Collections：集合。

（2）Corpora：语料库。

（3）Models：模型。

（4）All Packages：所有包。

如果希望集中安装所有的选项，则需要单击 File→Change Download Directory 选择更新下载目录，这时图 13-1 中 Download Directory 对应的文本框处于可编辑状态，将其设置为 C:\nltk_data（Windows），然后单击 File→Download 开始下载，直至所有选项安装完成，这个过程需要等待的时间稍微有点长。

注意：如果没有将数据包安装到上述位置，则需要设置 NLTK_DATA 环境变量以指定数据的位置。

如果只是想单独安装某个库或模型等，如 brown 语料库，则可以单击图 13-1 中的 Corpora 选项，从列表中选中 brown，然后单击左下方的 Download 按钮进行下载，如图 13-2 所示。

【例 13-1】 查看语料库的相关信息（以 brown 语料库为例）。

```
import nltk
nltk.download('brown')
from nltk.corpus import brown
print('查看 brown 语料库所有单词:',brown.words())
print('查看 brown 中包含的类别\n:',brown.categories())
print('brown 中一共有句子个数:',len(brown.sents()))
print('brown 中一共有单词个数:',len(brown.words()) )
```

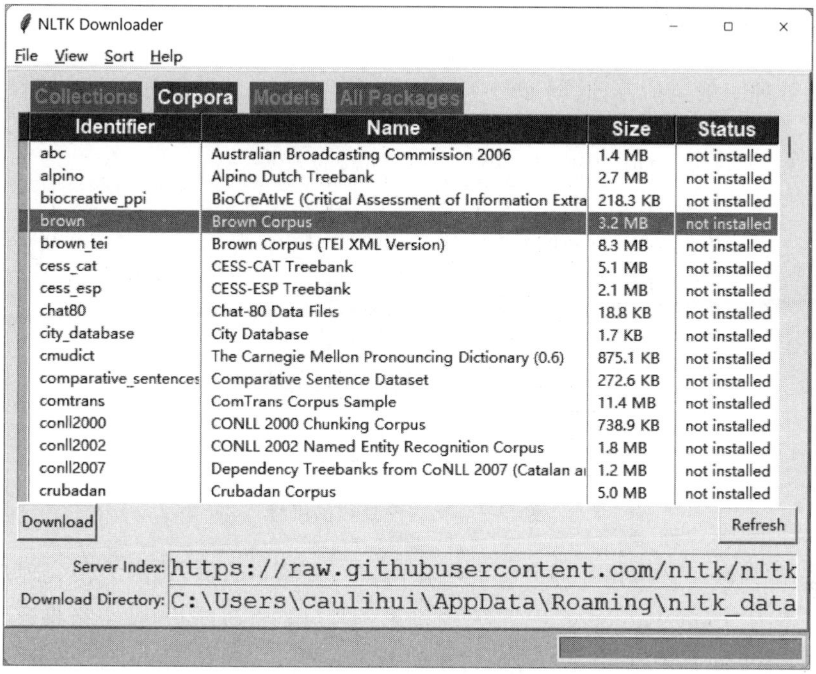

图 13-2　brown 语料库下载界面

运行结果：

```
查看 brown 语料库所有单词: ['The', 'Fulton', 'County', 'Grand', 'Jury', 'said', ...]
查看 brown 中包含的类别
: ['adventure', 'belles_lettres', 'editorial', 'fiction', 'government',
'hobbies', 'humor', 'learned', 'lore', 'mystery', 'news', 'religion', 'reviews',
'romance', 'science_fiction']
brown 中一共有句子个数: 57340
brown 中一共有单词个数: 1161192
```

13.1.4　jieba 库的安装

如果希望对中文进行分词操作,则需要借助 jieba 分词工具。安装 jieba 库的方式比较简单,可以直接使用如下 pip 命令进行安装:

```
pip install jieba
```

为了验证 jieba 库是否成功安装,可以在 Jupyter Notebook 中通过 import jieba 来引用,如果没有提示错误信息,则表示安装成功。

13.2　文本预处理

导入文本数据后,并不能直接被用来分析,而是要进行一系列的预处理操作,主要包括分词、词形归一化、删除停用词等,这些都是文本预处理要完成的步骤。接下来,本节将针对文本预处理的相关内容进行详细讲解。

13.2.1　预处理的流程

文本预处理一般包括分词、词形归一化、删除停用词，具体流程如图 13-3 所示。

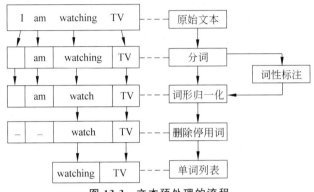

图 13-3　文本预处理的流程

图 13-3 中列出了文本预处理的每个步骤，其中，左侧为示例，右侧为预处理流程。最开始的时候文本为"I am watching TV"，它经过第一步分词处理之后，按空格将整个句子划分成多个单词，这里面有个别单词用的是将来进行时的形式，如"watching"，这时可以执行下一步骤到词形归一化，把不影响词性的后缀（如 ing）去掉，提取词干"watch"，然后继续下一步骤到删除停用词，如 am、the 等都属于停用词，去除完以后将剩余的单词组合成一个列表。

接下来，针对文本预处理的流程进行具体介绍。

1. 文本分词

文本分词是预处理过程中必不可少的一个操作，它可以分为两步：第一步是构造词典，第二步是分词算法的操作。其中，词典的构造比较流行的是双数组的 trie 树，分词算法常见的主要有正向最大匹配、反向最大匹配、双向最大匹配、语言模型方法、最短路径算法等。

目前，文本分词已经有很多比较成熟的算法和工具，在网上可以搜索到很多，本书使用的是 NLTK 库和 jieba 库，分别用作英文和中文的分词操作。

2. 词形归一化

基于英文语法的要求，文档中经常会使用单词的不同形态，如 live、lives（第三人称单数）、living（现在分词）。另外，也存在大量意义相近的同源词，如 able、unable、disability。如果希望只输入一个词，就能够返回它所有的同源词文档，那么这样的搜索是非常有用的。

词形归一化包括词干提取和词形还原，它们的目的都是为了减少曲折变化的形式，将派生词转换为基本形式。例如：

```
am, are, is-be
cats, cat's, cats'-cat
```

词干提取和词形还原所代表的意义不同，前者通常是一个很粗略的去除单词两端词的过程，而后者是指利用词汇表和词形分析去除词缀，以返回词典中包含的词的过程。

3. 删除停用词

删除停用词也是比较重要的，主要是因为并不是文本中的每个单词或字符都能够表明文本特征,如"the""的""你""I""他"等,这些词应该从文本中清除掉。可以在网上下载一份中文或英文的停用词表来作为删除停用词的参考。

13.2.2　分词

分词是指将由连续字符组成的语句,按照一定的规则划分成一个个独立词语的过程。不同的语言具有不同的语法结构,以常见的英文和中文举例,英文的句子中是以空格为分隔符的,所以可以指定空格为分词的标记,而中文并没有一个形式上的分界符,它只有字、句和段能通过明显的分界符来简单地划分。因此,中文分词要比英文分词困难很多。

根据中文的结构特点,可以把分词算法分为以下三类。

1. 基于规则的分词方法

基于规则的分词方法,又称为机械分词方法,它是按照一定的策略将待分析的中文句子与一个"充分大的"机器词典中的词条进行匹配。如果在词典中找到了某个字或词语,则表示匹配成功。

基于规则的分词方法,其优点是简单且易于实现,缺点是匹配速度慢,而且不同的词典产生的歧义也会不同。

2. 基于统计的分词方法

基于统计的分词方法,它的基本思想是常用的词语是比较稳定的组合。在上下文中,相邻的字同时出现的次数越多,就越有可能构成一个词,所以字与字相邻出现的频率能够较好地反映成词的可信度。当训练文本中相邻出现的紧密程度高于某个阈值时,便可以认为此字组可能构成了一个词。

基于统计的分词方法所应用的主要统计模型有:n 元文法模型(n-gram)、隐马尔可夫模型(Hiden Markov Model,HMM)、最大熵模型(ME)、条件随机场模型(Conditional Random Fields,CRF)等。

3. 基于理解的分词方法

基于理解的分词方法是通过让计算机模拟人对句子的理解,达到识别词的效果,它的基本思想就是在分词的同时进行句法、语义分析,利用句法信息和语义信息来处理歧义现象。这种分词方法需要使用大量的语言知识和信息。

由于汉语语言知识的笼统、复杂性,难以将各种语言信息组织成机器可直接读取的形式,因此,目前基于理解的分词系统还处在实验阶段。

4. NLTK 中实现对英文文本分词

要想在 NLTK 中实现对英文分词,则可以调用 word_tokenize()函数,基于空格或标点对文本进行分词,并返回单词列表。不过,需要先确保已经下载了 punkt 分词模型,否则函数是无法使用的。

【例 13-2】　将"Python is a programming language that lets you work quickly and integrate systems more effectively."按空格进行划分。

```
import nltk
#nltk.download('punkt')
#原始英文文本
sentence = 'Python is a programming language that lets you work quickly and
integrate systems more effectively.'
```

```
#将句子切分为单词
words = nltk.word_tokenize(sentence)
print(words)
```

运行结果如下。

```
['Python', 'is', 'a', 'programming', 'language', 'that', 'lets', 'you', 'work',
'quickly', 'and', 'integrate', 'systems', 'more', 'effectively', '.']
```

从运行结果中可以看出，所有以空格分隔的英文字符被划分为多个子字符串，包括标点符号，这些子串存放在一个列表中。

5. jieba 分词用法

jieba 分词是国内使用人数最多的中文分词工具，它基于中文分词的原理，提供了相应的操作模块或方法。jieba 分词是一个开源项目，地址为 https://github.com/fxsjy/jieba。它在分词准确度和速度方面均表现不错。其功能主要有分词、添加自定义词典、关键字提取、词性标注等。

jieba 分词综合了基于字符串匹配的算法和基于统计的算法，其分词步骤如下。

- 初始化。加载词典文件，获取每个词语和它出现的词数。
- 切分短语。利用正则，将文本切分为一个个语句，之后对语句进行分词。
- 构建 DAG。通过字符串匹配，构建所有可能的分词情况的有向无环图，也就是 DAG。
- 构建结点最大路径概率，以及结束位置。计算每个汉字结点到语句结尾的所有路径中的最大概率，并记下最大概率时在 DAG 中对应的该汉字成词的结束位置。
- 构建切分组合。根据结点路径，得到词语切分的结果，也就是分词结果。
- HMM 新词处理：对于新词，也就是 dict.txt 中没有的词语，通过统计方法来处理，jieba 中采用了隐马尔可夫模型来处理。
- 返回分词结果：通过 yield 将上面步骤中切分好的词语逐个返回。yield 相对于 list，可以节约存储空间。

jieba 支持以下三种分词模式。

- 精确分词：试图将句子最精确地切开，适合文本分析。
- 全模式：把句子中所有可以成词的词语都扫描出来，速度非常快，但是不能解决歧义。
- 搜索引擎模式：在精确模式基础上，对长词进行再次切分，提高 recall，适合于搜索引擎。

例如，将上述句子换成由汉字组成的字符串"人生就像一盒巧克力，你永远不知道你会得到什么"，则可以通过 jieba.cut(sentence, cut_all=False, HMM=True) 方法进行划分，该方法接收如下三个参数。

- sentence：需要分词的字符串。
- cut_all：用来控制是否采用全模式。
- HMM：用来控制是否使用 HMM 模型。

如果将 cut_all 参数设为 True，则表示按照全模式进行分词，若设为 False，则表示的是按精确模式进行分词。

【例 13-3】　利用 jieba 的 cut()方法对"人生就像一盒巧克力,你永远不知道你会得到什么"进行分词处理。

```
import jieba

seg_list = jieba.cut("不忘初心,牢记使命", cut_all=True)
print("全模式: " + "/ ".join(seg_list))         #全模式
seg_list = jieba.cut("不忘初心,牢记使命", cut_all=False)
print("精确模式: " + "/ ".join(seg_list))        #精确模式
seg_list = jieba.cut("不忘初心,牢记使命")        #默认是精确模式
print(", ".join(seg_list))
seg_list = jieba.cut_for_search("人生就像一盒巧克力,你永远不知道你会得到什么")
                                                #搜索引擎模式
print(", ".join(seg_list))
```

运行结果:

```
全模式: 不/ 忘/ 初心/ ,/ 牢记/ 使命
精确模式: 不忘/ 初心/ ,/ 牢记/ 使命
不忘, 初心, ,, 牢记, 使命
人生, 就, 像, 一盒, 巧克力, ,, 你, 永远, 不, 知道, 你, 会, 得到, 什么
```

从运行结果中可以看出,整个句子按照某种规则划分成了多个不同的字或词语,不过在全模式下,词语中出现了重复的汉字,这表明全模式会把所有可能的分词全部输出,而在精确模式下,词语中不会再出现重复的汉字,并且划分的词语相对来说是比较精准的。

注意:如果文本中出现了一些特殊的字符,如@、表情符号(如":)")等,则可以使用正则表达式进行处理。

13.2.3　词性标注

词性是对词语分类的一种方式。现代汉语词汇大致可以分为名词、动词、形容词、数词、量词、代词、介词、副词、连词、感叹词、助词和拟声词等 12 种,英文词汇可以分为名词、形容词、动词、代词、数词、副词、介词、连词、冠词和感叹词等 10 种。

词性标注,又称词类标注,是指为分词结果中的每个单词标注一个正确的词性,也就是说,确定每个单词是名词、动词、形容词或其他词性的过程。例如,在"I love you"中,"I"为人称代词,"love"为动词,"you"为名词。

1. 利用 NLTK 词性标注

NLTK 库中使用不同的约定来标记单词。在 NLTK 中,如果希望给单词标注词性,则需要先确保已经下载了 averaged_perceptron_tagger 模块,当下载了这个模块后,就可以调用 pos_tag()函数进行标注。

【例 13-4】　利用 pos_tag()函数对文本进行标注。

```
import nltk
#nltk.download('averaged_perceptron_tagger')
#原始英文文本
sentence = ' Python is a programming language that lets you work quickly and
integrate systems more effectively.'
words = nltk.word_tokenize(sentence)
#为列表中的每个单词标注词性
wordscixing = nltk.pos_tag(words)
```

```
print(wordscixing)
```

运行结果：

```
[('Python', 'NNP'), ('is', 'VBZ'), ('a', 'DT'), ('programming', 'JJ'), ('language',
'NN'), ('that', 'WDT'), ('lets', 'VBZ'), ('you', 'PRP'), ('work', 'VB'),
('quickly', 'RB'), ('and', 'CC'), ('integrate', 'VB'), ('systems', 'NNS'),
('more', 'RBR'), ('effectively', 'RB'), ('.', '.')]
```

上述示例输出了一个列表，该列表里面包含多个元组，其中，元组的第一个元素为划分的单词，第二个元素为标注的词性。例如，第一个元组（'Python'，'NNP'）中，"Python"是一个专有名词，所以词性被标注为"NNP"。

2. 利用 jieba 进行词性标注

利用 jieba.posseg 模块来进行词性标注，会给出分词后每个词的词性。词性标示兼容 ICTCLAS 汉语词性标注集

【例 13-5】 利用 jieba 对"我爱北京天安门"进行词性标注。

```
import jieba.posseg as pseg
words = pseg.cut("我爱北京天安门")
for word, flag in words:
    print('%s %s' % (word, flag))
```

运行结果：

```
我 r                                       #代词
爱 v                                       #动词
北京 ns                                    #名词
天安门 ns                                  #名词
```

13.2.4 词形归一化

在英文中，一个单词常常是另一个单词的变种，如 watching 是 watch 这个单词的现在进行式，watched 为一般过去式，这些都会影响语料库学习的准确度。一般在信息检索和文本挖掘时，需要对一个词的不同形态进行规范化，以提高文本处理的效率。

词形规范化过程主要包括两种：词干（由词根与词缀构成，一个词除去词尾的部分）提取和词形还原。它们的相关说明如下。

（1）词干提取（stemming）：是指删除不影响词性的词缀（包括前缀、后缀、中缀、环缀），得到单词词干的过程。例如：

```
watching --> watch
watched-->watch
```

（2）词形还原（lemmatization）：与词干提取相关，不同的是能够捕捉基于词根的规范单词形式。例如：

```
better -->good
went-->go
```

对于词干提取来说，nltk.stem 模块中提供了多种词干提取器，目前最受欢迎的就是波特词干提取器，它是基于波特词干算法来提取词干的，这些算法都集中在 PorterStemmer 类中。

【**例 13-6**】　基于 PorterStemmer 类提取词干的示例。

```
#导入 nltk.stem 模块的波特词干提取器
from nltk.stem.porter import PorterStemmer
#按照波特算法提取词干
porter_stem = PorterStemmer()
print('提取 watched 的词干:',porter_stem.stem('watched'))
print('提取 watching 的词干:',porter_stem.stem('watching'))
```

运行结果：

```
提取 watched 的词干: watch
提取 watching 的词干: watch
```

还可以用兰卡斯特词干提取器提取，它是一个迭代提取器，具有超过 120 条规则来具体说明如何删除或替换词缀以获得词干。兰卡斯特词干提取器基于兰卡斯特词干算法，这些算法都集中在 LancasterStemmer 类中。

【**例 13-7**】　利用 LancasterStemmer 类提取词干的示例。

```
from nltk.stem.lancaster import LancasterStemmer
lancaster_stem = LancasterStemmer()
#按照兰卡斯特算法提取词干
print('提取 watched 的词干:',lancaster_stem.stem('watched'))
print('提取 watching 的词干:',lancaster_stem.stem('watching'))
```

运行结果：

```
提取 watched 的词干: watch
提取 watching 的词干: watch
```

还有一些其他的词干器，如 SnowballStemmer，它除了支持英文以外，还支持其他 13 种不同的语言。

【**例 13-8**】　利用 SnowballStemmer 类提取词干的示例。

```
from nltk.stem import SnowballStemmer
snowball_stem = SnowballStemmer('english')
print('提取 watched 的词干:',snowball_stem.stem('watched'))
print('提取 watching 的词干:',snowball_stem.stem('watching'))
```

运行结果：

```
提取 watched 的词干: watch
提取 watching 的词干: watch
```

注意：在创建 SnowballStemmer 实例时，必须要传入一个表示语言的字符串给 language 参数。

词形还原的过程与词干提取非常相似，就是去除词缀以获得单词的基本形式，不过，这个基本形式称为根词，而不是词干。根词始终存在于词典中，词干不一定是标准的单词，它可能不存在于词典中。NLTK 库中提供了一个强大的还原模块，它使用 WordNetLemmatizer 类来获得根词，使用前需要确保已经下载了 wordnet 语料库。

WordNetLemmatizer 类里面提供了一个 lemmatize()方法，该方法通过比对 wordnet 语料库，并采用递归技术删除词缀，直至在词汇网络中找到匹配项，最终返回输入词的基本形式。如果没有找到匹配项，则直接返回输入词，不做任何变化。

【例 13-9】 基于 WordNetLemmatizer 的词形还原示例。

```
from nltk.stem import WordNetLemmatizer
#import nltk
#nltk.download('wordnet')
#创建 WordNetLemmatizer 对象
wordnet_lem = WordNetLemmatizer()
#还原 watches 单词的基本形式
print(wordnet_lem.lemmatize('watches'))
print(wordnet_lem.lemmatize('caught'))
print(wordnet_lem.lemmatize('went'))
```

运行结果：

```
watch
catch
go
```

从运行结果中可以看出，复数形式的单词 watches 已经还原为 watch，不过单词 caught 与 went 都没有还原，这主要是因为它们有多种词性。例如，went 作为动词使用时，代表单词 go 的过去式，但是作为名词使用的话，它表示的是人名文特。

为了解决这个问题，可以直接在词形还原时指定词性，也就是说，在调用 lemmatize() 方法时将词性传入 pos 参数，示例代码如下。

```
#指定词性为动词
wordnet_lem.lemmatize('went', pos='v')
'go'
wordnet_lem.lemmatize('caught', pos='v')
'catch'
```

从运行结果中可以看出，所有过去式的单词已经被还原为基本形式了。

13.2.5 删除停用词

停用词是指在信息检索中，为节省存储空间和提高搜索效率，在处理自然语言文本之前或之后会自动过滤掉某些没有具体意义的字或词，这些字或词即被称为停用词，如英文单词中的"I""the"或中文中的"啊"等。

停用词的存在直接增加了文本的特征难度，提高了文本数据分析过程中的成本，如果直接用包含大量停用词的文本作为分析对象，则还有可能会导致数据分析的结果存在较大偏差，通常在处理过程中会将它们从文本中删除。

Python ~~is a~~ programming language ~~that lets you~~ work quickly ~~and~~ integrate systems ~~more~~ effectively.

从以上可以看出，即使从整个语句中删除了停用词，对句子整体的意思并没有产生很大的影响。

停用词都是人工输入、非自动化生成的，生成后的停用词会形成一个停用词表，但是并没有一个明确的停用词表能够适用于所有的工具。对于中文的停用词，可以参考中文停用词库、哈工大停用词表、百度停用词列表，对于其他语言来说，可以参照 https://www.ranks.nl/stopwords 进行了解。

删除停用词常用的方法有词表匹配法、词频阈值法和权重阈值法，NLTK 库所采用的

就是词表匹配法,它里面有一个标准的停用词列表,在使用之前要确保已经下载了
stopwords 语料库,并且用 import 语句导入 stopwords 模块。

【例 13-10】 利用 stopwords 语料库对文本进行停用词删除处理。

```
from nltk.corpus import stopwords
# import nltk
# nltk.download('stopwords')
# 原始文本
sentence = ' Python is a programming language that lets you work quickly and
integrate systems more effectively.'
# 将英文语句按空格划分为多个单词
words = nltk.word_tokenize(sentence)
# print(words)

# 获取英文停用词列表
stop_words = stopwords.words('english')
# 定义一个空列表
remain_words = []
# 如果发现单词不包含在停用词列表中,就保存在 remain_words 中
for word in words:
    if word not in stop_words:
        remain_words.append(word)
print(remain_words)
```

运行结果:

```
['Python', 'programming', 'language', 'lets', 'work', 'quickly', 'integrate',
'systems', 'effectively', '.']
```

通过比较删除前与删除后的结果可以发现,is、a、that、you、and、more 这几个常见的停
用词都被删除了。

13.3 文本情感分析

文本情感分析是自然语言处理中常见的场景。文本情感分析,又称为倾向性分析和意
见挖掘,是指对带有情感色彩的主观性文本进行分析、处理、归纳和推理的过程。例如,淘宝
商品评价、饿了么外卖评价等,对于指导产品更新迭代具有关键性作用。

通过情感分析,可以挖掘产品在各个维度的优劣,从而明确如何改进产品。例如,对外
卖评价,可以分析菜品口味、送达时间、送餐态度、菜品丰富度等多个维度的用户情感指数,
从而从各个维度上改进外卖服务。

情感分析还可以细分为情感极性(倾向)分析、情感程度分析及主客观分析等。其中,情
感极性分析的目的在于,对文本进行褒义、贬义、中性的判断,如对于"喜爱"和"厌恶"这两个
词,就属于不同的情感倾向。

目前,常见的情感极性分析方法主要分为两种:基于情感词典和基于机器学习。有关
它们的说明具体如下。

(1)基于情感词典:主要通过制定一系列的情感词典和规则,对文本进行段落拆解、句
法分析,计算情感值,最后通过情感值来作为文本的情感倾向依据。

（2）基于机器学习：大多会把问题转换成分类问题来看待，是将目标情感分为两类：正、负，或者是根据不同的情感程度划分为 1～5 类，然后对训练文本进行人工标注，进行有监督的机器学习过程。

简单的情感极性分析的方式就是情感词典（情感词典包含正面词语词典、负面词语词典、否定词语词典、程度副词词典四部分），基于词典的文本匹配算法实现的大致思路如下。

（1）对文本进行分词操作，从中找出情感词、否定词以及程度副词。

（2）判断每个情感词之前是否有否定词及程度副词，将它之前的否定词和程度副词划分为一组。如果存在否定词，则将情感词的情感权值乘以 -1；如果有程度副词，就乘以程度副词的程度值。

（3）将所有组的得分加起来，得分大于 0 的归于正向，小于 0 的归于负向。利用最终输出的权重值，就可以区分是正面、负面还是中性情感了。

基于词典的情感分类，简单易行，而且通用性也能够得到保障。但仍然有很多不足。

- 精度不高。语言是一个高度复杂的东西，采用简单的线性叠加显然会造成很大的精度损失。词语权重同样不是一成不变的，而且也难以做到准确。
- 新词发现。对于新的情感词，如"给力"，词典不一定能够覆盖。
- 词典构建难。基于词典的情感分类，核心在于情感词典。而情感词典的构建需要有较强的背景知识，需要对语言有较深刻的理解，在分析外语方面会有很大限制。

例如，有这么一句商品评价："这件夏季款短裙的款式比较好看，搭配比较容易，不过面料真的太差了，透气性也不好。"

按照上面的思路，就是要先找出这句话中的情感词。其中，积极的情感词有"好看""容易""好"，消极的情感词有"差"，只要出现一个积极词就加 1，出现一个消极词就减 1。此时，这句话的情感分值为：$1+1-1+1=2$，这表明商品评价属于一条好评，很明显这个分值是不合理的。

接下来看看这些情感词前面有没有程度词进行修饰，并且给不同的程度一个权值。例如，"太"表达的情感度更强，可以将情感分值设为 $\times 4$，"比较"这个词表达的程度没有前面的强，可以将它的情感分值设为 $\times 2$。此时，这句话的情感分值为 $(1 \times 2)+(1 \times 2)-(1 \times 4)+1=1$。

不过，在"好用"一词的前面还有一个"不"字，所以在找到情感词的时候，需要往前找否定词，还需要数一下这些否定词出现的次数。如果出现的是单数，则情感分数值就 -1，如果是偶数，则情感分数值应该反转变为 $\times 1$。这句话中在"好用"的前面只有一个"不"字，所以其情感分值应该为 -1。此时，这句话的情感分值为 $(1 \times 2)+(1 \times 2)-(1 \times 4)+(1 \times (-1))=-1$，这表明商品评价属于一条差评。

使用情感词典的方式虽然简单粗暴，但是非常实用，不过一旦遇到一些新词或者特殊词，就无法识别出来，扩展性非常不好。

还可以基于机器学习模型进行情感极性分析，其中，朴素贝叶斯是经典的机器学习算法之一，也是为数不多的基于概率论的分类算法，它的思想基础是：对于给出的待分类项，求解在此项出现的条件下各个类别出现的概率，哪个最大，就认为此待分类项属于哪个类别。

nltk.classify 模块中提供了用类别标签标记的接口，其内置的 NaiveBayesClassifier 类实现了朴素贝叶斯分类算法，该类中有一个类方法 train()，其语法格式如下。

```
train(cls, labeled_featuresets, estimator = ELEProbDist)
```

上述方法主要用于根据训练集来训练模型，其中，labeled_featuresets 参数表示分类的特征集列表。

【例 13-11】 基于 NaiveBayesClassifier 类实现文本情感极性分析。

```
import nltk
from nltk.stem import WordNetLemmatizer
from nltk.corpus import stopwords
from nltk.classify import NaiveBayesClassifier
#nltk.download('omw-1.4')
#功能:预处理文本
def pret_text(text):
    #对文本进行分词
    words = nltk.word_tokenize(text)
    #词形还原
    wordnet_lematizer = WordNetLemmatizer()
    words = [wordnet_lematizer.lemmatize(word) for word in words]
    #删除停用词
    remain_words = [word for word in words if word not
                in stopwords.words('english')]
    #True 表示该词在文本中
    return {word: True for word in remain_words}
#用作训练的文本
text_1 = 'This is a wonderful film'
text_2 = 'I like wactching this film very much.'
text_3 = 'This film watches well.'
text_4 = 'This film is not good.'
text_5 = 'This is a very bad film.'
train_data = [[pret_text(text_1), 1],
        [pret_text(text_2), 1],
        [pret_text(text_3), 1],
        [pret_text(text_4), -1],
        [pret_text(text_5), -1]]
#训练模型
demo_model = NaiveBayesClassifier.train(train_data)
test_text1 = 'I like this book very much'
value1= demo_model.classify(pret_text(test_text1))
print(value1)
test_text2 = 'The book is very bad'
value2 = demo_model.classify(pret_text(test_text2))
print(value2)
test_text3 = 'The book is terrible'
value3 = demo_model.classify(pret_text(test_text3))
print(value3)
```

运行结果：

```
1
-1
1
```

上述函数中，先将文本按照空格划分为多个单词，然后将这些单词还原成基本形式，并根据英文的停用词表删除停用词，最后将剩下的单词以字典的形式进行返回，其中，字典的键为单词，字典的值为 True，代表着单词存在于预处理后的文本中。

　　然后,将上述待训练的文本经过预处理之后,为其设定情感分值,即将积极情感词的分值设为1,将消极情感词的分值设为−1,根据这些训练数据构建一个训练模型。

　　在训练文本中,前三个句子中都有表示积极情感的词汇,如"wonderful""like""well",因此分值设为+1,而后两个句子里面包含一些表示消极情感的词汇,如"not""bad",因此设分值为−1。

　　根据这些训练文本构建了一个训练模型,意思是比如某个句子中出现了这个模型中的积极情感词汇,就将情感分值置为1,否则就把情感分值置为−1。

　　为了验证刚刚创建的情感模型是否可行,根据训练的模型已经能够准确地辨识出部分带有情感色彩的固定单词,例如,like、bad,一旦有新的情感单词出现,如 terrible,就无法辨识出来。

小　　结

　　本章主要介绍了文本分析的相关知识,具体包括文本分析工具的安装及基本使用、文本预处理、文本情感分析。希望读者通过对本章的学习,可以理解文本数据分析的原理,以便后续能基于机器学习更深入地去探索。

思考与练习

　　1.什么是文本分析?

　　2.简述常用的文本情感分析方法。

　　3.简述预处理的流程。

第 14 章

图像处理与分析

Python 借助 OpenCV 库提供的方法能够使用短短的几行代码,轻轻松松地实现对图像的处理操作,这就是 Python OpenCV 的优势所在。

本章主要介绍 OpenCV 在图像处理方面的基本功能、图像的降噪处理以及图像中的图形检测、分割等内容。

14.1 OpenCV 概述

在计算机视觉项目的开发中,OpenCV 是一个基于 Apache 2.0 许可(开源)发行的跨平台计算机视觉和机器学习软件库,拥有丰富的常用图像处理函数库。它采用 C/C++ 语言编写,可以运行在 Linux、Windows、Mac 等操作系统上,能够快速地实现一些图像处理和识别的任务。此外,OpenCV 还提供了 Java、Python、C♯、GO 的使用接口和机器学习的基础算法调用,从而使得图像处理和图像分析变得更加易于理解和操作,从而让开发人员有更多精力进行算法的设计。

OpenCV 的主要应用领域有计算机视觉领域,如物体识别、图像分割、人脸识别、动作识别及运动跟踪等。

安装 OpenCV 的方式很简单,按常规的模块安装方法运行安装命令即可。安装命令和模块导入的常规格式如下。

```
pip install opencv-python
import cv2 as cv
```

其中,"import A as B"给引入的包 A 定义一个别名 B。这里是给引入的包 cv2,定义别名 cv。在该文件的后续调用中 cv 就相当于 cv2。

14.2 cv2 图像处理基础

14.2.1 cv2 的基本方法与属性

图像处理最基本的操作,包括读取图像、显示图像、保存图像、获取图像属性等。OpenCV 提供了大量图像处理相关的方法,常用方法及其说明见表 14-1。

表 14-1 **cv2 的常用方法及其说明**

方　　法	参 数 说 明
cv2.imread(filename,flags)	读取图像,属性值有 IMREAD_COLOR,IMREAD_GRAYSCALE,分别表示读入彩色、灰度图像
cv2.imshow(winname,mat)	显示图像,彩色图像是 BGR 模式,利用 Matplotlib 显示时需要转换为 RGB 模式
cv2.imwrite(filename,imgdata)	按照指定的路径保存图像
cv2.waitKey()	键盘绑定函数,参数＝0(或小于 0 的数):一直显示直到在键盘上按下一个键即会消失并返回一个按键对应的 ASCII 码值;参数＞0:显示多少毫秒,超过这个指定时间则返回－1
cv2.namedWindow(winname,mat)	创建一个窗口,属性值有 WINDOW_AUTOSIZE、WINDOW_NORMAL,分别表示根据图像大小自动创建大小、窗口大小可调整
cv2.destoryAllWindows(窗口名)	删除任何建立的窗口

【例 14-1】　打开图像并显示,然后按 Esc 键退出,按 S 键时保存图像退出。

```
import cv2 as cv
img=cv.imread('./flower.jpg',cv.IMREAD_GRAYSCALE)
cv.imshow('Flower',img)
k = cv.waitKey(0)
if k == 27:                              #等待按 Esc 键退出
    cv.destroyAllWindows()
elif k == ord('s'):                      #等待按 S 键保存图片并退出
    cv.imwrite('new_flower.jpg',img)
    cv.destroyAllWindows()               #释放所有窗体
```

运行结果如图 14-1 所示。

图 14-1　原图(左)与运行结果(右)

需要注意的是,通过 OpenCV 使用 cv2. Imread()命令读取的彩色图像是 BGR 格式。如果有必要的话,可以将其从 BGR 格式转换为 RGB 格式。下面的语句使用 cv2. cvtColor()命令实现 BGR 格式到 RGB 或灰度图像的转换。

```
image_rgb = cv2.cvtColor(img, cv2.COLOR_BGR2RGB)
image_gray = cv2.cvtColor(img, cv2.COLOR_BGR2GRAY)
```

图像打开后,利用其 shape、size 和 dtype 三个属性显示图像对象的尺寸、大小和类型。

【例 14-2】　图像大小显示。

```
print(img.shape)
```

```
print(img.size)
```

运行结果：

```
(295, 295)
87025
```

在处理图像时，可以将一些文字利用 putText()方法直接输出到图像中。

putText 格式：

```
cv2.putText(图片名,文字,坐标,字体,字体大小,文字颜色,字体粗细)
```

字体可以选择 FONT_HERSHEY_SIMPLEX、FONT_HERSHEY_SIMPLEX、FONT _HERSHEY_PLAIN 等。

【例 14-3】 图像的文本标注。

```
import cv2 as cv
img = cv.imread('flower.jpg',cv.IMREAD_GRAYSCALE)
w,h=img.shape
x = w //6                                    #文本的 x 坐标
y = h //6                                    #文本的 y 坐标
cv.putText(img,'Flower!',(x,y),cv.FONT_HERSHEY_SIMPLEX,0.8,(255,0,0),1)
cv.imshow('Flower',img)                      #显示图像
cv.waitKey(0)                                #按下键盘任意键后
cv.destroyAllWindows()
```

运行结果如图 14-2 所示。

14.2.2　图像处理中的阈值

阈值是图像处理中的一个重要概念，类似一个像素值的标准线。所有像素值都与这条标准线相比较，出现三种结果：像素值比阈值大、像素值比阈值小和像素值等于阈值。像素值的取值范围可简化为 0～255，通过阈值使得转换后的灰度图像呈现出只有纯黑色和纯白色的视觉效果。例如，当阈值为 127 时，把小于 127 的所有像素值都转换为 0(即纯黑色)，把大于 127 的所有像素值都转换为 255 (即纯白色)。虽然会丢失一些灰度细节，但是会更明显地保留灰度图像主体的轮廓。

图 14-2　运行结果

1.阈值处理方法

OpenCV 提供了 threshold()方法用于对图像进行阈值处理，threshold()方法的语法格式如下。

```
retval, dst = cv2.threshold(src, thresh, maxval, type)
```

参数说明如下。

- src：被处理的图像，可以是多通道图像。
- thresh：阈值，阈值在 125～150 范围内效果最好。
- maxval：阈值处理采用的最大值。
- type：阈值处理类型，常用类型及其含义可以参考表 14-2。

表 14-2   阈值处理类型及其含义

类　　型	含　　义
cv2.THRESH_BINARY	二值化阈值处理
cv2.THRESH_BINARY_INV	反二值化阈值处理
cv2.THRESH_TRUNC	截断阈值处理
cv2.THRESH_TOZERO_INV	超阈值零处理
cv2.THRESH_TOZERO	低阈值零处理

返回值说明如下。

- retval：处理时所采用的阈值。
- dst：经过阈值处理后的图像

2. 图像二值化阈值处理

二值化处理会将灰度图像的像素值两极分化，使得灰度图像呈现出只有纯黑色和纯白色的视觉效果。经过阈值处理后的图像轮廓分明、对比明显，因此二值化处理常用于图像识别功能。

二值化阈值处理会让图像仅保留两种像素值，或者说所有像素都只能从两种值中取值。进行二值化处理时，每一个像素值都会与阈值进行比较，将大于阈值的像素值变为最大值，将小于或等于阈值的像素值变为 0。计算公式如下。

```
if 像素值<= 阈值:
    像素值= 0
if 像素值>阈值:
    像素值= 最大值
```

通常二值化处理是使用 255 作为最大值，因为灰度图像中 255 表示纯白颜色，能够很清晰地与纯黑色进行区分，所以灰度图像经过二值化处理后会呈现"非黑即白"的效果。

【例 14-4】 彩色图像二值化阈值处理。

```
import cv2 as cv
img = cv.imread("flower.jpg", 0)                          #将图像读成灰度图像
t1, dst1 = cv.threshold(img, 127, 255, cv.THRESH_BINARY)    #二值化阈值处理
t2, dst2 = cv.threshold(img, 127, 150, cv.THRESH_BINARY)    #调低最大值效果
cv.imshow('dst1', dst1)                                    #显示最大值为 255 时的效果
cv.imshow('dst2', dst2)                                    #显示最大值为 150 时的效果
cv.waitKey()
cv.destroyAllWindows()
```

运行结果如图 14-3(a)和图 14-3(b)所示。

与二值化阈值处理相反的反二值化阈值处理，其结果为二值化处理的相反结果。将大于阈值的像素值变为 0，将小于或等于阈值的像素值变为最大值。原图像中白色的部分会变黑色，黑色部分会变成白色。通过如下语句"t3, dst3 = cv2.threshold(img, 127, 255, cv2.THRESH_BINARY_INV)"实现，运行结果如图 14-3(c)所示。

阈值处理在计算机视觉技术中占有十分重要的位置，它是很多高级算法的底层处理逻辑之一。因为二值图像会忽略细节，放大特征，而很多高级算法要根据物体的轮廓来分析物体特征，所以二值图像非常适合做复杂的识别运算。在进行识别运算之前，应先将图像转为灰度图像，再进行二值化阈值处理，这样就得到了算法所需的物体(大致)轮廓图像。然后

(a) 最大值为 255 时的效果　　(b) 最大值为 150 时的效果　　(c) 二值化处理的相反结果

图 14-3　运行结果

利用高级图像识别算法可以根据这种鲜明的像素变化来搜寻特征，最后达到识别物体分类的目的。

14.2.3　cv2 图像处理中的几何变换

几何变换是指改变图像的几何结构，例如，大小、角度和形状等，让图像呈现出现缩放、翻转、映射和透视效果。接下来讲述图像的常用处理，如图像缩放、翻转、仿射变换等。

1. 图像缩放

实现缩放图片并保存，是使用 OpenCV 时常用的操作。resize() 方法的语法格式如下。

```
resize(InputArray src, OutputArray dst, Size dsize, double fx=0, double fy=0, int
interpolation=INTER_LINEAR)
```

参数说明如下。

- InputArray src：输入，原图像，即待改变大小的图像。
- OutputArray dst：输出，改变后的图像。这个图像和原图像具有相同的内容，只是大小和原图像不一样。
- dsize：输出图像的大小，如 (295,295)。

其中，fx 和 fy 是图像 width 方向和 height 方向的缩放比例。

- fx：width 方向的缩放比例。
- fy：height 方向的缩放比例。

如果 fx=0.3，fy=0.7，则将原图片的 x 轴缩小为原来的 0.3 倍，将 y 轴缩小为原来的 0.7 倍。使用 fx 参数和 fy 参数控制缩放时，dsize 参数值必须使用 None。

cv2.resize() 支持多种插值算法，默认使用 cv2.INTER_LINEAR，缩小最适合使用：cv2.INTER_AREA，放大最适合使用：cv2.INTER_CUBIC 或 cv2.INTER_LINEAR。

【例 14-5】 将图像按照指定的宽高进行缩放。

```
import cv2 as cv
import matplotlib.pyplot as plt
img = cv.imread("flower.jpg")            #读取图像
dst1 = cv.resize(img, (270, 270))        #按照宽 270px、高 270px 的大小进行缩放
dst2 = cv.resize(img, (500, 500))        #按照宽 500px、高 500px 的大小进行缩放
cv.imshow("Original size", img)          #显示原图
cv.imshow("Image reduction", dst1)       #显示缩放图像
```

```
cv.imshow("Image magnification", dst2)
cv.waitKey()
cv.destroyAllWindows()
```

运行结果如图 14-4 所示。

图 14-4　运行结果

2. 图像的翻转

水平线被称为 x 轴，垂直线被称为 y 轴。图像沿着 x 轴或 y 轴翻转之后，可以呈现出镜面倒影的效果。

OpenCV 通过 cv2.flip() 方法实现翻转效果，其语法格式如下。

```
cv2.flip(filename, flipcode)
```

参数说明如下。

- filename：需要操作的图像。
- flipcode：翻转类型，类型值如表 14-3 所示。

返回值：翻转之后的图像。

表 14-3　flipcode 参数值及含义

参　数　值	含　义
1	水平翻转
0	垂直翻转
−1	水平垂直翻转

【例 14-6】　图像的三种类型翻转效果。

```
import cv2 as cv
img = cv.imread("flower.jpg")              #读取图像
dst1 = cv.flip(img, 0)                     #沿 x 轴翻转
dst2 = cv.flip(img, 1)                     #沿 y 轴翻转
dst3 = cv.flip(img, -1)                    #同时沿 x 轴、y 轴翻转
cv.imshow("Origin", img)                   #显示原图
cv.imshow("X-axis flip", dst1)             #显示翻转之后的图像
cv.imshow("Y-axis flip", dst2)
cv.imshow("ALL", dst3)
cv.waitKey()
cv.destroyAllWindows()
```

运行结果如图 14-5 所示。

图 14-5 运行结果

3. 图像仿射变换

仿射变换是一种仅在二维平面中发生的几何变形，变换以后的图像仍然可以保持直线的"平直性"和"平行性"。平直性是指图像中的直线在经过仿射变换之后仍然是直线。平行性是指图像中的平行线在经过仿射变换以后仍然是平行线。

常见的仿射变换包含平移、旋转和倾斜。

OpenCV 通过 cv2.warpAffine()方法实现仿射变换，其语法格式如下。

```
cv2.warpAffine(src, M, dsize[, dst[, flags[, borderMode[, borderValue]]]])
```

参数说明如下。

- src：输入图像。
- M：变换矩阵。
- dsize：输出图像的大小。
- flags：插值方法的组合(int 类型)。
- borderMode：边界像素模式(int 类型)。
- borderValue：边界填充值；默认情况下，它为 0。

返回值：经过仿射变换后输出的图像。

(1) 图像平移。

在仿射变换中，原图中所有的平行线在结果图像中同样平行。为了创建偏移矩阵，需要在原图像中找到三个点以及它们在输出图像中的位置。OpenCV 中提供了 cv2.getAffineTransform 创建 2×3 的矩阵，最后将矩阵传给函数 cv2.warpAffine。

【例 14-7】 利用图像的仿射变换实现图像向右下方平移。

```
import cv2 as cv
from matplotlib import pyplot as plt
import numpy as np
img = cv.imread("flower.jpg")                    #读取图像
```

```
rows = len(img)                            #图像像素行数
cols = len(img[0])                         #图像像素列数
M = np.float32([[1, 0, 50],                #横坐标向右移动 50px
                [0, 1, 80]])               #纵坐标向下移动 80px
dst = cv.warpAffine(img, M, (cols, rows))
cv.imshow("Original", img)                 #显示原图
cv.imshow("Transformation", dst)           #显示仿射变换效果
cv.waitKey()
cv.destroyAllWindows()
plt.show()
```

运行结果如图 14-6 所示。

图 14-6　运行结果

（2）图像旋转。

OpenCV 中首先需要构造一个旋转矩阵，可以通过 cv2.getRotationMatrix2D（）方法来自动计算出旋转图像的 **M** 矩阵。

getRotationMatrix2D（）方法的语法格式如下。

```
M = cv2.getRotationMatrix2D(center,angle,scale)
```

其中，第一个参数为旋转中心点坐标，第二个为旋转角度，第三个为旋转后的缩放因子。
返回值：方法计算出的仿射矩阵。

【例 14-8】　图像旋转。

```
import cv2 as cv
import matplotlib.pyplot as plt
img = cv.imread('flower.jpg',cv.IMREAD_COLOR)   #读取图像
rows,cols,ch = img.shape                        #图像像素行数、列数
b,g,r = cv.split(img)
src = cv.merge([r, g, b])
M = cv.getRotationMatrix2D((cols/2,rows/2),45,1) #以图像为中心,逆时针旋转 45°
dst = cv.warpAffine(src,M,(cols,rows))          #按照 M 进行仿射
plt.subplot(121)
plt.imshow(src)                                 #显示原图
plt.axis('off')
plt.subplot(122)
plt.imshow(dst)                                 #显示仿射变换效果
plt.axis('off')
cv.waitKey()
cv.destroyAllWindows()
plt.show()
```

运行结果如图 14-7 所示。

图 14-7 运行结果

（3）图像倾斜。

OpenCV 需要定位图像的左上角、右上角、左上角三个点来计算倾斜效果，根据这三个点的位置变化来计算其他像素的位置变化。由于要保证图像的"平直性"和"平行性"，因此不需要"右下角"的点作第四个参数，右下角这个点位置可以根据其他三个点的变化自动计算出来。

图像倾斜可以通过 *M* 矩阵实现，OpenCV 提供了 getAffineTransform()方法来自动计算出倾斜图像的 *M* 矩阵。

getAffineTransform()方法的语法格式如下。

```
M=cv2.getAffineTransform(src, dst)
```

参数说明如下。

- src：输入图像的三角形顶点坐标，格式为 3 行 2 列的 32 位浮点数列表，例如[[0, 1],[1,0],[1,1]]。
- dst：输出图像的相应的三角形顶点坐标，格式与 src 一样。

【例 14-9】 图像向右倾斜。

```
import cv2 as cv
import numpy as np
img = cv.imread("flower.jpg")              #读取图像
rows = len(img)                            #图像像素行数
cols = len(img[0])                         #图像像素列数
p1 = np.zeros((3, 2), np.float32)          #32 位浮点型空列表,原图三个点
p1[0] = [0, 0]                             #左上角点坐标
p1[1] = [cols - 1, 0]                      #右上角点坐标
p1[2] = [0, rows - 1]                      #左下角点坐标
p2 = np.zeros((3, 2), np.float32)          #32 位浮点型空列表,倾斜图三个点
p2[0] = [80, 0]                            #左上角点坐标,向右挪 80px
p2[1] = [cols - 1, 0]                      #右上角点坐标,位置不变
p2[2] = [0, rows - 1]                      #左下角点坐标,位置不变
M = cv.getAffineTransform(p1, p2)          #根据三个点的变化轨迹计算出 M 矩阵
dst = cv.warpAffine(img, M, (cols, rows))  #按照 M 进行仿射
cv.imshow('Original', img)                 #显示原图
cv.imshow('Transformation', dst)           #显示仿射变换效果
cv.waitKey()
cv.destroyAllWindows()
```

运行结果如图 14-8 所示。

图 14-8　运行结果

14.3　图像的降噪处理

图像中可能会出现这样一种像素：该像素与周围像素的差别非常大，导致从视觉上就能看出该像素无法与周围像素组成可识别的图像信息，降低了整个图像的质量。这种"格格不入"的像素就被称为图像的噪声。

图像在数字化和传输等过程中会产生噪声，从而影响图像的质量，而图像降噪技术可以有效地减少图像中的噪声。

如果图像中的噪声都是随机的纯黑像素或者纯白像素，这样的噪声也被称作"椒盐声"或"盐噪声"。

以一个像素为核心，核心周围像素可以组成一个 n 行 n 列（简称 $n \times n$）的矩阵，这样的矩阵结构在滤波操作中被称为"滤波核"。矩阵的行列数决定了滤波核的大小。

14.3.1　均值滤波器图像降噪

均值滤波器（也被称为低通滤波器）可以把图像中的每一个像素都当成滤波核的核心，然后计算出核内所有像素的平均值，最后让核心像素值等于这个平均值。

OpenCV 将均值滤波器封装成了 blur()方法，其语法格式如下。

```
dst = cv2.blur(src, ksize, anchor, borderType)
```

参数说明如下。

- src：被处理的图像。
- ksize：滤波核大小，其格式为（高度，宽度），建议使用如（3,3）、（5,5）、（7,7）等宽高相等的奇数边长。滤波核越大，处理之后的图像就越模糊。
- anchor：可选参数，滤波核的锚点，建议采用默认值，方法可以自动计算锚点。
- borderType：可选参数，边界样式，建议采用默认值。

返回值如下。

dst：经过均值滤波处理之后的图像。

【例 14-10】　对花朵图像进行均值滤波降噪操作。

```
import cv2 as cv
img = cv.imread("flower.jpg")                    #读取原图
```

```
dst1 = cv.blur(img, (3, 3))              #使用大小为 3 * 3 的滤波核进行均值滤波
dst2 = cv.blur(img, (5, 5))              #使用大小为 5 * 5 的滤波核进行均值滤波
dst3 = cv.blur(img, (7, 7))              #使用大小为 7 * 7 的滤波核进行均值滤波
cv.imshow("Origin", img)                 #显示原图
cv.imshow("3 * 3 blur", dst1)            #显示滤波效果
cv.imshow("5 * 5 blur", dst2)
cv.imshow("9 * 9 blur", dst3)
cv.waitKey()
cv.destroyAllWindows()
```

运行结果如图 14-9 所示。

图 14-9　运行结果

从运行结果可以看出，滤波核越大，处理之后的图像就越模糊。

14.3.2　中值滤波器图像降噪

中值滤波器的原理与均值滤波器非常相似，唯一的不同就是不会计算像素的平均值，而是将所有像素值排序，把最中间的像素值取出，赋值给核心像素。

OpenCV 将中值滤波器封装成了 medianBlur()方法，其语法格式如下。

```
dst = cv2.medianBlur(src, ksize)
```

参数说明如下。

- src：被处理的图像。
- ksize：滤波核的边长，必须是大于 1 的奇数，例如 3、5、7 等。方法会根据此边长自动创建一个正方形的滤波核。而其他滤波器的 ksize 参数通常为(高，宽)。

返回值如下。

dst：经过中值滤波处理之后的图像。

【例 14-11】　对花朵图像进行中值滤波降噪操作。

```
import cv2 as cv
```

```
img = cv.imread("flower.jpg")          #读取原图
dst1 = cv.medianBlur(img, 3)           #使用宽度为 3 的滤波核进行中值滤波
dst2 = cv.medianBlur(img, 5)           #使用宽度为 5 的滤波核进行中值滤波
dst3 = cv.medianBlur(img, 7)           #使用宽度为 7 的滤波核进行中值滤波
cv.imshow("Origin", img)               #显示原图
cv.imshow("3 medianBlur", dst1)        #显示滤波效果
cv.imshow("5 medianBlur", dst2)
cv.imshow("7 medianBlur", dst3)
cv.waitKey()
cv.destroyAllWindows()
```

运行结果如图 14-10 所示。

图 14-10　运行结果

由运行结果来看，滤波核的边长越长，处理之后的图像就越模糊。中值滤波处理的图像会比均值滤波处理的图像丢失更多细节。

14.3.3　高斯滤波器图像降噪

高斯滤波也被称为高斯模糊、高斯平滑，是目前应用最广泛的平滑处理算法。高斯滤波可以很好地在降低图片噪声、细节层次的同时保留更多的图像信息，经过处理的图像会呈现"磨砂玻璃"的滤镜效果。

进行均值滤波处理时，核心周围每个像素的权重都是均等的，也就是每个像素都同样重要，所以计算平均值即可。但在高斯滤波中，越靠近核心的像素权重越大，越远离核心的像素权重越小。像素权重不同就不能取平均值，要从权重大的像素中取较多的信息，从权重小的像素中取较少的信息。简单概括就是"离谁更近，跟谁更像"。

高斯滤波的计算过程涉及卷积运算，会有一个与滤波核大小相等的卷积核。卷积核中保存的值就是核所覆盖区域的权重值。卷积核中所有权重值相加进行高斯滤波的过程中，滤波核中像素会与卷积核进行卷积计算，最后将计算结果赋值给滤波核的核心像素。

OpenCV 将高斯滤波器封装成了 GaussianBlur() 方法，其语法格式如下。

```
dst = cv2.GaussianBlur(src, ksize, sigmaX, sigmaY, borderType)
```

参数说明如下。

- src：被处理的图像。
- ksize：滤波核的大小，宽、高必须是奇数，例如(3,3)、(5,5)等。
- sigmaX：卷积核水平方向的标准差。
- sigmaY：卷积核垂直方向的标准差。修改 sigmaX 或 sigmaY 的值都可以改变卷积核中的权重比例。如果不知道如何设计这两个参数值，就直接把这两个参数的值写成 0，方法就会根据滤波核的大小自动计算出合适的权重比例。
- borderType：可选参数，边界样式，建议使用默认值。

返回值如下。

dst：经过高斯滤波处理之后的图像。

【例 14-12】　对花朵图像进行高斯滤波降噪操作。

```
import cv2 as cv
img = cv.imread("flower.jpg")                    #读取原图
dst1 = cv.GaussianBlur(img, (5, 5), 0, 0)        #使用大小为 5 * 5 的滤波核进行高斯滤波
dst2 = cv.GaussianBlur(img, (9, 9), 0, 0)        #使用大小为 9 * 9 的滤波核进行高斯滤波
dst3 = cv.GaussianBlur(img, (15, 15), 0, 0)      #使用大小为 15 * 15 的滤波核进行高斯滤波
cv.imshow("Origin", img)                         #显示原图
cv.imshow("3 GaussianBlur", dst1)                #显示滤波效果
cv.imshow("7 GaussianBlur", dst2)
cv.imshow("13 GaussianBlur", dst3)
cv.waitKey()
cv.destroyAllWindows()
```

运行结果如图 14-11 所示。

图 14-11　运行结果

从运行结果来看，滤波核越大，处理之后的图像就越模糊。和均值滤波、中值滤波处理的图像相比，高斯滤波处理的图像更加平滑，保留的图像信息更多，更容易辨认。

14.3.4 双边滤波器图像降噪

不管是均值滤波、中值滤波还是高斯滤波,都会使整幅图像变得平滑,图像中的边界会变得模糊不清。双边滤波是一种在平滑处理过程中可以有效保护边界信息的滤波操作。

双边滤波器会自动判断滤波核处于"平坦"区域还是"边缘"区域:如果滤波核处于"平坦"区域,则会使用类似高斯滤波的算法进行滤波;如果滤波核处于"边缘"区域,则加大"边缘"像素的权重,尽可能地让这些像素值保持不变。

OpenCV 将双边滤波器封装成了 bilateralFilter()方法,其语法格式如下。

```
dst = cv2.bilateralFilter(src, d, sigmaColor, sigmaSpace, borderType)
```

参数说明如下。

- src:被处理的图像。
- d:以当前像素为中心的整个滤波区域的直径。如果 d<0,则自动根据 sigmaSpace 参数计算得到。该值与保留的边缘信息数量成正比,与方法运行效率成反比。
- sigmaColor:参与计算的颜色范围,这个值是像素颜色值与周围颜色值的最大差值,只有颜色值之差小于这个值时,周围的像素才会进行滤波计算。值为 255 时,表示所有颜色都参与计算。
- sigmaSpace:坐标空间的 O(sigma)值,该值越大,参与计算的像素数量就越多。
- borderType:可选参数,边界样式,建议默认。

返回值如下。

dst:经过双边滤波处理之后的图像。

【例 14-13】 高斯滤波和双边滤波的降噪处理效果。

```
import cv2 as cv
img = cv.imread("flower.jpg")                 #读取原图
dst1 = cv.GaussianBlur(img, (15, 15), 0, 0)   #使用大小为 15 * 15 的滤波核进行高斯滤波
dst2 = cv.bilateralFilter(img, 15, 120, 100)
                                              #双边滤波,选取范围直径为 15,颜色差为 120
cv.imshow("Origin", img)                      #显示原图
cv.imshow("Gauss", dst1)                      #显示高斯滤波效果
cv.imshow("bilateral", dst2)                  #显示双边滤波效果
cv.waitKey()
cv.destroyAllWindows()
```

运行结果如图 14-12 所示。

图 14-12 运行结果

14.4　图像中的图形检测

14.4.1　图像的轮廓

图像的轮廓是指图像中图形或物体的外边缘线条。简单的几何图形轮廓是由平滑的线构成的,容易识别,但不规则图形的轮廓可能由许多个点构成,识别起来比较困难。

OpenCV 提供的 findContours()方法可以通过计算图像梯度来判断出图像的边缘,然后将边缘的点封装为数组返回。

findContours()方法的语法格式如下。

```
contours,hierarchy = cv2.findContours(image, mode, method)
```

参数说明如下。

- image:寻找轮廓的图像。
- mode:轮廓的检索模式,轮廓的检索模式参数值。

cv2.RETR_EXTERNAL 表示只检测外轮廓。

cv2.RETR_LIST 检测的轮廓不建立等级关系。

cv2.RETR_CCOMP 建立两个等级的轮廓,上面的一层为外边界,里面的一层为内孔的边界信息。如果内孔内还有一个连通物体,这个物体的边界也在顶层。

cv2.RETR_TREE 建立一个等级树结构的轮廓。

- method:检测轮廓时使用的方法,具体值如下。

cv2.CHAIN_APPROX_NONE:存储所有的轮廓点,相邻的两个点的像素位置差不超过 1,即 max(abs(x1−x2),abs(y2−y1))==1。

cv2.CHAIN_APPROX_SIMPLE:压缩水平方向、垂直方向、对角线方向的元素,只保留该方向的终点坐标。

cv2.CHAIN_APPROX_TC89_L1,CV_CHAIN_APPROX_TC89_KCOS 使用 teh-Chinl chain 近似算法。

返回值如下。

cv2.findContours()方法返回两个值,一个是轮廓本身(contours),还有一个是每条轮廓对应的属性(hierarchy)。cv2.findContours()函数返回一个 list,list 中每个元素都是图像中的一个轮廓,用 NumPy 中的 ndarray 表示。

通过 findContours()方法找到图像以后,通常使用 drawContours()方法把轮廓画出来。

【例 14-14】　绘制花朵的轮廓。

```python
import cv2 as cv
img = cv.imread("flower.jpg")                    #读取原图
cv.imshow("Origin", img)                         #显示原图
img = cv.medianBlur(img, 5)                      #使用中值滤波去除噪点
gray = cv.cvtColor(img, cv.COLOR_BGR2GRAY)       #原图从彩图变成单通道灰度图像
t, binary = cv.threshold(gray, 127, 255, cv.THRESH_BINARY)
                                                 #灰度图像转换为二值图像
cv.imshow("binary", binary)                      #显示二值化图像
#获取二值化图像中的轮廓极轮廓层次数据
contours, hierarchy = cv.findContours(binary, cv.RETR_LIST, cv.CHAIN_APPROX_
```

```
NONE)
cv.drawContours(img, contours, -1, (0, 0, 255), 2)   #在原图中绘制轮廓
cv.imshow("contours", img)                            #显示绘有轮廓的图像
cv.waitKey()
cv.destroyAllWindows()
```

运行结果如图 14-13 所示。

图 14-13　运行结果

　　OpenCV 提供了函数 cv2.minAreaRect（InputArray points），返回输入点集的最小外包旋转矩形，RotatedRect 类型。OpenCV 还提供了 cv2.boxPoints（）函数，来计算旋转矩形的四个顶点，这样就可以使用函数 cv.drawContours（）画出旋转矩形。

```
points = cv2.boxPoints(RotatedRect box)
```

　　其中，输入 box 是函数 cv2.minAreaRect（）的返回值类型；返回值 points 是能够用于函数 cv2.drawContours（）参数的轮廓点。

　　【例 14-15】　绘制花朵的最小外接旋转矩形。

```
import numpy as np
import cv2 as cv
img = cv.imread("flower.jpg")                  #读取原图
cv.imshow("Origin", img)                        #显示原图
img = cv.medianBlur(img, 5)                     #使用中值滤波去除噪点
gray = cv.cvtColor(img, cv.COLOR_BGR2GRAY)      #原图从彩图变成单通道灰度图像
t, binary = cv.threshold(gray, 127, 255, cv.THRESH_BINARY)
                                                #灰度图像转换为二值图像
cv.imshow("binary", binary)                     #显示二值化图像
#获取二值化图像中的轮廓极轮廓层次数据
contours, hierarchy = cv.findContours(binary, cv.RETR_LIST, cv.CHAIN_APPROX_NONE)
cv.drawContours(img, contours, -1, (0, 0, 255), 2)   #在原图中绘制轮廓
cv.imshow("contours", img)                      #显示绘有轮廓的图像
max_area = 0
#找最大面积的轮廓
for i in range(len(contours)):
    cnt = contours[i]
    area = cv.contourArea(cnt)
    if (area > max_area):
        max_area = area
        ci = i
cnt = contours[ci]
rect = cv.minAreaRect(cnt)                      #计算点集的最小外包旋转矩形
box = cv.boxPoints(rect)
```

```
box = np.int0(box)
cv.drawContours(img, [box], 0, (0, 0, 255), 2)
#显示绘有最大轮廓的最小外包旋转矩形的 RGB 图像
cv.imshow("contour on RGB", img)
cv.drawContours(binary, [box], 0, (255, 255, 255), 2)
#显示绘有最大轮廓的最小外包旋转矩形的二值图像
cv.imshow("contour on binary", binary)
cv.waitKey()
cv.destroyAllWindows()
```

运行结果如图 14-14 所示。

图 14-14　运行结果

14.4.2　图像处理中的边缘检测

边缘检测是一种从不同视觉对象中提取有用结构信息并显著减少要处理的数据量的技术，它已被广泛应用于各种计算机视觉系统。

John F. Canny 于 1986 年开发出来的一个多级边缘检测算法，在不同的视觉系统上应用边缘检测的要求是比较相似的。因此，可以在各种情况下实施满足这些要求的边缘检测解决方案。

OpenCV 将 Canny 边缘检测算法封装到 Canny( )方法中，该方法的语法格式如下。

```
cv2.Canny(src, thresh1, thresh2)
```

参数说明如下。

- src：表示输入的图片。
- thresh1：表示最小阈值。
- thresh2：表示最大阈值，用于进一步删选边缘信息。

【例 14-16】　使用 Canny 算法检测花朵的边缘。

```
import cv2 as cv
img = cv.imread("flower.jpg")              #读取原图
r1 = cv.Canny(img, 10, 50);                #使用不同的阈值进行边缘检测
r2 = cv.Canny(img, 100, 200);
r3 = cv.Canny(img, 400, 600);
cv.imshow("Origin", img)                   #显示原图
cv.imshow("No1", r1)                       #显示边缘检测结果
cv.imshow("No2", r2)
cv.imshow("No3", r3)
cv.waitKey()
cv.destroyAllWindows()
```

运行结果如图 14-15 所示。

图 14-15　运行结果

由运行结果来看,阈值越小,检测出的边缘越多;阈值越大,检测出的边缘越少,只能检测出一些较明显的边缘。Canny 边缘检测使用了双阈值的滞后阈值处理,按照如下三个规则进行边缘的阈值化处理。

(1)边缘强度大于高阈值的点作为确定边缘点。

(2)边缘强度比低阈值小的点立即被剔除。

(3)边缘强度在低阈值和高阈值之间的点,按照如下原则:只有这些点能按照某一路径与确定边缘点相连时,才可以作为边缘点被接受。组成这一路径的所有点的边缘强度都比低阈值大。对这一过程可以理解为,首先选定边缘强度大于高阈值的所有确定边缘点,然后在边缘强度大于低阈值的情况下尽可能延长边缘。

14.5　图像的分割

14.5.1　常用的图像分割方法

图像分割是由图像处理到图像分析的关键步骤,也是一种基本的计算机视觉技术。图像的分割、目标的分离、特征的提取和参数的测量等不仅完成了图像分析的任务,还将原始图像转换为更抽象和更紧凑的形式,使得更高层的图像理解成为可能。图像分割技术多年来一直受到人们的高度重视,其发展也与许多其他学科和领域密切相关。

传统的图像分割方法包括基于阈值的图像分割方法、基于边缘检测的图像分割、基于像素点聚类的图像分割(例如,基于 K-means 的图像分割)、基于区域生长的图像分割、基于分水岭算法的图像分割等。此外,图像分割的方法还由结合了小波变换、遗传算法、深度学习等数学工具或者方法,衍生出很多更加智能的图像分割方法。本节将通过对水果图像的分割,来介绍三种传统的图像分割方法,包括基于 K-means 的图像分割、基于区域生长的图像分割和基于分水岭算法的图像分割。

14.5.2 基于 K-means 的图像分割

K-means 聚类是最经常使用的聚类算法,最初起源于信号处理,其目标是将数据点划分为 K 个类簇,找到每一个簇的中心并使其度量最小化。该算法的最大优势是简单、便于理解、运算速度较快,缺点是只能应用于连续型数据,而且要在聚类前指定汇集的类簇数。K-means 聚类算法的原理如下:①确定 K 值,即将数据集汇集成 K 个类簇或小组。②从数据集中随机选择 K 个数据点作为质心或数据中心。③分别计算每一个点到每一个质心之间的距离,并将每一个点划分到离最近质心的小组,并确定质心。④当每一个质心都汇集了一些点后,重新定义算法选出新的质心。⑤比较新的质心和老的质心,若新质心和老质心之间的距离小于某一个阈值,则表示重新计算的质心位置变化不大,收敛稳定,则认为聚类已经达到了期望的结果,算法终止。⑥若新的质心和老的质心变化很大,即距离大于阈值,则继续迭代执行第③~⑤步,直到算法终止。

OpenCV 将基于 K-means 方法的图像分割封装成了 K-means ( ) 方法,其语法格式如下。

```
compactness, bestLabels, centers = cv2.kmeans(data, K, bestLabels, criteria,
attempts, flags, centers)
```

参数说明如下。

- data:表示聚类数据,最好是 np.float32 类型的 N 维点集。
- K:聚类类簇数。
- bestLabels:输出的整数数组,用于存储每一个样本的聚类标签索引。
- criteria:算法终止条件,即最大迭代次数或所需精度。在某些迭代中,一旦每一个簇中心的移动小于它,算法就会中止迭代。
- attempts:重复实验 K-means 算法的次数,算法返回产生最佳紧凑型的标签。
- flags:初始中心的选择,两种方法是 cv2.KMEANS_PP_CENTERS 和 cv2.KMEANS_RANDOM_CENTERS。
- centers:集群中心的输出矩阵,每一个集群中心代表一行数据。
- compactness:紧密度,返回每个点到相应重心的距离的平方和。

【例 14-17】 使用 K-means 对图像中的香蕉区域进行分割。

```
import cv2
import numpy as np
import matplotlib.pyplot as plt
img = cv2.imread('banana.jpg')                    #读取原始图像
data = img.reshape((-1, 3))                        #图像二维像素转换为一维
data = np.float32(data)
criteria = (cv2.TERM_CRITERIA_EPS + cv2.TERM_CRITERIA_MAX_ITER, 10, 1.0)
                                                  #定义中心 (type,max_iter,epsilon)
flags = cv2.KMEANS_RANDOM_CENTERS                 #设置标签
compactness, labels2, centers2 = cv2.kmeans(data, 2, None, criteria, 10, flags)
                                                  #K-means 聚类汇集成 2 类
compactness, labels4, centers4 = cv2.kmeans(data, 4, None, criteria, 10, flags)
                                                  #K-means 聚类汇集成 4 类
```

```
compactness, labels8, centers8 = cv2.kmeans(data, 8, None, criteria, 10, flags)
                                      #K-means 聚类汇集成 8 类
compactness, labels16, centers16 = cv2.kmeans(data, 16, None, criteria, 10, flags)
                                      #K-means 聚类汇集成 16 类
compactness, labels64, centers64 = cv2.kmeans(data, 64, None, criteria, 10, flags)
                                      #K-means 聚类汇集成 64 类
centers2 = np.uint8(centers2)         #图像转换回 uint8 二维类型
res = centers2[labels2.flatten()]
dst2 = res.reshape((img.shape))
centers4 = np.uint8(centers4)         #图像转换回 uint8 二维类型
res = centers4[labels4.flatten()]
dst4 = res.reshape((img.shape))
centers8 = np.uint8(centers8)         #图像转换回 uint8 二维类型
res = centers8[labels8.flatten()]
dst8 = res.reshape((img.shape))
centers16 = np.uint8(centers16)       #图像转换回 uint8 二维类型
res = centers16[labels16.flatten()]
dst16 = res.reshape((img.shape))
centers64 = np.uint8(centers64)       #图像转换回 uint8 二维类型
res = centers64[labels64.flatten()]
dst64 = res.reshape((img.shape))
img = cv2.cvtColor(img, cv2.COLOR_BGR2RGB)   #图像转换为 RGB 显示
dst2 = cv2.cvtColor(dst2, cv2.COLOR_BGR2RGB)
dst4 = cv2.cvtColor(dst4, cv2.COLOR_BGR2RGB)
dst8 = cv2.cvtColor(dst8, cv2.COLOR_BGR2RGB)
dst16 = cv2.cvtColor(dst16, cv2.COLOR_BGR2RGB)
dst64 = cv2.cvtColor(dst64, cv2.COLOR_BGR2RGB)
plt.rcParams['font.sans-serif']=['SimHei'] #用来正常显示中文标识
titles = [u'原始图像', u'聚类图像 K=2', u'聚类图像 K=4',u'聚类图像 K=8', u'聚类图像 K
=16', u'聚类图像 K=64']                 #显示聚类分割后图像
images = [img, dst2, dst4, dst8, dst16, dst64]
for i in range(6):
plt.subplot(2, 3, i+1), plt.imshow(images[i], 'gray'),
plt.title(titles[i])
plt.xticks([]), plt.yticks([])
plt.show()
```

运行结果如图 14-16 所示。

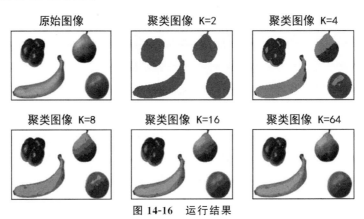

图 14-16　运行结果

从运行结果中可以看出，当聚类数 $K=2$ 时，基于 K-means 聚类分割效果最好。

14.5.3 基于区域生长的图像分割

基于区域生长的图像分割算法基本思想是将具有相似性质的像素集合构成区域并分割出来,使得能够提供较好的分割结果以及边界信息。具体是首先要在需要分割的区域找一个种子像素作为生长的起点,然后根据选择的生长或相似准则来将种子像素周围邻域内与其具有相似性质的像素集合合并到像素所在区域中。将这些新像素当作新的种子像素继续进行上面的过程,直到该区域里找不出满足相似准则条件的其他像素为止。OpenCV 图像处理并没有提供区域生长算法的 API,需要调用自定义区域生长函数。

【例 14-18】 使用基于区域生长方法分割图像中的香蕉区域。

```python
import cv2 as cv
import numpy as np
import matplotlib.pyplot as plt
from collections as deque                          #导入所依赖库
def getGrayDiff(gray, current_seed, tmp_seed):      #计算种子点和其邻域像素绝对值差
return abs(int(gray[current_seed[0], current_seed[1]]) - int(gray[tmp_seed[0],
tmp_seed[1]]))
def region_growth(gray, seeds):                     #定义区域生长算法
connects = [(1, 1), (0, 1), (-1, 1), (-1, 0), (-1, -1), (0, -1), (1, -1), (1, 0)]
                                                    #八邻域生长方式
seedMark = np.zeros((gray.shape))                   #创建与输入图像大小相同的空白图
height, width = gray.shape                          #输入图像宽高
threshold = 6                                       #种子与邻域内像素之差阈值设为 6
seedque = deque()                                   #定义种子容器,可快速在队列头尾部添加、删除元素
label = 255                                         #坐标像素为 255
seedque.extend(seeds)
while seedque:                                       #队列具有先进先出的性质,需要左删除
current_seed = seedque.popleft()
seedMark[current_seed[0], current_seed[1]] = label
for I in range(8):
tmpX = current_seed[0] + connects[i][0]
temY = current_seed[1] + connects[i][1]
if tmpX < 0 or tmpY < 0 or tmpX >= height or tmpY >= width:
continue                                            #处理边界情况,确定是否是边界点
grayDiff = getGrayDiff(gray, current_seed, (tmpX, tmpY))
if grayDiff < threshold and seedMark[tmpX, tmpY] ! = label:
seedque.append((tmpX, tmpY))
seedMark[tmpX, tmpY] = label
return seedMark
def Click_Mouse(click, x, y, flags, param):
if click == cv.EVENT_LBUTTONDOWN:                   #单击鼠标左键
seeds.append((y, x))                                #添加种子
cv.circle(img, center = (x, y), radius = 2, color = (0, 0, 255), thickness = -1)
                                                    #画实心点
def Region_Grow(img):                               #在图像上选择种子
cv.nameWindow('img')
cv.setMouseCallback('img', Click_Mouse)
cv.imshow('img', img)
while True:
cv.imshow('img', img)
if cv.waitKey(1) & 0xFF == ord('q'):                #输入 q 后按 Enter 键结束交互,展示效果
```

```
break
cv.destoryAllWindows()
BA = cv.imread('banana.jpg', 1)                          #读取原图
seedMark = np.uint8(region_growth(cv.cvtColor(BA, cv.COLOR_BGR2GRAY), seeds))
cv.imshow('seedMark', seedMark)                          #显示香蕉区域分割后的图像
cv.waitKey(0)
plt.figure(figsize = (12, 4))
plt.subplot(131)
plt.imshow(cv.cvtColor(BA, cv.COLOR_BGR2RGB))   #最终显示输入图像
plt.title(f'$input\_images&')                            #标题为 input_images
plt.subplot(132)
plt.imshow(cv.cvtColor(img, cv.COLOR_BGR2RGB))  #最终显示所选种子图像
plt.title(f'$seeds\_images&')                            #标题为 seeds_images
plt.subplot(133)
plt.imshow(seedMark, cmap = 'gray', vmin = 0, vmax = 255)
                                                         #最终显示香蕉分割后图像
plt.title(f'$segmented\_images&')                        #标题为 segmented_images
plt.tight_layout()
ply.show()
if __name__ == '__main__':
img = cv.imread('banana.jpg')                            #读取原图
seeds = []                                               #存放种子
Region_Grow(img)                                         #调用函数
```

该程序是动态执行过程,首先显示输入图像,如图 14-17 所示,然后在此图像上单击鼠标左键选取种子,如图 14-18 所示,通过区域生长算法分割出香蕉区域,香蕉区域分割结果运行如图 14-19 所示。

图 14-17　输入图像　　　　图 14-18　单击鼠标选取种子　　　图 14-19　香蕉区域分割后结果

例 14-18 运行结果如图 14-20 所示。

图 14-20　运行结果

14.5.4　基于分水岭算法的图像分割

任何一幅灰度图像都可以被看成拓扑平面,灰度值高的区域可以被看成是山峰,灰度值

低的区域可以被看成是山谷。我们向每一个山谷中灌不同颜色的水,随着水位的升高,不同山谷的水就会相遇汇合,为了防止不同山谷的水汇合,需要在水汇合的地方构建起堤坝。不停地灌水、不停地构建堤坝直到所有的山峰都被水淹没。我们构建好的堤坝就是对图像的分割。这就是分水岭算法的背后原理。但是这种方法通常都会得到过度分割的结果,这是由噪声或者图像中其他不规律的因素造成的。为了减少这种影响,OpenCV 采用了基于掩膜的分水岭算法。

分水岭算法是一种图像区域分割方法,在对图像区域分割的过程中,它会把邻近像素间的相似性作为重要的参考依据,从而将在空间位置上相近且灰度值相近的像素点互相连接起来,构成一个封闭的轮廓。封闭性是分水岭算法的一个重要特征,其他图像分割方法,如阈值分割法、边缘检测等都不会考虑像素在空间关系上的相似性或封闭性,彼此像素间互相独立。分水岭算法较其他分割方法更具有思想性,更符合人眼对图像的印象。

OpenCV 将基于分水岭算法图像分割封装成了 watershed() 方法,其语法格式如下。

```
dst = cv2.watershed(srcImage, maskWaterShed)
```

参数说明如下。

- srcImage:输入原始图像,必须为 8 位三通道 RGB 图像。
- maskWaterShed:参数掩码,在执行分水岭函数 watershed() 之前,必须对参数掩码进行处理,它应该包含不同区域的轮廓,每个轮廓有唯一的编号,轮廓的定位可以通过手动添加或者 OpenCV 中的 findContours() 方法实现。

经过分水岭算法处理之后的图像,并不会直接生成分割后的图像,还需要进一步显示处理。

基于分水岭算法图像自动分割的实现步骤如下。

（1）图像灰度化、滤波、Canny 边缘检测等操作。

（2）查找轮廓,并且把轮廓信息按照不同的编号传入到 watershed() 的第二个参数掩码上,相当于标记注水点。

（3）watershed() 分水岭运算。

（4）绘制分割出来的区域,得到较好的显示效果。

【例 14-19】　使用基于分水岭方法分割图像中的香蕉区域。

```
import numpy as np
import cv2
src = cv2.imread('banana.jpg')                    #读取原始图像
img = src.copy()
gray = cv2.cvtColor(img, cv2.COLOR_BGR2GRAY) #转为灰度图
ret, thresh = cv2.threshold(gray, 0, 255, cv2.THRESH_BINARY_INV + cv2.THRESH_
OTSU)                                          #阈值分割,将图像分为黑白两部分
kernel = np.ones((3, 3), np.uint8)              #消除噪声,对图像进行"开运算",先腐蚀再膨胀
opening = cv2.morphologyEx(thresh, cv2.MORPH_OPEN, kernel, iterations=2)
sure_bg = cv2.dilate(opening, kernel, iterations=3)
                        #膨胀,对"开运算"的结果进行膨胀,得到大部分都是背景的区域
dist_transform = cv2.distanceTransform(opening, cv2.DIST_L2, 5)
                                        #距离变换,DIST_L2 可以为 3 或者 5
ret, sure_fg = cv2.threshold(dist_transform, 0.01 * dist_transform.max(), 255, 0)
```

```
sure_fg = np.uint8(sure_fg)
unknown = cv2.subtract(sure_bg, sure_fg)        #获得未知区域
ret, markers1 = cv2.connectedComponents(sure_fg)   #标记
markers = markers1 + 1                          #确保背景是 1 不是 0
markers[unknown == 255] = 0                     #未知区域标记为 0
markers3 = cv2.watershed(img, markers)
img[markers3 == -1] = [0, 0, 255]
cv2.imshow("img", img)                          #显示分割后结果
cv2.waitKey()cv2.destroyAllWindows()
```

运行结果如图 14-21 所示。

图 14-21　运行结果

小　　结

本章介绍了 OpenCV 图像处理方面的基本功能、图像的降噪处理以及图像中的图形检测，主要内容如下。

（1）图像处理最基本的操作，包括读取图像、显示图像、保存图像、获取图像属性等方法。

（2）阈值是一个像素值的标准线，所有像素值都与这条标准线相比较，出现三种结果：像素值比阈值大、像素值比阈值小和像素值等于阈值。

（3）二值化处理会将灰度图像的像素值两极分化，使得灰度图像呈现出只有纯黑色和纯白色的视觉效果。

（4）几何变换是指改变图像的几何结构，例如，大小、角度和形状等，让图像呈现出缩放、翻转和映射效果。掌握图像常用处理有图像缩放、旋转、仿射变换的方法。

（5）图像在数字化和传输等过程中会产生噪声，从而影响图像的质量，而图像降噪技术可以有效地减少图像中的噪声。掌握均值滤波、中值滤波、高斯滤波和双边滤波图像降噪方法。

（6）OpenCV 提供的 findContours()方法可以通过计算图像梯度来判断出图像的边缘，然后将边缘的点封装为数组返回。

（7）OpenCV 封装了 Canny()方法用于边缘检测。

（8）介绍了常用的三种图像分割的方法，分别是基于 K-means 的图像分割、基于区域生长的图像分割和基于分水岭算法的图像分割。

思考与练习

1. 简述 OpenCV 的图像处理最基本的操作方法。

2. 简述彩色图像二值化阈值处理过程。

3. 利用 OpenCV 实现图像的缩放、翻转等几何变换等操作。

4. 利用 OpenCV 实现均值滤波、中值滤波、高斯滤波和双边滤波图像降噪方法。

5. 利用 OpenCV 实现判断出图像的边缘方法。

6. 利用图像分割的方法，将果实图像上的番茄提取出来。

图 书 资 源 支 持

感谢您一直以来对清华版图书的支持和爱护。为了配合本书的使用，本书提供配套的资源，有需求的读者请扫描下方的"书圈"微信公众号二维码，在图书专区下载，也可以拨打电话或发送电子邮件咨询。

如果您在使用本书的过程中遇到了什么问题，或者有相关图书出版计划，也请您发邮件告诉我们，以便我们更好地为您服务。

我们的联系方式：

清华大学出版社计算机与信息分社网站：https://www.SHUIMUSHUHUI.com/

地　　　址：北京市海淀区双清路学研大厦 A 座 714

邮　　　编：100084

电　　　话：010-83470236　010-83470237

客服邮箱：2301891038@qq.com

QQ：2301891038（请写明您的单位和姓名）

资源下载：关注公众号"书圈"下载配套资源。

资源下载、样书申请

书圈

图书案例

清华计算机学堂

观看课程直播